浙江省"十四五"普通高等教育本科规划教材

基于HAL库+STM32CubeIDE的开发
基于固件库+Keil（MDK-ARM）的开发
配套课件·课程思政

STM32单片机应用与全案例实践

第2版

沈红卫 张瞳 著

電子工業出版社
Publishing House of Electronics Industry
北京·BEIJING

内 容 简 介

本书以 STM32 单片机的基本概念、基本原理为主线，详细阐述 STM32 的学习方法与应用系统开发的一般技术。本书在内容组织和框架设计上具有两个鲜明特点：全案例、基于学习者学习。从学习者的角度，以完整案例的形式精心组织每个章节的内容体系。配套课件逻辑严密，思路清晰，制作精美，与图书内容相得益彰。

本书可作为计算机、电子、通信、机电、自动化及其他相关专业的本、专科学生及研究生的教材，也可作为从事检测、自动控制等领域的嵌入式系统开发工程技术人员的参考用书。

图书在版编目（CIP）数据

STM32 单片机应用与全案例实践 / 沈红卫，张瞳著.
2 版. -- 北京 ： 电子工业出版社，2025. 3. --（嵌入式
技术与应用丛书）. -- ISBN 978-7-121-49686-8

Ⅰ. TP368.1

中国国家版本馆 CIP 数据核字第 2025KZ7884 号

责任编辑：牛平月
印　　刷：河北鑫兆源印刷有限公司
装　　订：河北鑫兆源印刷有限公司
出版发行：电子工业出版社
　　　　　北京市海淀区万寿路 173 信箱　　　　邮编：100036
开　　本：787×1092　1/16　印张：19.75　字数：506 千字
版　　次：2017 年 6 月第 1 版
　　　　　2025 年 3 月第 2 版
印　　次：2025 年 3 月第 1 次印刷
定　　价：68.00 元

凡所购买电子工业出版社图书有缺损问题，请向购买书店调换。若书店售缺，请与本社发行部联系，联系及邮购电话：(010) 88254888，88258888。

质量投诉请发邮件至 zlts@phei.com.cn，盗版侵权举报请发邮件至 dbqq@phei.com.cn。

本书咨询联系方式：niupy@phei.com.cn。

前　言

《STM32 单片机应用与全案例实践》是 2017 年 6 月出版发行的。这些年来，它得到了众多读者的好评和欢迎，被一百多所高校选用为教材，有一部分教师和读者直接联系我，向我表示谢意。

为了使教材更好地服务读者，电子工业出版社于 2023 年初就提出再版发行的建议，希望我能加紧修订。启动修订工作，是需要下定决心的，因为写好教材的确不容易，另外个人还兼有繁杂的行政工作，总感觉分身乏术，精力不够。促成再版的因素有以下四个。一是开发模式的改变。考虑到 STM32 的开发模式已有很大变化，即由原来的基于固件库（标准外设库，SPL）开发模式逐渐转为基于 HAL 库的开发模式。二是开发平台的变化。STM32 的开发平台由 Keil 逐渐转向 STM32CubeIDE。三是第 1 版的良好效果。第四个因素最重要，是有了优秀的搭档。

第 2 版继承了第 1 版的三大撰写原则：学习性、实践性和完整性。学习性主要是指教材的设计和内容要有利于读者学习，叙述必须通俗易懂，内容要案例化；实践性是指教材的范例和案例都可以被零障碍直接模仿，以此引导读者敢于和善于在“做中学、学中做”，实践出真知；完整性是指所有的案例都完整呈现开发过程和设计代码，方便读者模仿，以增强其坚持学习的信心，因为信心贵如金子。

第 2 版最大的变化是使用了不同的 MDK 开发平台。第 1 版使用的平台是 Keil4（MDK-ARM），第 2 版使用了 ST 公司主推的平台 STM32CubeIDE，它的最大优点有两个：一是外设模块的初始化不需要再自定义函数，而是可以通过可视化自动配置，减小了难度和工作量，使开发者可以将精力集中于代码的设计开发；二是与 HAL 库无缝对接。HAL 库提供了抽象层，降低了开发门槛和驱动程序设计的工作量，可提高开发速度和移植性。由于平台 STM32CubeIDE 和 HAL 库均出自 ST 公司，二者浑然一体，因此不需要考虑工程模板相关的问题，极大地简化了开发流程。上述两点使开发更简洁、高效。

本次再版所有的案例均基于 HAL 库和 STM32CubeIDE 平台。虽然开发者对固件库和 HAL 库持有不同的观点和立场，对两种开发模式褒贬不一，但是由于 ST 公司已明确将停止更新固件库（据查最近一次全面更新发生在 2021 年），无论是新手还是资深的 STM32 应用工程师，都不得不面临学习新事物、适应新环境的问题，所以第 2 版主推 HAL 库和新平台。

本次再版考虑了对第 1 版的延续问题。考虑到固件库（标准库）有它的优势和长处，Keil（MDK-ARM）开发工具也有众多拥护者，为了保持与第 1 版的延续性，兼顾固件库学习者的需要，也便于学习者对比两种开发模式的异同，我们将全书分为第一篇和第二篇两个部分，第二篇包含了第 1 版的其中两章，用以专门阐述基于固件库的开发流程和开发要领。

本次再版也结合了课程思政的要求。教育不是教学，教师要讲育人，课程要有思政。

为此，在每一章的开头，按照三个维度明确该章的知识目标、能力目标和素质目标。在素质目标中，挖掘了与本章内容结合度较高的思政元素和切入角度。

兴趣是最好的老师。虽然新的开发工具和开发环境使开发难度降低，但是 STM32 应用系统的开发毕竟是综合性的，涉及硬件基础和软件思想，涵盖数字电路、模拟电路、传感器与检测技术、微控制器系统等，还必须考虑复杂电磁环境下的抗干扰能力和系统的稳健性问题，因此在学习中遇到问题是难免的，读者既要有信心，又要有毅力。只要走在向上的路上，总能到达顶峰。

一切过往，皆为序章。

您的支持与肯定是我们继续努力的最大动力。衷心感谢您的信任、出版社的支持，也感谢第 2 版的主要执笔人绍兴理工学院张瞳博士的倾力付出。

期待与您再次相会！

沈红卫
于绍兴理工学院
2025 年 1 月 1 日

目　录

第一篇　基于 HAL + STM32CubeIDE

第二篇 基于固件库+Keil（MDK-ARM）

第一篇

基于 HAL + STM32CubeIDE

第 1 章 如何学习 STM32

本章主要讨论 STM32 的开发模式和学习方法。通过学习达到以下目标：

1．知识目标。了解 STM32 的基本架构、内部结构和基本原理，熟悉学习 STM32 需要的工具或平台，理解 STM32 的开发模式。

2．能力目标。能选择合适的软硬件开发平台和学习方向。

3．素质目标。建立自信，相信自己有能力学习好；端正态度，要坚持理论和实践相结合。

1.1 学习 STM32 必须具备的基础知识

为了学习 STM32，必要的知识基础是需要掌握的。它们主要包括以下内容。

1. 电路原理

为了学习和理解硬件最基础的知识，必须了解电流、电源、电阻、电容等的概念和基本属性、基本关系，能正确选择和使用电阻、电容、电感等基本元件。

2. 数字电路、模拟电路

掌握二极管、三极管的基本工作原理，掌握二极管的导通和截止条件，掌握三极管的饱和导通和截止（开与关）的条件，基本掌握 A/D 转换、D/A 转换的基本原理、性能指标及各种数字芯片的运用，初步掌握直流稳压电源的原理与工作要求等。

3. 单片机

有 8 位单片机原理的学习经历和应用开发的实践经验，例如 MCS-51 单片机，对学习和理解 STM32 是极为有利的。但这个不是必备条件，可以作为选项，只要方法得当，也是可以从零基础学习 STM32 单片机的。

4. 计算机语言

有比较扎实的 C 语言基础，能使用 C 语言开发一定复杂度的应用系统，因为 STM32 开发基本上都是基于 C 语言。

5. 实践能力

能比较熟练地使用数字式万用表对电阻、电压等物理量进行检测、对电路的通断进行判断，能熟练使用电烙铁进行焊接，若能使用数字示波器当然更好。

1.2 STM32 的基本架构和基本原理

学过 8 位单片机，例如 51 单片机，对于理解 STM32 的系统架构和功能模块是十分有利的，毕竟它们都属于单片机范畴（英文为 Microcontroller)。只不过前者是 8 位单片机（数据总线是 8 位的），而后者是 32 位单片机（数据总线是 32 位的）。但是，即使初学者没有学过任何单片机的知识，零基础学 STM32 也不是没有可能，只是在理解时会困难些。学习了 C 语言，大家都知道，开发 PC 程序，压根不用了解 PC 的硬件结构和功能部件的特点。但是开发单片机程序，必须了解单片机的内部结构和功能部件的特点和属性，从学习入门的角度而言，初学者往往被 STM32 复杂而多样的内部结构和功能部件吓到，从而放弃学习。其实，依作者之见，初学者不一定要在完全弄清楚硬件结构和原理后才开始 STM32 单片机的学习、应用系统的设计与开发。

下面是对 STM32 单片机的内部结构和功能部件的一个大致描述，在了解这些特点的基础上，就可以开始尝试 STM32 的应用设计与实践。

1.2.1 嵌入式与 ARM

1. 什么是嵌入式

嵌入式，一般是指嵌入式系统，英文叫作 Embedded System。美国电气与电子工程师协会（IEEE）对其的定义是，用于控制、监视或者辅助操作机器和设备的装置，是一种专用的计算机系统。国内普遍认同的嵌入式系统的定义是，以应用为中心，以计算机技术为基础，软硬件可裁剪，适应应用系统对功能、可靠性、成本、体积、功耗等严格要求的专用计算机系统。嵌入式系统的应用十分广泛，涵盖工业生产、电子产品、航空航天、科技军事等多个领域。所谓嵌入式开发，就是对嵌入式系统的开发。

2. 什么是 ARM

ARM 是嵌入式系统中常用的芯片内核架构，即处理器设计的一种标准，众多公司经授权都可以基于 ARM 架构进行处理器设计。而 STM32 是 ST 公司基于 ARM 架构推出的一系列嵌入式处理器，包括多种不同的型号和系列，具有不同的性能和功能。因此，可以说 ARM 和 STM32 都是嵌入式系统的重要组成部分。

ARM 全称为 Acorn RISC Machine。ARM 包含两个意思：一是指 ARM 公司；二是指 ARM 公司设计的低功耗 CPU 及其架构，包括 ARM1～ARM11 与 Cortex，其中，被广泛应用的是 ARM7、ARM9、ARM11 及 Cortex 系列。ARM 是全球领先的 32 位嵌入式 RISC 芯片内核设计公司。RISC 的英文全称是 Reduced Instruction Set Computer，对应的中文是精简指令集计算机。其特点是所有指令的格式都是一致的，所有指令的指令周期也是相同的，并且采用流水线技术。

ARM 公司本身并不生产和销售芯片，只出售 ARM 内核的知识产权。全球顶尖的半导体公司，例如 Actel、TI、ST、Fujitsu、NXP 等均通过购买 ARM 的内核，结合各自的技术优势进行生产和销售，共同推动基于 ARM 内核包括 Cortex 内核的嵌入式单片机的发展。ARM 的设计具有典型的精简指令系统风格。ARM 的体系架构已经经历了 6 个版本，版本号分别是 V1～V6。每个版本各有特色，定位也各有不同，彼此之间不能简单地相互替代。其中，ARM9、ARM10 对应的是 V5 架构，ARM11 对应的是 2001 年推出的 V6 架构，时钟频率为 350MHz～500MHz，最高可达 1GHz。

3. Cortex 内核

Cortex 是 ARM 的全新一代处理器内核，它在本质上是 ARM V7 架构的实现。它完全有别于 ARM 的其他内核，是全新开发的。根据应用对象，典型的嵌入式系统可以分为 Cortex-A、Cortex-M 和 Cortex-R 三类。Cortex-A 为面向性能密集型系统的应用处理器内核，应用于人机互动要求较高的场合；Cortex-M 为面向各类嵌入式应用的微控制器内核，偏向于控制方面；Cortex-R 为面向实时应用的高性能内核，主要应用在对实时性要求高的场合。而 STM32 就属于 Cortex-M 系列。Cortex-M 旨在提供一种高性能、低成本的微处理器平台，以满足最小存储器、小引脚数和低功耗的需求，同时兼顾卓越的计算性能和出色的中断管理能力。目前典型的、应用最为广泛的是 Cortex-M0、Cortex-M3 和 Cortex-M4。与 MCS-51 单片机采用的哈佛结构不同，Cortex-M 采用的是冯·诺依曼结构，即程序存储器和数据存储器不分开、统一编址。

1.2.2 什么是 STM32

STM32 是意法半导体（STMicroelectronics）较早推向市场的基于 Cortex-M 内核的微处理器系列产品，其中 ST 是意法半导体的简称，M 是指微控制器（也就是单片机）MCU 的首个英文字母，32 是指 32 位的 CPU。该系列产品具有成本低、功耗低、性能高、功能多等优势，并且以系列化方式推出，方便用户选型，在市场上获得了广泛好评。

STM32 目前常用的有以下几个系列。

1. STM32F0 系列

STM32F0 系列单片机基于 ARM Cortex-M0 内核，提供 20MHz～64MHz 主频范围，具有良好的实时性能和低功耗。该系列产品适用于简单的嵌入式应用，如家居自动化、工业传感器等。

2. STM32F1 系列

STM32F1 系列单片机采用 Cortex-M3 内核，主频可达 72MHz，搭载丰富的外设资源，包括定时器、通信接口和模拟接口等。该系列单片机具有较高的性能和稳定性，适用于中

等复杂度的嵌入式系统，如消费电子、医疗设备，成为许多工程师的首选。

3. STM32F4 系列

STM32F4 系列微控制器基于 Cortex-M4 内核，主频可高达 180MHz，具备硬件浮点单元（FPU），支持 DSP 指令集。STM32F4 系列微控制器在处理复杂数字信号、高速数据流和实时任务方面具有优势，广泛应用于航空航天、工业自动化等领域。

4. STM32F7 系列

STM32F7 系列采用 Cortex-M7 内核，最高主频达到 216MHz，具备高级的缓存架构及双精度浮点单元，适用于高性能图形显示、多媒体处理等领域。

5. STM32L 系列

STM32L 系列单片机侧重于低功耗特性，它一般基于 Cortex-M0 或 Cortex-M4 内核，采用了多种低功耗模式，有效延长了电池续航时间，适用于需要长时间运行的物联网设备、便携式消费电子产品。

本书侧重于讨论 STM32F1 系列中的 STM32F103 系列，所讨论的内容大部分适用于 STM32F4 系列。

1.2.3　STM32 的内部结构

STM32 与其他单片机一样，是一个单片计算机或单片微控制器。所谓单片，就是在一个芯片上集成了计算机或微控制器该有的基本功能部件。这些功能部件通过总线连在一起。就 STM32 而言，这些功能部件主要包括：Cortex-M 内核、总线、系统时钟发生器、复位电路、程序存储器、数据存储器、中断控制器、调试接口及各种功能部件（外设）。对不同的芯片系列和型号，外设的数量和种类也不一样，常有的基本功能部件（外设）是：通用输入 / 输出（GPIO）口、定时器 / 计数器（TIMER/COUNTER）、串口 USART、串行总线 I^2C 和 SPI 或 I^2S、SD 卡接口 SDIO、USB 接口等。根据 ST 公司的官方手册，STM32F10X 的系统结构图如图 1.1 所示。

以下对图 1.1 进行简单的介绍。

（1）程序存储器、静态数据存储器、所有的外设都统一编址，地址空间为 4GB。但各自都有固定的存储区域，使用不同的总线进行访问。这一点与 51 单片机完全不同。具体的地址空间请参阅 ST 公司的官方手册。如果采用固件库开发程序，则可以不必关注具体的地址问题。

（2）可将 Cortex-M3 内核视为 STM32 的“CPU”，程序存储器、静态数据存储器、所有的外设均通过相应的总线再经总线矩阵与之相接。Cortex-M3 内核控制程序存储器、静态数据存储器和所有外设的访问。

（3）STM32 的功能外设较多，分为高速外设、低速外设两类，各自通过桥接再通过 AHB 系统总线连接至总线矩阵，从而实现与 Cortex-M3 内核的连接。两类外设的时钟可各自配置，以实现不同的速度。具体某个外设属于高速的或低速的，已经被 ST 公司明确规定，具体可参阅图 1.1，其中 APB2 为高速外设，APB1 为低速外设。所有外设均有两种访问方式：一是传统的方式，通过相应总线由 CPU 发出读写指令进行访问，这种方式适用于读写数据量较小、速度相对较低的场合；二是 DMA 方式，即直接存储器存取，在这种方式下，外设可发出 DMA 请求，之后不再通过 CPU 而直接与指定的存储区发生数据交换，因此可大大提高数据访问的速度。

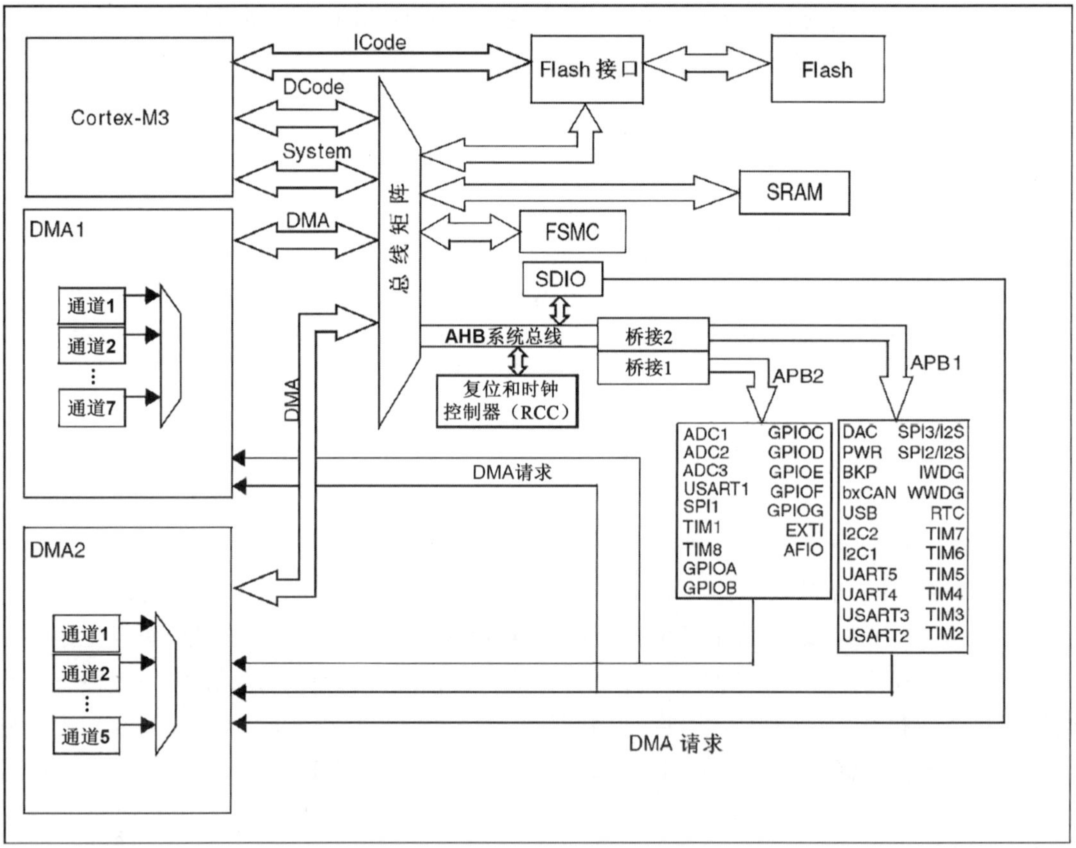

图 1.1　STM32F10X 的系统结构图

（4）STM32 的系统时钟均由复位和时钟控制器（RCC）产生，它有一整套的时钟管理设备，为系统和各种外设提供所需的时钟以确定各自的工作速度。

1.2.4 STM32 的时钟树

STM32 的时钟系统比较复杂，但又十分重要。理解 STM32 的时钟树对于理解 STM32 十分重要。下面分五个部分择要对其进行阐述。

1. 内部 RC 振荡器与外部晶振的选择

STM32 可选择内部时钟（内部 RC 振荡器），也可选择外部时钟（外部晶振）。但如果使用内部 RC 振荡器而不使用外部晶振，则必须清楚以下几点：

（1）对于 100 脚或 144 脚的产品，OSC_IN 应接地，OSC_OUT 应悬空。

（2）对于少于 100 脚的产品，有以下两种接法：

方法 1：OSC_IN 和 OSC_OUT 分别通过 10kΩ 电阻接地。此方法可提高电磁兼容性（EMC）。

方法 2：分别重映射 OSC_IN 和 OSC_OUT 至 PD0 和 PD1，再配置 PD0 和 PD1 为推挽输出并输出 0。此方法相对于方法 1，可减小功耗并节省两个外部电阻。

（3）内部 8MHz 的 RC 振荡器的误差在 1%左右，内部 RC 振荡器的精度通常比 HSE（外部晶振）低很多。STM32 的 ISP 就是利用了 HSI（内部 RC 振荡器）。

2. STM32 时钟源

在 STM32 中，有 5 个时钟源，分别为 HSI、HSE、LSI、LSE、PLL。

（1）HSI 是高速内部时钟，RC 振荡器，频率为 8MHz。

（2）HSE 是高速外部时钟，可接石英谐振器、陶瓷谐振器，或接外部时钟源，它的频率范围为 4MHz～16MHz。

（3）LSI 是低速内部时钟，RC 振荡器，频率为 40kHz。

（4）LSE 是低速外部时钟，接频率为 32.768kHz 的石英晶体。

（5）PLL 为锁相环倍频输出，其时钟输入源可选择 HSI/2、HSE 或 HSE/2。倍频可选择 2～16 倍，但是其输出频率最大不超过 72MHz。

3. STM32 时钟树的输入与输出

对于初次接触 STM32 的学习者来说，在熟悉了开发环境的使用之后，往往“栽倒”在同一个问题上，这个问题就是如何理解和掌握时钟树。

众所周知，微控制器（处理器）的运行必须依赖周期性的时钟脉冲，它往往以一个外部晶体振荡器提供时钟输入为始，最终转换为多个外部设备的周期性运作，这种时钟“能量”扩散流动的路径，犹如大树的养分通过主干流向各个分支，因此常称之为时钟树。一些传统的低端 8 位单片机，诸如 51、AVR 等单片机，自身也具备一个时钟树系统，但它们中的绝大部分是不受用户控制的，即在单片机上电后，时钟树就固定在某种不可更改的状态。例如，51 单片机使用典型的 12MHz 晶振作为时钟源，则其诸如 I/O 口、定时器、串口等外设的驱动时钟频率便被系统固定，用户无法更改此时钟的频率，除非更换晶振。

而 STM32 的时钟树则是可配置的，其时钟输入源与最终到达外设的时钟速率不再有固定的关系。图 1.2 是 STM32F10X 的时钟树结构图。要学会 STM32，必须理解时钟树的输入和输出关系。现以图 1.2 中的圆框数字序号标示的部分为例，说明时钟输入与时钟输出的关系，输入至输出的路径可以选择路径一：①-②-③-④-⑤-⑥-⑦，当然也可以选择路径二：①-⑤-⑥-⑦。此处以路径一为例，做以下具体分析。

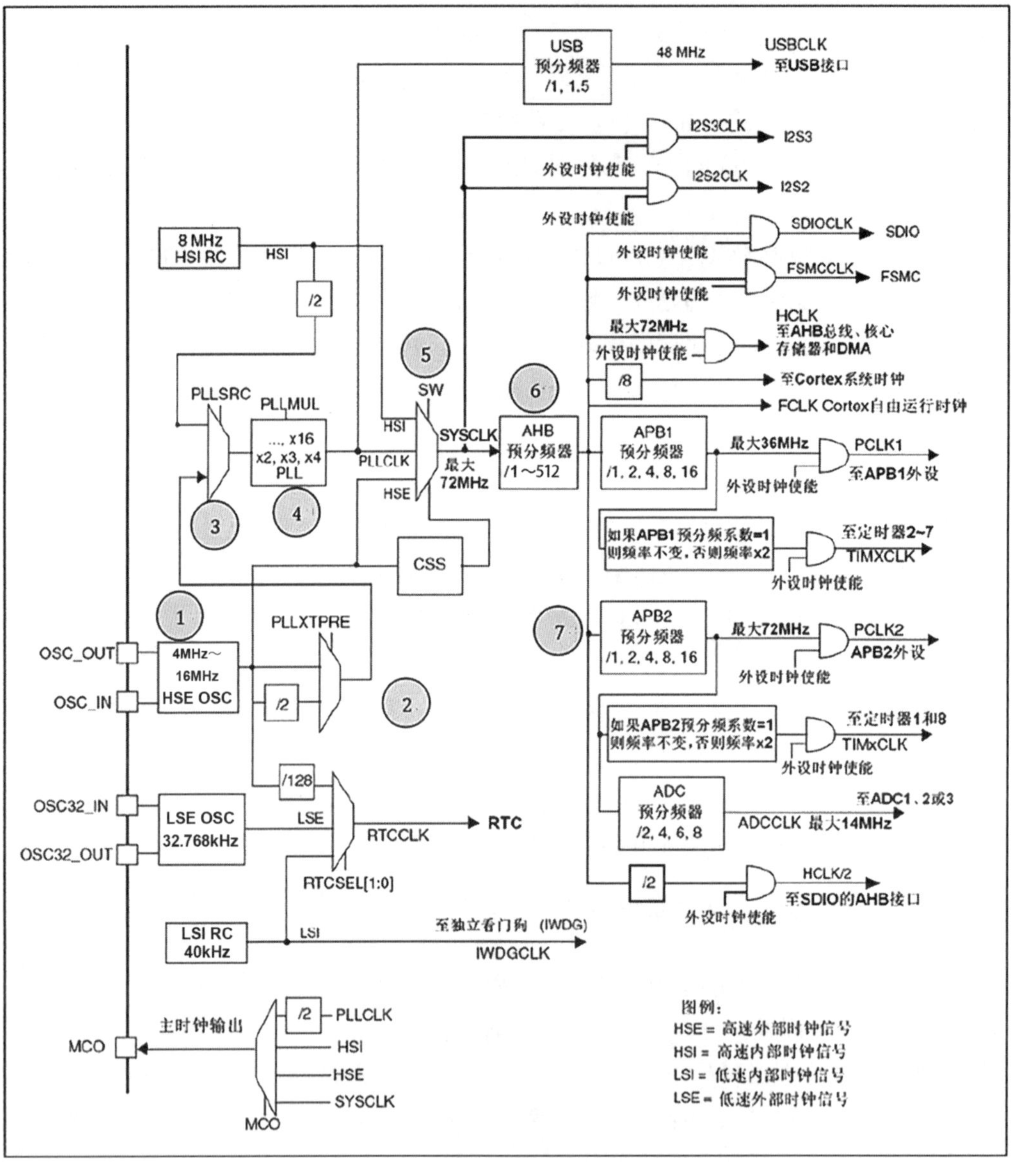

图 1.2　STM32F10X 的时钟树结构图

①——输入，外部晶振（HSE），频率可选为 2MHz～16MHz。

②——第一个分频器 PLLXTPRE，可以选择 1 分频或 2 分频。

③——时钟源选择，开关 PLLSRC，可以选择其输出，输出为外部高速时钟信号（HSE）或内部高速时钟信号（HSI）。这里选择输出为 HSE。

④——PLL（锁相环），具有倍频功能（输入倍频因子 PLLMUL，2~16 倍），经过 PLL 的时钟称为 PLLCLK。倍频因子设定为 9 倍，也就是说，经过 PLL 之后，时钟从原来 8MHz 的 HSE 变为 72MHz 的 PLLCLK。

⑤——开关SW，经过这个开关之后就是STM32的系统时钟（SYSCLK）了。通过这个开关，可以切换SYSCLK的时钟源，时钟源可以设置为HSI、PLLCLK、HSE。如果设置为PLLCLK，则SYSCLK的频率就为72MHz。

⑥——AHB预分频器（分频系数为1~512)。如果设置为1，则分频系数为1。

⑦——APB2 预分频器（分频系数为 1，2，4，8，16)。如果设置为 1，则分频系数为1，高速外设APB2（PCLK2）的频率为72MHz。

4. STM32中与时钟相关的概念

（1）SYSCLK：系统时钟，是STM32大部分器件的时钟来源。它由AHB预分频器分配到各个器件。

（2）HCLK：由AHB预分频器直接输出，作为高速总线AHB的时钟信号，提供给存储器、DMA及Cortex内核。

（3）FCLK：同样由 AHB 预分频器输出，是内核的“自由运行时钟”。“自由”表现在它不来自时钟 HCLK，因此在时钟 HCLK 停止时 FCLK 将继续运行。它的存在，可以保证在处理器休眠时，也能采样中断和跟踪休眠事件。

（4）PCLK1：外设时钟，由 APB1 预分频器输出得到，最大频率为 36MHz，提供给挂载在APB1总线上的外设（低速外设）。

（5）PCLK2：外设时钟，由 APB2 预分频器输出得到，最大频率为 72MHz，提供给挂载在APB2总线上的外设（高速外设）。

5. 时钟输出的使能及其流程

在以上的时钟输出中有很多是有使能控制功能的，如 AHB 总线时钟、内核时钟、各种APB1外设时钟、APB2外设时钟等。

当需要使用某模块时，必须先使能对应的时钟。需要注意的是定时器的倍频器，当APB的分频系数为1时，它的倍频值为1，否则它的倍频值为2。

连接在 APB1 上的设备（低速外设）有电源接口、备份接口、CAN、USB、IC1、r2C2、UART2、UART3、SPI2、窗口看门狗、Timer2、Timer3、Timer4。注意：USB 模块虽然需要一个单独的48MHz时钟信号，但它不是供USB模块工作的时钟，而只是供串行接口引擎（SIE）使用的时钟。USB模块工作的时钟应由APB1提供。

连接在APB2上的设备（高速外设）有GPIO_A～GPIO_E、USARTI、ADC1、ADC2、ADC3、TIM1、TIM8、SPI1、AFIO。

1.2.5 STM32典型芯片

根据存储容量，ST 芯片分为三大类：LD（小于 64KB)、MD（小于 256KB)、HD（大于256KB)，而芯片STM32F103ZET6属于第三类，它是STM32系列中的一个典型芯片，本书所选用的开发板，其MCU芯片就是STM32F103ZET6。

以下是它的性能简介。

（1）基于 ARM Cortex-M3 核心的 32 位微控制器，LQFP-144 封装。

（2）512KB 片内 Flash（相当于硬盘，程序存储器），64KB 片内 RAM（相当于内存，数据存储器），片内 Flash 支持在线编程（IAP）。

（3）系统频率高达 72MHz，数据、指令分别走不同的流水线，以确保 CPU 运行速度最大化。

（4）通过片内 BOOT 区，可实现串口的在线程序烧写（ISP）。

（5）片内双 RC 晶振，提供 8MHz 和 40kHz 的频率。

（6）支持片外高速晶振（8MHz）和片外低速晶振（32kHz）。其中，片外低速晶振可用于 CPU 的实时时钟，带后备电源引脚，用于掉电后的时钟保持。

（7）42 个 16 位的后备寄存器（可以理解为电池保存的 RAM)，利用外置的纽扣电池，可实现掉电数据保存功能。

（8）支持 JTAG、SWD 调试。可在廉价的 J-Link 的配合下，实现高速、低成本的开发调试。

（9）多达 80 个 GPIO（大部分兼容 5V 逻辑电平）；4 个通用定时器，2 个高级定时器，2 个基本定时器；3 路 SPI；2 路 I^2S 接口；2 路 I^2C 接口；5 路 USART；1 个 USB 从设备接口；1 个 CAN 接口；1 个 SDIO 接口；可兼容 SRAM、NOR 和 NAND Flash 接口的 16 位总线的可变静态存储控制器（FSMC）。

（10）3 个共 16 通道的 12 位 ADC，2 个共 2 通道的 12 位 DAC，支持片外独立电压基准。ADC 转换速率最高可达 1μs。

（11）CPU 的工作电压范围：2.0～3.6V。

1.3 STM32 的开发

1.3.1 STM32 的 4 种开发模式

STM32 的开发模式通常有基于标准库开发、基于寄存器开发、基于 HAL 库开发和基于 LL 库开发。需要指出的是，从另一个角度看，STM32 的开发又可分为嵌入式操作系统的开发和无操作系统的开发。

1. 基于标准库开发

标准库全名叫标准外设库（Standard Peripheral Library)，它对寄存器进行封装，形成一套 API 函数供用户使用，用户借助它可直接开发应用层程序。但它有以下两个缺点：①使用库函数方式不能够自由控制硬件，存在一定的局限性，灵活性受到影响；②性能相对较低。目前 ST 公司已经停止了对标准库的开发与更新。

2. 基于寄存器开发

采用这种开发模式，用户需要自己去操作底层外设寄存器。这种开发模式有具体参数更直观、程序运行占用资源少等优势。但对于 STM32，其外设资源丰富，必然会导致开发

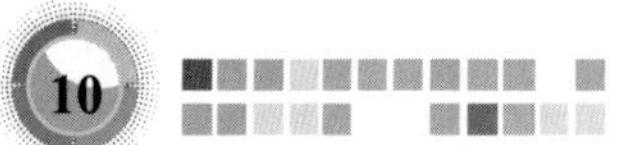

难度和复杂度的增加，从而影响开发速度，而且存在程序可读性差、维护复杂等问题。

3. 基于 HAL 库开发

基于 HAL 库开发是 ST 公司目前力推的开发方式，HAL 的全称是 Hardware Abstraction Layer（硬件抽象层）。从某种意义上说，标准库是对寄存器配置的封装，而 HAL 库是对特定功能的封装，因此，实现同样的功能，标准库可能要写几行代码，HAL 库只需一行代码就够了，并且 HAL 库很好地解决了程序移植的问题，使用 HAL 库时，只要外设相同，不同 STM32 芯片的程序基本可以通用。同时 ST 公司提供的图形化的一键生产代码的工具，通过图形化界面完成对外设的配置，大大减少了标准库开发的步骤。当然，HAL 库较多的函数嵌套及结构体索引，会占用更多的程序空间，使效率会有一定程度的降低。

目前基于 STM32CubeIDE 的 HAL 库开发模式是 ST 公司主推的开发模式。

4. 基于 LL 库开发

ST 公司在推出 HAL 库时，停止了对标准库的更新，并且对新出的芯片不再提供标准库，但考虑到 HAL 库效率较低的问题，ST 公司同时推出了 LL（Low Layer drivers）库。LL 库的手册通常包含在 HAL 库手册中。

从官方手册（例如，Description of STM32F1 HAL and Low-layer drivers）的英文原文可知，底层驱动程序旨在提供快速的轻量级面向专家的层，该层比 HAL 更接近硬件。该开发模式主要用于对一些低性能（M0 系列）或低功耗（L 系列）芯片的开发。相较于基于 HAL 库开发的低效率、基于寄存器开发的复杂性和基于标准库开发的逐渐淘汰，对特定芯片系列而言，基于 LL 库开发就成为替代基于 HAL 库开发的更优方案。低层驱动程序可以在无 HAL 驱动程序的模式下使用，也可以在有 HAL 驱动程序的模式下使用，它与 HAL 完全独立。

上述 4 种开发模式的资源占用和代码效率对比如表 1.1 所示。为方便表述，表 1.1 中将 4 种开发模式简写为：SPL、寄存器、Cube HAL、Cube LL。

表 1.1　4 种开发模式的资源占用和代码效率对比

<table>
<tr><th>对比场景</th><th>对比项目</th><th>SPL</th><th>寄存器</th><th>Cube HAL</th><th>Cube LL</th></tr>
<tr><td rowspan="5">GPIO</td><td>代码大小（ROM:B）</td><td>1436</td><td>980</td><td>3204</td><td>1228</td></tr>
<tr><td>内存占用（RAM:B）</td><td>8</td><td>0</td><td>8</td><td>4</td></tr>
<tr><td rowspan="3">执行效率（Cycles）
（时钟初始化、GPIO 初始化、GPIO 翻转）</td><td>1892</td><td>1835</td><td>2606</td><td>1948</td></tr>
<tr><td>410</td><td>14</td><td>423</td><td>72</td></tr>
<tr><td>18</td><td>4</td><td>16</td><td>7</td></tr>
<tr><td rowspan="6">基于 DMA 的 ADC</td><td>代码大小（ROM:B）</td><td>2580</td><td>1104</td><td>6620</td><td>1456</td></tr>
<tr><td>内存占用（RAM:B）</td><td>104</td><td>0</td><td>152</td><td>0</td></tr>
<tr><td rowspan="4">执行效率（Cycles）
（时钟初始化、ADC 初始化、DMA 初始化、采集 100 次）</td><td>2295</td><td>2155</td><td>3089</td><td>2254</td></tr>
<tr><td>1344</td><td>810</td><td>1627</td><td>955</td></tr>
<tr><td>137</td><td>19</td><td>122</td><td>127</td></tr>
<tr><td>1425</td><td>1422</td><td>1862</td><td>1422</td></tr>
</table>

续表

对比场景	对比项目	SPL	寄存器	Cube HAL	Cube LL
定时器的 PWM 输出	代码大小（ROM:B）	5254	1996	2100	1080
	内存占用（RAM:B）	68	20	32	0
	执行效率（Cycles）（时钟初始化、TIM 初始化、调整 Duty）	3121	2267	2245	2198
		795	747	202	35
		5	6	2	1

1.3.2 HAL 库的文件结构

HAL 库的文件结构如下。

1. CMSIS

微控制器软件接口标准（Cortex Microcontroller Software Interface Standard，CMSIS），是 ARM 公司与芯片公司和软件开发公司共同制定的标准，图 1.3 为 CMSIS 架构图。第一层为用户层，是用户开发的应用代码；第二层是中间层，HAL 库属于这一层中的 Peripheral HAL 模块；第三层为硬件层，用户对硬件层的开发需要借助中间层。

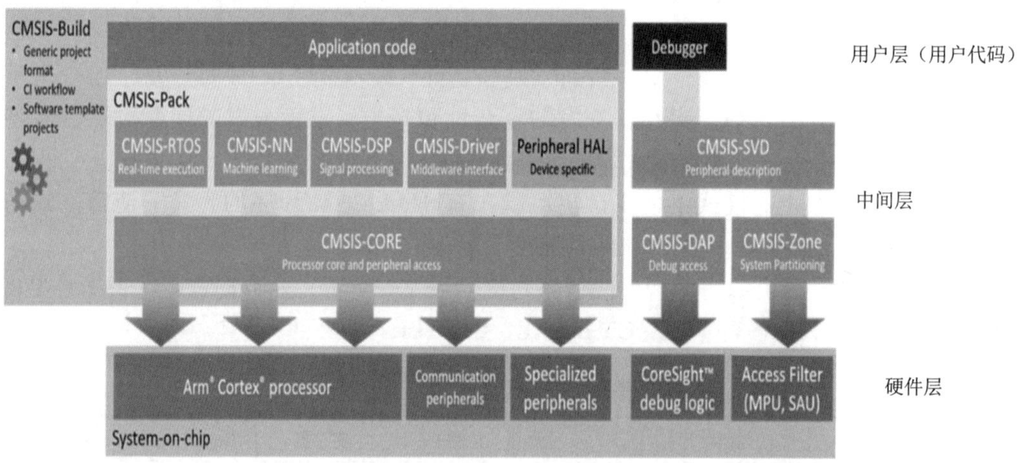

图 1.3　CMSIS 架构图

2. CMSIS 文件夹

在 STM32CubeIDE 所创建的工程中，Drivers 文件夹包含两个重要的文件夹：CMSIS 和 STM32F1xx_HAL_Driver。CMSIS 文件夹包含内核文件、控制器头文件、启动文件等，当创建一个新工程时将使用其中部分文件。STM32F1xx_HAL_Driver 文件夹主要包含 HAL 库外设的驱动源码及 F1 系列 HAL 库源文件和头文件，当创建一个新工程时也将使用其中部分文件。

CMSIS 文件夹包含了 Include 文件夹和 Device 文件夹。Include 文件夹主要包含编译器头文件和 Cortx-M 内核及设备文件。Device 文件夹主要包含微控制器的专用头文件、启动文件和系统文件。

在 Device 文件夹下的“Device\ST\STM32F1xx\Include”文件夹主要包含以下文件。

（1）stm32f1xx.h，是 F1 系列的顶层头文件，一般通过条件编译来包含某个芯片的头文件、通用枚举类型的定义及通用宏定义。

（2）stm32f1xe.h，主要包含中断编号的定义、外设寄存器结构体类型的定义、寄存器映射、寄存器位定义、外设判定等。

（3）system_stm32f1xx.h，定义了系统初始化函数和系统始终更新函数。

（4）startup_stm32f103xe.s 是大容量 F103 系列芯片的启动文件。

Include 文件夹下的文件如图 1.4 所示。

Drivers > CMSIS > Device > ST > STM32F1xx > Include

名称

stm32f1xe.h

stm32f1xx.h

stm32f103xe.s

system_stm32f1xx.h

图 1.4 Include 文件夹下的文件

其中主要的头文件如下：cmsis_armcc.h（该头文件主要用于 AC5 编译器）、cmsis_armclang.h（该头文件主要用于AC6编译器）、cmsis_compiler.h（该头文件主要为AC5和 AC6 编译器共用）、core_cm3.h（该头文件主要为 Cortex-M3 内核，F1 系列需要重点关注）、mpu_armv7.h（该头文件主要用于 mpu 的内存保护）。

3. HAL 库

1）HAL 库文件夹

STM32F1xx_HAL_Driver 文件夹包含了 F1 系列嵌入式 HAL 库，该文件夹包含 Inc 文件夹和 Src 文件夹，如图 1.5 所示。Inc 文件夹下有外设驱动源码的头文件，以及补充源文件夹 Legacy；Src 文件夹下是外设驱动源码文件。

图 1.5 STM32F1xx_HAL_Driver 文件夹包含的文件夹

2）HAL 库文件

HAL 库文件有以下 8 个，如表 1.2 所示。

表 1.2　HAL 库文件

文件名称	说明
stm32f1xx_hal.h stm32f1xx_hal.c	HAL 库初始化、时钟配置、初始化 Flash 接口、HAL 库延时等
stm32f1xx_hal_conf.h	用户配置的文件，如端口、时钟晶振等，用于 HAL 库的剪裁
stm32f1xx_hal_def.h	包含了 HAL 库的共用定义、枚举、结构体和宏定义
stm32f1xx_hal_cortex.h stm32f1xx_hal_cortex.c	内核通用函数定义和声明
stm32f1xx_hal_xxx.c stm32f1xx_hal_xxx.h	任意外设的驱动源码文件，xxx 表示任意的外设

1.3.3 基于 HAL 库开发中必须掌握的几个概念

1. 句柄

所谓句柄，在 HAL 库里就是一个存储性质为全局变量的外设的结构体。

在基于标准库开发模式下，外设的初始化流程：先定义一个函数，在函数里定义一个结构体（局部变量），开启时钟，然后设置结构体成员，最后通过该结构体初始化外设。

在基于 HAL 库开发模式下，需要定义一个全局变量结构体，也就是句柄，为什么是全局变量？因为不仅初始化外设要使用它，之后对外设的一系列操作都需要使用它，如串口的初始化、接收和发送。

2. 回调函数

在基于标准库开发模式下，几乎不涉及回调函数（Callback Function），但是在基于 HAL 库开发模式下，频繁涉及回调函数。那么，为什么要使用回调函数？如果不使用回调函数，直接调用函数行不行？回调函数到底有什么作用？

在计算机科学中，回调函数是指一段以参数的形式传递给其他代码的可执行代码。换言之，回调函数就是一个通过函数指针调用的函数。

回调函数只是软件设计上的概念，与编程语言没有关系，几乎所有的编程语言都能实现回调函数。回调函数有利于代码结构化，将代码分为应用层、中间层和硬件驱动层，彼此独立，这样对程序的编辑、修改与移植均有利。结构化编程时，只需要定义中间函数，即可减小内存的开销。

回调函数与普通函数的区别在于：它往往是 weak 函数（弱函数），定义后被第三方调用。对一般函数而言，用户定义的函数均由用户程序本身调用。但对回调函数而言，情况并不是如此，虽然回调函数也可由用户定义，但是不被用户程序调用，而是被程序引用的

其他模块，也就是第三方库调用。调用程序发出对普通函数的调用后，程序转向被调用函数执行，直至被调用函数执行完毕再返回调用程序继续执行。调用程序发出对回调函数的调用后，不等待被调用函数执行完毕，立即返回调用程序继续执行，这样调用程序和被调用的回调函数“同时执行”。回调函数执行完毕后，会执行事先指定的函数来通知调用者函数回调结束。

3. HAL 库中的_weak 修饰符

在 HAL 库中，很多回调函数在定义时使用了_weak 作为前缀修饰符，这些函数被称为弱函数。用_weak 修饰符定义的函数，用户可以在用户文件中重新定义一个同名函数，在编译器编译时，将选择用户定义的函数，如果用户没有重新定义该函数，那么编译器将编译以_weak 修饰符定义的函数，编译器不会报错。

_weak 广泛应用于回调函数。其好处在于，HAL 默认定义了带_weak 修饰符的空的回调函数，保证编译器不会报错。用户可以自己定义同名的回调函数，不用担心函数重复定义的问题。例如，打开工程文件，在文件 stm32f1xx_hal.c 中，定义一个 HAL_MspInit，它的定义如下：

```
_weak void HAL_MspInit(void)
{
	_IO uint32_t tmpreg = 0x00;
	UNUSED(tmpreg);
}
```

4. 时钟配置

在基于标准库开发模式下，根据外设对应的 AHB、APB1、APB2 时钟通过调用对应的 RCC 函数打开时钟。以使能 ADC 和 GPIO 的时钟为例，基于标准库开发模式下的代码如下：

```
RCC_APB2PeriphClockCmd(RCC_APB2Periph_GPIOA |RCC_APB2Periph_ADC1, ENABLE );
```

在基于 HAL 库开发模式下，把每个外设和 GPIO 的时钟都单独定义为一个宏。因此，基于 HAL 库开发模式下的代码如下：

```
ADC_ADCX_CHY_CLK_ENABLE();          /* 使能 ADCx 的时钟 */
ADC_ADCX_CHY_GPIO_CLK_ENABLE(); /* 开启 GPIO 的时钟 */
```

5. HAL_XXX_MspInit 函数及其作用

HAL_XXX_MspInit 函数是 HAL 库中的一个回调函数，是一个弱函数，它会被 HAL 库中对应的 HAL_XXX_Init 函数调用，不需要用户自己调用。其中的 XXX 代表不同的外设，如串口对应的函数为：HAL_USART_MspInit()。

它的作用是配置外设及与 MCU 有关的底层驱动，包括时钟、引脚、DMA 等。目的是把与 MCU 相关的初始化和与 MCU 无关的初始化分开，使代码更清晰和有利于移植。

串口通信前，首先需要对串口初始化，串口初始化包括两个方面：一是对波特率、奇偶校验、停止位等的初始化，这些设置与MCU没有直接关系，可以使用STM32F1，也可以使用其他MCU；二是与MCU相关的初始化，如选用STM32F1，PA9为发送引脚，PA10为接收引脚，就要进行PA9、PA10等的初始化。因此，串口的初始化流程如下：

首先，通过HAL_USART_Init()进行与MCU无关的初始化；

然后，再用HAL_USART_MspInit()进行与MCU有关的初始化。

在HAL库中，几乎每初始化一个外设，就需要设置该外设与单片机之间的联系，如I/O口选用、是否复用等。由此可见，HAL库相对于标准库多了Msp函数之后，移植性得以大大增强，但同时增加了代码量和代码的嵌套层级。

1.3.4 如何学习STM32

学习STM32和其他单片机的最好方法是“学中做、做中学”，边学边练。

首先，大致学习一下STM32单片机的英文或中文手册，对该单片机的特点和工作原理有一个大概的了解。通过这一步，达到基本了解或理解STM32最小系统原理、程序烧写和运行机制的目的。

其次，从一个最简单的项目开始，例如发光二极管的发光控制，熟悉掌握STM32应用系统开发的全过程，找到STM32开发的感觉。

最后，继续对上述的最简单项目进行深化和变通，例如两个发光二极管的发光控制、发光时间的调整，还可以进一步推广到通过定时器、中断等控制发光二极管，以进一步熟悉开发过程，掌握开发的基本特点。

一个好的建议是，在学习的过程中，需要使用什么功能部件，就去重点学习相关知识，慢慢积累，这样，你就慢慢入门了。这就是蚂蚁搬家式的学习，把难度分解，从而困难就变小了。

一定要记住，学习STM32的最好方法是：动手做，什么时候你开始动手做，什么时候你就在掌握STM32开发的路上了。

1.3.5 学习STM32所需工具和平台

对于零基础学习嵌入式系统的学习者而言，有必要添置学习和开发工具，搭建一个最基本的学习平台，以达到事半功倍的效果。

1. 硬件平台

就硬件方面而言，通常必需的平台或工具有数字式万用表、J-Link或ST_LINK仿真器、STM32最小系统或开发板。

1）数字式万用表

数字式万用表，建议使用国产正品，例如胜利牌VC890C(D)就可以，价格也不贵。它主要用于对硬件系统做简单的检查，例如检查连接关系（通、断）、电源电压大小或正常与

否、开关信号的状态等。

2）仿真器

J-Link 是德国 SEGGER 公司为支持仿真 ARM 内核芯片推出的 JTAG 仿真器，如图 1.6 所示。它与 IAR EWAR、ADS、Keil、WINARM、RealView 等集成开发环境相配合，可支持 ARM7/ARM9/ARM11、Cortex M0/M1/M3/M4、Cortex A5/A8/A9 等内核芯片的仿真。它与 IAR、Keil 等编译环境可无缝对接，因此操作方便、简单易学，是学习开发 ARM 最实用的工具。

J-Link 具有 J-Link Plus、J-Link Ultra、J-Link Ultra+、J-Link Pro、J-Link EDU、J-Trace 等多个版本，可根据不同的需求选择不同的产品。

J-Link 主要用于在线调试，它集程序下载器和控制器为一体，使得 PC 上的集成开发软件能够对 ARM 的运行进行控制，比如，单步运行、设置断点、查看寄存器等。一般调试信息用串口“打印”出来，就如 Visual C 用 printf 函数在屏幕上显示信息一样，通过串口 ARM 就可以将需要的信息输出到计算机的串口界面。由于笔记本式计算机一般没有串口，所以常用 USB 转串口电缆或转接头实现。

ST-Link 是由 ST 公司推出的在线调试编程器（仿真器），如图 1.7 所示。它采用 5V 的 USB2.0 全速接口进行供电与数据传输，可以方便地对内部固件进行升级，同时支持以 JTAG 或 SWD 模式连接至 STM32 单片机，是目前使用最多的调试器。ST 公司出版了 3 种仿真器：ST-Link、ST-Link/V2、STLink-V3SET，适用于 STM8 和 STM32 系列芯片，支持 SWIM / JTAG / SWD 下载（SWIM 协议是一种用于 STM8 单片机的调试/编程协议）。

图 1.6　J-Link 仿真器

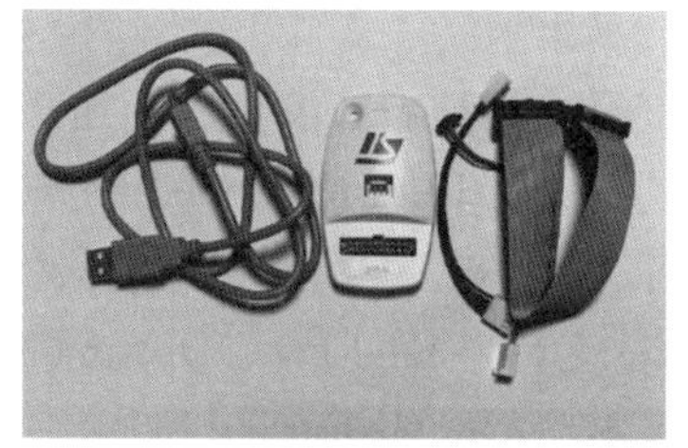

图 1.7　ST-Link

在 ST 公司官方网站下载 ST-Link/V2 的 USB 驱动程序与升级软件，安装驱动程序之后运行 STLinkUpgrade.exe，如图 1.8 所示。

STLinkUpgrade 3.13.4
ST-LINK/V2
Refresh device list
Open in update mode
ST-Link ID: 34FF68065250343854300343
Current Firmware:
Type:
Version: Unknown
Update to Firmware: Unknown
Upgrade
Releasing your creativity

图 1.8　运行 STLinkUpgrade.exe

连接ST-Link，如果未连接成功，请将Mini USB数据线拔出后重新上电。连接成功后，可查看当前ST-Link的版本号，然后单击Open in update mode按钮，再单击Upgrade按钮开始升级，完成后将会弹出升级成功的提示。

ST-Link上的LED指示灯用于提示当前的工作状态，具体情况如下：

- LED指示灯闪烁红色：ST-Link已经连接至计算机。
- LED指示灯保持红色：计算机已经成功与ST-Link建立通信连接。
- LED指示灯交替闪烁红色和绿色：数据正在传输。
- LED指示灯保持绿色：最后一次通信是成功的。
- LED指示灯为橘黄色：最后一次通信失败。

3）学习开发板

学习STM32系统，可使用最小系统板或STM32系统开发板。对于初学者，推荐采购STM32开发板，其对于常用的外设进行了集成，学习资料更丰富。本书采用的是市面上主流的以STM32F103ZET6为内核的一款开发板，集成资源大同小异，可自行选购。

2. 软件平台

就软件方面而言，通常采用的开发平台有Keil MDK和IAR，目前，ST公司强烈建议采用STM32CubeIDE作为开发平台。

STM32CubeIDE是ST公司推出的用于STM32开发的IDE，集成了芯片选择、代码初始化、C/C++程序编写、编译、烧录、调试等功能，不需要在环境配置、资源包配置、软件之间反复切换，真正做到了集成开发。相对于目前网上较为主流的Keil，STM32CubeIDE有着更高的集成度，并且基于Eclipse开发，使用起来更容易。其使用方法可参考官方教程，也可通过软件的Help→Information Center获取。STM32CubeIDE支持Win、Mac与Linux等平台，集成了ST公司的MCU-Finder（芯片查找与选择）与STM32CubeMX（芯片基础配置与代码初始化）；支持用ST-Link、OpenOCD、SEGGER J-Link三种GDB Server（调试程序）进行调试，可对应不同的仿真器硬件。具体使用方法在第2章进行阐述。本书所有的范例均基于STM32CubeIDE开发。

1.4 STM32的最小系统——学习和开发的最小平台

一个STM32最小系统，通常包含以下功能部件：STM32芯片、时钟系统、复位系统、调试接口、程序下载（烧写）接口、串口、电源。图1.9所示的系统基本包含了上述功能部件，是一个比较典型的STM32最小系统。

现结合图1.9，对该系统简单分析如下。

（1）电源：3.3V。该系统供电电源为5V，经过稳压芯片ASM1117-3.3转为3.3V，供STM32F103芯片使用，如图1.10所示。

（2）复位：包括上电复位和手动复位两种，手动复位电路设计图如图1.11所示。

（3）时钟：外接晶振的频率为8MHz。

（4）基本的人机界面：有两个 LED 指示灯和四个按键，如图 1.12 所示。

（5）J-Link（SWD）：JTAG/SWD 调试接口电路采用了标准的 JTAG 接法，如图 1.13 所示。这种接法兼容 SWD 接口，因为 SWD 只需要四根线（SWCLK、SWDIO、VCC 和 GND），按照四线制 SWD 接口的要求与下载器连接，以便下载程序和调试程序。J-Link 和 ST-Link 不仅可以下载程序，还可以对 STM32 单片机进行在线调试。

（6）Boot 配置：用于选择芯片上电后从何处读取可执行代码并运行。

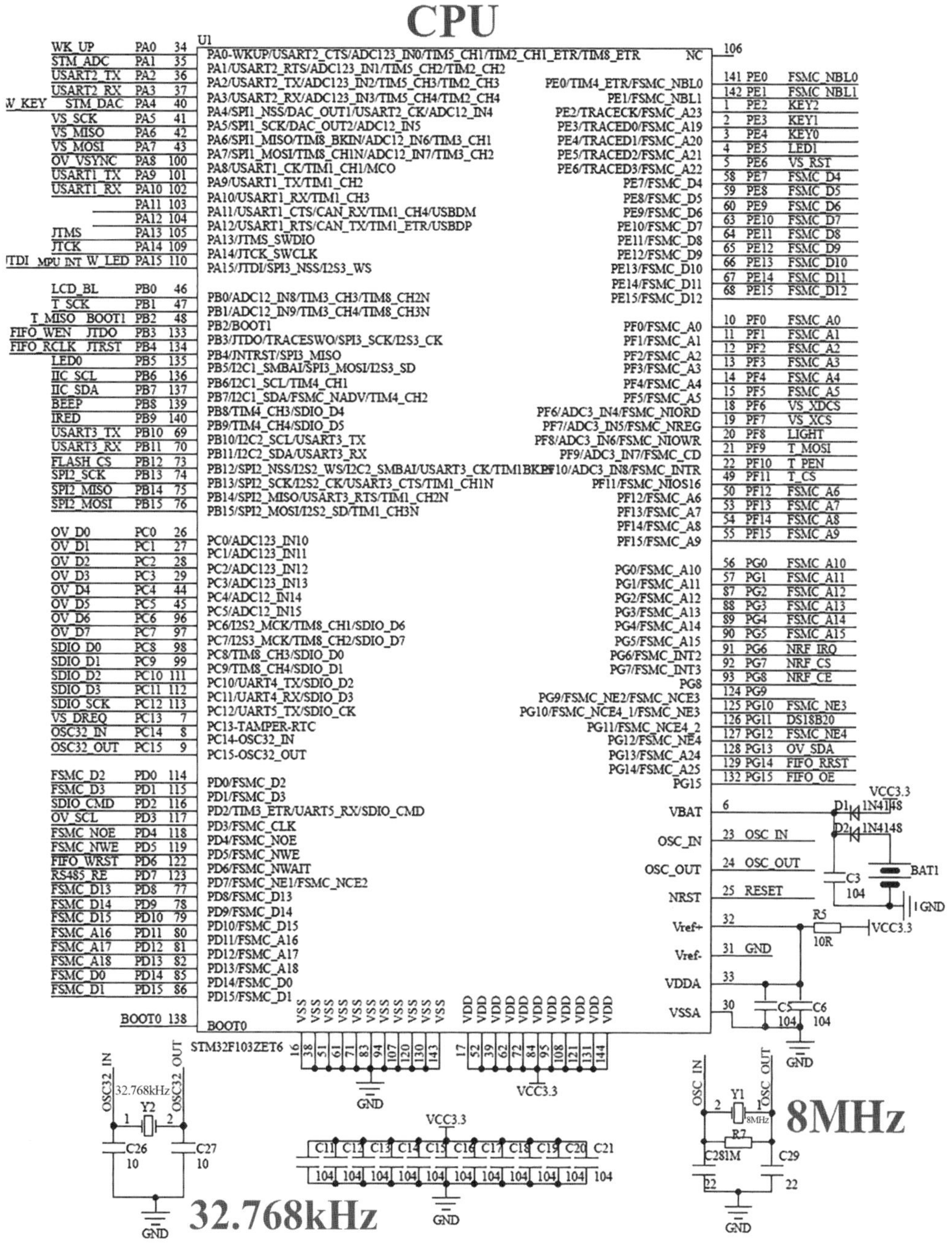

图 1.9　STM32 最小系统设计图

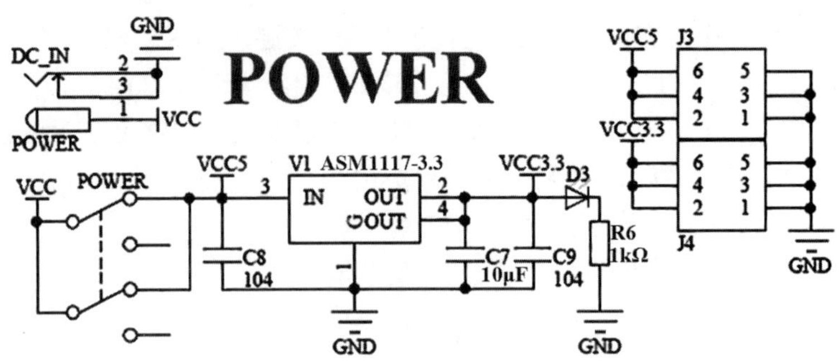

图 1.10　电源设计图

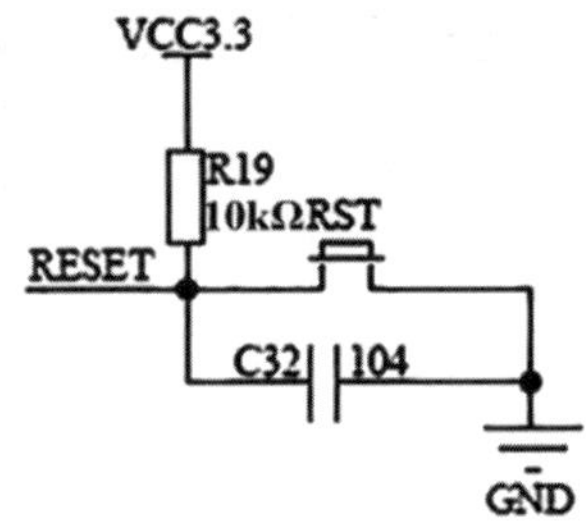

图 1.11　手动复位电路设计图

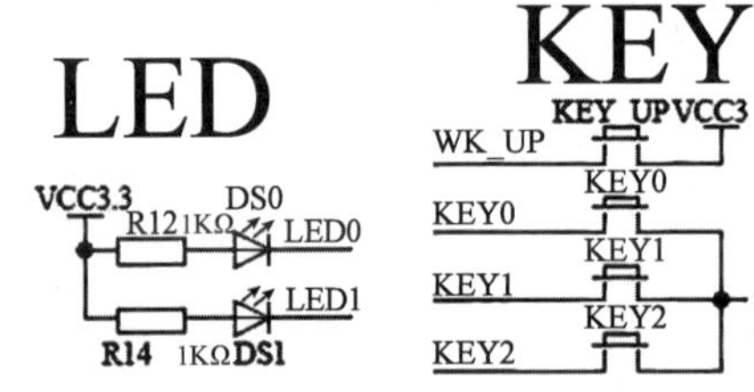

图 1.12　LED 指示灯和按键设计图

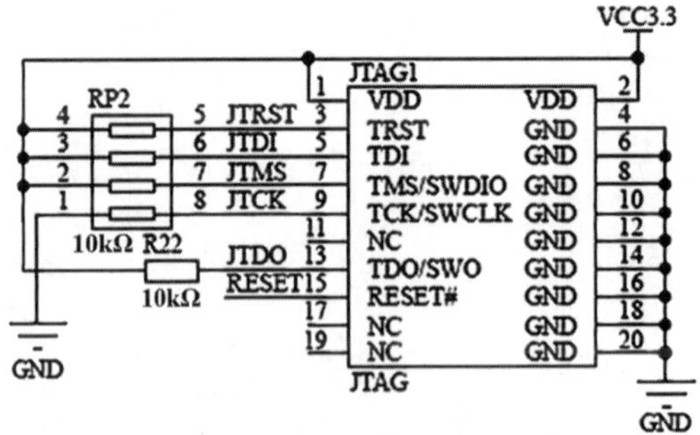

图 1.13　JTAG 接法

1.5　本章小结

本章重点：STM32 的基本原理、内部结构和时钟树，STM32 的四种开发模式和学习开

发平台，以及学习 STM32 的基本方法。

本章难点：时钟树及其意义、STM32 的工作原理。

思考与实践

1. 请举例说明在你身边有哪些嵌入式应用系统？
2. 请从产业发展规律角度说说为什么嵌入式系统在过去十年间得到迅猛发展。
3. STM32 单片机有哪些系列？各有什么特点？
4. 请简要阐述 STM32 单片机的基本组成和基本工作原理。
5. STM32 内部集成的外设模块通常有哪些？
6. 简要画出并分析 STM32 的时钟树。
7. Cortex-M3 内核的存储器类型有哪些？

第 2 章 STM32 的工程创建和调试

本章主要讨论 STM32 应用系统的工程创建和程序调试的基本方法。通过学习达到以下目标：

1. 知识目标。了解 STM32 应用系统的工程架构，熟悉 STM32CubeIDE 开发平台，理解程序调试的方法和意义。

2. 能力目标。能下载和安装 STM32CubeIDE 软件，使用它建立一个工程并进行程序下载和基本调试。

3. 素质目标。学会与他人交流和沟通，学会相互协作。

2.1 STM32CubeMX 与 STM32CubeIDE

2.1.1 什么是 STM32CubeMX

传统的单片机开发模式下，需要针对片上外设进行各种寄存器级初始化的工作，相当麻烦。ST 公司推出的 STM32CubeMX 是一款图形化代码生成工具，它通过图形化界面，可十分直观地配置各种片上时钟、中断、DMA、引脚等，直接生成初始化代码，使得开发人员可以将更多的精力放在核心代码的编写上。而生成的代码可选择性适配 IAR、Keil 及 ST 公司的免费开发工具 STM32CubeIDE。

2.1.2 STM32CubeIDE 与 STM32CubeMX 的区别

1. STM32CubeMX

STM32CubeMX 是图形化配置工具，通过图形化界面，帮助开发者快速配置各种外设和引脚，生成相应的初始化代码。

2. STM32CubeIDE

STM32CubeIDE 是集成开发环境（IDE），其核心是编译器，主要功能是编译代码和调试代码，类似于 Keil（MDK-ARM），它是 ST 公司收购第三方公司后开发的 ARM 免费开发工具。STM32CubeIDE 集成了 STM32CubeMX 工具。简单地说，就是：

STM32CubeIDE = STM32CubeMX + TrueSTUDIO（MDK）

2.2 STM32CubeIDE 开发平台的搭建

STM32CubeIDE 是面向 STM32 的一体化 C/C++集成开发环境，集成了 STM32CubeMX 的 STM32 外设配置和项目创建功能，具有 STM32 单片机外设配置、代码生成、代码编译和调试功能。它是基于 Eclipse / CDT 框架和 GCC 工具链开发，基于 GDB 调试的。利用该平台预配置微控制器或微处理器后，可创建项目并生成初始化代码。在开发过程中，用户可随时返回对外部设备或中间件进行初始化和配置，重新生成初始化代码，而不影响已生成的用户代码。

STM32CubeIDE 包括堆栈分析器，可为用户提供有关项目状态和内存要求的有用信息，并具备标准和高级调试功能，包括：CPU 内核寄存器、存储器和外设寄存器的视图、实时变量监视，以及 Serial Wire Viewer 接口或故障分析器。总之，STM32CubeIDE 是一个十分值得学习的开发平台。

2.2.1 IDE 平台的安装

在安装 STM32CubeIDE 开发环境之前需要先安装 Java 环境。从官方网站下载 STM32CubeIDE 软件安装包，网站如图 2.1 所示。

图 2.1 STM32CubeIDE 下载网站

根据自己计算机的操作系统选择对应的软件版本进行安装，如图 2.2 所示。

单击获取自己所需的软件版本，并在弹出的界面中单击“接受”按钮，如图 2.3 所示。

获取软件

	产品型号	一般描述	最新版本	供应商	下载	所有版本
+	STM32CubeIDE-DEB	STM32CubeIDE Debian Linux Installer	1.14.0	ST	获取最新版本	选择版本
+	STM32CubeIDE-Lnx	STM32CubeIDE Generic Linux Installer	1.14.0	ST	获取最新版本	选择版本
+	STM32CubeIDE-Mac	STM32CubeIDE macOS Installer	1.14.0	ST	获取最新版本	选择版本
+	STM32CubeIDE-RPM	STM32CubeIDE RPM Linux Installer	1.14.0	ST	获取最新版本	选择版本
+	STM32CubeIDE-Win	STM32CubeIDE Windows Installer	1.14.0	ST	获取最新版本	选择版本

图 2.2　选择 STM32CubeIDE 软件版本

许可协议

接受

Please indicate your acceptance or NON-acceptance by selecting "I ACCEPT" or "I DO NOT ACCEPT" as indicated below in the media.

BY INSTALLING COPYING, DOWNLOADING, ACCESSING OR OTHERWISE USING THIS SOFTWARE PACKAGE OR ANY PART THEREOF (AND THE RELATED DOCUMENTATION) FROM STMICROELECTRONICS INTERNATIONAL N.V, SWISS BRANCH AND/OR ITS AFFILIATED COMPANIES (STMICROELECTRONICS), THE RECIPIENT, ON BEHALF OF HIMSELF OR HERSELF, OR ON BEHALF OF ANY ENTITY BY WHICH SUCH RECIPIENT IS EMPLOYED AND/OR ENGAGED AGREES TO BE BOUND BY THIS SOFTWARE PACKAGE LICENSE AGREEMENT.

Under STMicroelectronics' intellectual property rights and subject to applicable licensing terms for any third-party software incorporated in this software package and applicable Open Source Terms (as defined here below), the redistribution, reproduction and use in source and binary forms of the software package or any part thereof, with or without modification, are permitted provided that the following conditions are met:

图 2.3　在“许可协议”界面单击“接受”按钮

在“获取软件”界面，使用已注册的账号进行登录并下载，如图 2.4 所示。

获取软件

如果您在my.st.com上有帐户，即可直接登录并下载软件。

登录/注册

如果您现在不想现在登录，只需要在下面的表单中提供您的姓名和电子邮件地址，就可以下载软件。

这允许我们保持跟你联系，并通知您有关于此软件的更新。

对于后续继续下载，大多数的软件都不再需要此步骤。

名:

姓:

E-mail address:

请查看我们的隐私声明，该声明描述了我们如何处理您的个人资料信息以及如何维护您的个人数据保护权利

☐ Please keep me informed about future updates for this software or new software in the same category

下载

图 2.4　“获取软件”界面

解压下载好的安装程序，如图 2.5 所示。

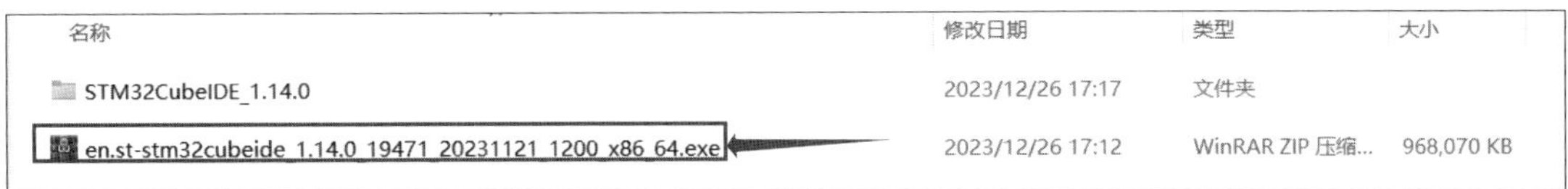

图 2.5 解压 STM32CubeIDE 安装程序

解压后以管理员身份运行安装程序，如图 2.6 所示。

单击 Next 按钮，如图 2.7 所示。

图 2.6 以管理员身份运行 STM32CubeIDE 软件安装程序　　图 2.7 单击 Next 按钮

单击 I Agree 按钮，如图 2.8 所示。

修改安装路径（注：路径中不要出现中文），如图 2.9 所示。

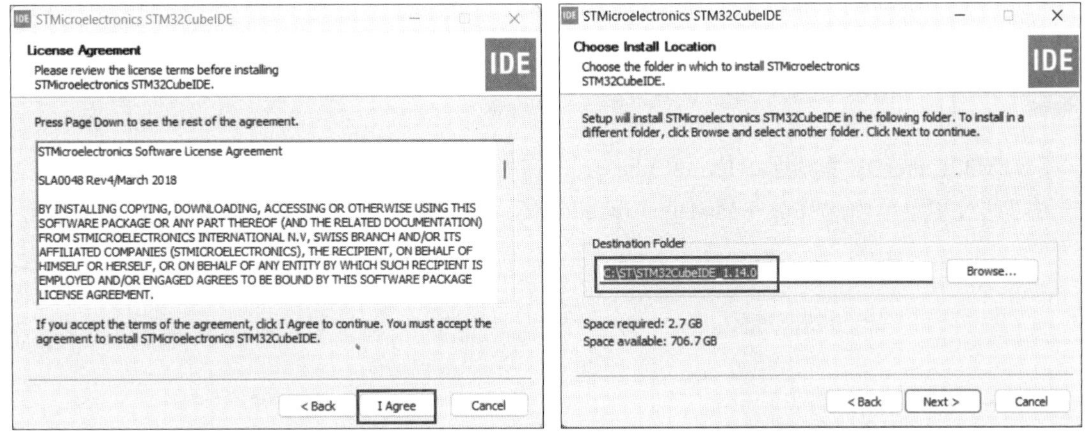

图 2.8 单击 I Agree 按钮　　图 2.9 修改安装路径

单击 Install 按钮，如图 2.10 所示。

等待安装，STM32CubeIDE 安装界面如图 2.11 所示。

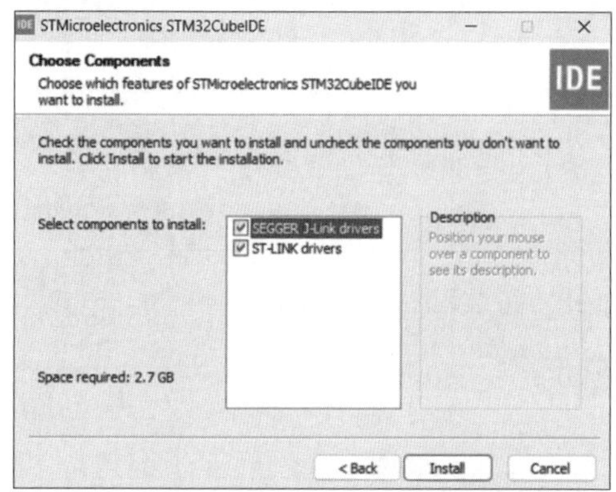

图 2.10　单击 Install 按钮

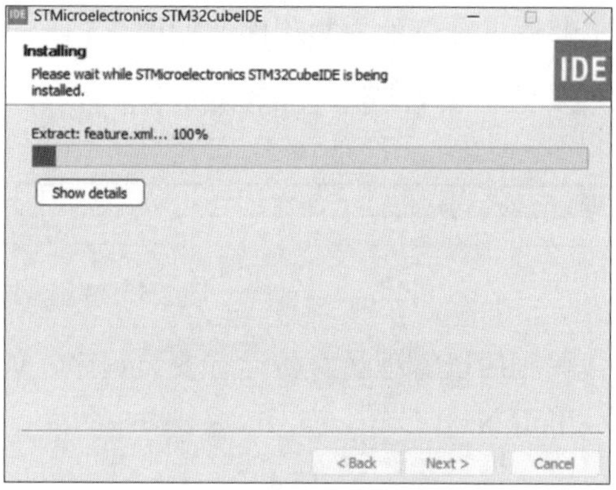

图 2.11　STM32CubeIDE 安装界面

单击 Finish 按钮结束安装，如图 2.12 所示。

设置目录存放路径，如图 2.13 所示。

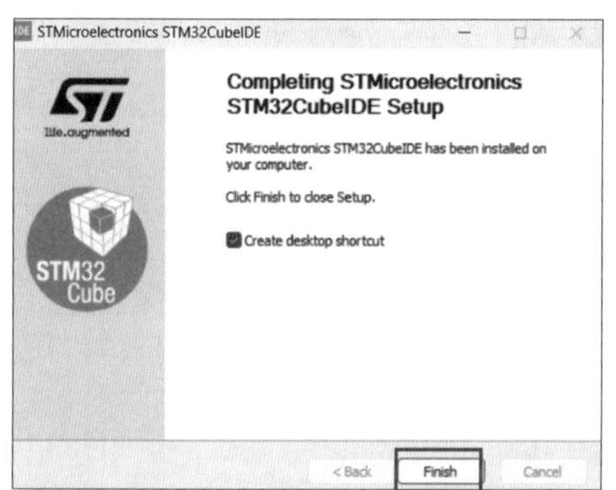

图 2.12　单击 Finish 按钮

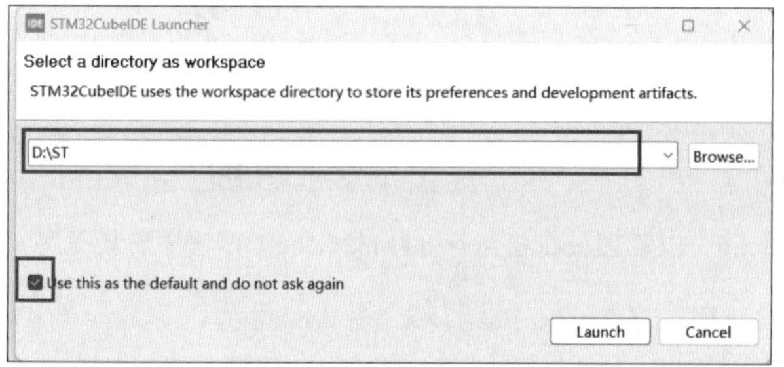

图 2.13　设置目录存放路径

2.2.2 Packs 包下载与安装

STM32CubeIDE 集成了 STM32CubeMX，在 STM32CubeMX 开发之前需要下载固件包，一般可通过主菜单中的 Help→Manage Embedded Software Packages 选项下载，如图 2.14 所示。

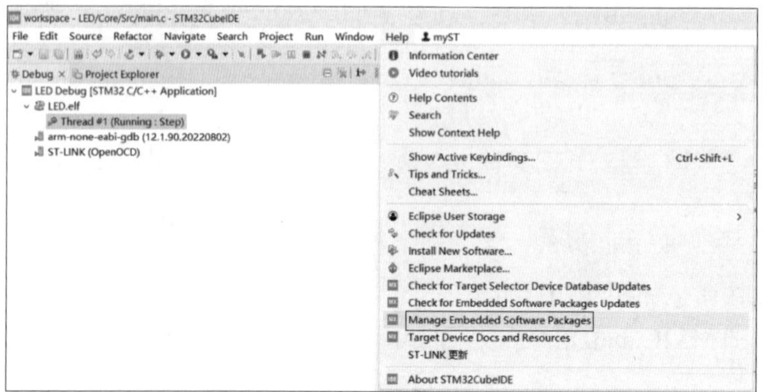

图 2.14　STM32CubeMX 固件包下载

需要注意的是，不同的主控芯片系列，其对应的固件包是不同的。

在弹出的界面中选择开发所用到的 MCU 的固件包，一般选择最新的固件包。关联 STM32Cube 固件包有两种方法，如图 2.15 所示。方法 1：去 ST 公司官网下载固件包后手动关联。方法 2：在联网的情况下直接下载。

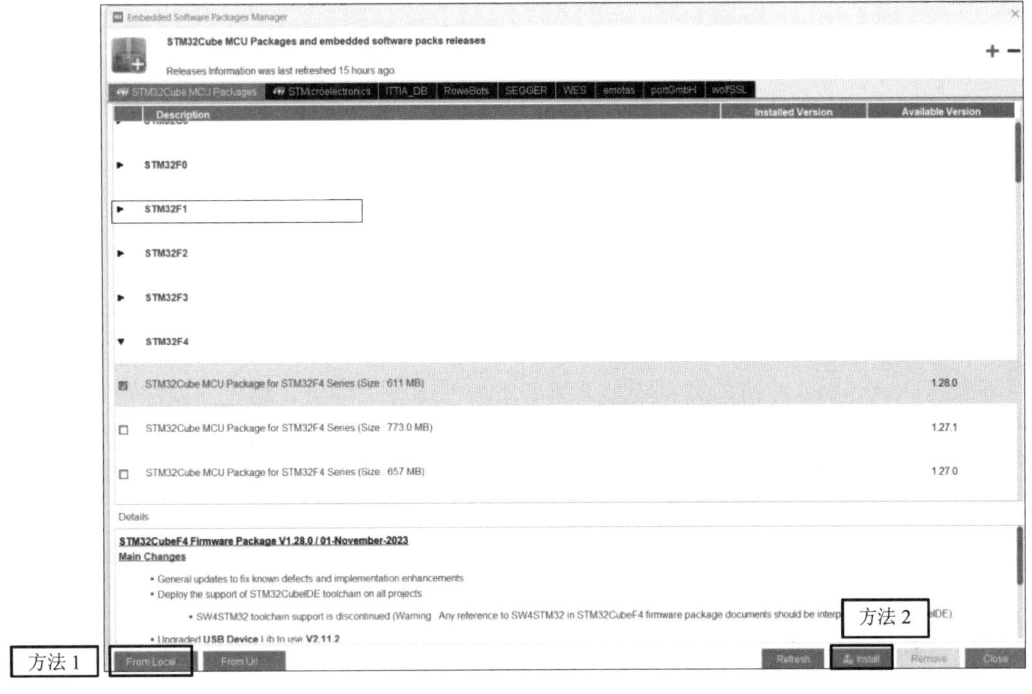

图 2.15　STM32Cube 固件包的关联方法

当选择方法 1 离线安装时，可在 ST 公司官网下载所需的固件包，如图 2.16 所示。

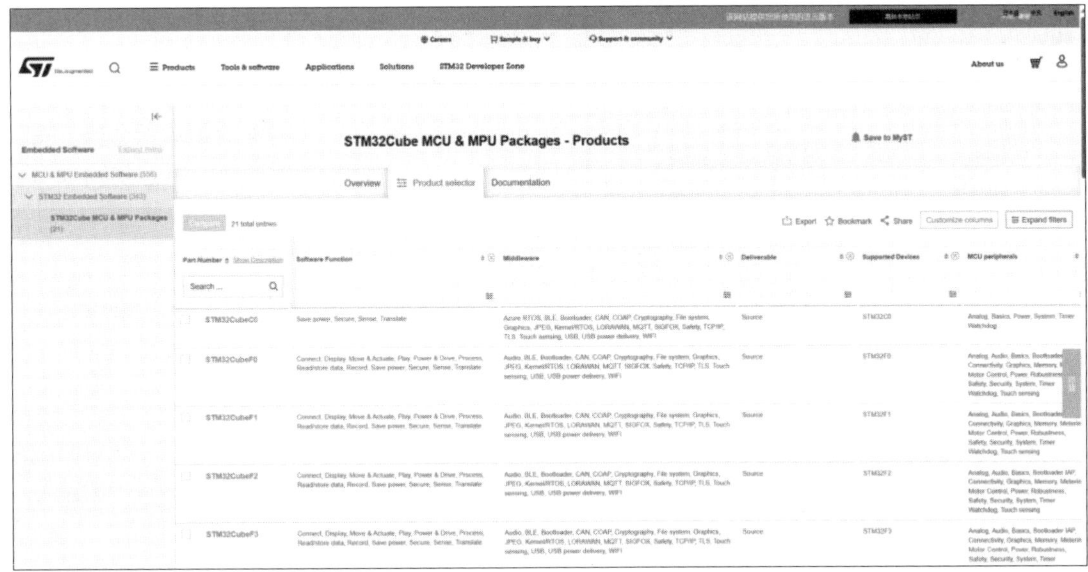

图 2.16　STM32Cube 固件包下载（离线安装）

选择需要的固件包，这里以本书需要的 F1 为例，如图 2.17 所示。

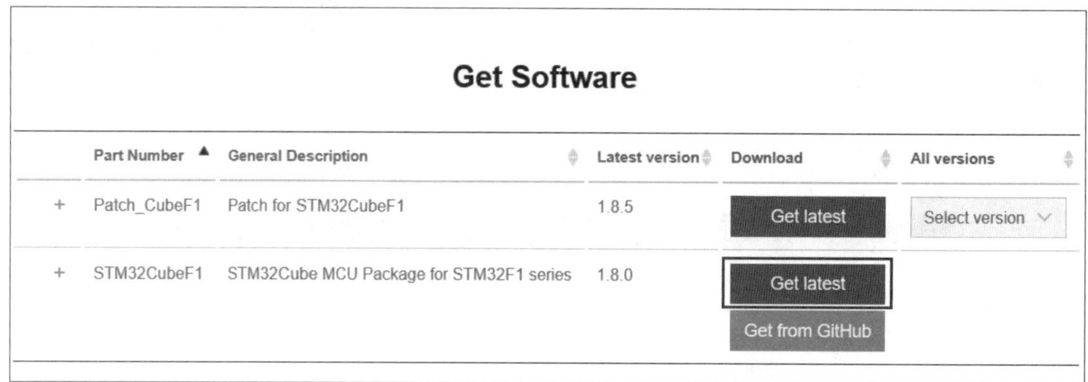

图 2.17　选择 STM32Cube 固件库

下载完成后，在 STM32CubeMX 软件的 Manage Embedded Software Packages 界面，单击左下方的 From local 按钮，选择刚刚下载到本地的固件包即可。这里需要注意，如果选择方法 1，单击后，弹出对话框，然后选择硬盘中对应的固件包，它是压缩包形式的固件包版本，如图 2.18 所示。如果选择方法 2，软件将在线下载固件包并解压后，自动关联。如果之前已经在线下载了固件包，这步操作可省略。

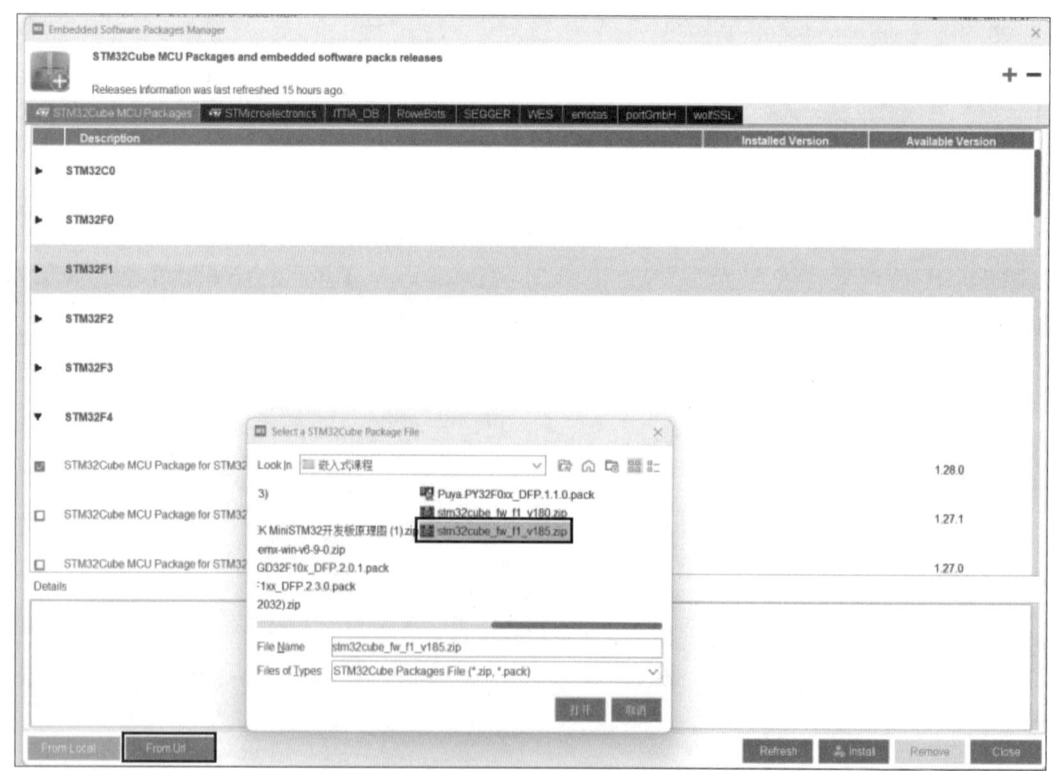

图 2.18　STM32Cube 本地安装

安装完成之后前面图标变成绿色，如图 2.19 所示。

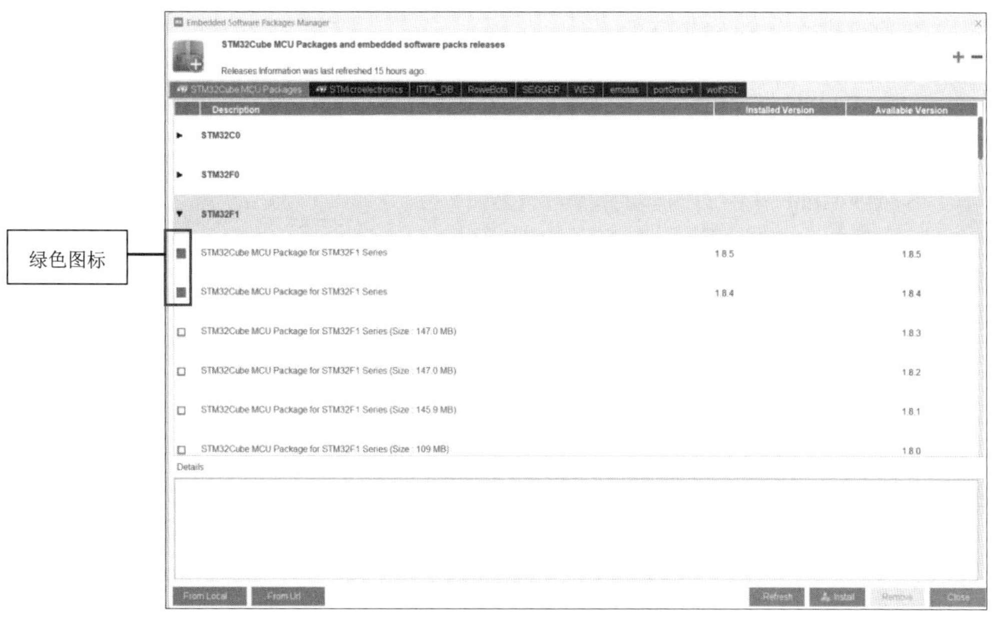

图 2.19　STM32Cube 本地安装完成

2.3 新建工程流程

使用 STM32CubeIDE，用户可以通过多种方法新建一个工程（Project，项目）。

在 STM32CubeIDE 的欢迎界面上，列出了创建/导入工程的快捷入口，如图 2.20 所示，分别对应以下四种场景。另外，也可通过 File 菜单下的 New 和 Import 选项实现相应的功能。

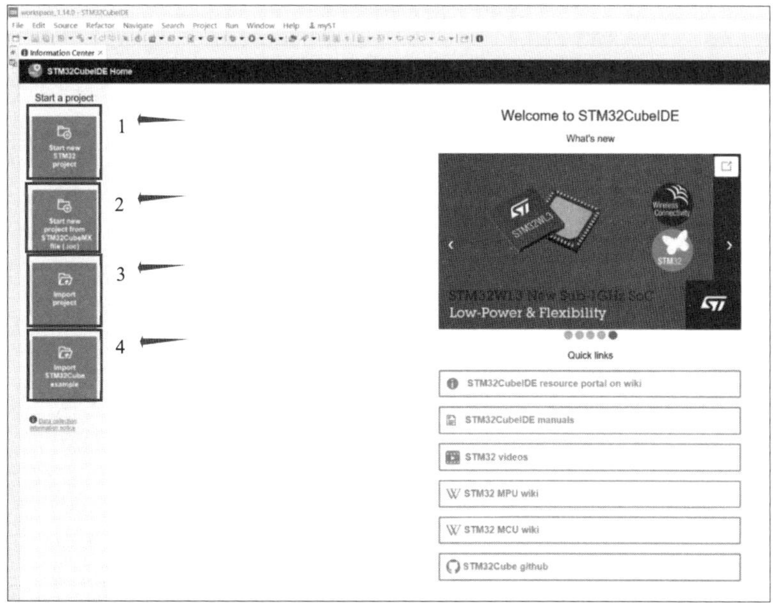

图 2.20　创建/导入工程的快捷入口

（1）从零开始新建一个 STM32 工程。

（2）已有 STM32CubeMX 的配置文件(*.ioc 文件)，希望根据该文件新建一个 STM32 工程。

（3）已有 SW4STM32 或 TrueSTUDIO 工程，希望将它们转换成 STM32CubeIDE 工程。

（4）基于 STM32Cube 库中的例程创建新工程。

步骤 1：单击图 2.20 所示界面中 1 指向的图标新建一个 STM32 工程，在弹出的对话框中选择 MCU/MPU Selector 选项卡，输入开发的嵌入式系统型号，选择正确的封装和型号，如图 2.21 所示。

图 2.21 STM32Project 对话框

步骤 2：设置工程名称和工程路径，如图 2.22 所示。

图 2.22 设置工程名称和工程路径

步骤3：设置工程基本信息，如图2.23所示。

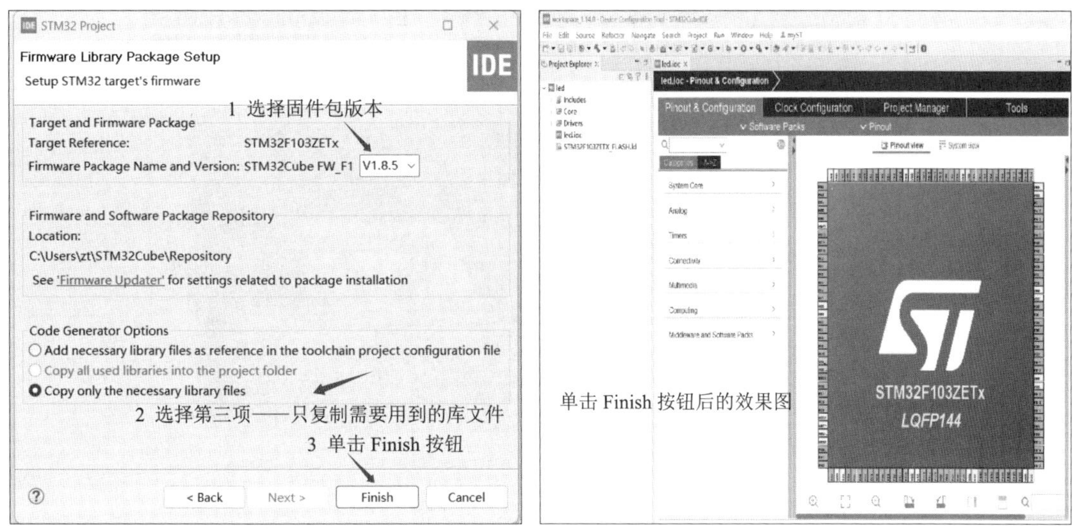

图2.23 设置工程基本信息

步骤4：图形界面说明，如图2.24所示。

图2.24 图形界面说明

步骤5：配置工程，如图2.25所示。

图 2.25　配置工程

步骤 6：时钟源配置，如图 2.26 所示。

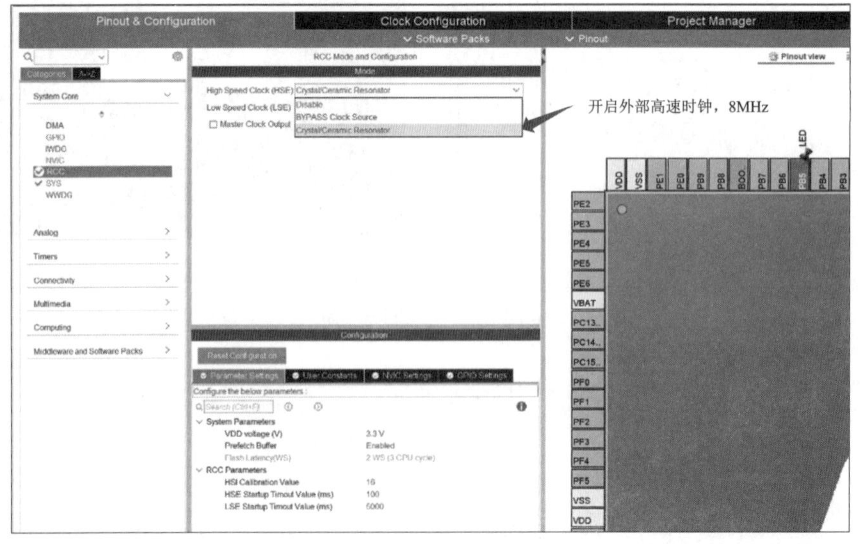

图 2.26　时钟源配置

步骤7：时钟树配置，如图2.27所示。

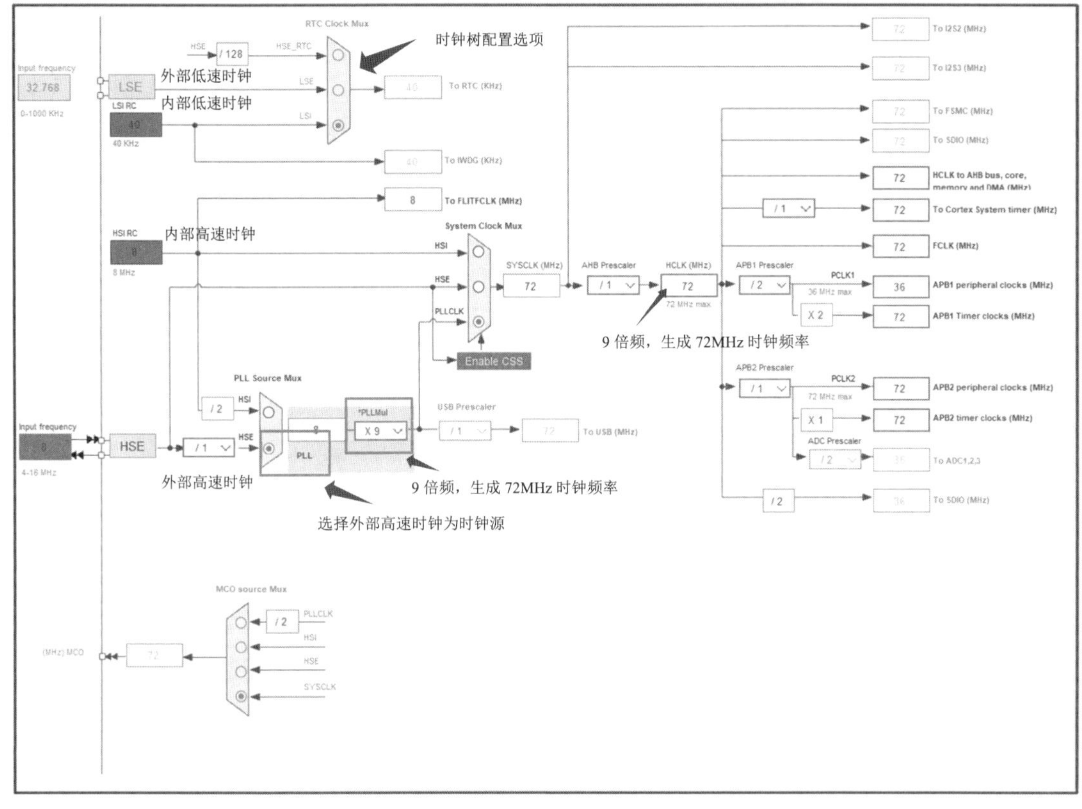

图2.27　时钟树配置

步骤8：GPIO口配置。以PB5-LED为例，根据电路设计图选择引脚的功能为GPIO_Output，并对引脚的参数进行配置，如图2.28～图2.30所示。

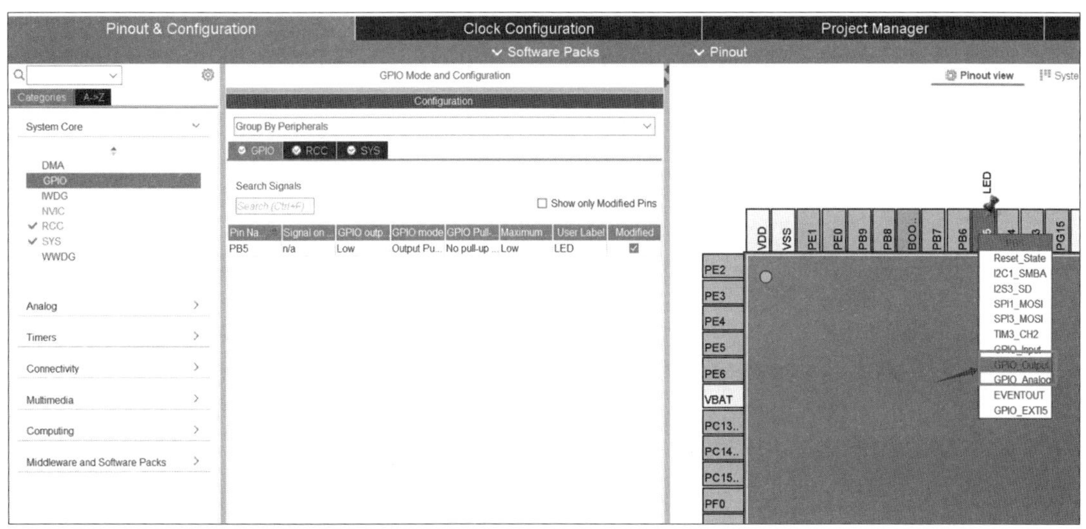

图2.28　PB5引脚功能配置

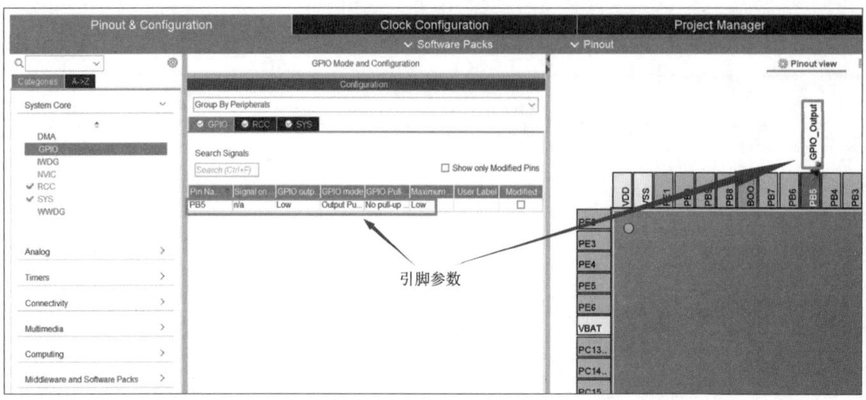

图 2.29　显示 PB5 引脚的参数

图 2.30　引脚参数配置

步骤 9：SYS 设置。选择 Serial Wire，如图 2.31 所示。

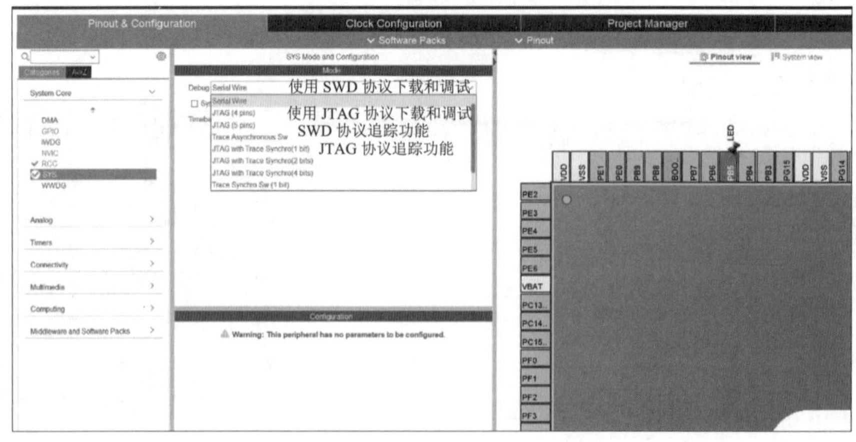

图 2.31　SYS 设置

步骤 10：工程管理设置，如图 2.32～图 2.34 所示。

Pinout & Configuration　Clock Configuration　Project Manager　Tools

工程 Project
代码生成 Code Generator
高级设置 Advanced Settings

Project Settings
Project Name　LED　工程名称
Project Location　工程路径
Application Structure　Advanced　工具包路径　Do not generate the main()
Toolchain Folder Location　开发环境
Toolchain / IDE　STM32CubeIDE　Generate Under Root

Linker Settings　堆栈空间设置
Minimum Heap Size　0x200
Minimum Stack Size　0x400

Thread-safe Settings
Cortex-M3NS
Enable multi-threaded support
Thread-safe Locking Strategy

Mcu and Firmware Package
Mcu Reference　STM32F103ZETx　单片机型号
Firmware Package Name and Version　固件库名称与版本　Use latest available version

图 2.32　工程管理设置（1）

Pinout & Configuration　Clock Configuration　Project Manager　Tools

Project
Code Generator
Advanced Settings

STM32Cube MCU packages and embedded software packs
Copy all used libraries into the project folder　C 和 H 文件全部复制到工程中
Copy only the necessary library files　只复制用到的 C 和 H 文件
Add necessary library files as reference in the toolchain project configuration file　从工程配置文件的路径调用

Generated files
Generate peripheral initialization as a pair of '.c/.h' files per peripheral　为每个外设生成独立的 C 和 H 文件
Backup previously generated files when re-generating　重新生成备份之前的文件
Keep User Code when re-generating　重新生成时保留用户代码
Delete previously generated files when not re-generated　重新生成时删除之前生成的代码

HAL Settings
Set all free pins as analog (to optimize the power consumption)
Enable Full Assert

User Actions
Before Code Generation　Browse
After Code Generation　Browse

Template Settings
Select a template to generate customized code　Settings

图 2.33　工程管理设置（2）

Pinout & Configuration　Clock Configuration　Project Manager　Tools

Project
Code Generator
Advanced Settings

Driver Selector　驱动软件
RCC　HAL
GPIO　HAL

Generated Function Calls　生成函数调用

Generate Code	Rank	Function Name	Peripheral Instance Name	Do Not Generate Function Call	Visibility (Static)
☑	1	SystemClock_Config	RCC	☐	☐
☑	2	MX_GPIO_Init	GPIO	☐	☑

Register CallBack　注册回调

ADC	DISABLE
CAN	DISABLE
CEC	DISABLE
DAC	DISABLE
ETH	DISABLE
HCD	DISABLE
I2C	DISABLE
I2S	DISABLE
MMC	DISABLE
NAND	DISABLE
PCCARD	DISABLE
PCD	DISABLE
RTC	DISABLE
SD	DISABLE
SMARTCARD	DISABLE
IRDA	DISABLE
SRAM	DISABLE
SPI	DISABLE
TIM	DISABLE
UART	DISABLE
USART	DISABLE
WWDG	DISABLE

图 2.34　工程管理设置（3）

步骤 11：生成代码，如图 2.35 所示。代码界面如图 2.36 所示。

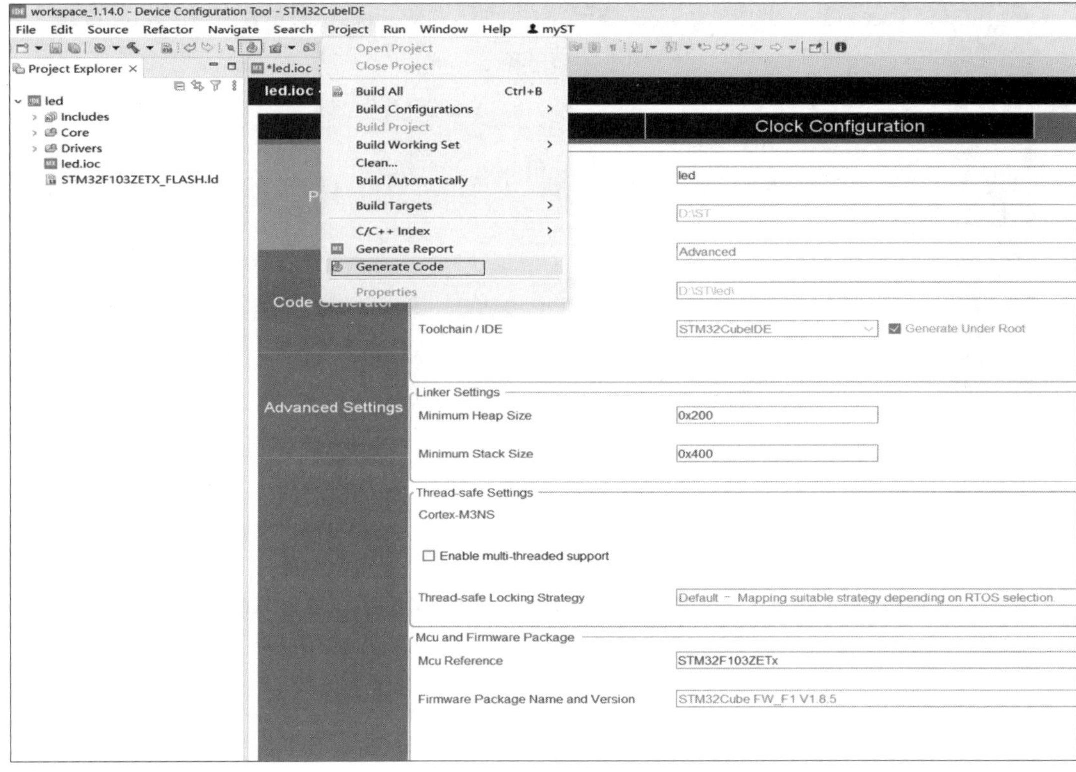

图 2.35　生成代码

图 2.36　代码界面

步骤 12：编写代码，如图 2.37 所示。

图 2.37　编写代码

2.4 STM32CubeIDE 的功能及其基本操作

STM32CubeIDE 是 ST 公司提供的免费软件开发工具，也是 STM32Cube 生态系统的重要部分。用户只需要借助 STM32CubeIDE 这个工具，就可完成从芯片选型、项目配置、代码生成，到代码编辑、编译、调试和烧录的所有工作。

2.4.1 工具栏介绍

图 2.38 所示为工具栏，图中标示了工具栏中与代码相关的按钮。

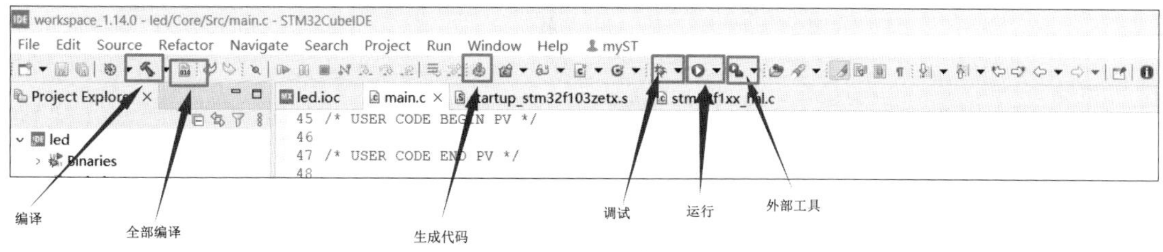

图 2.38　工具栏

STM32CubeIDE 工程编译完成且无任何错误，就可进行调试和下载了。在工具栏中有三个与调试和下载相关的按钮：调试、运行和外部工具。通过“调试”按钮旁边的小三角按钮，可打开 Debug Configurations 菜单，进行调试参数的配置，如调试器的选择、GDB 连接的设置、ST-Link 的设置、外部 Flash Loader 的设置等，并启动调试。通过“运行”按钮，可以仅下载程序不启动调试。通过“外部工具”按钮，可调用外部的命令行工具。

2.4.2 Debug 调试模式

STM32CubeIDE 使用 GDB 进行调试，支持 ST-Link 和 SEGGER J-Link 调试器，支持通过 SWD 或 JTAG 接口连接目标 MCU。STM32CubeIDE 工程编译完成之后，直接单击工具栏的爬虫按钮或者选择菜单 Run→Debug 选项，即可启动调试。如果是首次对当前工程进行调试，STM32CubeIDE将先编译工程，再打开调试配置窗口。调试配置窗口包含调试接口的选择、ST-Link 的设置、复位设置和外部 Flash Loader 的设置等选项，用户可检查或者修改各项配置。确认所有的配置均正确无误，就可以单击 OK 按钮，启动调试。STM32CubeIDE 先将程序下载至 MCU，然后从链接文件（*.ld）中指定的程序入口开始执行。默认从 Reset_Handler 开始执行程序，并暂停在 main 函数的第一行，等待调试指令。Debug 调试模式下的代码调试流程如图 2.39 所示。

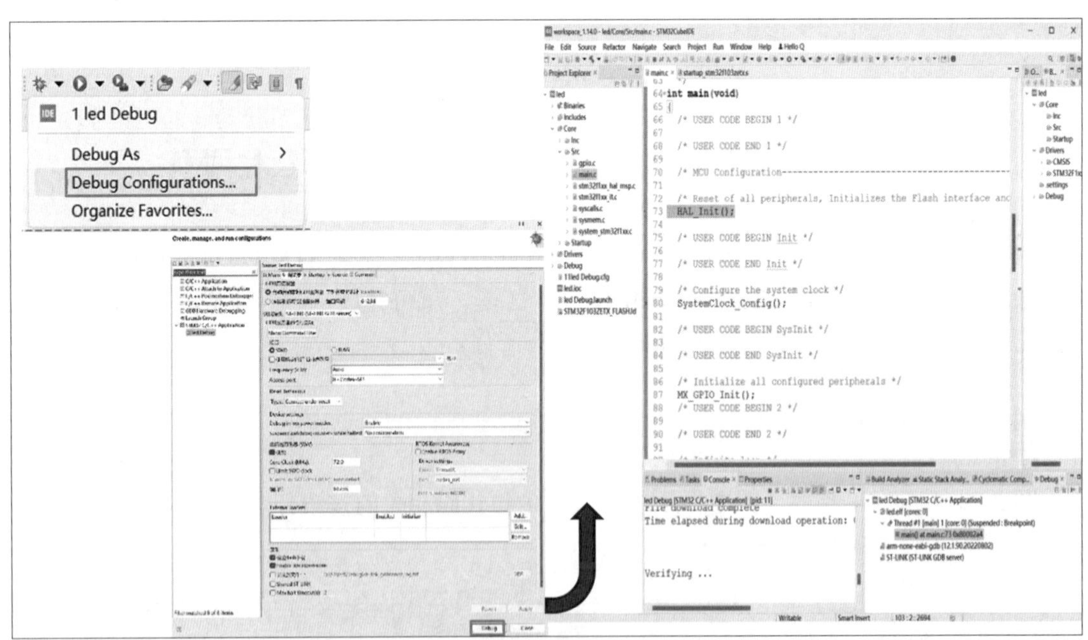

图 2.39 Debug 调试模式下的代码调试流程

启动调试后，STM32CubeIDE 将自动切换到调试透视图，在调试透视图的工具栏中，列出了调试操作按钮，如图 2.40 所示。

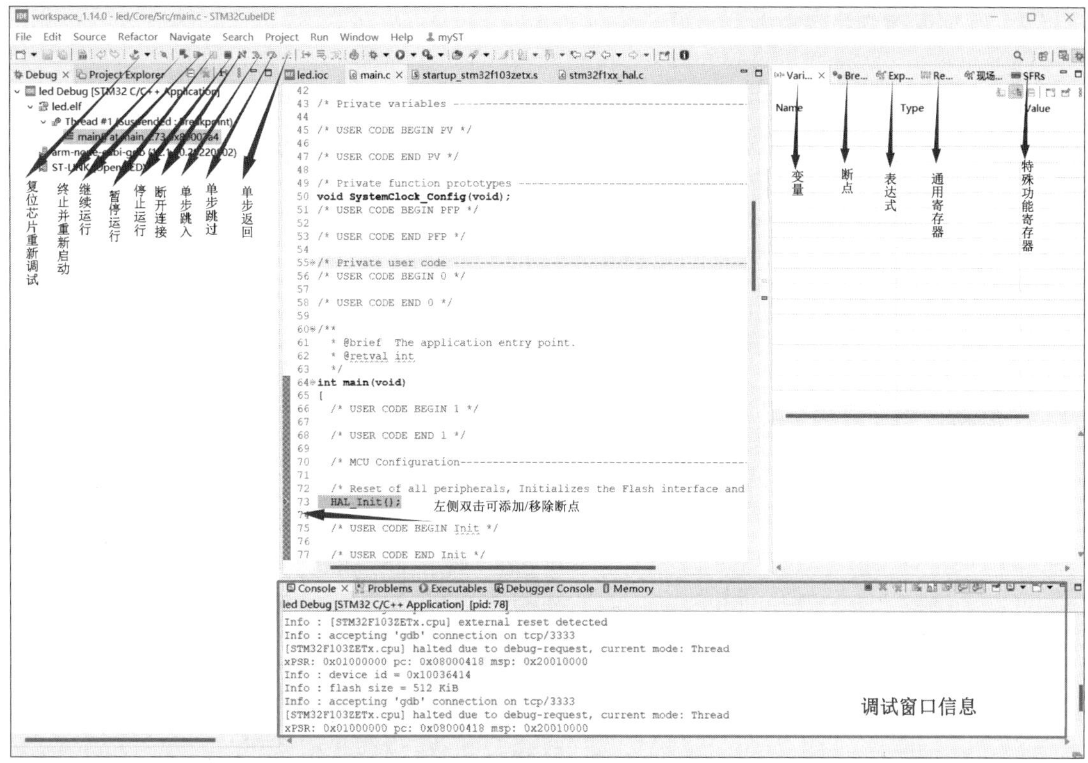

图 2.40　调试透视图

2.4.3 窗口和文本设置

1. 修改代码界面字体和大小

如果要对代码界面显示的代码字体大小进行设置，可单击代码界面，然后按 Ctrl+“-”组合键缩小字体，按 Ctrl+Shift+“+”组合键放大字体。也可以单击 Window→Preferences 选项进入 Preferences 界面，以设置外观。具体步骤如图 2.41 所示。

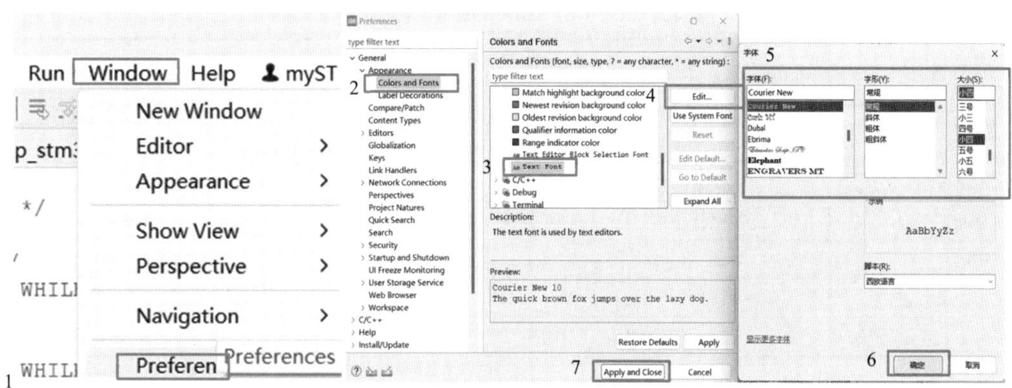

图 2.41　代码字体大小设置

2. 修改界面背景颜色

如果要修改代码显示区域的背景颜色，可通过 Window→Preferences 选项进行配置。进入 Preferences 界面以后，依次选择 General→Text Editors→Background color，在 Color 处选择一个背景颜色，然后单击 Apply 按钮查看显示效果，如图 2.42 所示。

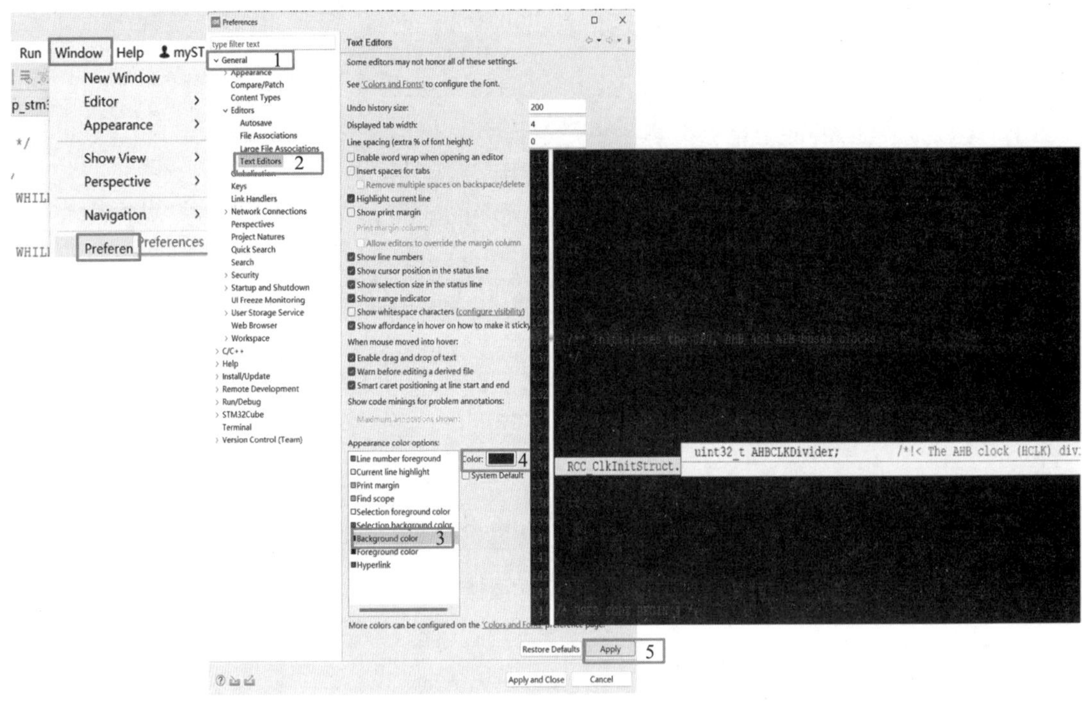

图 2.42　修改界面背景颜色

3. 常用的快捷键

STM32CubeIDE 常用的快捷键如表 2.1 所示，掌握常用的快捷键对提升软件开发效率大有帮助。

表 2.1　STM32CubeIDE 常用的快捷键

快捷键	说明	快捷键	说明
Ctrl+S	保存	Ctrl+C	复制
Ctrl+V	粘贴	Ctrl+X	剪切
Ctrl+ “–”	快速注释行	Ctrl+D	删除整行
Shift+Tab	代码对齐	Ctrl+ Shift + “+”	放大字体
Ctrl+ “–”	缩小字体	Ctrl+L	跳转至某行
Ctrl＋鼠标左键	跳转到声明处	Shift+Enter	在下一行新增空行
F3	跳转到声明处	Ctrl+E	快速选择已打开文件
F2	展开详细信息	Alt+ “–” / “+”	前一个 / 后一个页面
Ctrl+Tab	源文件 / 头文件切换	Ctrl+Q	跳回最新编辑点

续表

快捷键	说明	快捷键	说明
Ctrl＋鼠标滚轮	快速滑动	Ctrl+F	文件内搜索
Ctrl+↑/↓	快速滑动	Ctrl+H	项目内搜索
Ctrl+M	最大化 / 默认当前窗口	Ctrl+O	显示大纲（方便跳转）
Ctrl+W	关闭当前窗口	Ctrl+B	编译工程
F11	启动调试	Ctrl+F2	终止运行
F5	单步跳入（调试时）	F6	单步跳过（调试时）
F7	单步返回（调试时）	F8	继续运行（调试时）
Ctrl+Z	向后撤回	Ctrl+Y	向前撤回

2.5 本章小结

本章重点：STM32CubeIDE 软件的下载、安装和基本设置，基于该平台建立工程的基本步骤，以及程序的下载和调试。

本章难点：使用该平台建立工程项目，掌握编译和调试方法。

思考与实践

1．按照本章所述下载并安装 STM32CubeIDE 软件。

2．仿照本章案例，结合自己的开发板新建一个工程，熟悉工程的开发流程。

第 3 章

通用输入/输出（GPIO）口

本章主要讨论 STM32 通用输入/输出 GPIO 口的工作原理及其基本应用。通过学习达到以下目标：

1．知识目标。了解 STM32 GPIO 口的用途，熟悉 STM32 GPIO 口的工作原理（内部结构、对应引脚和工作模式），理解 GPIO 口的配置过程及应用程序开发的基本要领。

2．能力目标。能基于 HAL 库进行开关量的输入检测和输出控制，例如，检测按键的状态，控制发光二极管的亮灭。

3．素质目标。学会与他人交流和沟通。

3.1 STM32 GPIO 口概述

STM32 最常用的外设模块就是 GPIO 口。GPIO 全称为 General Purpose Input Output，即通用输入/输出，GPIO 口具有 8 种输入和输出模式，一般用来采集外部器件的信息或者控制外部器件工作，本质就是其他单片机的输入/输出口，只不过它的灵活性更强、适用范围更广。STM32 芯片的 GPIO 引脚与外部设备连接，可实现与外部通信、控制外部硬件或者采集外部硬件数据的功能。在输入模式下，GPIO 口接收外部设备产生的电信号，并将其转换为数字信号传送给处理器。在输出模式下，GPIO 口将处理器输出的数字信号转换为电信号向外部设备发送。在使用过程中，首先必须正确选择工作模式，然后使能 GPIO 时钟才能打开通信通道。

3.2 GPIO 口的工作原理

3.2.1 GPIO 引脚介绍

1. STM32F103ZET6 芯片的 GPIO 引脚

STM32F103ZET6 芯片为 144 引脚芯片，它基于 Cortex-M3 内核。STM32F103ZET6 包含 7 个 GPIO 口组，分别为 GPIOA、GPIOB、GPIOC、GPIOD、GPIOE、GPIOF 和 GPIOG，每组包含 16 个 GPIO 口，分别表示为 PA0～PA15、PB0～PB15、PC0～PC15、PD0～PD15、

PE0～PE15、PF0～PF15、PG0～PG15。

2. GPIO 引脚的复用

STM32 有多个非 GPIO 内置外设，GPIO 引脚也可作为这些外设的外部引脚使用。也就是说，一个引脚可以有多种功能。但是，STM32 默认 GPIO 口为 I/O 口，如果想使用一个内置外设的功能引脚，就需要借助 GPIO 引脚的复用，换言之，某个 GPIO 引脚作为非 GPIO 内置外设的外部引脚使用，即为复用，比如，PB10、PB11 可与串口 USART3 的 TX、RX 引脚进行复用，在实现 USART3 串口通信功能时，就是将上述两个 GPIO 引脚复用为串口输出和输入引脚。

3.2.2 GPIO 口的内部结构

开发板中 GPIO 口的内部结构如图 3.1 所示。通过该图，可从整体上了解 GPIO 外设及其各种应用模式。该图最右端就是代表 STM32 芯片引出端的 GPIO 引脚，其他部件都位于芯片内部。

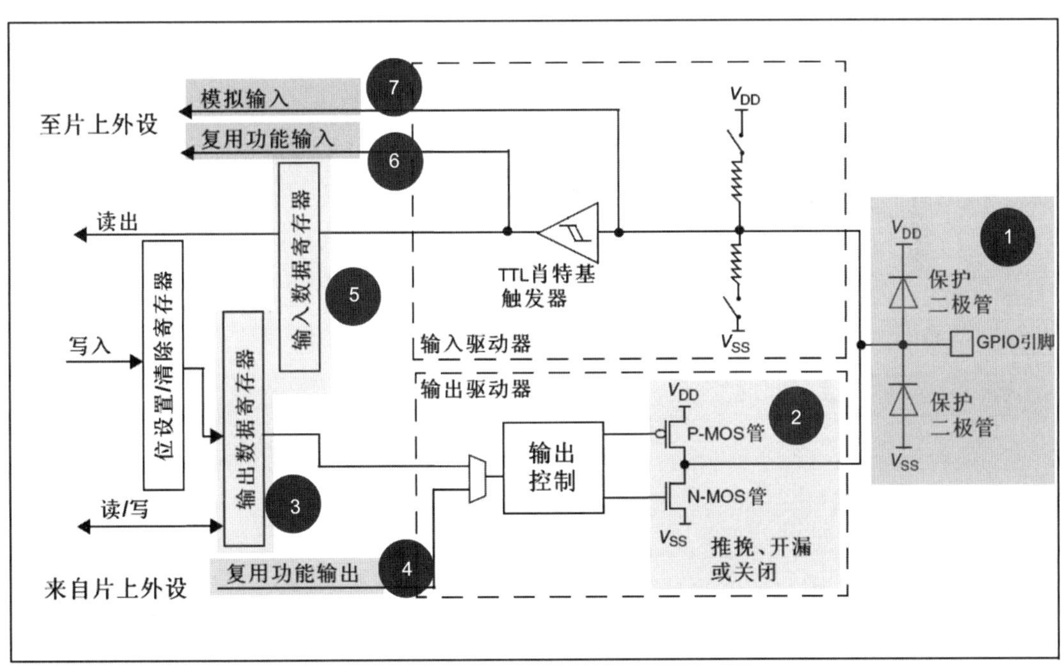

图 3.1　GPIO 口的内部结构

从图 3.1 可知，每个 GPIO 口主要由以下 7 个关键部分组成。

1. 保护二极管

两个保护二极管具有电压钳位功能，可防止引脚外部输入过高或者过低的电压造成芯片毁坏。当引脚电压高于 V_{DD}+0.7V 时，上方保护二极管导通，上方保护二极管吸收高电压，多余电流引入 V_{DD}，而真正输入内部的电压不超过 V_{DD}+0.7V；当引脚电压低于 V_{SS}−0.7V 时，下方保护二极管导通，防止不正常电压进入芯片，而真正输入内部的电压不低于 V_{SS}−0.7V。尽管有这样的保护，也并不意味着 STM32 的引脚能直接外接大功率驱动器件，如要直接驱动电机，为了安全驱动，必须增加功率放大电路及实现电气隔离，否则将导致芯片被烧坏。

2. P-MOS 管和 N-MOS 管

MOS 管是压控型元件，可通过控制栅源电压 V_{gs} 来导通或关闭。其中，G 是栅极，S 是源极，D 是漏极。当 V_{gs}<0 时，P-MOS 管导通；当 V_{gs}>0 时，N−MOS 管导通。在 GPIO 引脚输出模式下，输出线路与 P-MOS 管和 N-MOS 管组成推挽单元电路，这让 GPIO 引脚具有**推挽**和**开漏**两种输出模式。

1）推挽输出模式

推挽输出模式，是根据 P-MOS 管和 N-MOS 管的工作方式命名的。在该结构单元输入一个高电平时，P-MOS 管导通，N-MOS 管截止，对外输出高电平（3.3V）。在该结构单元输入一个低电平时，P-MOS 管截止，N-MOS 管导通，对外输出低电平（0V）。当引脚高、低电平切换时，两个 MOS 管将轮流导通。P-MOS 管负责拉电流（电流输出到负载），N-MOS 管负责灌电流（负载电流流向芯片），使其负载能力和开关速度都比普通方式有很大的提高。推挽输出模式等效电路如图 3.2 所示。

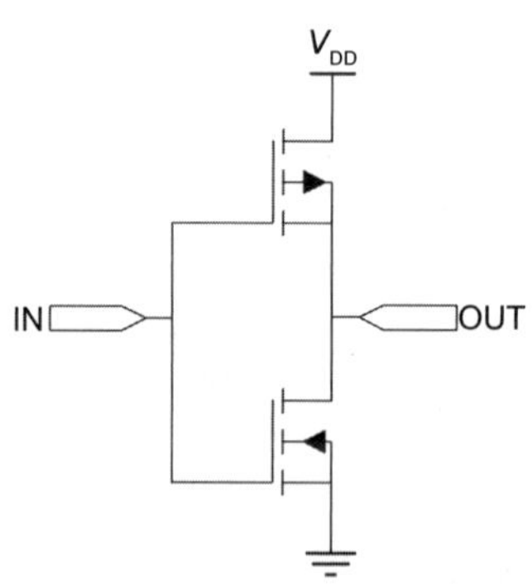

图 3.2　推挽输出模式等效电路

推挽输出模式一般应用在输出电平为 0～3.3V，而且需要高速切换开关状态的场合。配置引脚输出模式为开漏或推挽，需要合理设置 GPIOx_CRL 和 GPIOx_CRH 寄存器。

2）开漏输出模式

在开漏输出模式下，不论输入是高电平还是低电平，P-MOS 管总处于关闭状态。当输入低电平时，N-MOS 管导通，输出即为低电平。当输入高电平时，N-MOS 管截止，此时引脚状态既不是高电平，也不是低电平，而是高阻态。如果想让引脚输出高电平，那么引脚必须外接一个上拉电阻，由上拉电阻提供高电平。开漏输出模式等效电路如图 3.3 所示。

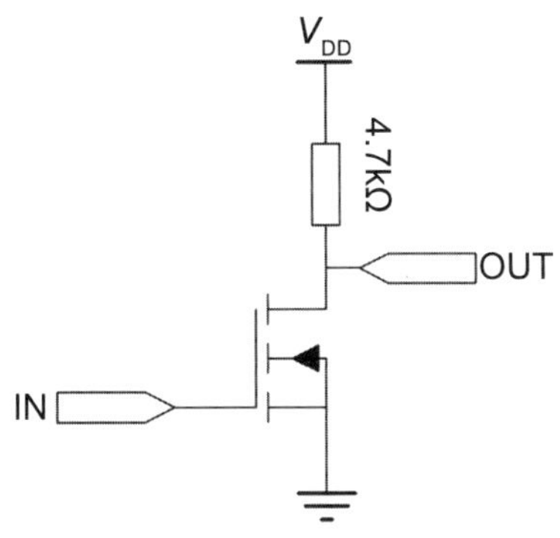

图 3.3　开漏输出模式等效电路

开漏输出模式有一个特点，即引脚之间具有“线与”关系。具体来说，当将多个开漏输出模式的引脚连到一条总线上时，只要其中一个引脚输出低电平，总线的其他引脚均输出低电平。只有当所有引脚都处于高阻态时，这条总线的电平才由上拉电阻的 V_{DD} 决定。如果 V_{DD} 为 3.3V（5V），那么引脚输出的就是 3.3V（5V）。开漏输出模式一般应用在 I^2C、SMBus 通信等需要“线与”功能的总线电路中，也可用于电平不匹配而需要电平转换的场合。

3. 输出数据寄存器

双 MOS 管结构电路的输入信号，是由 GPIO 口的输出数据寄存器 GPIOx_ODR 提供的，因此通过修改输出数据寄存器的值就可修改 GPIO 引脚的输出电平。而置位/复位寄存器 GPIOx_BSRR 则通过修改输出数据寄存器的值来影响电路的输出。

4. 复用功能输出

STM32 的 GPIO 引脚具有复用功能。它通过其他外设复用功能输出信号，与 GPIO 口输出数据寄存器一起通过梯形结构连接到双 MOS 管电路的输入端，其中梯形结构用于选择使用复用功能或普通 I/O 口功能。例如，当使用 USART 串口通信时，需要使用某个 GPIO 引脚作为通信发送引脚（此时发送数据），可将该 GPIO 引脚功能配置成 USART 串口复用，由串口外设控制该引脚发送数据。

5. 输入数据寄存器

输入数据寄存器是由 GPIO 口经过上下拉电阻、TTL 肖特基触发器引入的。当信号经过 TTL 肖特基触发器后，模拟信号将变为数字信号“0”或“1”，然后存储在输入数据寄存器中。通过读取输入数据寄存器 GPIOx_IDR 即可获取 GPIO 口的电平状态。

6. 复用功能输入

此模式与复用功能输出类似。在复用功能输入模式下，GPIO 引脚的信号传输到 STM32 其他片上外设，由该外设读取引脚的状态。例如，若使用 USART 串口通信，则需要使用某个 GPIO 引脚作为通信接收引脚，此时可把该 GPIO 引脚功能配置成 USART 串口复用，从而通过该引脚接收远端数据。

7. 模拟输入

当将 GPIO 引脚输入设置为模拟输入时，GPIO 引脚可用作 ADC 采集电压的输入通道。并且，此时信号不经过 TTL 肖特基触发器（由肖特基管构成的施密特触发器）。

3.2.3 GPIO 口的工作模式

GPIO 口内部的结构决定了 GPIO 口可以配置成以下 8 种输入输出工作模式：**4 种输出模式和 4 种输入模式。**

1. 输出模式

1）推挽输出模式

推挽输出模式原理图如图 3.4 所示。

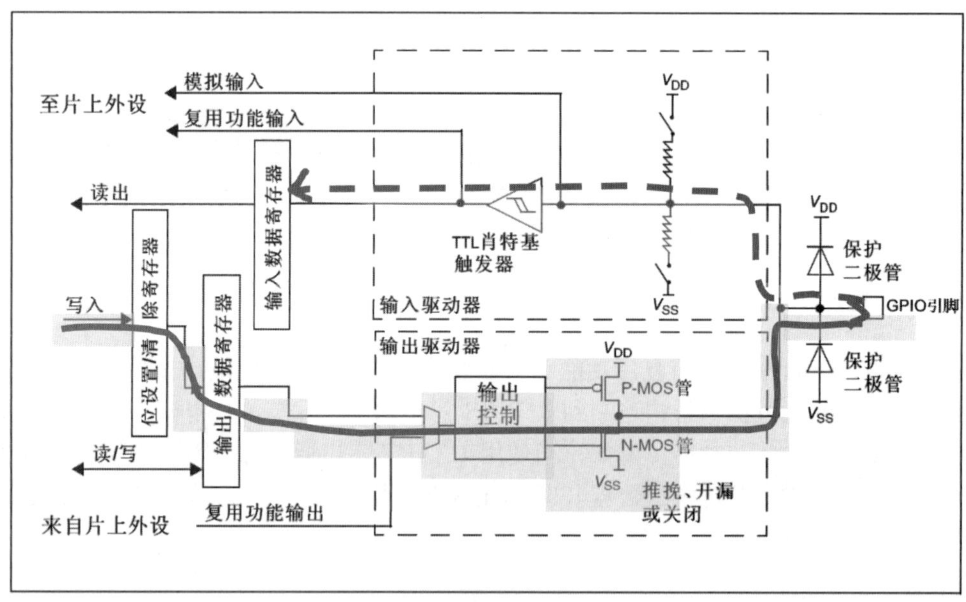

图 3.4 推挽输出模式原理图

2）开漏输出模式

在开漏输出模式下，通过设置位设置/清除寄存器或输出数据寄存器的值，最终将信号输出到 GPIO 口，此模式下只有 N-MOS 管处于工作状态。如果控制输出为 0（低电平），则 P-MOS 管关闭、N-MOS 管导通，GPIO 口就输出低电平；若控制输出为 1（高电平），则 P-MOS 管和 N-MOS 管都关闭，输出指令就不起作用。此时 GPIO 口的电平不由输出决定，而是由 GPIO 口外部的上拉电阻或者下拉电阻决定。如果无上拉电阻或下拉电阻，GPIO 口就处于悬空状态。此时施密特触发器是打开的，即输入可用，通过输入数据寄存器 GPIOx_IDR 可读取 GPIO 口的实际状态，但 GPIO 口的电平不一定是输出的电平。

3）复用推挽输出模式

复用推挽输出模式原理图如图 3.5 所示。该模式下，GPIO 引脚被复用为其他外设（如 I^2C）的引脚，输出数据寄存器 GPIOx_ODR 无效，输出的电平高低取决于其他外设模块的复用功能。此时施密特触发器打开，输入可用，通过输入数据寄存器可获取 GPIO 口的实际状态。除了输出信号的来源改变，其他与推挽输出模式相同。

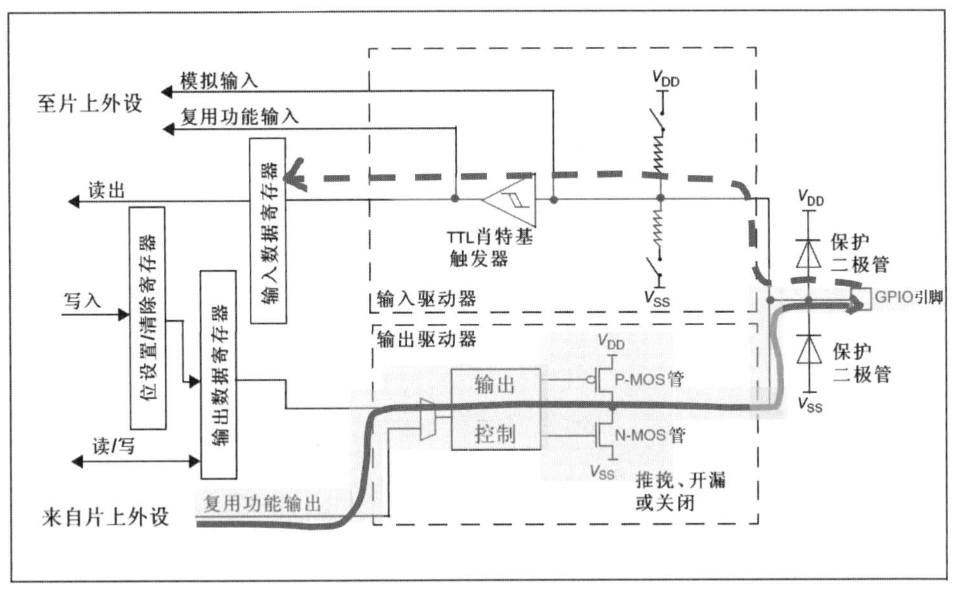

图 3.5　复用推挽输出模式原理图

4）复用开漏输出模式

该模式下，GPIO 引脚被复用为其他外设的引脚，输出数据寄存器 GPIOx_ODR 无效，输出的电平高低取决于其他外设模块的复用功能。此时施密特触发器打开，输入可用，通过输入数据寄存器可获取 GPIO 口的实际状态。除了输出信号的来源改变，其他与开漏输出模式相同。

开漏输出模式和推挽输出模式的区别：开漏输出模式下，只可输出低电平，要输出高电平，得外接上拉电阻。输出端相当于三极管的集电极，适合用于电流驱动，其吸收电流的能力相对较强，通常可达 20mA。推挽输出模式下，可输出高、低电平，适合连接数字器件。

2. 输入模式

1）上拉输入模式

上拉输入模式原理图如图 3.6 所示。GPIO 口内部接上拉电阻，GPIO 口的电平信号经触发器进入输入数据寄存器。此时如果 GPIO 口外部没有信号输入或引脚悬空，GPIO 口的电平默认为高电平；如果 GPIO 口输入低电平，那么引脚的电平就为低电平，MCU 读取的就是低电平。STM32 内部的上拉是弱上拉，即产生的电流较小，如果需要的电流较大，则需要使用外部上拉。

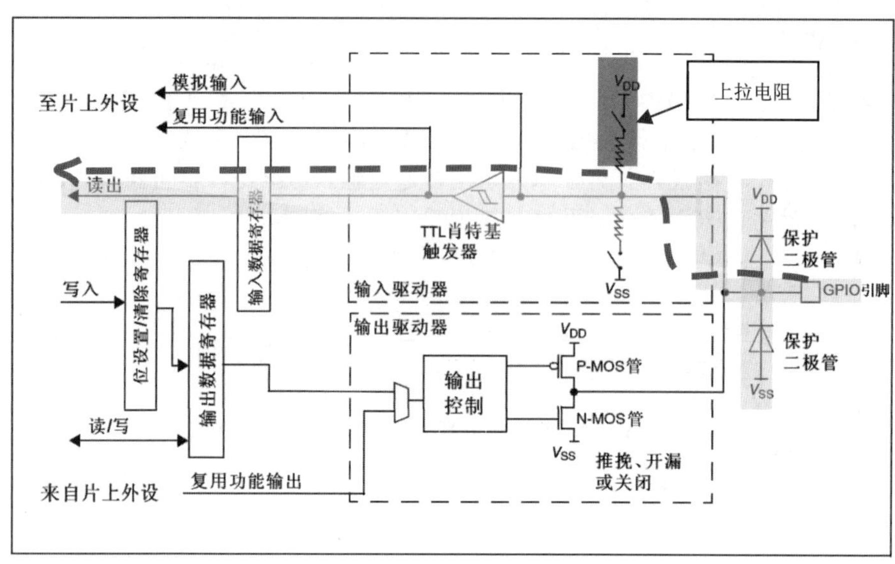

图 3.6　上拉输入模式原理图

2）下拉输入模式

在下拉输入模式下，GPIO 口内部接下拉电阻，GPIO 口的电平信号经触发器进入输入数据寄存器。此时如果 GPIO 口外部没有信号输入或引脚悬空，GPIO 口的电平默认为低电平；如果 GPIO 口输入高电平，那么引脚的电平就为高电平，MCU 读取的就是高电平。下拉输入模式原理图如图 3.7 所示。

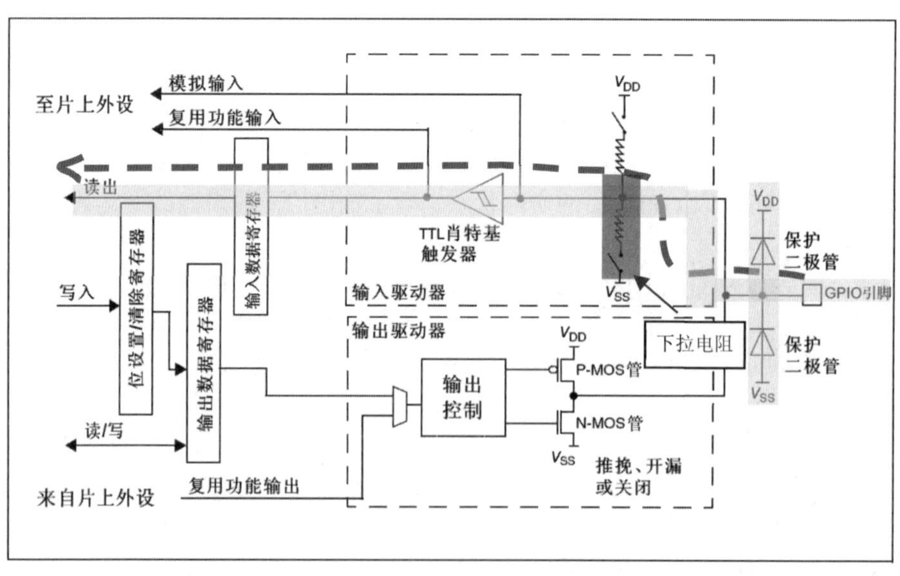

图 3.7　下拉输入模式原理图

3）浮空输入模式

浮空输入模式原理图如图 3.8 所示。在浮空输入模式下，GPIO 口的电平信号经触发器

直接进入输入数据寄存器。此模式下，MCU 直接读取 GPIO 口电平，GPIO 口的电平状态是不确定的，完全由外部输入决定；在该引脚悬空（无信号输入）的情况下，读取的该 GPIO 口的电平是不确定的。

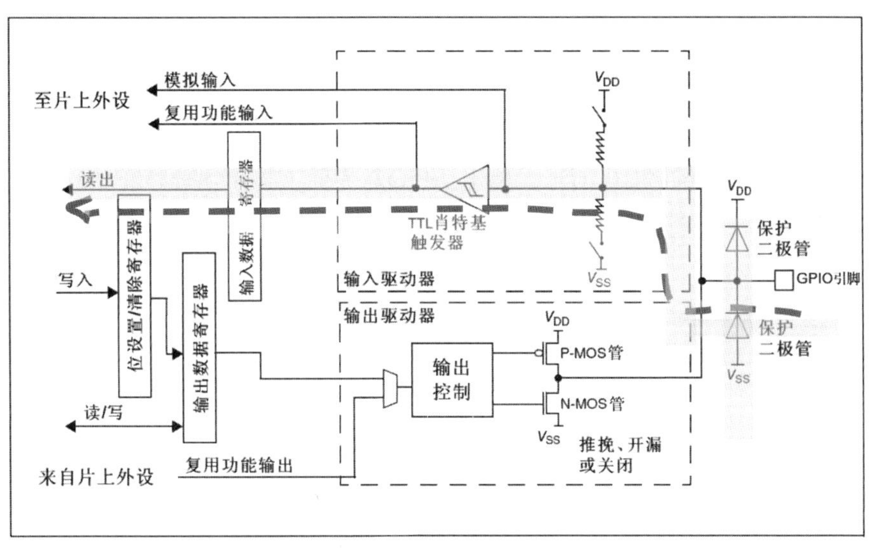

图 3.8 浮空输入模式原理图

4）模拟输入模式

模拟输入模式原理图如图 3.9 所示。当 GPIO 口用于模拟输入时，引脚的上、下拉电阻不再起作用，信号不经过施密特触发器。此时即使配置了上拉或下拉电阻，也不会影响模拟信号的输入、输出。当 GPIO 引脚用作 ADC 采集电压的输入通道时，模拟信号直接输入片上外设 ADC 模块，此时 CPU 不能从输入数据寄存器上读取引脚状态。除了 ADC 外设模块和 DAC 外设模块要将 GPIO 引脚配置为模拟输入模式，其他外设功能一律要将 GPIO 引脚配置为复用功能模式。

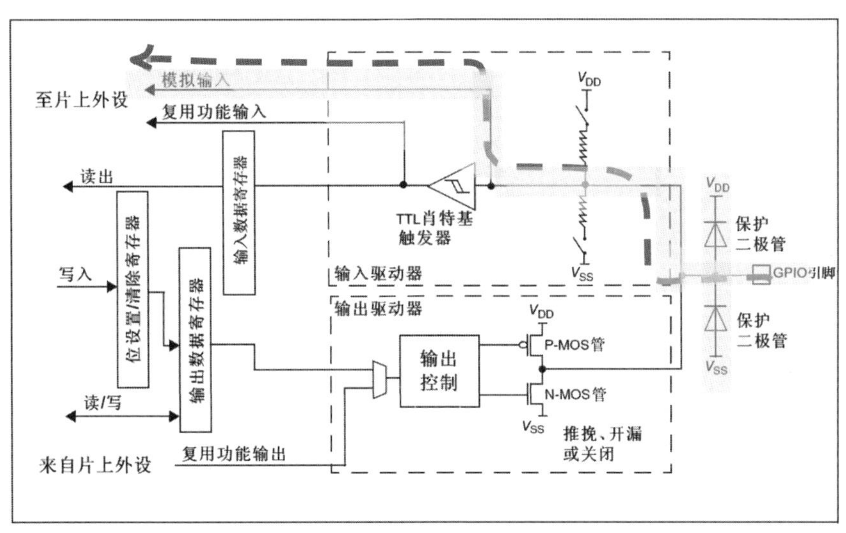

图 3.9 模拟输入模式原理图

3.3 GPIO 口配置与应用

3.3.1 GPIO 口配置解析

GPIO 口配置界面如图 3.10 所示。单击 GPIO，界面上显示 STM32F103ZET6 可使用的 I/O 口。

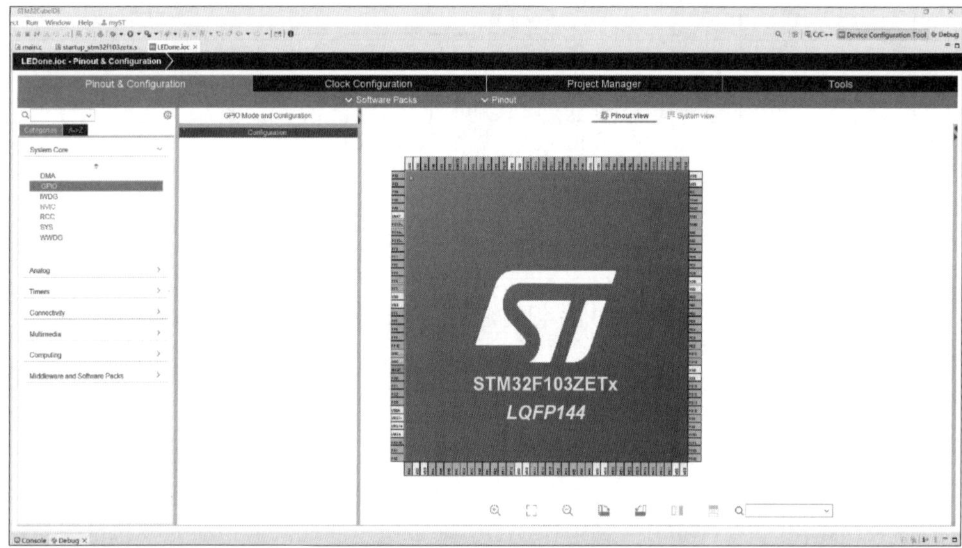

图 3.10　GPIO 口配置界面

在需要配置的引脚处单击，会显示选中引脚的可配置功能，如图 3.11 所示。

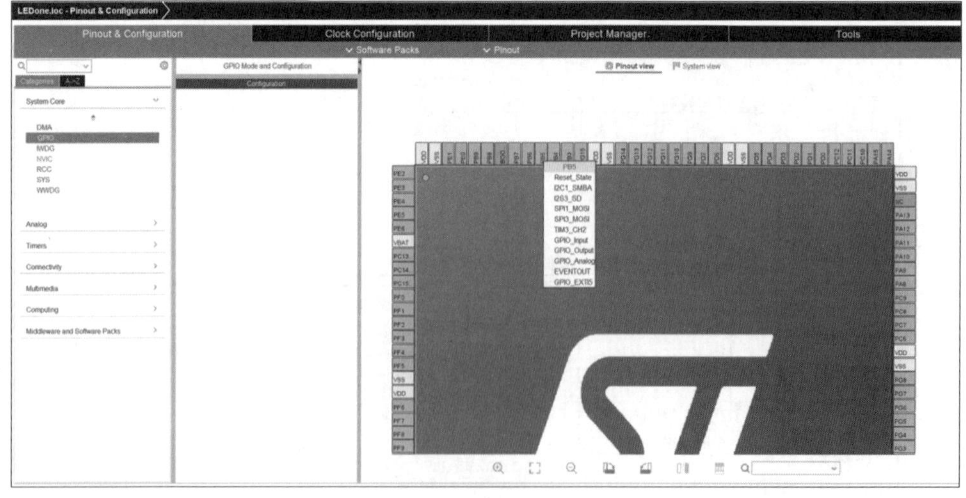

图 3.11　引脚功能配置

根据需要，设置引脚的功能，则中间的 Configuration 区域会显示该功能的具体设置选项。例如，设置 PB5 引脚的功能为 GPIO_Output 后，Configuration 区域会显示该引脚的默认设置选项，如图 3.12 所示。

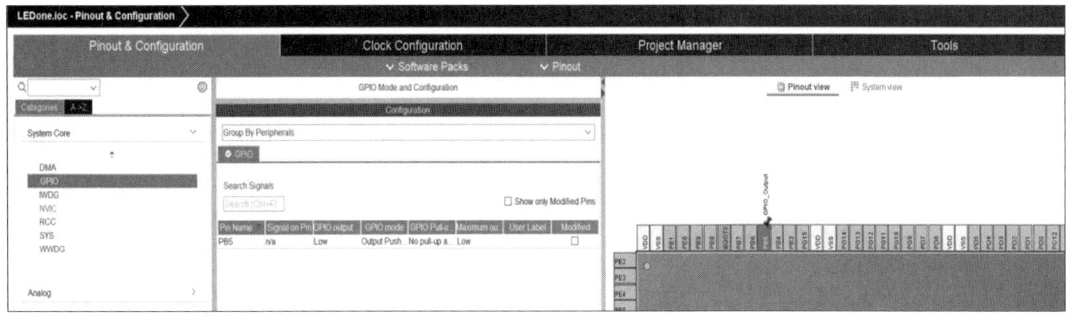

图 3.12　PB5 引脚的默认设置选项

双击 PB5，下方会显示可修改参数的配置选项，如图 3.13 所示。

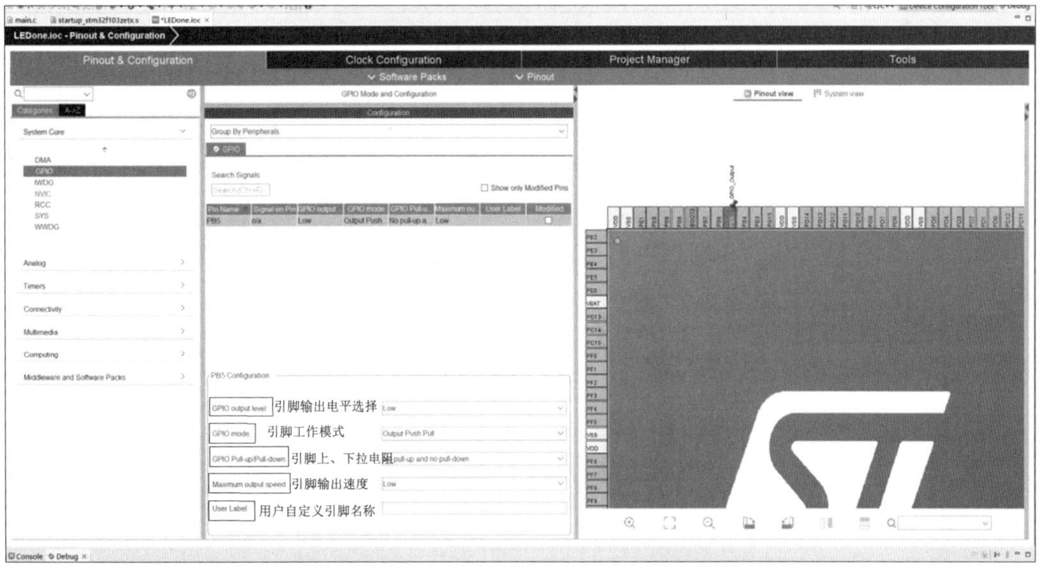

图 3.13　PB5 引脚可修改参数配置

3.3.2　GPIO 函数

GPIO 的 HAL 库函数定义在 stm32f1xx_hal_gpio.c 源文件中。GPIO 函数声明与相关的结构体定义在 stm32f1xx_hal_gpio.h 头文件中。在本节中将对 GPIO 函数进行介绍。

1. 初始化及复位函数

1）初始化函数

```
HAL_GPIO_Init(GPIO_TypeDef  *GPIOx, GPIO_InitTypeDef *GPIO_Init)
```

功能描述：该函数主要用于初始化所需要使用的引脚，设置其工作频率，工作模式，上、下拉电阻等参数。

应用范例：HAL_GPIO_Init(LED1_GPIO_Port, &GPIO_InitStruct)

2）复位函数

```
HAL_GPIO_DeInit(GPIO_TypeDef    *GPIOx, uint32_t GPIO_Pin)
```

功能描述：该函数的主要功能是将初始化之后的引脚状态恢复成默认的，即各个寄存器复位时的值。

应用范例：HAL_GPIO_DeInit(LED1_GPIO_Port,Pin_5)

2. 读/写指定 GPIO 引脚的值

1）读指定 GPIO 引脚的值

```
HAL_GPIO_ReadPin(GPIO_TypeDef* GPIOx, uint16_t GPIO_Pin)
```

功能描述：该函数的主要功能是读取引脚的电平状态，函数返回值为 0 或 1。

应用范例：HAL_GPIO_ReadPin (LED1_GPIO_Port, LED1_Pin)

2）写指定 GPIO 引脚的值

```
HAL_GPIO_WritePin(GPIO_TypeDef* GPIOx, uint16_t GPIO_Pin, GPIO_PinState )
```

功能描述：该函数的主要功能是对指定 GPIO 引脚写 0 或 1。

应用范例：HAL_GPIO_WritePin(LED1_GPIO_Port,LED1_Pin,GPIO_PIN_SET)

3. GPIO 引脚电平取反

```
HAL_GPIO_TogglePin(GPIO_TypeDef *GPIOx, uint16_t GPIO_Pin)
```

功能描述：该函数的主要功能是翻转某个引脚的电平状态。

应用范例：HAL_GPIO_TogglePin(LED1_GPIO_Port, LED1_Pin)

4. GPIO 引脚电平锁定

```
HAL_GPIO_LockPin(GPIO_TypeDef *GPIOx, uint16_t GPIO_Pin)
```

功能描述：该函数的主要功能是锁住某个引脚的电平状态。一旦锁住后，就不能再修改，只有复位后才可以重新配置。

应用范例：HAL_GPIO_LockPin (LED1_GPIO_Port, LED1_Pin)

3.4 GPIO 应用实例

3.4.1 GPIO 输出控制

根据开发板设计电路，控制引脚输出，实现 1 个 LED 灯的闪烁，闪烁周期为 1s。LED

电路设计图如图 3.14 所示，LED0 引脚连接图如图 3.15 所示。

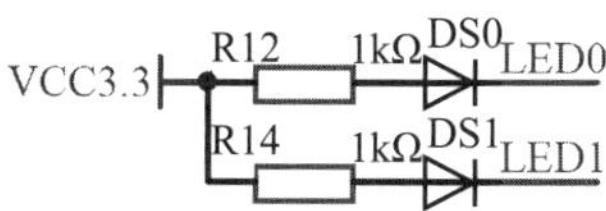

图 3.14　LED 电路设计图

图 3.15　LED0 引脚连接图

1. MCU 型号选择

MCU 型号选择如图 3.16 所示。

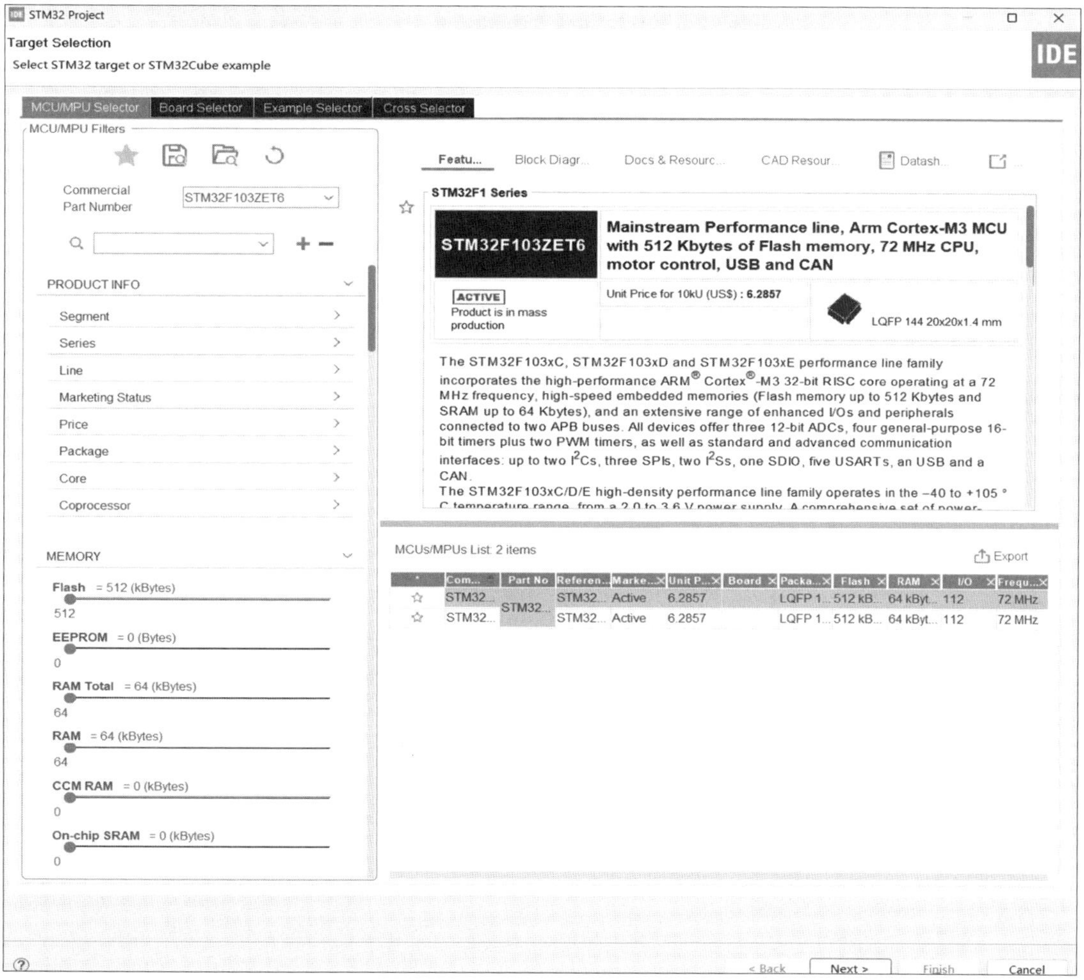

图 3.16　MCU 型号选择

2. 功能参数设置

（1）配置 RCC，选择外部高速晶振，如图 3.17 所示。

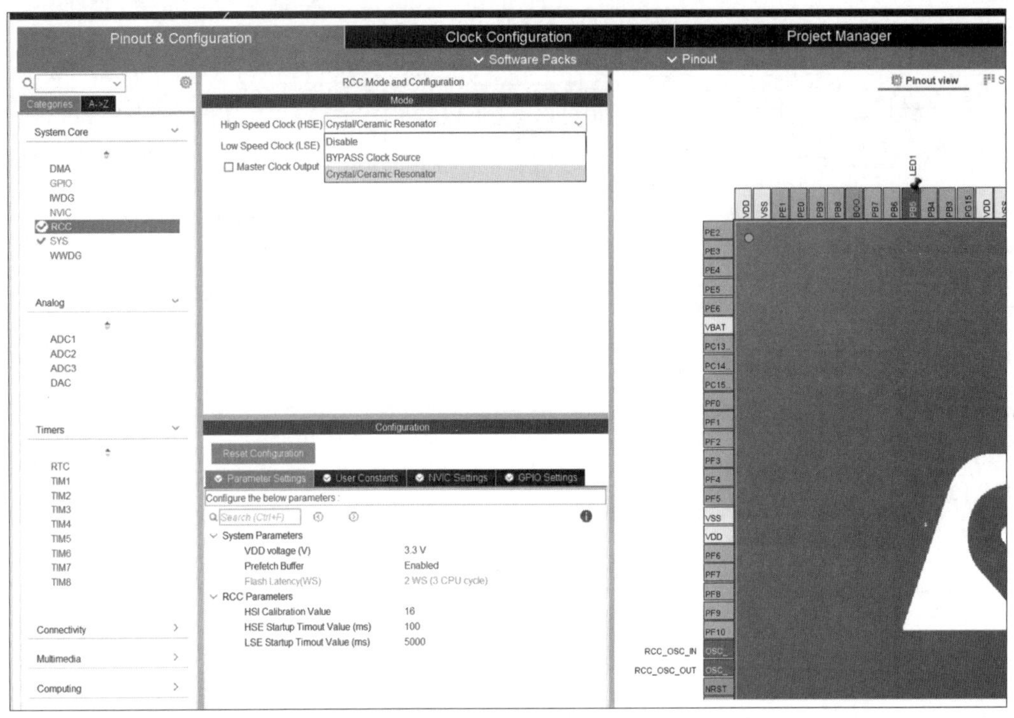

图 3.17　配置 RCC

（2）配置时钟树，设置系统时钟频率为 72MHz，如图 3.18 所示。

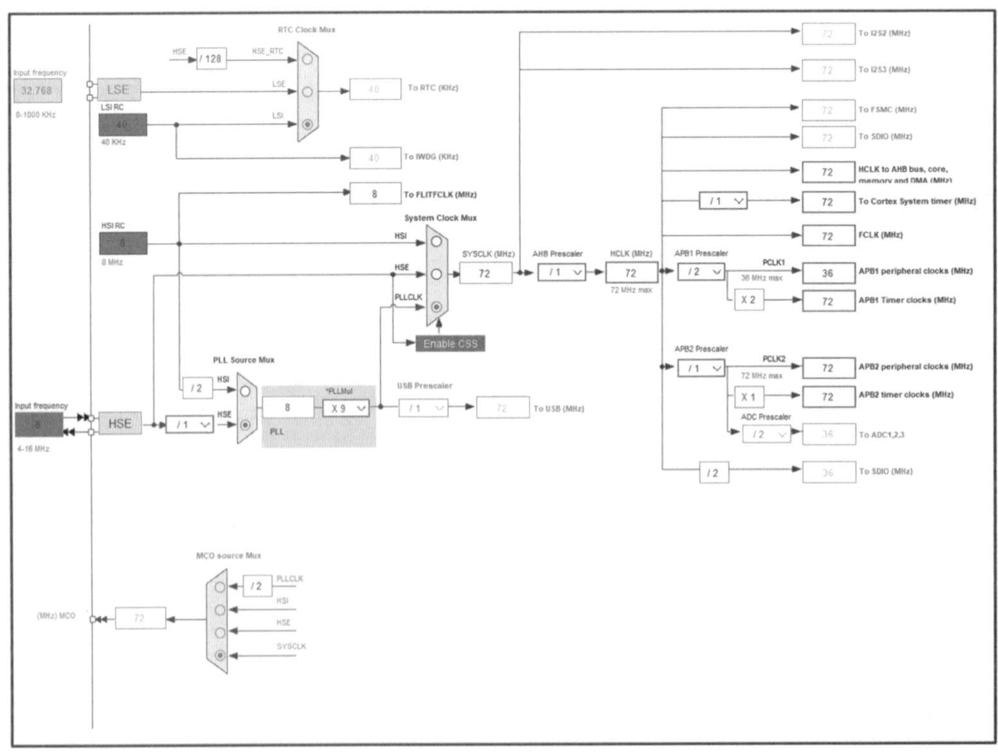

图 3.18　配置时钟树

（3）配置 Debug。由于使用了 STLink 调试工具，故选择 Serial Wire，如图 3.19 所示。

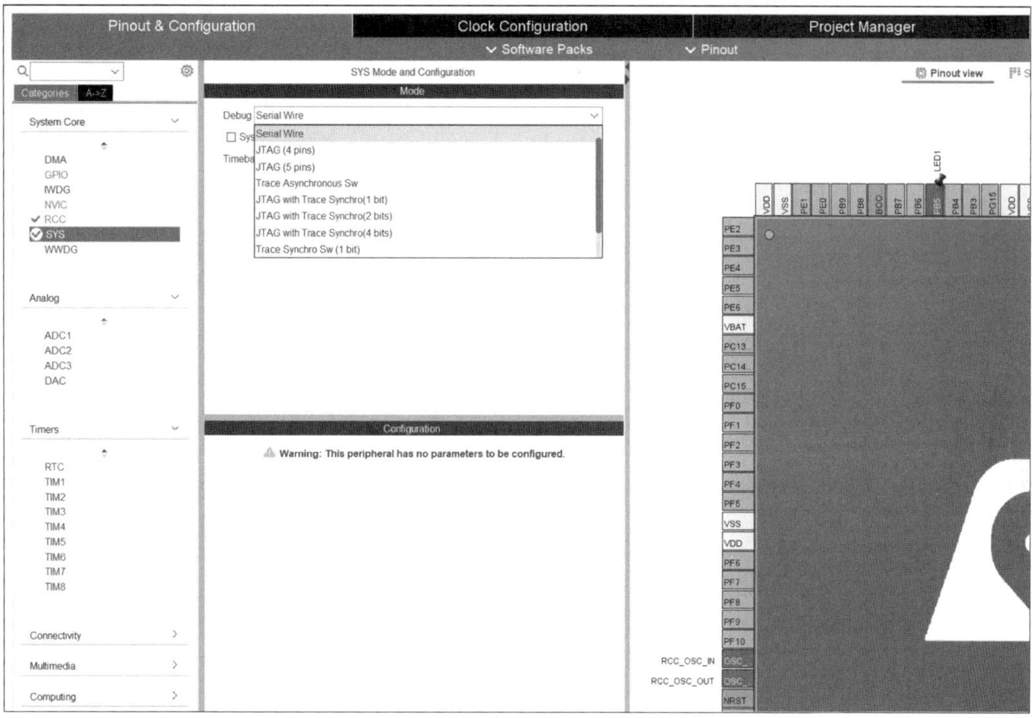

图 3.19　配置 Debug

（4）双击 PB5，根据电路设计图，修改引脚参数配置。将 User Label 命名为 LED1，如图 3.20 所示。

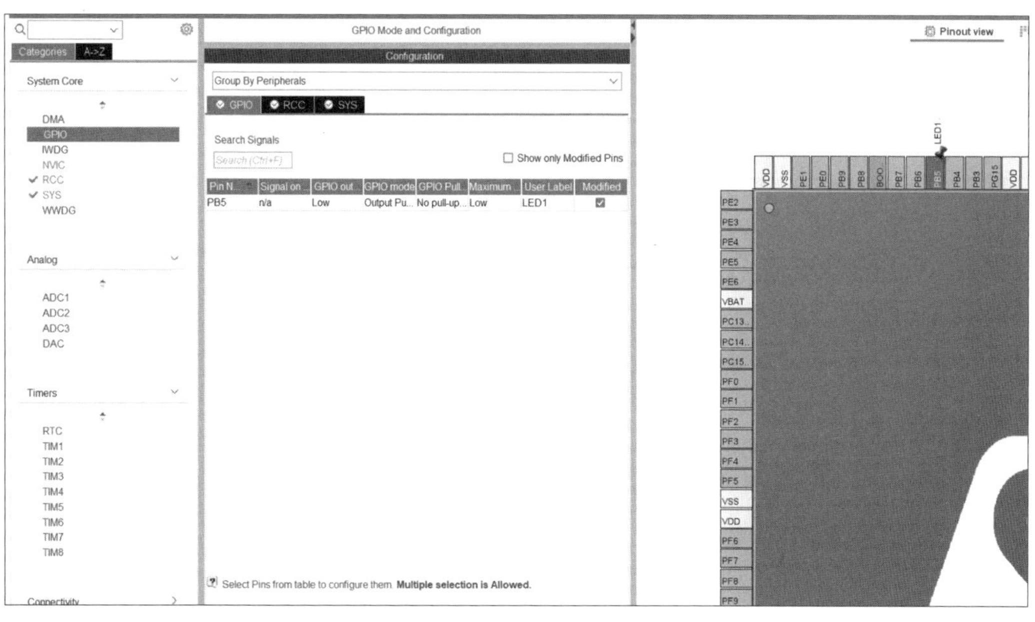

图 3.20　修改引脚参数配置

（5）工程生成。

命名工程和指定保存路径，如图 3.21 所示。

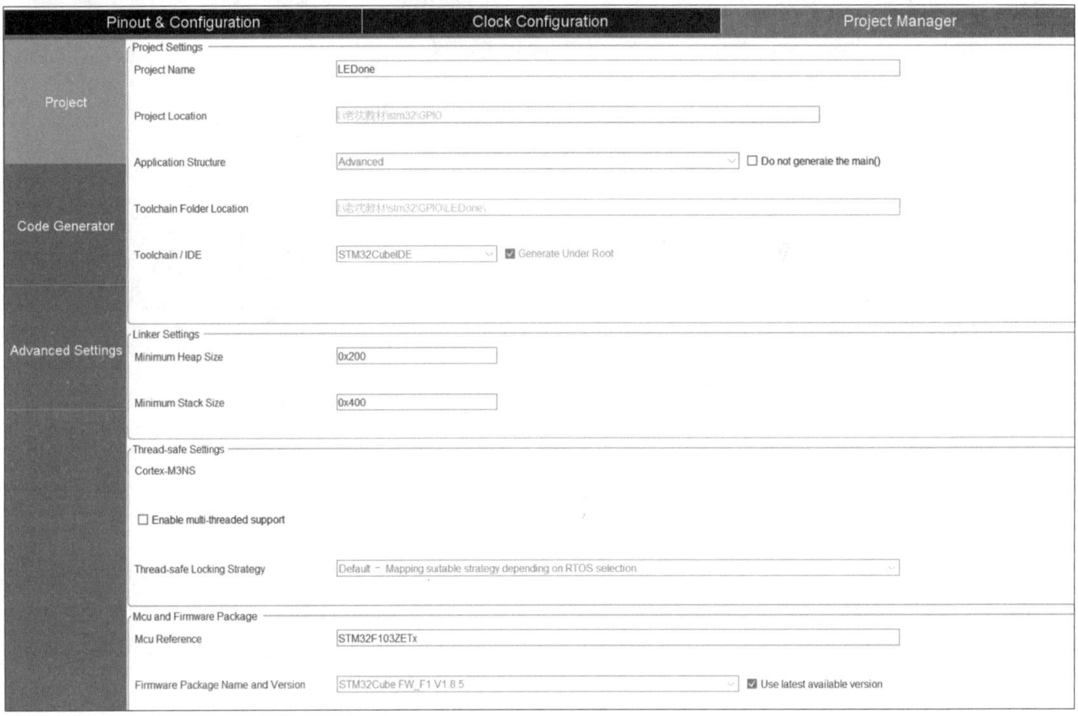

图 3.21　命名工程和指定保存路径

选择图 3.22 所示选项。

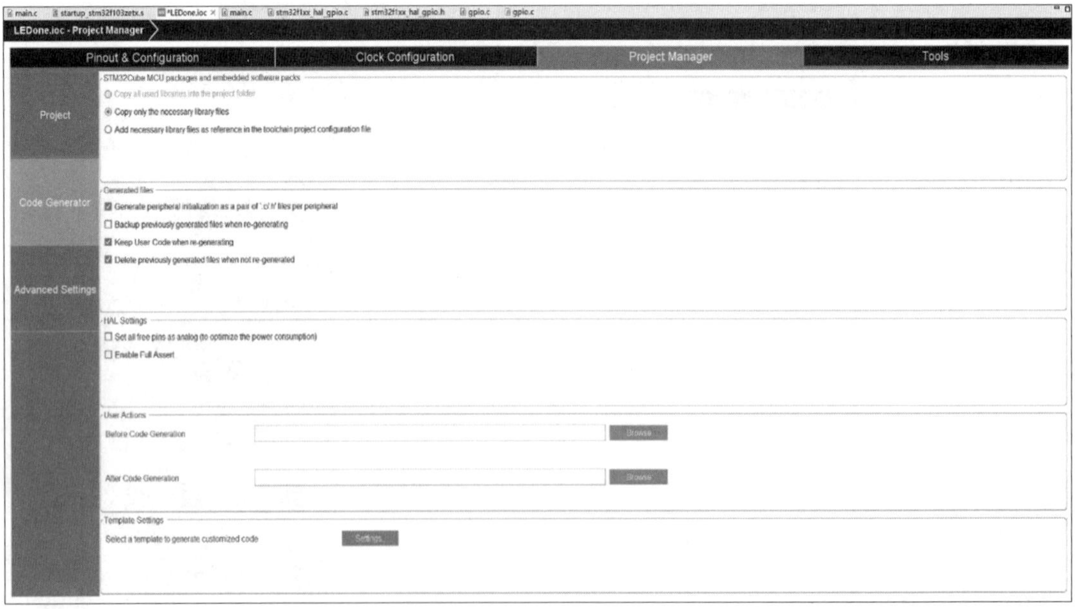

图 3.22　文件生成配置

3. 生成工程代码

单击“编译”按钮或“保存”按钮，如图 3.23 所示，IDE 弹出是否生成代码文件的提示，选择生成即可。

图 3.23 “编译”按钮

4. 编写应用程序

在 main.c 文件中的/* USER CODE BEGIN 3 */和/* USER CODE END 3 */之间添加如下代码。

```
HAL_GPIO_TogglePin(LED1_GPIO_Port, LED1_Pin);
HAL_Delay(500);
```

上述代码表示在 while 循环中对配置好的 LED1 的端口电平如果每隔 500ms 翻转一次，则 LED 灯的闪亮周期为 1s。

5. 实验结果

实验结果（LED 灯点亮效果）如图 3.24 所示。

图 3.24 LED 灯点亮效果

3.4.2 单功能按键输入

根据开发板设计电路，利用按键 KEY0 控制发光二极管 LED0 发光。每按一次 KEY0，LED0 状态就转换一次。

1. 按键去抖

按键抖动原理：一般的机械式按键由两个金属片和一个复位弹簧构成，按键按下时，两个金属片便被触压在一起形成短路而导通。当向下按按键的时候，由于接触的面积和时间问题，按键状态并不能立即稳定。与按键相连的输出引脚的波形如图3.25所示。

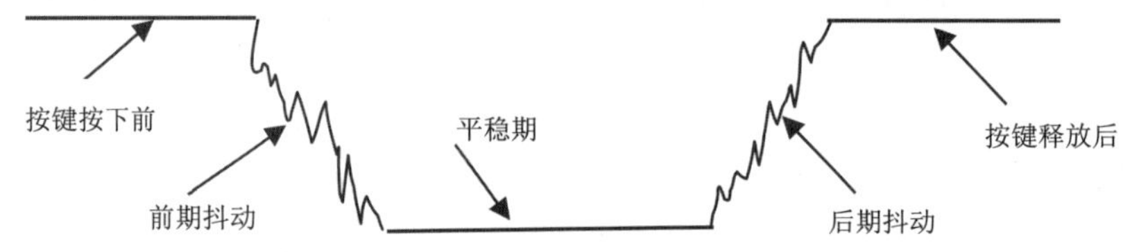

图3.25 与按键相连的输出引脚的波形

为准确获取按键状态，必须进行按键去抖处理。按键去抖可采用硬件去抖和软件去抖两种方式。在单片机系统中，常采用软件去抖。

软件去抖的本质是延时。第一次检测到按键按下后，延时10～20ms，再次判断按键是否按下，如果仍是按下状态，则继续判断是否已经抬手（被释放），若抬手了，则一次按键按下过程完成；若未抬手，则一直等待，直到抬手即完成一次按键过程。电路设计图如图3.26所示。

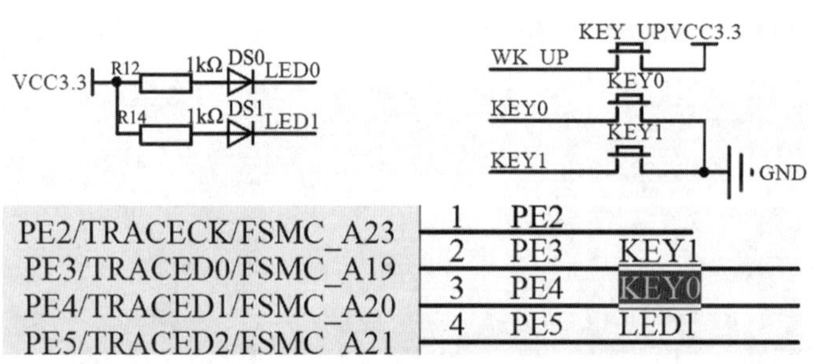

图3.26 电路设计图

2. 配置与代码实现

（1）MCU型号选择与上例相同。

（2）功能参数设置。

第一步：配置RCC，选择外部高速晶振，与上例相同。

第二步：配置时钟树，设置系统时钟频率为72MHz，与上例相同。

第三步：配置Debug，与上例相同。

第四步：双击PB5，根据电路设计图，修改GPIO引脚参数的配置。将User Label命名为LED0，GPIO mode（工作模式）设置为Output Push Pull（推挽输出模式）。双击PE4，修改GPIO引脚参数的配置，将User Label命名为KEY0，GPIO mode（工作模式）设置为Input mode（输入模式），如图3.27～图3.28所示。

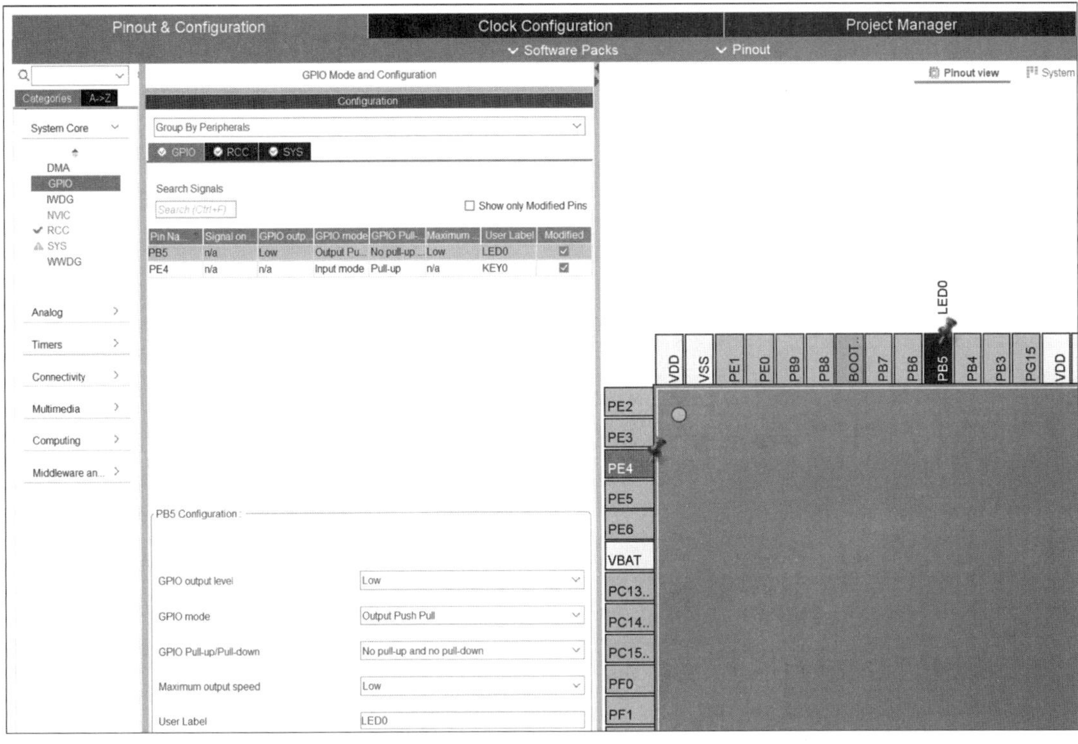

图 3.27　PB5 引脚参数配置

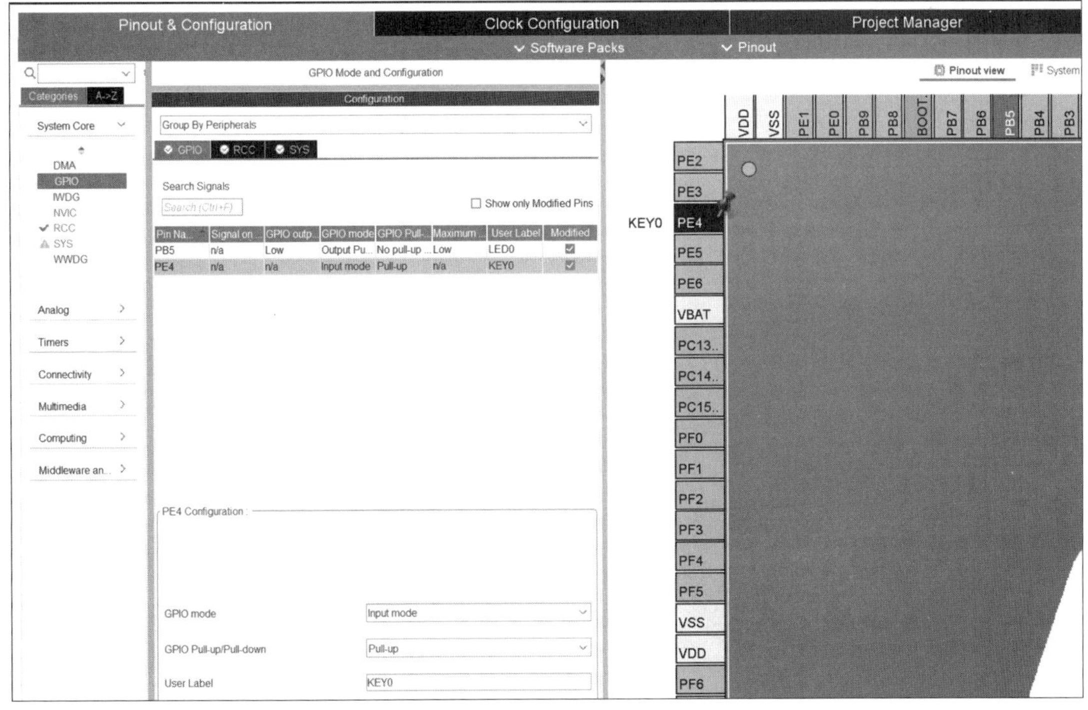

图 3.28　PE4 引脚参数配置

第五步：工程生成。将工程命名为 KEY1 并指定保存路径，选择图 3.22 所示选项，其过程与上例相同。

3. 生成工程代码

与上例相同。

4. 编写应用程序

在 main.c 文件中的/* USER CODE BEGIN 3 */和/* USER CODE END 3 */之间添加如下代码。

```
/* USER CODE BEGIN 3 */
if(HAL_GPIO_ReadPin(KEY0_GPIO_Port,KEY0_Pin)==GPIO_PIN_RESET) /* 判断按键是否按下 */
{
    HAL_Delay(20); /* 延时 20ms */
    if(HAL_GPIO_ReadPin(KEY0_GPIO_Port,KEY0_Pin)==GPIO_PIN_RESET) /* 判断按键是否仍然按下
*/
    {
        while(HAL_GPIO_ReadPin(KEY0_GPIO_Port,KEY0_Pin)==GPIO_PIN_RESET);
        /* 判断是否抬手，若抬手则一个按键动作完成；若没抬手，则继续等待抬手*/
        HAL_GPIO_TogglePin(LED0_GPIO_Port, LED0_Pin); /* LED0 输出电平翻转 */
    }
}
/* USER CODE END 3 */
```

上述代码表示在 while 循环中对配置好的 KEY0 进行判断，按键每按下一次，则 LED0 端口控制的 LED 灯亮灭转换一次。

5. 实验结果

按键按下、抬起效果图分别如图 3.29 和图 3.30 所示。

图 3.29　按键按下效果图

图 3.30　按键抬起效果图

3.4.3　复用功能按键输入

根据开发板设计电路，利用按键 KEY1 控制发光二极管 LED0 发光。短按一次，控制 LED0 点亮或熄灭。长按一次（时间大于 3s），使系统复位。电路设计图如图 3.31 所示。

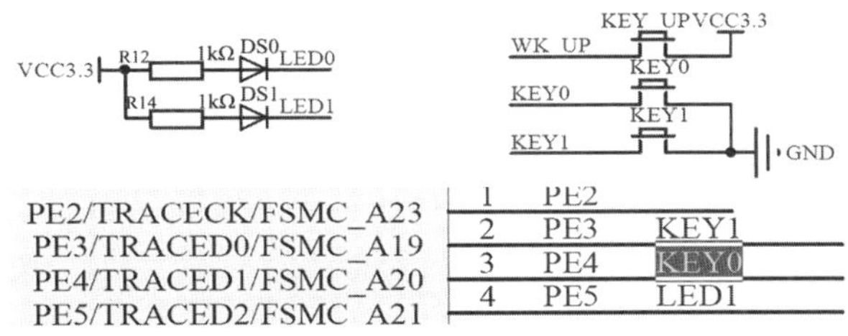

图 3.31　电路设计图

1. MCU 型号选择

与上例相同。

2. 功能参数设置

第一步：配置 RCC，选择外部高速晶振，与上例相同。

第二步：配置时钟树，设置系统时钟频率为 72MHz，与上例相同。

第三步：配置 Debug，与上例相同。

第四步：根据电路设计图，双击 PB5，修改 GPIO 引脚参数的配置。将 User Label 命名为 LED0，GPIO mode（工作模式）设置为 Output Push Pull（推挽输出模式）。双击 PE3，修改 GPIO 引脚参数的配置，将 User Label 命名为 KEY1，GPIO mode（工作模式）设置为 Input mode（输入模式），如图 3.32 所示。

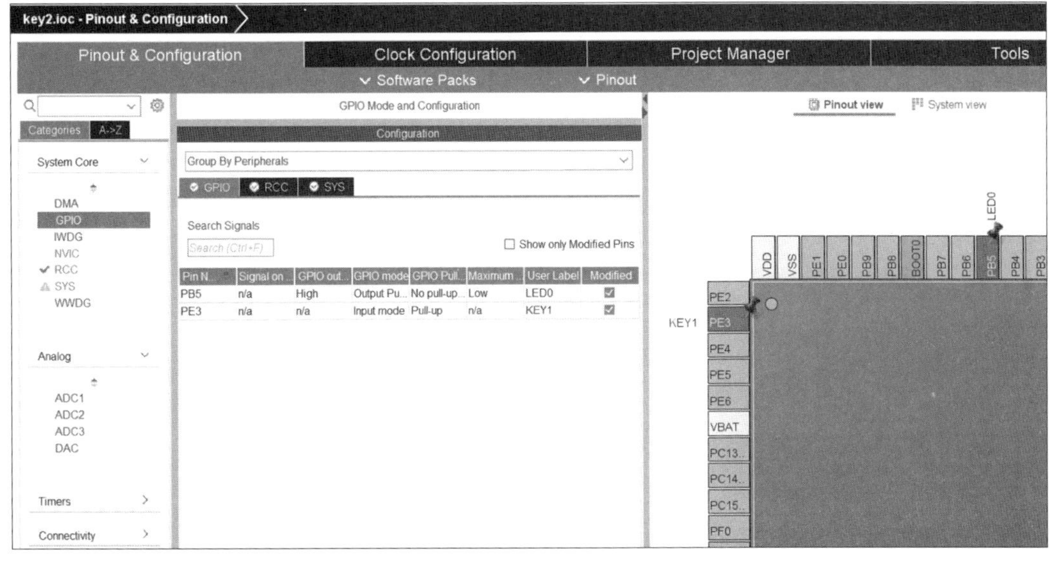

图 3.32　引脚参数配置

第五步：工程生成。将工程命名为 KEY2 并指定保存路径，选择图 3.22 所示选项，其过程与上例相同。

3. 生成工程代码

与上例相同。

4. 编写应用程序

首先对正弦函数数组变量、循环变量进行定义。在 main.c 文件中的/* USER CODE BEGIN 3 */和/* USER CODE END 3 */之间添加如下代码。

```
/* USER CODE BEGIN PFP */
uint8_t Keypressd(uint16_t time); /*声明函数原型*/
/* USER CODE END PFP */

/* USER CODE BEGIN 2 */
uint8_t cnt; //声明计数变量
/* USER CODE END 2 */

/* USER CODE BEGIN 3 */
    //分别做未按下、短按、长按（>3s）的选择判断
    switch(Keypressd(3000))      /*调用按键判断函数*/
    {
        case 0: break;                /*返回 0，未按下则直接退出*/
        case 1:   HAL_GPIO_TogglePin(LED0_GPIO_Port, LED0_Pin);break;
        /*返回 1，短按翻转后退出*/
        case 2: HAL_GPIO_WritePin(LED0_GPIO_Port, LED0_Pin, GPIO_PIN_RESET);
                /*返回 2，长按点亮灯*/
                HAL_Delay(3000); /*延时三秒*/
                HAL_NVIC_SystemReset();/*系统恢复，灯灭*/
                break; /*退出*/
}
}
/* USER CODE END 3 */
/* USER CODE BEGIN 4 */
uint8_t Keypressd(uint16_t time) /*按键判断函数*/
{
    uint16_t cnt=0; /*计时变量*/
    if(HAL_GPIO_ReadPin(KEY1_GPIO_Port,KEY1_Pin)==GPIO_PIN_RESET) /*如果按键按下*/
    {
        HAL_Delay(10); /*延时 10ms*/
        if(HAL_GPIO_ReadPin(KEY1_GPIO_Port,KEY1_Pin)==GPIO_PIN_RESET)
        /*如果按键依然按下*/
        {
            while(HAL_GPIO_ReadPin(KEY1_GPIO_Port,KEY1_Pin)==GPIO_PIN_RESET)
            /*等待抬手并记录按下时间*/
```

```
            {
                HAL_Delay(10); /*延时 10ms 并且 cnt 计数一次*/
                cnt++;
            }
        }
}
if (cnt==0) /*如果 cnt 未计数，则未按下，返回 0*/
    return 0;
else
    if (cnt<time/10) /*如果 cnt 计数小于 30，则按下时间小于 3s，返回 1*/
      return 1;
    else     /*如果 cnt 计数大于 30，则按下时间大于 3s，返回 2*/
      return 2;
}
/* USER CODE END 4 */
```

5. 实验结果

请结合实践，自行理解上述代码并感知实验结果。

3.5 本章小结

本章重点：GPIO 口的工作原理、配置过程。

本章难点：GPIO 口的工作模式选取、引脚复用。

在本章中，初学者需要理解和掌握 GPIO 口的 8 种工作模式及各自特点。以下对常用的几种工作模式做简单归纳。

1. 推挽输出模式

推挽输出模式可以输出高、低电平，连接数字器件。电路工作时，因为两个对称的功率开关管每次只有一个导通，所以导通损耗小、效率高。推挽输出既提高了电路的带负载能力，又提高了开关速度。

2. 开漏输出模式

开漏输出模式下，输出端相当于三极管的集电极，因此要得到高电平，需要外接上拉电阻。该模式适合用于电流型的驱动，其吸收电流的能力相对较强（可达到 20mA）。例如，用该模式去驱动继电器。该模式的特点是：利用外部电路的驱动能力，减少 IC 内部的驱动，IC 内部仅需很小的栅极驱动电流；开漏输出端可用来连接不同电平的器件，以实现电平匹配；提供灵活的输出方式，可以将多个开漏输出引脚并接到一条线上。通过一个上拉电阻，在不增加任何器件的情况下，形成“与逻辑”关系。这也是 I^2C、SMBus 等总线判断总线占用状态的原理。

3. 浮空输入模式

浮空输入模式一般用于串口，如 I^2C、USART 等。

4. 复用开漏输出模式、复用推挽输出模式

这两种模式可以看作 GPIO 口被用于第二功能时的配置情况（不作为通用 I/O 口使用）。由于 STM32 的很多引脚是多功能复用的，因此对此必须重视。

（1）复用开漏输出：片内外设功能，如 MOSI、MISO、SCK、SS 等。

（2）复用推挽输出：片内外设功能，如 I^2C 的 SCL、SDA 等。

思考与实践

1．仿照本章范例，利用两个按键控制两个 LED 的亮灭。

2．模拟鼠标的两种按键方式（单击、双击），实现控制一个 LED 的两种显示状态：单击，则 LED 切换亮 / 灭状态；双击，则让 LED 闪烁显示 10s（闪烁周期为 1s）。

第 4 章 中断

本章主要讨论 STM32 单片机中断系统的工作原理及其基本应用。通过学习达到以下目标：

1．知识目标。了解中断的概念及其应用场景，理解 STM32 单片机的中断原理（包括中断源、中断优先级、外部中断/事件控制器 EXTI）和中断处理流程，掌握外部中断的配置过程。

2．能力目标。能基于 HAL 库进行中断程序的开发，通过中断解决实际问题。

3．素质目标。引导学生明确任务的轻重缓急，做好优先级管理，合理规划大学生活。

4.1 中断及其基本原理

中断是处理器（CPU）的一种程序执行机制，有助于增强处理器的实时性，提高操作效率和系统可靠性，广泛应用于嵌入式系统中。

4.1.1 什么是中断

为了说明中断的概念，首先来看两个生活中的场景。

场景一：某天上午，沈老师正在上课，与同学们一起讨论有关内容，突然有一位同学因为没吃早饭引发低血糖，导致昏厥，沈老师只能紧急联系救护车，并请其他老师把该同学送往医院救治，然后沈老师继续上课。

场景二：小明正在计算机上写程序，突然女朋友来电话，和他商量晚上生日聚会的事情，商量完后小明继续写程序。

中断的英文为 Interrupt，指嵌入式系统在运行过程中出现了意外事件或紧急的情况需要及时处理，这时处理器停下正在运行的程序，转去执行紧急的事件，并在处理完成后再继续执行之前正在执行的程序的过程。

正常情况下，嵌入式系统的程序是按部就班顺序执行的，但是当出现计算机内外部紧急情况时，处理器可并发处理这些紧急事件。有了中断机制，计算机才具备了并行处理、实时处理和故障处理的能力。

4.1.2 中断系统

中断系统是用于处理和管理中断事件的硬件和软件系统，STM32 单片机具有强大且灵活的中断系统，支持对多种类型中断和多优先级中断的处理。

1. 嵌套向量中断控制器

嵌套向量中断控制器（Nested Vectored Interrupt Controller， NVIC）是内核器件，它管理来自外部和内部中断源的中断请求，并将其分发给相应的中断处理程序。同时，NVIC 支持多级中断优先级，并提供优先级配置和中断屏蔽选项。

2. 中断请求

中断请求（Interrupt Request）也称为中断源或中断事件，是指外部设备或内部定时器溢出等发出的信号，用以通知微控制器一个特定事件的发生。

3. 中断使能（Interrupt Enable）

通过设置相应的中断使能位，可启用或禁用特定的中断。禁用中断后，即使中断请求发生，处理器也不会响应（注意：此时仍能发生中断请求）。

4. 中断标志

中断标志（Interrupt Flag）用于指示特定的中断是否发生，发生时该标志位被置位。在处理器处理完中断后，需要及时清除相应的中断标志，避免同一个中断被再次触发。

5. 中断源

能引起中断的事件称为中断源。中断源一般都与外设相关。每一个中断源都有与它相对应的中断标志位，一旦该中断发生，则其中断标志位被置位，如果中断标志位被清除，则其对应的中断便不会被处理器响应。

6. 中断向量表

中断向量表（Interrupt Vector Table）是 STM32 单片机中的一个特殊的内存区域，存储着不同中断所对应的中断处理程序的地址。当中断发生时，处理器会通过中断向量表找到相应中断源的中断服务程序的入口地址，并跳转至该地址去执行。

7. 中断优先级

STM32 单片机的中断优先级控制机制允许用户为不同的中断源分配不同的优先级，它分为响应优先级和抢占优先级两类。当多个中断请求同时发生时，处理器先处理优先级较高的中断。在 NVIC 中，每个中断通道可通过配置寄存器来设置中断源的优先级。

8. 中断服务程序

在 STM32 单片机中，每个中断源通常对应一个中断服务程序（Interrupt Service Routine，ISR），也称为中断服务函数。用户可自定义中断服务程序，以对相应中断请求做出对应的处理。

9. 中断挂起

中断挂起（Interrupt Pending）是 NVIC 的一项功能，用于标识正在等待处理的中断请求，即当中断请求发生时，如果该中断已被挂起，它将等待处理器的处理。该功能使得处理器可按照优先级顺序处理挂起的中断。

4.1.3 中断处理流程

中断处理的过程具体可分为中断响应、执行中断服务程序（中断执行）和中断返回三个部分。在 STM32 单片机中，中断响应和中断返回一般都由硬件自动完成，而中断服务程序则由用户自定义，用以完成具体的中断任务。中断处理流程图如图 4.1 所示。

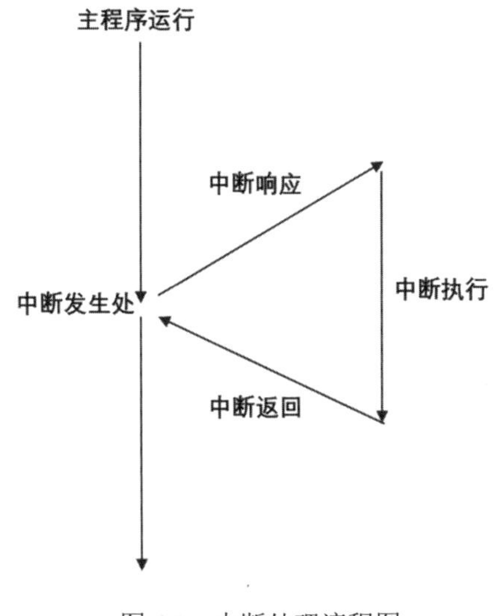

图 4.1 中断处理流程图

1. 中断响应

当某个中断请求产生后，微控制器对请求进行识别，并根据中断屏蔽位的设置判断该中断是否被屏蔽。若该中断请求被屏蔽，则仅将中断标志位置位，处理器不做任何响应，继续执行主程序。若该中断请求未被屏蔽，则中断寄存器中该中断标志位被置位，并将执行以下两步。

第一步：现场保护。为了在执行完中断服务程序后可返回断点处继续执行中断处理前正在执行的操作，必须进行现场保护，包括中断现场信息的入栈。

第二步：通过中断向量表找到该中断对应的中断服务程序（中断服务函数）地址，进入并执行中断服务程序。

2. 执行中断服务程序

每个中断都有对应的中断服务程序，用以处理具体的中断请求。当处理器响应中断后，转而执行对应的中断服务程序。用户根据具体的任务需求定义该函数，以实现中断处理操作。

3. 中断返回

当处理器执行中断服务程序后，首先恢复中断现场（包括现场信息的出栈），然后执行中断返回，以便回到断点处继续执行主程序。

4.2 嵌套向量中断控制器

嵌套向量中断控制器（NVIC）是一种内核外设，负责管理和协调 CPU 对异常和中断的处理，其主要功能是：设置中断的使能（Enable）和禁止（Disable）、中断优先级管理、中断嵌套。NVIC 的作用如图 4.2 所示。

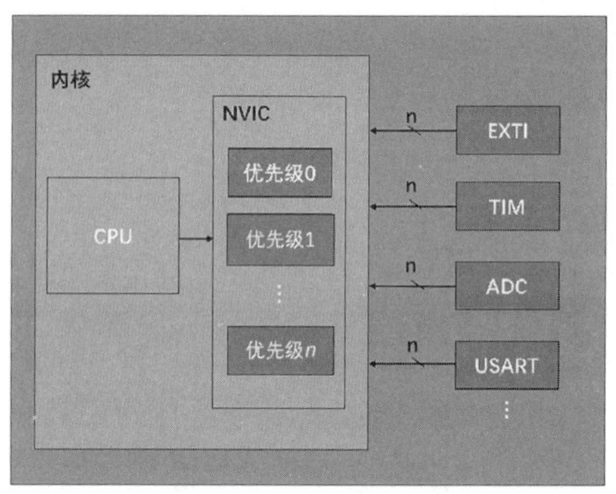

图 4.2　NVIC 的作用

4.2.1 嵌套向量中断控制器的主要功能

1. 中断优先级管理

NVIC 允许为不同的中断配置不同的优先级，支持多优先级配置，优先级决定了 CPU 响应中断的相对顺序，这样可确保高优先级中断能够及时得到处理。STM32 单片机中的中断优先级具有抢占优先级和响应优先级两个可配置属性，其优先级编号越小，优先级别越高。

在具体的中断管理过程中，当两个中断同时提出中断请求时，先对抢占优先级进行判断，抢占优先级高的先得到 CPU 的响应；若二者抢占优先级相同，则比较响应优先级，响应优先级高的先执行；若二者抢占优先级和响应优先级都一样，则按照默认中断向量号小

者优先的规则执行。抢占优先级和响应优先级可通过 4 位可编程的优先级设置来配置，共支持 16 个不同的优先级等级，具体的配置如表 4.1 所示。

表 4.1 优先级配置表

优先级分组	抢占优先级	响应优先级	占位情况
NVIC_PriorityGroup_0	0 级抢占优先级	0～15 级响应优先级	0 位用于指定抢占优先级，4 位全用于响应优先级
NVIC_PriorityGroup_1	0～1 级抢占优先级	0～7 级响应优先级	1 位用于指定抢占优先级，3 位用于响应优先级
NVIC_PriorityGroup_2	0～3 级抢占优先级	0～3 级响应优先级	2 位用于指定抢占优先级，2 位用于响应优先级
NVIC_PriorityGroup_3	0～7 级抢占优先级	0～1 级响应优先级	3 位用于指定抢占优先级，1 位用于响应优先级
NVIC_PriorityGroup_4	0～15 级抢占优先级	0 级响应优先级	4 位全用于指定抢占优先级，0 位用于响应优先级

2. 中断使能和禁止

NVIC 可设置中断的使能和禁止。通过设置相应的中断使能位，可以启用或禁用特定的中断。当中断禁用后，即使中断请求发生，CPU 也不会响应中断请求。在某些特定情况下，该功能在需要对某些中断进行屏蔽时非常有效。

3. 中断嵌套

NVIC 支持中断的嵌套。当 CPU 正在处理一个中断时，如果具有更高优先级的事件提出中断请求，则 CPU 停止当前中断的处理，转而处理更高优先级的中断。嵌套中断机制可使得 NVIC 更有效地管理多个并发的中断事件。STM32F1 系列支持 16 层嵌套。中断嵌套示意图如图 4.3 所示。

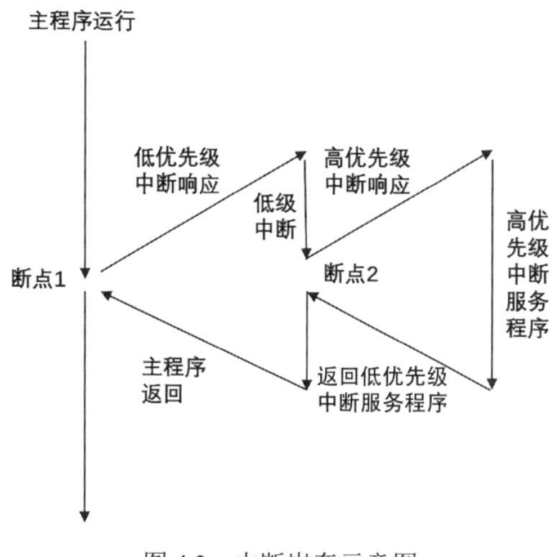

图 4.3 中断嵌套示意图

4.2.2 异常和中断

STM32 单片机中正常执行的程序被打断统称为异常。异常包含了中断，中断是异常的一种情况。那么异常和中断有什么区别？Cortex-M3 内核支持 256 种异常，其中编号为 1～

15 的异常对应系统异常，编号大于或等于 16 的异常对应外部中断。而 STM32 单片机对 Cortex-M3 的内核进行了剪裁，其系统异常如表 4.2 所示，外部中断如表 4.3 所示。

表 4.2　系统异常

位置	优先级	优先级类型	名称	说明	地址
	—	—	—	保留	0x0000_0000
	−3	固定	Reset	复位	0x0000_0004
	−2	固定	NMI	不可屏蔽中断。RCC 时钟安全系统（CSS）连接到 NMI 向量	0x0000_0008
	−1	固定	HardFault（硬件失效）	所有类型的失效	0x0000_000C
	0	可设置	MemManage（存储管理）	存储器管理	0x0000_0010
	1	可设置	BusFault（总线错误）	预取指失败，存储器访问失败	0x0000_0014
	2	可设置	UsageFault（错误应用）	未定义的指令或非法状态	0x0000_0018
	—	—	—	保留	0x0000_001C ～0x0000_002B
	3	可设置	SVCall	通过 SWI 指令调用的系统服务	0x0000_002C
	4	可设置	Debug Monitor（调试监控）	调试监控器	0x0000_0030
	—	—	—	保留	0x0000_0034
	5	可设置	PendSV	可挂起的系统服务	0x0000_0038
	6	可设置	SysTick	系统嘀嗒定时器	0x0000_003C

表 4.3　外部中断

位置	优先级	优先级类型	名称	说明	地址
0	7	可设置	WWDG	窗口定时器中断	0x0000_0040
1	8	可设置	PVD	连到 EXTI 的电源电压检测（PVD）中断	0x0000_0044
2	9	可设置	TAMPER	侵入检测中断	0x0000_0048
3	10	可设置	RTC	实时时钟（RTC）全局中断	0x0000_004C
4	11	可设置	Flash	闪存全局中断	0x0000_0050
⋮					
55	62	可设置	TIM7	TIM7 全局中断	0x0000_011C
56	63	可设置	DMA2 通道 1	DMA2 通道 1 全局中断	0x0000_0120
57	64	可设置	DMA2 通道 2	DMA2 通道 2 全局中断	0x0000_0124
58	65	可设置	DMA2 通道 3	DMA2 通道 3 全局中断	0x0000_0128
59	66	可设置	DMA2 通道 4_5	DMA2 通道 4 和 DMA2 通道 5 全局中断	0x0000_012C

从上述两表可以看出，STM32 单片机对 Cortex-M3 内核的系统异常/外部中断表重新进行了剪裁，把优先级-3～6 的异常定义为系统异常，而且除了个别异常的优先级被锁定，其他异常的优先级均可设置。从编号 1 开始，将不同的中断向量定义为不同的中断类型：如外部中断、定时器中断等。

4.2.3 EXTI

EXTI 是 STM32 单片机中的外部中断/事件控制器，它负责管理 19 条外部中断线。每条中断线都分别对应一个边沿检测器，可实现对输入信号的上升沿、下降沿的检测。EXTI 可对每条中断线进行单独配置，包括配置中断或事件，以及触发事件的属性；可单独对每条中断线进行屏蔽。

1. 外部中断映射

STM32 单片机的每个 GPIO 引脚均可作为外部中断输入引脚，STM32 单片机的 GPIO 口多达上百个，而 STM32 单片机提供给 GPIO 口使用的外部中断线有 16 条，那么中断线如何与 GPIO 口对应？解决方案是，通过映射完成外部中断线与 GPIO 引脚的对应。外部中断线与 GPIO 引脚的映射关系图如图 4.4 所示。

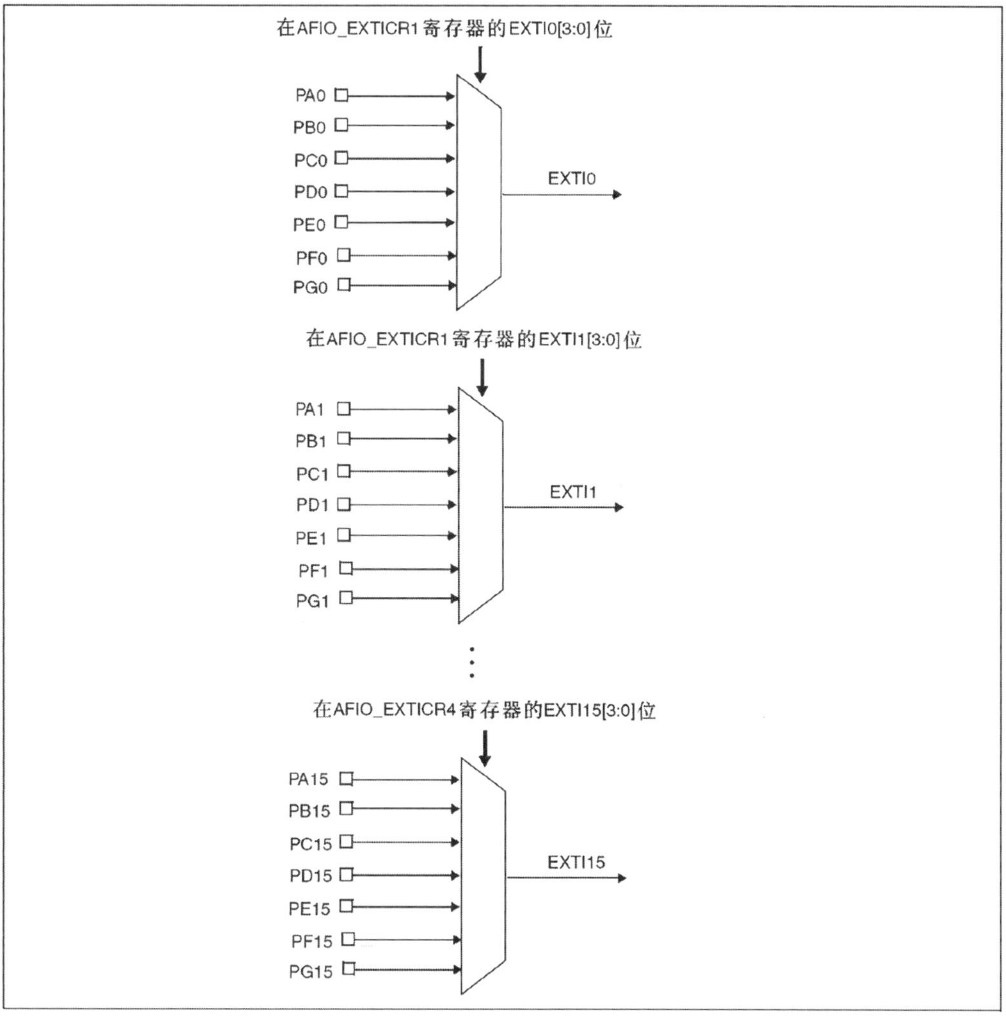

在AFIO_EXTICR1寄存器的EXTI0[3:0]位

PA0, PB0, PC0, PD0, PE0, PF0, PG0 → EXTI0

在AFIO_EXTICR1寄存器的EXTI1[3:0]位

PA1, PB1, PC1, PD1, PE1, PF1, PG1 → EXTI1

⋮

在AFIO_EXTICR4寄存器的EXTI15[3:0]位

PA15, PB15, PC15, PD15, PE15, PF15, PG15 → EXTI15

图 4.4　外部中断线与 GPIO 引脚的映射关系图

由图 4.4 可知，外部中断线 0～15 都对应外部 GPIO 口的输入中断，每组 GPIO 口有 16 个 GPIO 口（0～15 号），将每组的 0 号口映射到外部中断线 0（EXTI0），每组的 1 号口映射到外部中断线 1（EXTI1），以此类推。同一时刻每条外部中断线对应的 GPIO 口中只能有一个产生中断。

由于 STM32F103ZET6 的中断向量表只为 EXTI 分配了 7 个中断向量，因此只能对应 7 个外部中断服务函数，如表 4.4 所示。从表中可看到，EXTI9_5 表示 5～9 号口共用一个中断服务函数，EXTI15_10 表示 10～15 号口共用一个中断服务函数。

表 4.4　外部中断服务函数名称一览表

位置	优先级	优先级类型	名称	说明	地址	中断服务函数名称
6	13	可设置	EXTI0	EXTI 线 0 中断	0x0000_0058	EXTI0_IRQHandler
7	14	可设置	EXTI1	EXTI 线 1 中断	0x0000_005C	EXTI1_IRQHandler
8	15	可设置	EXTI2	EXTI 线 2 中断	0x0000_0060	EXTI2_IRQHandler
9	16	可设置	EXTI3	EXTI 线 3 中断	0x0000_0064	EXTI3_IRQHandler
10	17	可设置	EXTI4	EXTI 线 4 中断	0x0000_0068	EXTI4_IRQHandler
23	30	可设置	EXTI9_5	EXTI 线[9:5]中断	0x0000_009C	EXTI9_5_IRQHandler
40	47	可设置	EXTI15_10	EXTI 线[15:10]中断	0x0000_00E0	EXTI15_10_IRQHandler

2. 外部中断的工作原理

外部中断的工作原理如图 4.5 所示。

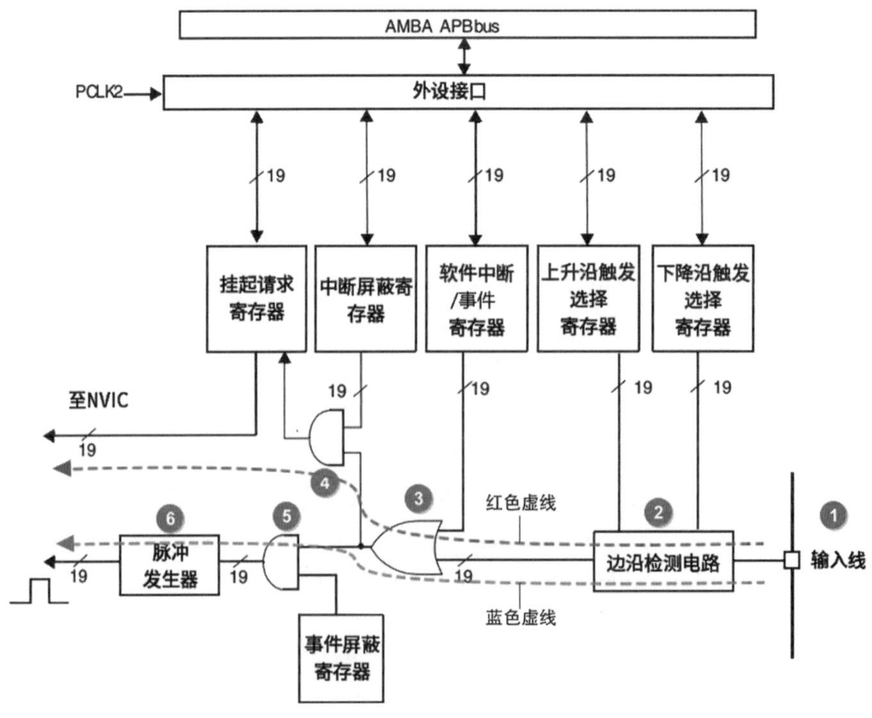

图 4.5　外部中断的工作原理

由图 4.5 可以看到红、蓝两条虚线，分别对应外部中断和事件的处理流程。在 STM32 单片机的中断系统中，事件和中断是容易混淆的两个概念。中断：中断线把输入信号送入 NVIC，触发并运行中断服务函数，实现中断所要完成的功能，这属于软件级。事件：中断线传输一个特定变化的信号供其他外设使用，它属于硬件级。简单地说，中断会自动进入中断服务函数，而事件不会有对应的中断服务函数；中断属于软件级，而事件属于硬件级；中断有实时性要求，而事件则没有；中断需要 CPU 参与，而事件不需要。

中断和事件的具体工作流程如下。

编号 1 是信号输入线，当外部信号从输入线 1 进入后，首先受到编号 2 边沿检测电路的检测，边沿检测电路的作用是将输入信号分别与上升沿触发、下降沿触发选择寄存器进行对比，以检测信号跳变的有效性。换言之，它将根据提前配置好的上升沿触发选择寄存器（EXTI_RTSR）和下降沿触发选择寄存器（EXTI_FTSR）对应位的设置产生有效触发信号，当边沿检测电路检测到有效边沿跳变时，输出有效信号 1 给编号 3 的电路，否则输出无效信号 0。

编号 3 是一个或门电路，除了接收编号 2 的有效输出，还接收一个软件中断/事件寄存器产生的输入。软件中断/事件寄存器可通过程序控制，从而产生一个人为的外部中断，与编号 2 传递的有效信号不同，它相当于模拟一次中断事件，故称之为软件中断。

编号 4 是一个与门电路，其输出信号取决于编号 3 输入的有效信号和中断屏蔽寄存器的值。如果中断屏蔽寄存器的值为 1，则输入信号送达 NVIC，否则信号被屏蔽。因此，中断屏蔽寄存器决定是否允许中断发生。

编号 5 是一个与门电路，其输出信号取决于编号 3 输入的有效信号和事件屏蔽寄存器的值。如果事件屏蔽寄存器的值为 1，则将信号送到脉冲发生器（编号 6），为 0 则不将信号送到脉冲发生器（编号 6）。因此，事件屏蔽寄存器决定是否允许产生脉冲信号。

4.3 EXTI 的配置与应用

4.3.1 EXTI 配置解析

EXTI 的配置界面如图 4.6 所示。进入配置界面后，单击 GPIO。

单击需要配置的引脚，会显示可配置选项，用于配置该引脚的功能。单击 PC6 引脚，在弹出的菜单中选择 GPIO_EXTI6，如图 4.7 所示，将 GPIO 引脚设置为外部中断输入引脚。

根据任务要求，选择引脚所需的功能配置。例如，对于 PC6 引脚的 GPIO_mode 配置项，可以选择外部中断上升沿触发、外部中断下降沿触发、外部中断上升沿和下降沿都触发、事件上升沿触发、事件下降沿触发、事件上升沿和下降沿都触发。GPIO Pull-up/Pull-down 用来设置边沿检测前端口的默认电平。User Label 用来设置 PC6 引脚的名称。具体配置如图 4.8 所示。

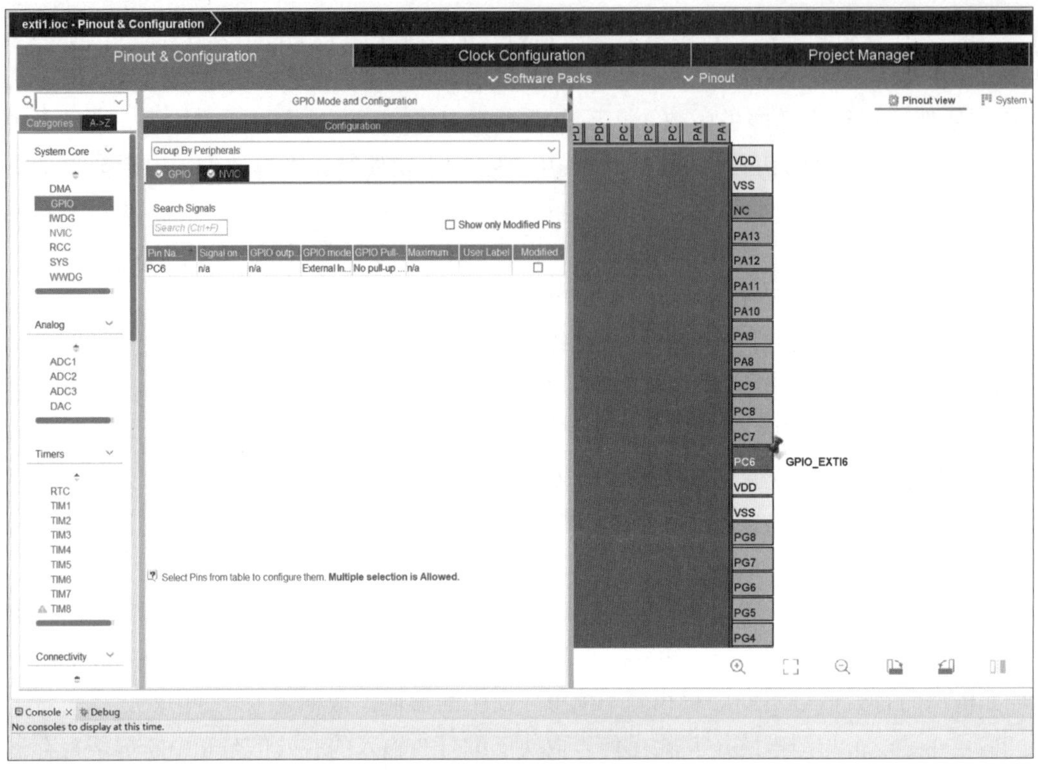

图 4.6　EXTI 的配置界面

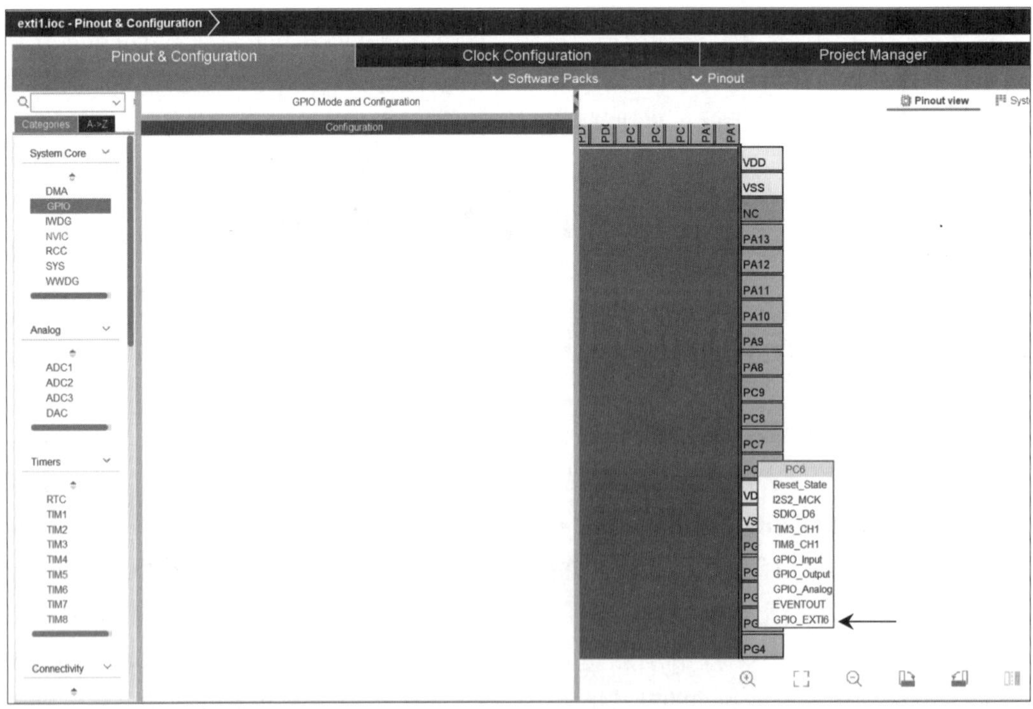

图 4.7　将 GPIO 引脚设置为外部中断输入引脚

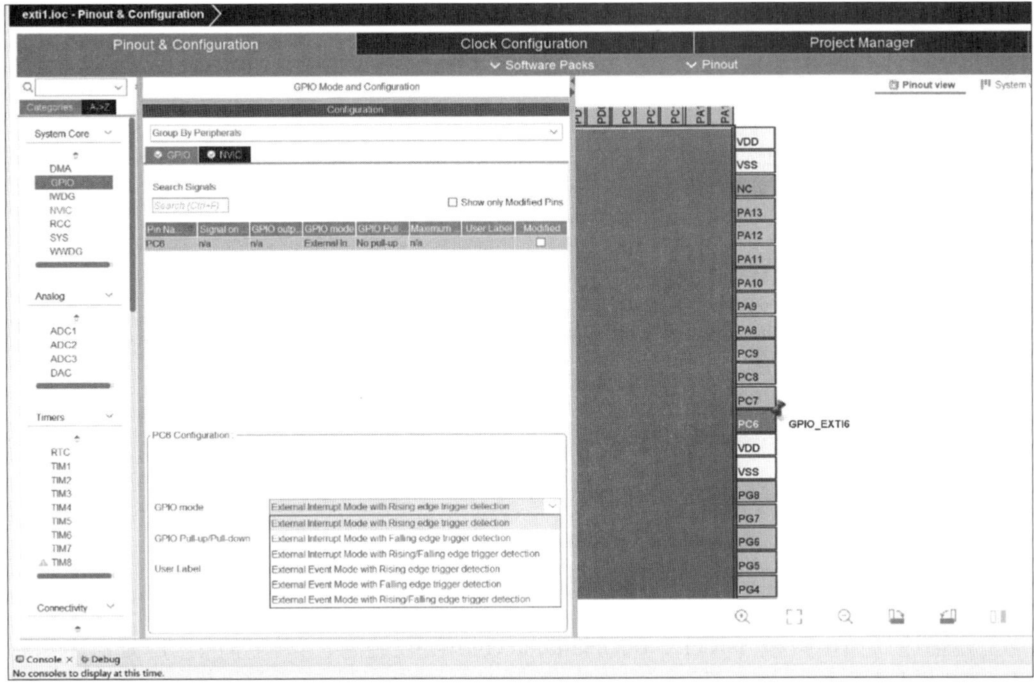

图 4.8 EXTI 具体配置

选择 NVIC 选项，勾选 EXTI line[9:5] interrupts 复选框，以启用 PC6 对应的外部中断，配置过程如图 4.9 所示。

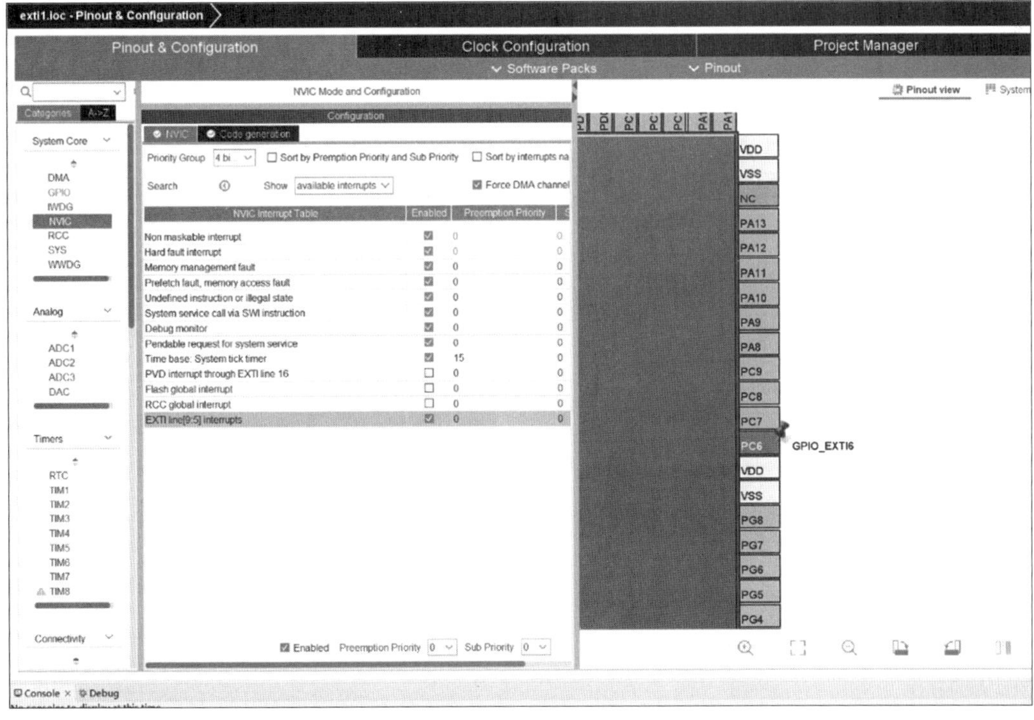

图 4.9 启用外部中断

4.3.2 EXTI 函数

与 EXTI 相关的处理函数被定义在 stm32f1xx_hal_it.c 源文件中。本节将对用户可用的 EXTI 函数进行介绍。

1. 外部中断服务函数

```
void EXTIX_IRQHandler(void)
```

功能描述：外部中断触发后进入该函数。

应用范例：自动触发并直接调用。

2. 外部中断请求处理函数

```
HAL_GPIO_EXTI_IRQHandler(uint16_t GPIO_Pin)
```

功能描述：该函数被 EXTIX_IRQHandler(void)函数调用，该函数的作用是对中断标志位清零和调用回调函数。

应用范例：

```
HAL_GPIO_EXTI_IRQHandler(KEY0_Pin);
```

3. 回调函数

```
__weak void HAL_GPIO_EXTI_Callback(uint16_t GPIO_Pin)
```

功能描述：该函数被 HAL_GPIO_EXTI_IRQHandler (void)函数调用，是一个弱函数。其主要功能是完成外部中断的任务，由用户自己定义。

应用范例：

```
HAL_GPIO_EXTI_IRQHandler(KEY0_Pin);
```

4.4 EXTI 应用实例

4.4.1 EXTI 控制 LED 翻转

根据开发板设计电路，使用两个按键各自的一个引脚作为外部中断输入引脚，由两个外部中断实现两个 LED 的亮灭翻转，KEY0 控制 LED0，KEY1 控制 LED1，电路设计图如图 4.10 所示。

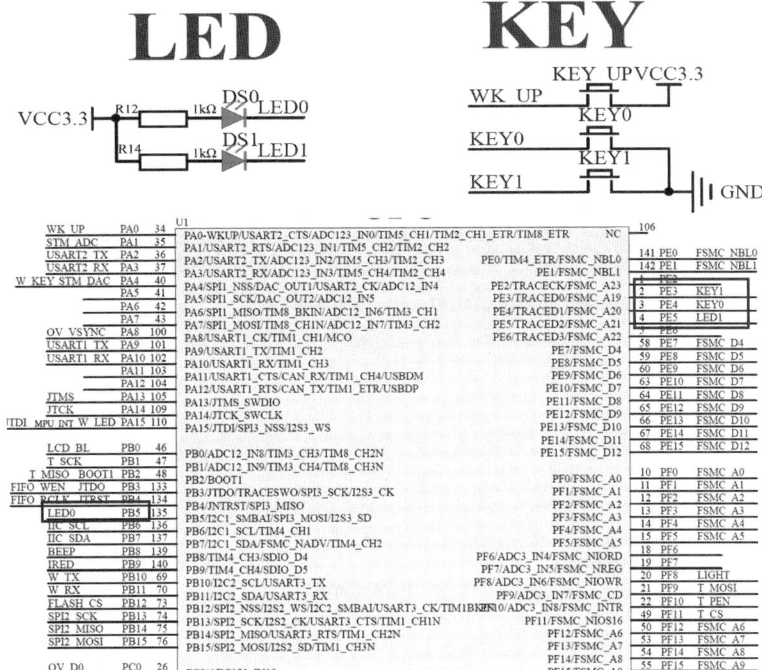

图 4.10　电路设计图

1. MCU 型号选择

选择 MCU 型号，如图 4.11 所示。

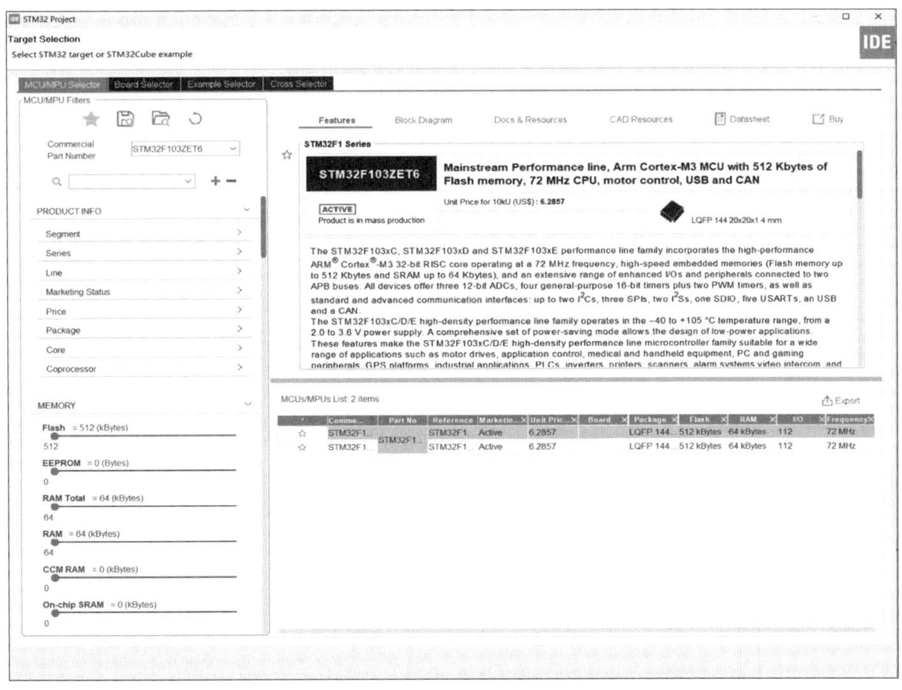

图 4.11　MCU 型号选择

2. 功能参数设置

（1）配置 RCC，选择外部高速晶振，配置过程如图 4.12 所示。

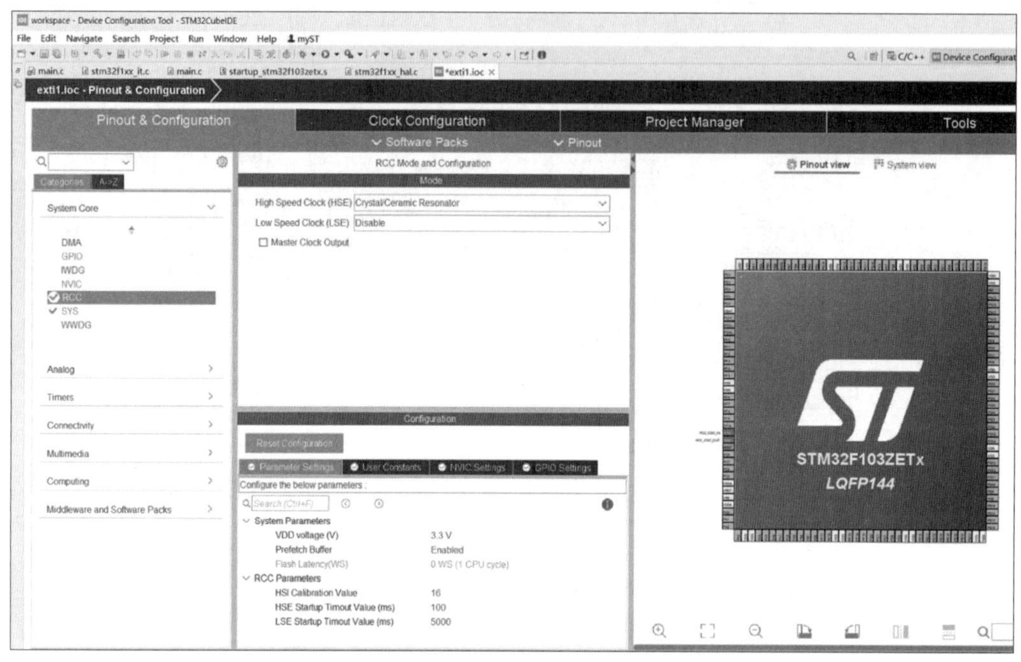

图 4.12　RCC 配置

（2）配置时钟树，设置系统时钟频率为 72MHz，如图 4.13 所示。

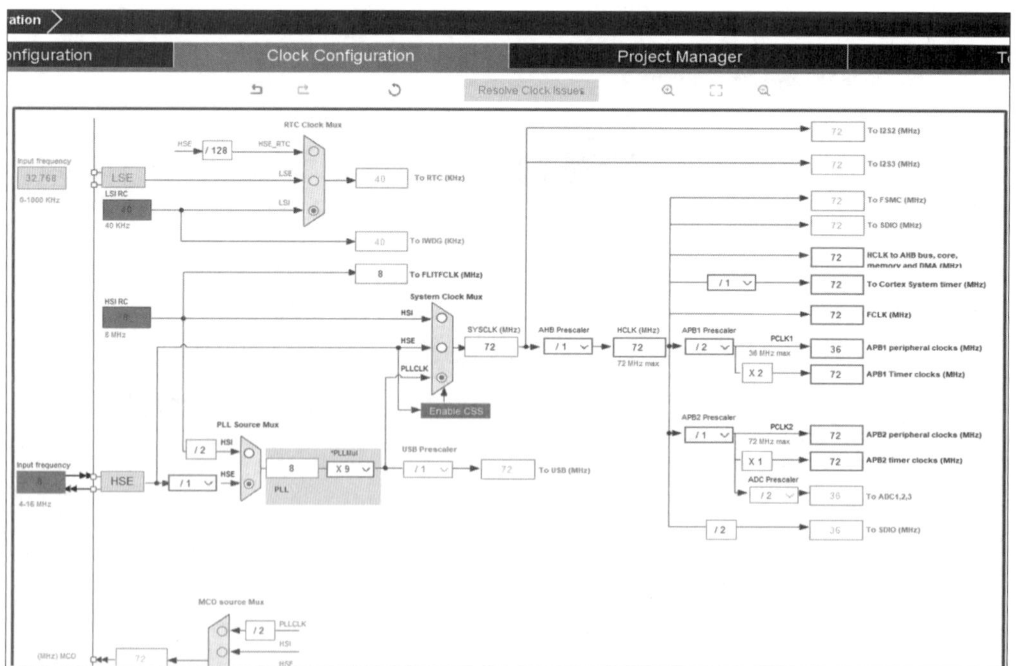

图 4.13　时钟树配置

（3）配置 Debug，如图 4.14 所示。

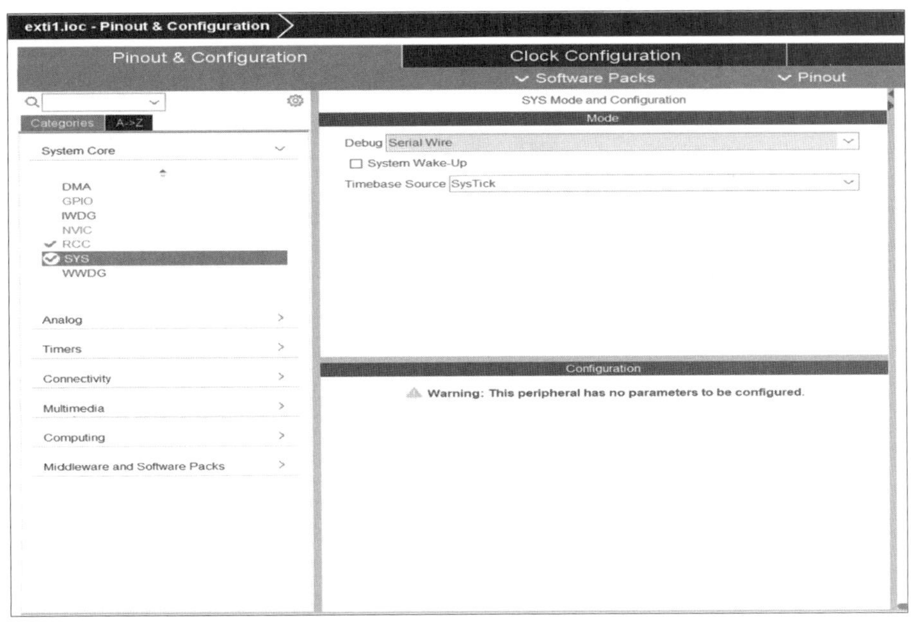

图 4.14　Debug 配置

这里使用了 STLink 调试工具，故选择 Serial Wire。

（4）GPIO 口的引脚配置。

根据电路设计图，双击 PB5 和 PE5，修改 GPIO 引脚参数，将 PB5 的 User Label 设置为 LED0，PE5 的 User Label 设置为 LED1。双击 PE3 和 PE4，修改 GPIO 引脚参数，将 PE3 的 User Label 设置为 KEY1，PE4 的 User Label 设置为 KEY0。根据电路设计图，当按下按键 KEY0 和 KEY1 时，端口的有效电平为低电平，为了配置这两个引脚为外部中断引脚，需要将 KEY0 和 KEY1 所对应的引脚配置为上拉，即默认无按键按下时端口是高电平。引脚配置如图 4.15 所示。

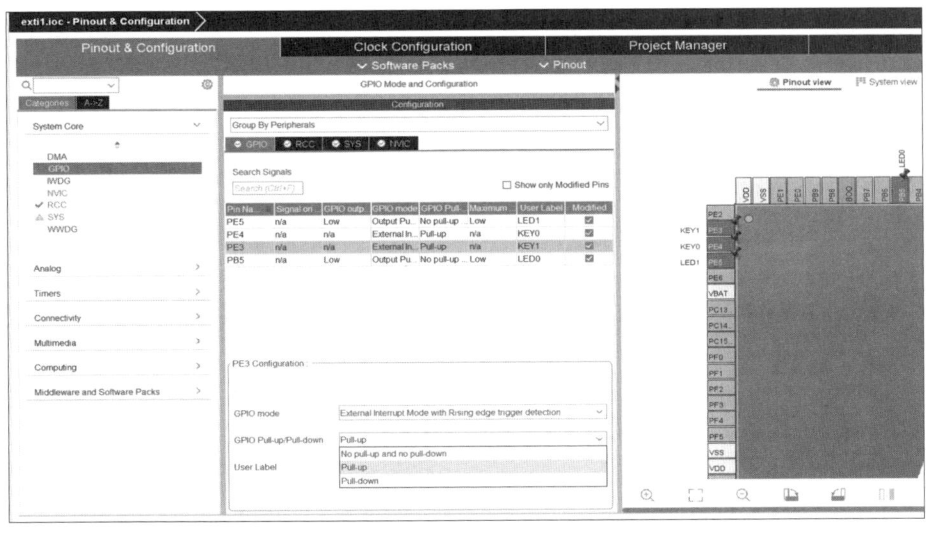

图 4.15　引脚配置

（5）在 NVIC 选项中，勾选 EXTI line3 interrupt 复选框和 EXTI line4 interrupt 复选框，使能外部中断 EXTI3 和 EXTI4 的中断线，NVIC 配置如图 4.16 所示。

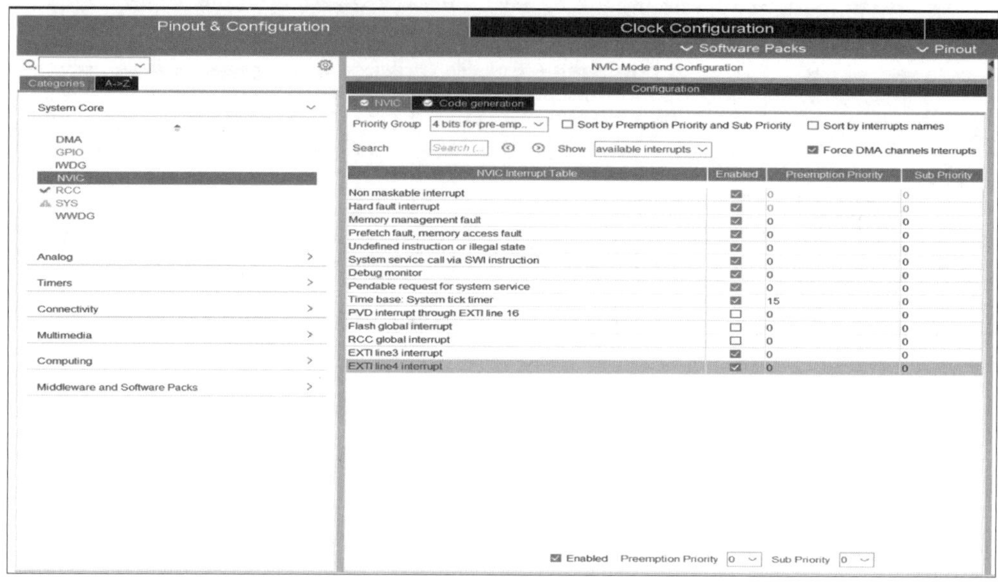

图 4.16　NVIC 配置

（6）工程生成。

命名工程，指定保存路径，工程名配置如图 4.17 所示。

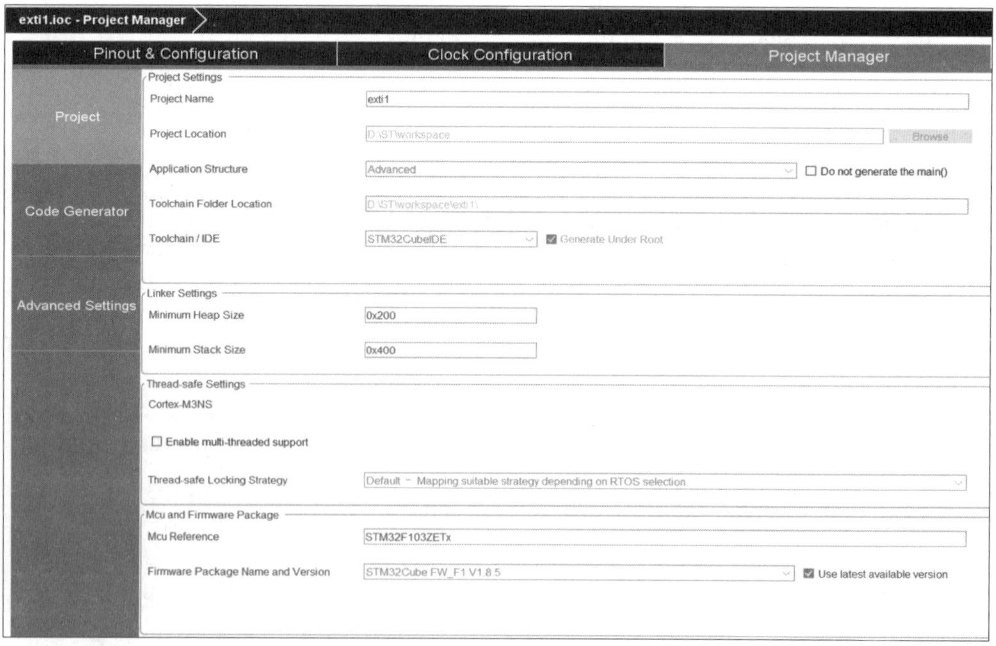

图 4.17　工程名配置

选择图 4.18 所示选项。

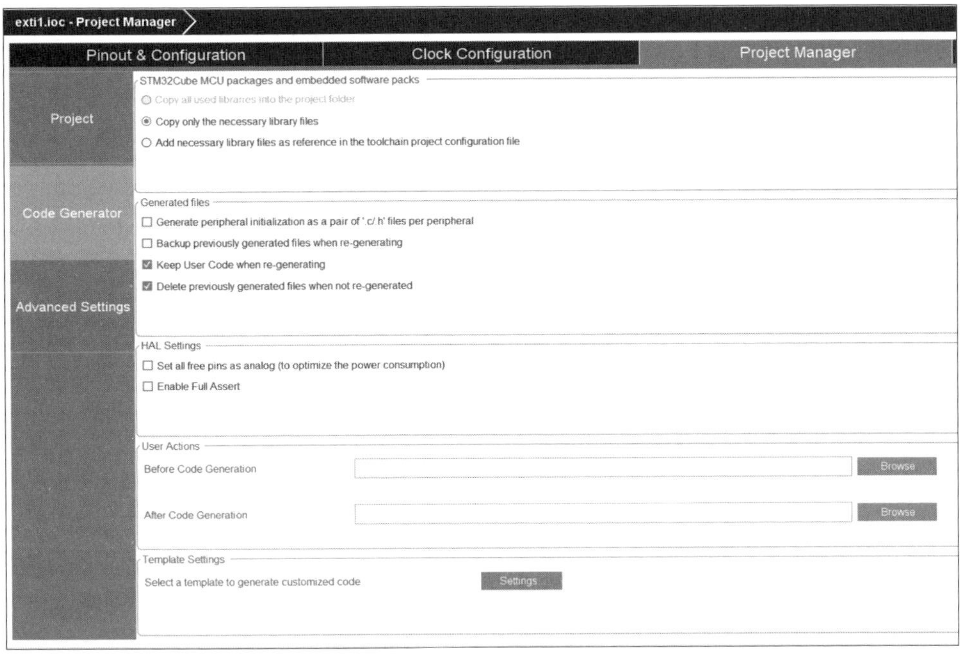

图 4.18　文件生成配置

3. 生成工程代码

单击“编译”按钮或“保存”按钮，如图 4.19 所示，IDE 弹出是否生成代码文件的提示，选择生成即可。

图 4.19　编译按钮

4. 编写应用程序

首先，为响应按键引脚产生的外部中断，CPU 开始执行中断服务函数，函数被包含在 stm32f1xx_it.c 文件中。两个外部中断服务函数分别为 EXTI3_IRQHandler 和 EXTI4_IRQHandler。

```
/* @brief This function handles EXTI line3 interrupt. */
void EXTI3_IRQHandler(void)
{
  HAL_GPIO_EXTI_IRQHandler(KEY1_Pin);
}

/* @brief This function handles EXTI line4 interrupt. */
void EXTI4_IRQHandler(void)
{
  HAL_GPIO_EXTI_IRQHandler(KEY0_Pin);
}
```

由此可以看出，这两个函数均调用了同一个函数 HAL_GPIO_EXTI_IRQHandler。打开

该函数的定义文件，可以看到，这个函数的作用是当进入外部中断后，先对外部中断标志位清零（外部中断标志位代表有外部中断产生，当 CPU 监测到这个标志位被置位后则会响应外部中断），中断处理完成后若标志位还处于置位状态，则 CPU 将继续进入外部中断。

```
void HAL_GPIO_EXTI_IRQHandler(uint16_t GPIO_Pin)
{
    /* EXTI line interrupt detected */
    if (__HAL_GPIO_EXTI_GET_IT(GPIO_Pin) != 0x00u)
    {
      __HAL_GPIO_EXTI_CLEAR_IT(GPIO_Pin);
      HAL_GPIO_EXTI_Callback(GPIO_Pin);
    }
}
```

外部中断标志位清零后，函数调用了 HAL_GPIO_EXTI_Callback 函数，该函数被称为回调函数。在以后的章节中会多次用到不同的回调函数。打开这个函数的定义文件，可以看到该函数前面有__weak 的标志，表示该函数是一个弱函数，该函数没有具体的函数内容，需要用户自己定义该函数的代码。

```
__weak void HAL_GPIO_EXTI_Callback(uint16_t GPIO_Pin)
{
      /* Prevent unused argument(s) compilation warning */
  UNUSED(GPIO_Pin);
}
```

在 main.c 文件的主函数/* USER CODE BEGIN 4 */和/* USER CODE END4 */之间添加以下代码。

```
/* USER CODE BEGIN 4 */
void HAL_GPIO_EXTI_Callback(uint16_t GPIO_Pin)
{
  if(GPIO_Pin==KEY0_Pin) /*判断是否为 KEY0 引脚的外部中断*/
    {
    while(HAL_GPIO_ReadPin(KEY0_GPIO_Port,KEY0_Pin)==RESET);
        /*判断按键是否按下，若 KEY0 引脚为低电平，则按键按下未抬起继续等待；若 KEY0 引脚为高电平，则手已抬起，完成一次按键动作，执行下一条程序*/
    HAL_GPIO_TogglePin(LED0_GPIO_Port,LED0_Pin); /*LED0 状态翻转*/
    }
    if(GPIO_Pin==KEY1_Pin)
    {
      while(HAL_GPIO_ReadPin(KEY1_GPIO_Port,KEY1_Pin)==RESET);
      HAL_GPIO_TogglePin(LED1_GPIO_Port,LED1_Pin);
    }
}
/* USER CODE END 4 */
```

上述代码实现了通过按键引脚触发的外部中断来控制 LED 的翻转，即当按键被按下时，外部中断回调函数会被调用，从而完成 LED 状态的翻转。

5. 实验结果

实验结果如图 4.20～图 4.22 所示。

图 4.20 未按下时 LED

图 4.21 KEY0 按下时 LED

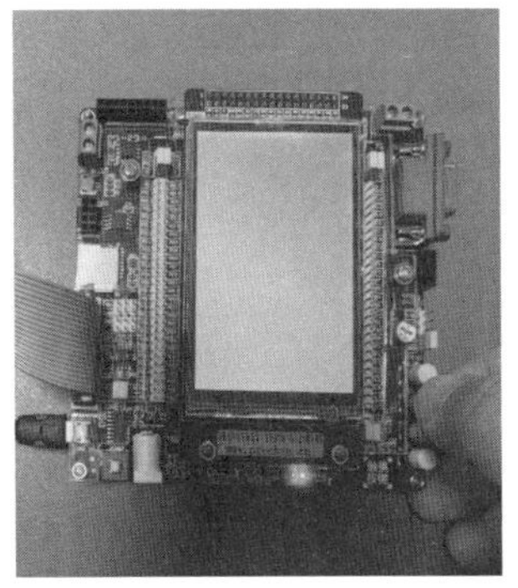

图 4.22 KEY1 按下时 LED

4.4.2 EXTI 嵌套 LED 控制

根据开发板设计电路，使用一个按键引脚的外部中断完成延时 500ms 后 LED0 闪烁一次，KEY0 控制 LED0。嵌套 LED 控制电路设计图如图 4.23 所示。

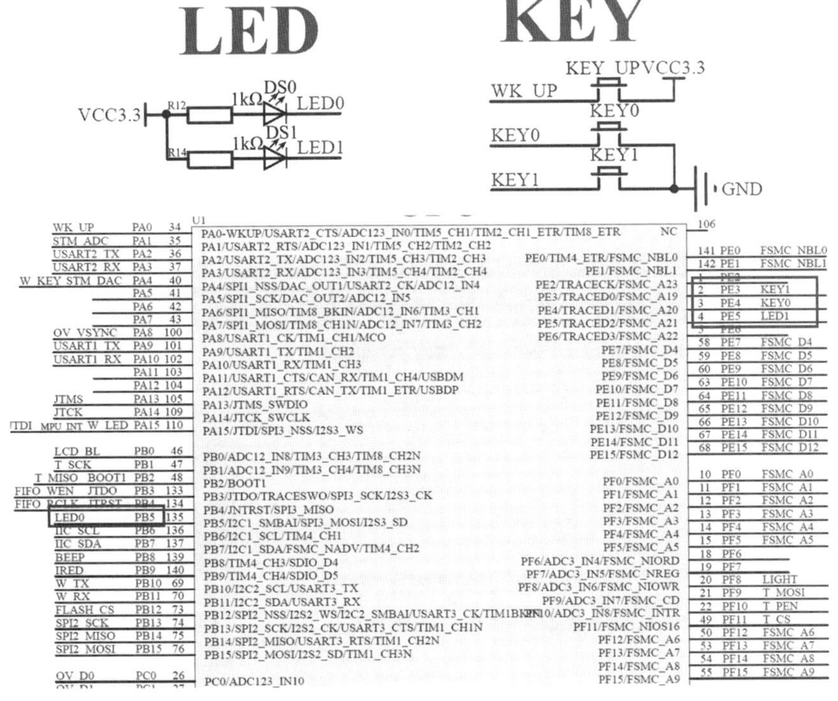

图 4.23 嵌套 LED 控制电路设计图

1. MCU 型号的选择

选择 MCU 型号，如图 4.24 所示。

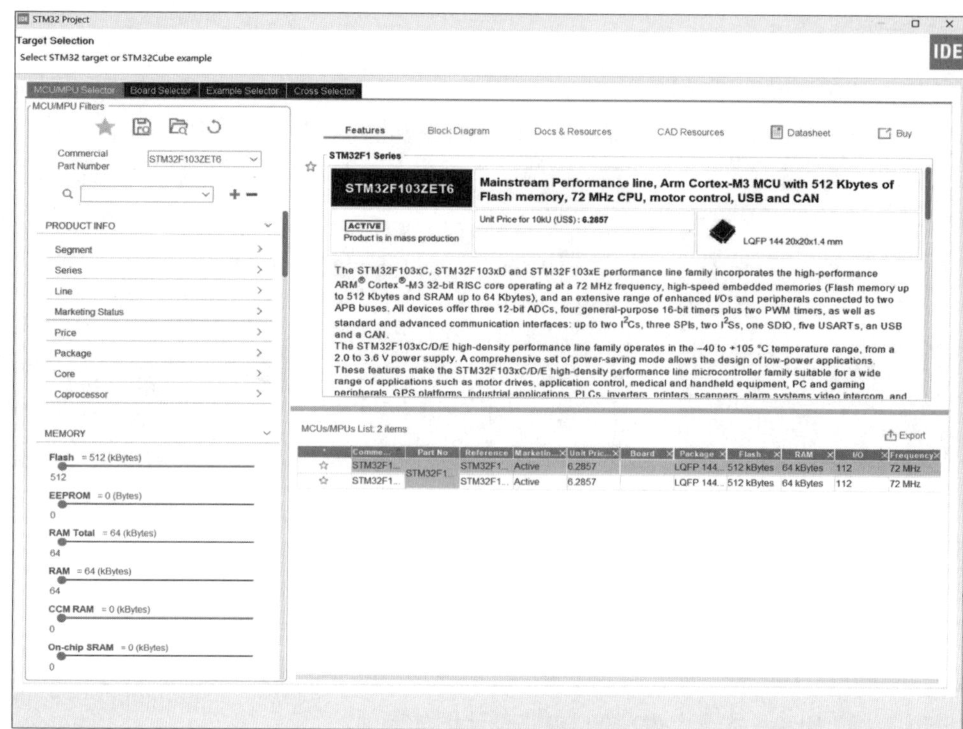

图 4.24　MCU 型号的选择

2. 功能参数设置

（1）配置 RCC，选择外部高速晶振，如图 4.25 所示。

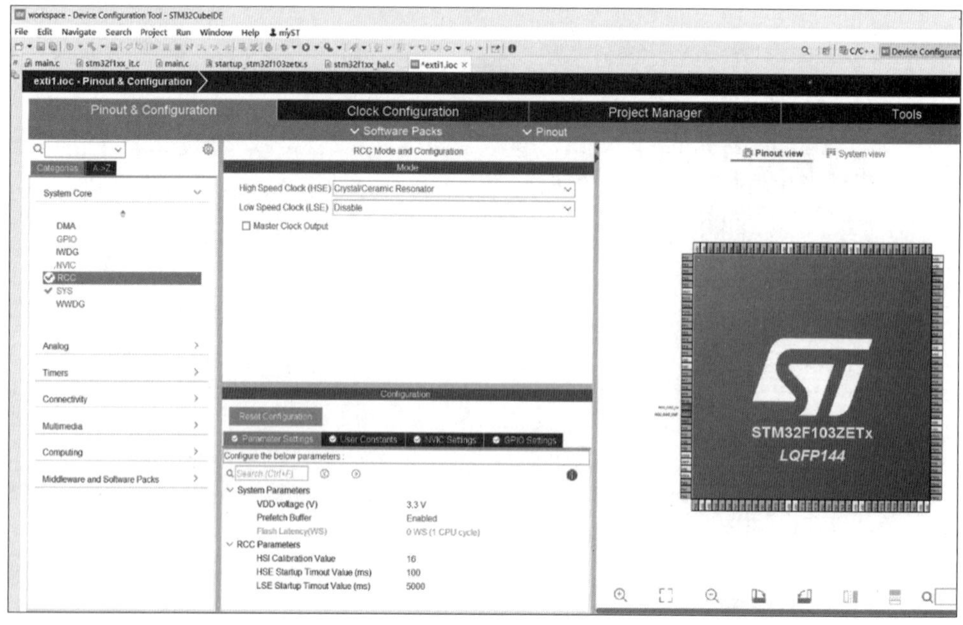

图 4.25　RCC 配置

（2）配置时钟树，设置系统时钟频率为 72MHz，如图 4.26 所示。

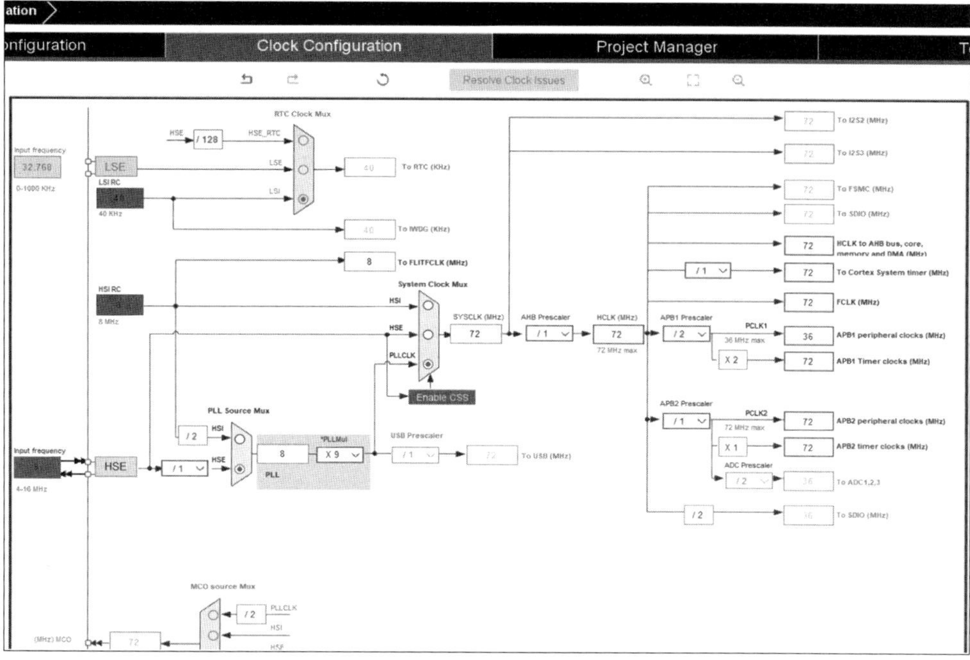

图 4.26 时钟树配置

（3）配置 Debug，如图 4.27 所示。

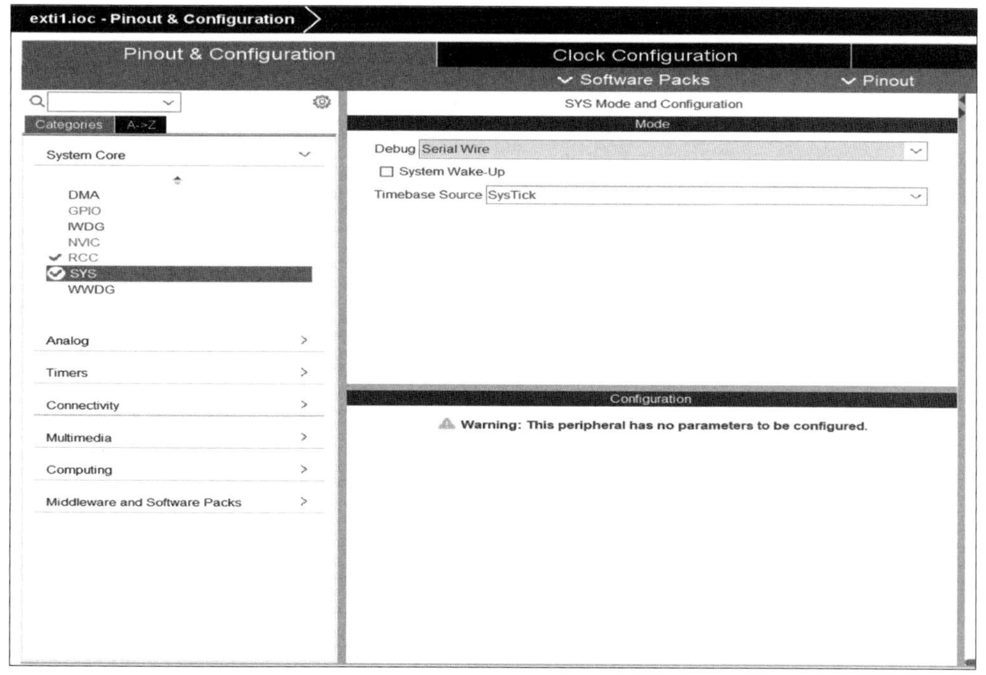

图 4.27 Debug 配置

此处使用 STLink 调试工具，故选择 Serial Wire。

（4）根据电路设计图，双击 PB5 和 PE4，修改 GPIO 引脚参数。将 PB5 的 User Label 设置为 LED0，PE4 的 User Label 设置为 KEY0。由电路设计图可知，当按下按键 KEY0 时端口为低电平。为配置该引脚为外部中断引脚，需要将 KEY0 所对应的引脚配置为上拉，GPIO mode 所对应的外部中断模式为下降沿触发，即默认无按键按下时端口为高电平，引脚配置如图 4.28 所示。

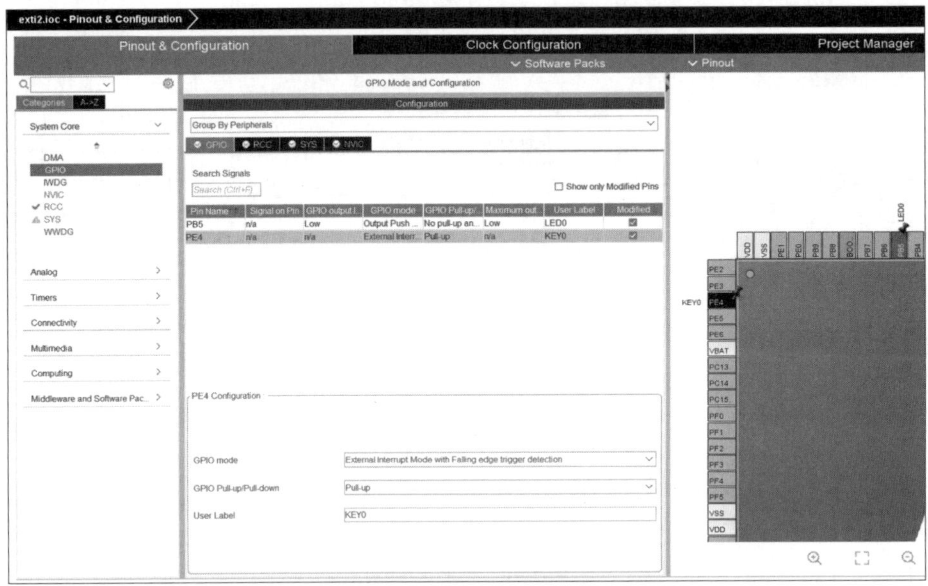

图 4.28　引脚配置图

（5）在 NVIC 选项中，勾选 EXTI line4 interrupt 复选框，使能外部中断 EXTI4 的中断线，EXTI 配置如图 4.29 所示。

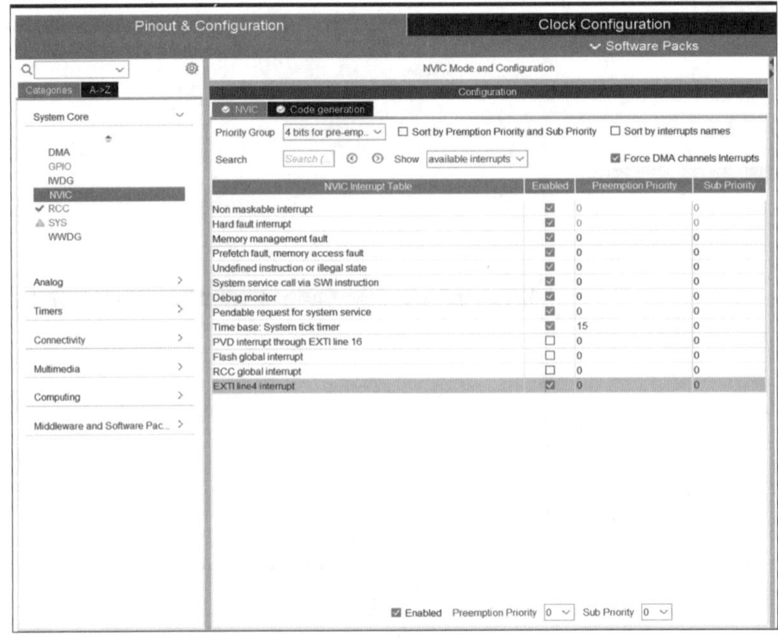

图 4.29　EXTI 配置

（6）工程生成。

命名工程和指定保存路径，配置同上例，工程名称为 exti2。

3. 生成工程代码

单击“编译”按钮或“保存”按钮，IDE 弹出是否生成代码文件的提示，选择生成即可，配置同上例。

4. 编写应用程序

和上例相同，用户自己编写外部中断的回调函数。即在 main.c 文件中，复制该函数的函数原型 void HAL_ GPIO_EXTI_Callback (uint16_t GPIO _Pin) 到主函数/* USER CODE BEGIN 4 */和/* USER CODE END4 */之间，并添加如下代码。

```
/* USER CODE BEGIN 4 */
void HAL_GPIO_EXTI_Callback(uint16_t GPIO_Pin)
{
  while(HAL_GPIO_ReadPin(KEY0_GPIO_Port,KEY0_Pin)==RESET);
      /*判断按键是否按下，KEY0 引脚为低电平则按键按下未抬起，继续等待；若 KEY0 为高电平则手已抬起，完成一次按键动作，执行下一条程序*/
  HAL_Delay(500);
  HAL_GPIO_TogglePin(LED0_GPIO_Port,LED0_Pin); /*LED0 状态翻转*/
  HAL_Delay(100);/*延时 100ms*/
  HAL_GPIO_TogglePin(LED0_GPIO_Port,LED0_Pin); /*LED0 状态恢复*/
}
/* USER CODE END 4 */
```

上述代码为在按键按下后触发外部中断，在回调函数中完成 LED0 在按键按下后 500ms 之后闪烁一次的程序，但在实验中发现并没有出现预想的效果。通过下载器对程序进行单步调试，分析原因，发现程序卡在 HAL_Delay 这个函数中。于是打开 HAL_Delay 函数文件，看到它的具体定义如下。

```
/**
  * @brief This function provides minimum delay (in milliseconds) based
  *           on variable incremented.
  * @note In the default implementation , SysTick timer is the source of time base.
  *          It is used to generate interrupts at regular time intervals where uwTick
  *          is incremented.
  * @note This function is declared as __weak to be overwritten in case of other
  *          implementations in user file.
  * @param Delay specifies the delay time length, in milliseconds.
  * @retval None
  */
__weak void HAL_Delay(uint32_t Delay)
{
  uint32_t tickstart = HAL_GetTick();
  uint32_t wait = Delay;
```

```
    /* Add a freq to guarantee minimum wait */
    if (wait < HAL_MAX_DELAY)
    {
    wait += (uint32_t)(uwTickFreq);
    }

    while ((HAL_GetTick() - tickstart) < wait)
    {
    }
}
```

从该函数的定义中可以看到，HAL_Delay 也有__weak 标识，代表该函数也是弱函数。函数简介中的第二句，@note In the default implementation , SysTick timer is the source of time base. It is used to generate interrupts at regular time intervals where uwTick is incremented. 从英文注释可以看出，计时器的时基源是 SysTick 定时器，该定时器会在固定时间间隔内产生中断。也就是说，该定时器用中断的方式进行计时，既然是中断必定存在优先级，而 HAL_Delay 在外部中断服务函数中被调用，那么会不会存在优先级冲突的问题，从而导致 HAL_Delay 函数卡死？带着这个疑问，回到 STM32CubeIDE 中的 NVIC 去观察 SysTick 的优先级，NVIC 配置如图 4.30 所示。

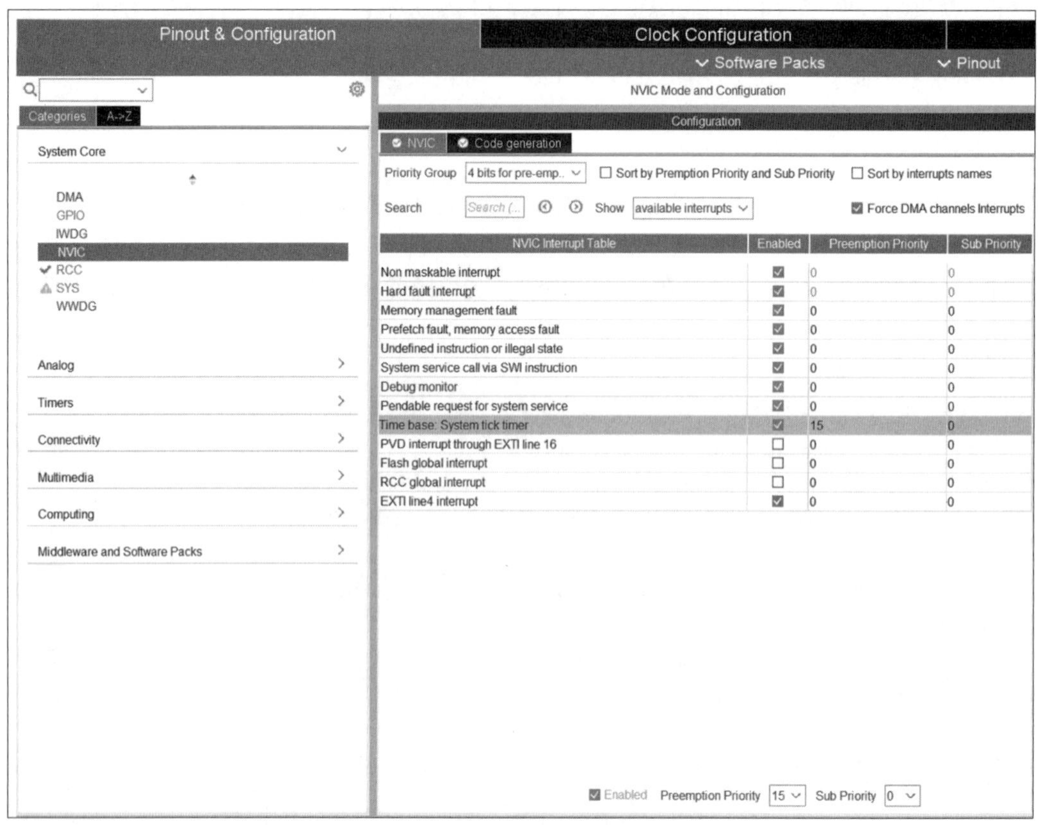

图 4.30　NVIC 配置

由图 4.30 可观察到在默认使能的中断里面有一个 Time base:System tick timer 的中断，它是给 HAL_Delay 函数提供时基的定时器中断，该中断的抢占优先级为 15，比 EXTI line4 interrupt 的抢占优先级低，HAL_Delay 中无法实现 System tick timer 对外部中断的嵌套，所以不可能在外部中断中触发 Systick 中断。为此，需要将 System tick timer 的抢占优先级改为高于外部中断的抢占优先级，此处将 System tick timer 的抢占优先级配置为 0，EXTI line4 interrupt 的抢占优先级配置为 1，两个中断的响应优先级相同，NVIC 优先级修改如图 4.31 所示。重新编译程序并观察运行结果。

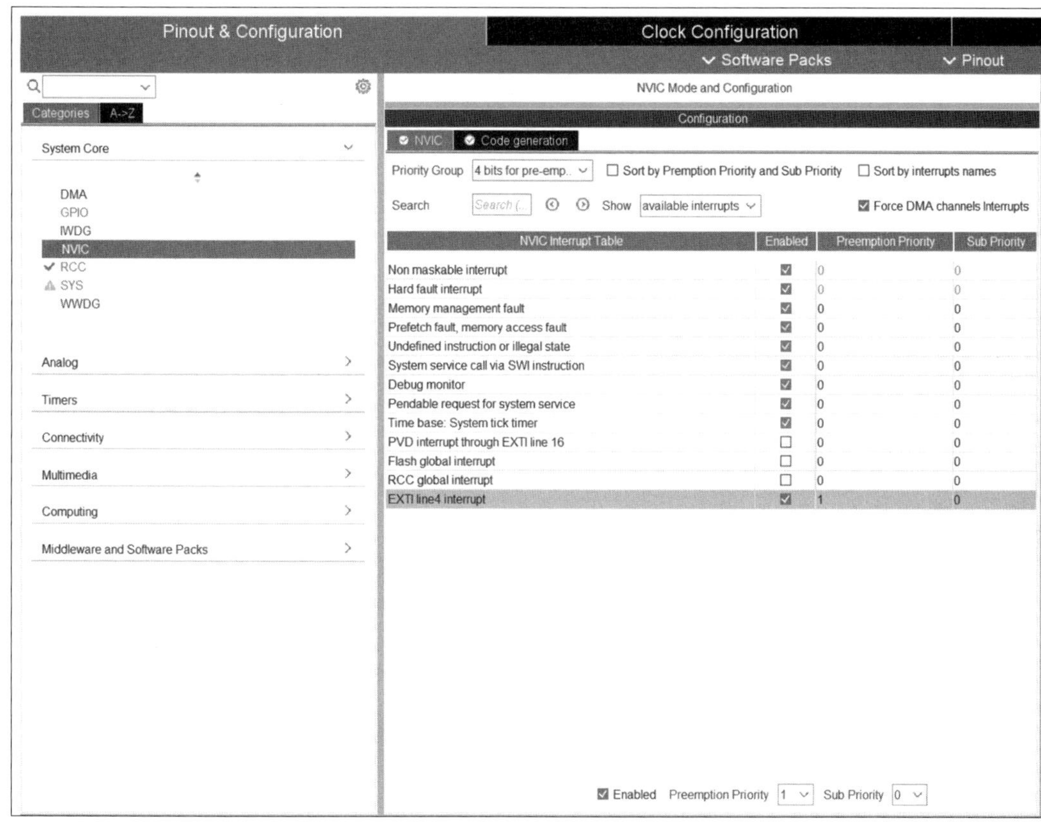

图 4.31 NVIC 优先级修改

5. 实验结果

由于该实验结果不易用图形展示，请大家自行验证程序功能。

4.5 本章小结

本章主要讨论中断及其应用。对于初学者，理解中断的概念和原理、掌握中断的基本应用十分重要。

中断的概念：要对中断的基本原理有一个清晰的认识，理解中断在嵌入式系统中的处理流程，理解中断时断点信息的压栈和出栈过程。

NVIC：要掌握嵌套向量中断控制器（NVIC）在内核和外设之间所起的作用，熟悉 NVIC 中关于中断优先级的配置，掌握抢占优先级和响应优先级的使用。在遇到中断嵌套的场景时，能检查优先级配置的合理性，避免中断被卡锁。

EXTI：掌握外部中断的使用方法。能区分外部中断和事件，能够熟练使用中断和事件。

本章难点：中断的工作原理、中断优先级的配置。

思考与实践

1. 仿照本章范例，设计使用两个外部按键作为触发源引发外部中断，并通过中断服务函数实现一红一绿两个 LED 灯按照 500ms 和 1000ms 周期闪烁。

2. 根据自行购置的开发板，用按键的外部中断方式实现蜂鸣器的蜂鸣控制，即按下按键，蜂鸣器蜂鸣 100ms。

第5章 串口（USART）

本章主要讨论STM32单片机串行通信模块串口（USART）的工作原理及其基本应用。通过学习达到以下目标：

1.知识目标。了解串行通信的基本概念，理解STM32串口的内部结构、基本原理与串口的工作模式，理解STM32串口的数据传输过程，掌握串口的配置过程。

2.能力目标。能在应用中合理选用串口，能基于HAL库开发查询法和中断法的串口应用程序，例如通过串口实现STM32单片机系统与PC机的通信。

3.素质目标。学会与他人交流沟通，善于倾听并表达自己的观点和思想。

5.1 串行通信

5.1.1 嵌入式系统中的通信

嵌入式设备之间或嵌入式设备与外部设备之间常常要进行信息交换和数据传输，这个过程就是通信，通信在嵌入式系统中具有重要的作用。通信的稳定性、实时性、能耗、经济性等因素是嵌入式系统设计中需要仔细考虑的问题。

在嵌入式系统中，涉及的通信形式如下。

1. 内部通信

嵌入式系统通常由多个硬件模块或组件组成，这些硬件模块或组件之间需要进行内部通信以实现协同工作。例如，一个嵌入式系统可能包括微控制器、传感器、执行器等多个模块，它们之间通过总线、中断或其他通信方式进行信息传递，以实现系统的整体功能。

2. 外部通信

嵌入式系统通常需要与外部设备进行通信，以获取外部信息、控制外部设备或与其他系统进行交互。外部通信包括串口通信、网络通信、无线通信等。

3. 传感器与控制器通信

嵌入式系统中经常涉及传感器与控制器之间的通信。传感器负责采集环境信息，而控制器则根据这些信息做出相应的决策。通信可以是模拟信号的传输，也可以是数字信号的传输，这取决于传感器和控制器的特性。

4. 网络通信

对于连接到网络的嵌入式系统，网络通信变得至关重要，它包括以太网、Wi-Fi、蓝牙等通信方式。网络通信使得嵌入式系统能够与其他设备或云端进行远程数据交互。

5. 总线通信

内部组件之间的通信一般通过总线进行。总线是一组电子导线，它可传输地址、数据和控制信号，从而协调各个组件的工作。

5.1.2 同步/异步串行通信

异步通信和同步通信是两种不同的通信方式，它们在数据传输的时序和同步性上有明显的区别。

1. 异步通信

（1）与时序无关：在异步通信中，数据的传输不依赖严格的时序同步。发送端和接收端之间没有共享的时钟信号，因此在数据传输时，发送端和接收端的时钟不需要完全同步。

（2）起始位和停止位：异步通信使用起始位和停止位来标识每个数据帧。通常，数据帧的开始由一个起始位标识，而结束由一个或多个停止位标识。

（3）波特率：异步通信中，波特率是一个关键的参数，它指定了每秒传输的比特数。由于没有共享的时钟信号，发送端和接收端需要事先约定相同的波特率。

（4）用途：异步通信常用于距离相对较短和速率较低的通信，例如串口通信。

2. 同步通信

（1）时序同步：同步通信要求发送端和接收端在时序上保持同步。通常，同步通信使用外部时钟信号来同步数据的传输。

（2）时钟同步：发送端和接收端共享相同的时钟信号，以确保数据的传输时序一致，这样可以更容易地确定数据的开始和结束。

（3）速率同步：在同步通信中，不同设备之间的时钟速率要匹配一致，以保证数据的准确传输。

（4）应用：同步通信通常用于高速数据传输和长距离通信，例如以太网通信、并行总线通信等。

选择异步通信或同步通信时，应根据实际应用场景所要求的通信距离、传输速率、系统成本和对时序的要求等进行综合考虑。一般而言，UART 是异步通信的代表，而以太网、SPI、I^2C 等通信协议则是同步通信的代表。

5.1.3 UART

UART（Universal Asynchronous Receiver Transmitter）即通用异步收发器，是一种用于串行通信的协议，它分为物理层和协议层。UART 通常用于与外部设备进行串行通信，数据通过引脚逐位进行传输，以实现数据的发送与接收。在 UART 通信中，发送端产生的不同长度的时间间隔决定了数据的传输速率，即波特率。

1. 串行通信协议的物理层

物理层主要规定通信中的机械和电子功能的特性，其典型代表就是 RS-232 标准，主要内容包括信号的用途、通信接口及信号电平。

1）引脚定义

串口通信一般使用多个引脚。

TX：传输引脚，用于发送数据。

RX：接收引脚，用于接收数据。

GND：地线引脚，提供电流回路。

VCC：电源引脚，为设备提供电源。

其他引脚，如 RTS、CTS 等，主要用于硬件流控制。

2）电压特性

串口通信的电压级别通常有 TTL 和 RS-232 两种标准。TTL 电平一般为 0V 表示逻辑 0，5V 表示逻辑 1；RS-232 电平则为负逻辑，以−3V 到−15V 表示逻辑 0，+3V 到+15V 表示逻辑 1。

3）物理接口

物理接口有 DB-9（九针）或 DB-25（25 针）等类型，用于连接串口线缆。

4）USB 转串口模块

如今 RS-232 接口已不再作为个人计算机的标准接口，常用的接口是 USB 接口，因此在需要串口通信的场合，需要通过 USB 转串口模块进行 USB 接口与串口的转换，实现 USB 接口与串口的相互连接。USB 转串口模块包含 USB 转串口芯片，以及与串口通信相关的电路和元件。这样的模块能够实现在计算机或其他 USB 主机设备与串口设备之间的数据传输。

2. 串行通信协议的协议层

协议层主要规定通信逻辑，统一双方的数据打包、解包标准，其主要内容如下。

1）帧结构

串口通信的数据被划分为多个帧，每帧包含起始位、数据位、奇偶校验位、停止位

等。通常，一个典型的帧结构是：起始位（1 位）+ 数据位（8 位）+ 奇偶校验位（可选，1 位）+ 停止位（1 或 2 位），如图 5.1 所示。

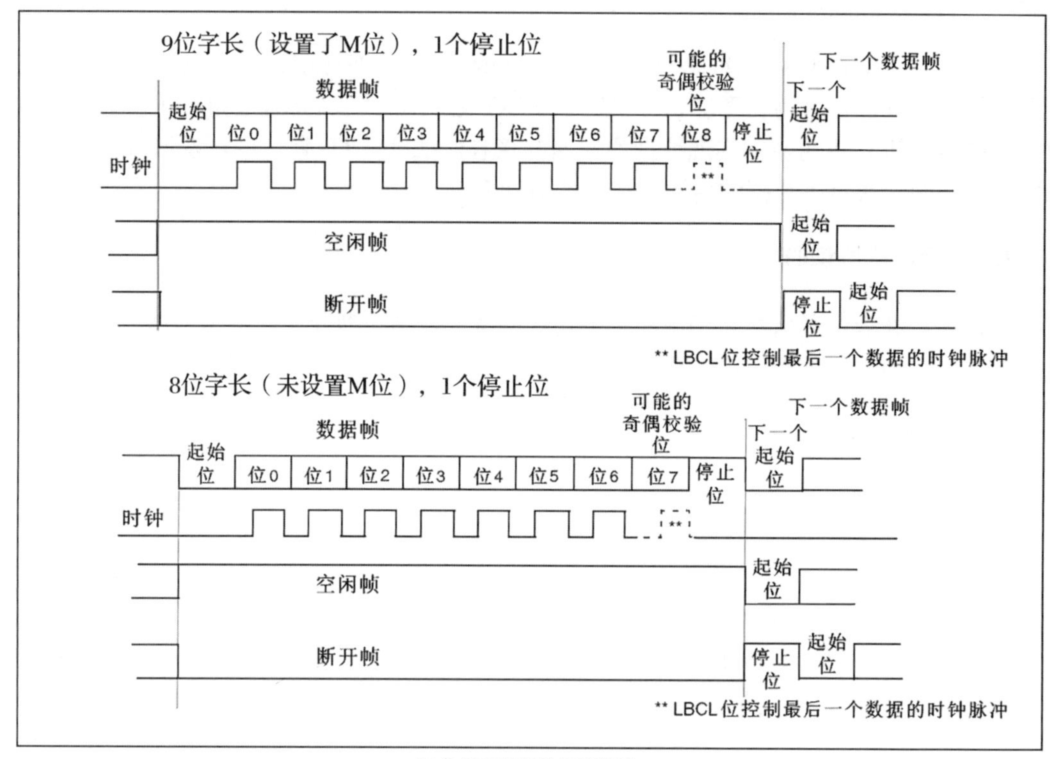

M 位用于设置数据帧长度

图 5.1　典型的帧结构

2）波特率

波特率指的是每秒传输的比特数，是串口通信的一个关键参数。发送端和接收端必须以相同的波特率进行通信。

3）奇偶校验

奇偶校验用于检测并纠正数据传输中的错误。奇偶校验位指示了数据位中 1 的个数是奇数还是偶数。

4）流控制

流控制用于控制数据的流动，以防止数据的溢出。常见的流控制方式包括硬件流控制（使用 RTS 和 CTS 引脚）和软件流控制（使用特定的控制字符）。

3. 协议应用

串行通信协议可应用于简单的点对点通信，也可应用于较为复杂的多点通信，如 Modbus、RS-485 等。

5.2 STM32 的 USART

5.2.1 USART 接口

STM32F103 系列包含 5 路串行通信接口（简称串口），其中 3 个 USART 和 2 个 UART。在大多数场景，一般使用异步通信，也可理解为就是 UART。

图 5.2 是 STM32 串行通信模块的硬件结构框图。

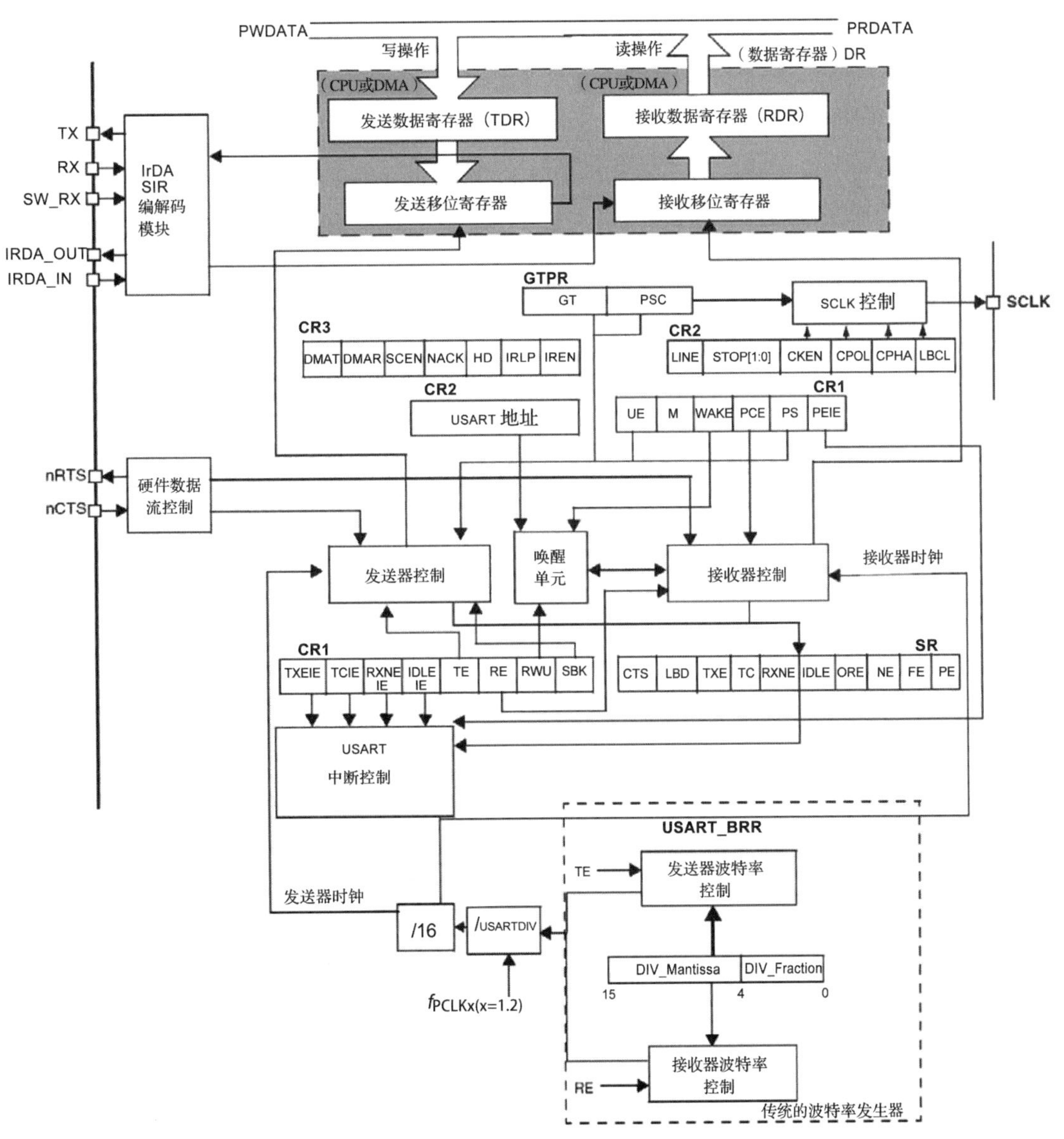

图 5.2 STM32 串行通信模块的硬件结构框图

1. 波特率发生器

1）基本原理

波特率发生器的原理基于计时器模块和分频器电路。计时器模块用于计算时钟周期，而分频器电路则将时钟信号分频为所需的波特率。分频器的分频系数决定了波特率发生器的输出频率。当输入信号与波特率发生器输出的频率同步时，数据传输就会实现。一般来说，波特率发生器需要根据不同的通信标准配置不同的波特率。

2）波特率计算

波特率受 USART_BRR 寄存器控制。其计算过程如下：

先确定波特率，再通过计算得到 BRR 的值，将其赋给 USART_BRR 寄存器。

例如，串口时钟频率为 72MHz，选用波特率为 115200bit/s，则 BRR 的值为 $72\times10^6/115200=625$，转换为十六进制数即 0x0271。

2. 收发数据寄存器

UART 模块包含发送数据寄存器 TDR 和接收数据寄存器 RDR。发送缓冲区存储待发送的数据，接收缓冲区存储接收到的数据。

5.2.2 5 路 USART 的引脚关系

1. 三线制通信方式

UART 常采用三线制通信方式，三条线分别为 RXD（数据接收线）、TXD（数据发送线）和 GND（地线）。通信双方采取交叉连线的方式，即一方的 TXD 线与另一方的 RXD 线连接，二者的 GND 线连接起来以形成信号回路。

5 路串口的引脚如表 5.1 所示。

表 5.1　5 路串口的引脚

串口号	类型	RXD	TXD
1	USART	PA10	PA9
2	USART	PA3	PA2
3	USART	PB11	PB10
4	UART	PC11	PC10
5	UART	PD2	PC12

2. GPIO 端口的模式

由于串口的引脚均为 GPIO 口，因此存在端口复用的问题。在串口的初始化中，必须合理配置相应端口的工作模式。

TXD 需配置为输出工作模式，由于该引脚需要发送数字量为 0、1 的高、低电平，若使用开漏输出，则要外接上拉电阻，进而增加成本，故采用推挽输出模式，可直接输出 0V、3.3V 的电压。

RXD 需配置为输入工作模式，该引脚需要接收高、低电平，不合理的设置上下拉可能

会造成接收信号电平被钳位，故在实际通信中一般由发送端负责驱动，而接收端通常配置为浮空输入。

5.2.3 USART 的应用步骤

USART 的应用开发一般包含以下基本步骤。

第一步：串口时钟使能、GPIO 时钟使能。

第二步：串口复位。

第三步：GPIO 端口工作模式设置。

第四步：串口参数初始化。

第五步：（中断方式）需要开启中断，并且配置 NVIC。

第六步：使能串口。

第七步：接收或发送处理（定义中断服务函数）。

5.3 串口通信配置

5.3.1 串口设备配置解析

下面配置 USART 外设。

在 Connectivity 选项卡中，选择 USART1 或其他 USART 外设，在 USART 配置选项中，启用 USART 外设并进行相应的配置，如图 5.3 所示。

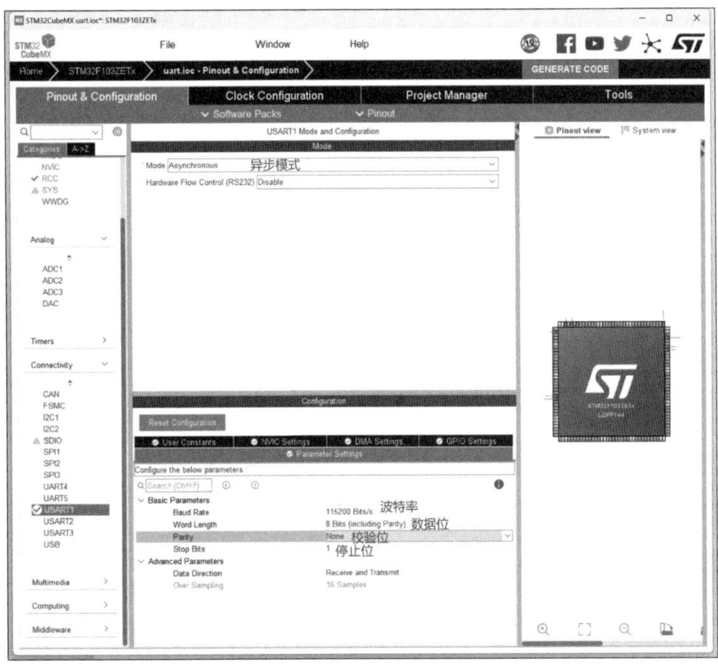

图 5.3 USART 外设启用及配置

启用串口中断，如图 5.4 所示。

图 5.4　启用串口中断

设置相应的引脚 PA9、PA10 分别为复用推挽和浮空输入模式，如图 5.5 所示。

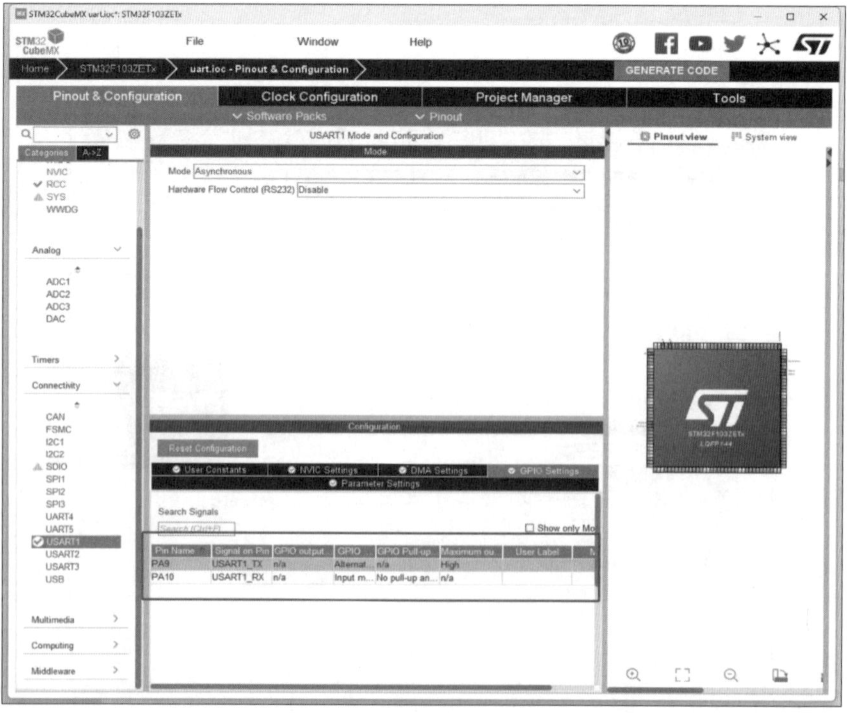

图 5.5　USART 引脚配置

5.3.2 常用的 UART 函数

在 STM32 的 HAL 库中，与 UART 相关的函数较多，包括初始化、发送、接收等功能函数。以下列举常用的 UART 函数及其功能描述，并给出应用示例。

1. UART 初始化函数

（1）函数原型。

```
HAL_StatusTypeDef HAL_UART_Init(UART_HandleTypeDef huart);
```

（2）功能描述：初始化 UART 外设。

（3）应用范例。

```
UART_HandleTypeDef huart1;
// 初始化 UART1
huart1.Instance = UART1;
huart1.Init.BaudRate = 9600;
huart1.Init.WordLength = UART_WORDLENGTH_8B;
huart1.Init.StopBits = UART_STOPBITS_1;
huart1.Init.Parity = UART_PARITY_NONE;
huart1.Init.Mode = UART_MODE_TX_RX;
huart1.Init.HwFlowCtl = UART_HWCONTROL_NONE;
huart1.Init.OverSampling = UART_OVERSAMPLING_16;

HAL_UART_Init(&huart1);
```

2. UART 发送数据函数

（1）函数原型。

```
HAL_StatusTypeDef HAL_UART_Transmit(UART_HandleTypeDef huart, uint8_t pData, uint16_t Size, uint32_t
Timeout);
```

（2）功能描述：发送数据。

（3）应用范例。

```
uint8_t data[] = "Hello, UART!";
HAL_UART_Transmit(&huart1, data, sizeof(data), HAL_MAX_DELAY);
```

3. UART 接收数据函数

（1）函数原型。

```
HAL_StatusTypeDef HAL_UART_Receive(UART_HandleTypeDef huart, uint8_t pData, uint16_t Size, uint32_t
Timeout);
```

（2）功能描述：接收数据。

（3）应用范例。

```
uint8_t rxData[10];
HAL_UART_Receive(&huart1, rxData, sizeof(rxData), HAL_MAX_DELAY);
```

4. UART中断接收回调函数

（1）函数原型。

```
__weak void HAL_UART_RxCpltCallback(UART_HandleTypeDef huart);
```

（2）功能描述：中断接收完成回调函数，用户可重写该函数（同名函数）以处理接收完成事件，因为它是弱函数（__weak 函数）。

（3）应用范例。

```
void HAL_UART_RxCpltCallback(UART_HandleTypeDef huart)
{
// 自定义处理接收完成的相关函数体内容
}
```

5. UART中断发送回调函数

（1）函数原型。

```
__weak void HAL_UART_TxCpltCallback(UART_HandleTypeDef huart);
```

（2）功能描述：中断发送完成回调函数，用户可重写该函数以处理发送完成事件。

（3）应用范例。

```
void HAL_UART_TxCpltCallback(UART_HandleTypeDef huart)
{
// 处理发送完成事件
}
```

以上是常用的 UART 函数及其简要功能描述和应用示例。在实际应用中，可根据具体的需求选择合适的函数，并结合相关的配置参数进行调用。

5.3.3 串口重定向

串口重定向是指将标准输入输出流（通常使用printf和scanf函数进行串口输入、输出）通过某种方式重定向到指定的串口设备，这样在通信程序中就可直接使用 C 语言的标准库函数 printf()和 scanf()实现发送和接收。在嵌入式系统中，这样的操作常常用于通过串口与外部设备的通信，例如用计算机进行调试或与其他嵌入式设备进行数据交换。

在 5.3.1 节生成的工程的基础上加入串口重定向部分的代码，可以实现串口重定向功能。

（1）引用 C 标准输入输出头文件。

```
/* Includes ------------------------------------------------------------------*/
include "main.h"
include <stdio.h>
```

```
/* Private includes ----------------------------------------------------------- */
```

（2）重定向。

```
/* USER CODE BEGIN PFP */
int __io_putchar(int ch){
 uint8_t c=ch;
 HAL_UART_Transmit(&huart1, &c, 1, 100);
 return ch;
}
/* USER CODE END PFP */
```

（3）在 while 语句中加入如下测试代码。

```
/* USER CODE BEGIN WHILE */
while (1)
{
    /* USER CODE BEGIN 3 */
    //HAL_UART_Transmit(&huart1, "123", 3, 1000);
    printf("123123\r\n");
    /* USER CODE END 3 */
}
/* USER CODE END WHILE */
```

5.3.4 串口调试助手

串口调试助手是一种用于串口通信调试的工具，通常是一个图形化的软件应用程序。它能够监视串口数据的发送和接收，提供实时的数据显示，并支持一些调试功能，如数据的发送、接收、保存、清空缓冲区等，是嵌入式系统开发中不可或缺的工具，用于调试和验证串口通信的正确性和稳定性。

串口调试助手有多个，如“串口小精灵”等，用户可通过关键词“串口调试助手”“串口调试工具”等进行搜索下载。

串口调试助手的基本使用大同小异，通常包括以下步骤。

1. 选择串口

打开串口调试助手后，首先需要选择与目标设备连接的串口。通常，软件会列出可用的串口，用户需要选择正确的串口号。

2. 配置串口参数

设置串口通信参数，包括波特率、数据位、停止位、奇偶校验位等。应确保与目标设备的串口配置相匹配，以便正常通信。

3. 打开串口

在配置完成后，通过单击“打开串口”按钮或类似的按钮，打开选定的串口，建立串口连接。

4. 实时数据显示

串口调试助手通常提供一个实时数据显示窗口，显示从串口接收到的数据。这使得用户能够实时监视串口通信的数据流。

5. 数据发送

用户可使用串口调试助手向目标设备发送数据。通常有一个发送区域，用户可手动输入数据或者通过文件发送。

6. 数据接收

串口调试助手能够实时接收从目标设备发送过来的数据，并在界面上进行显示。这对于调试和验证通信协议非常有用。

7. 清空缓冲区

在调试过程中，用户可能需要清空接收缓冲区或发送缓冲区，以确保获取最新的数据。

8. 错误检测和校验

串口调试助手通常会提供错误检测和校验功能，帮助用户分析通信中的问题，如校验错误、帧错误等。

9. 关闭串口

在调试完成后，用户必须关闭串口，以释放相关资源，便于下次连接。

5.4 串口应用实例

5.4.1 串口收发轮询方式

1. 轮询方式的一般步骤

串口收发轮询（查询）方式是一种串口通信的实现方式，其中数据的发送和接收是通过轮询的方式进行的。在这种方式下，系统通过不断查询串口状态来确定是否可以进行数据的发送或接收，而不依赖中断或DMA等机制。

在串口收发轮询方式中，通常包括以下几个步骤。

（1）初始化串口。

在系统启动时，需要进行串口的初始化，设置波特率、数据位、停止位等参数。

（2）发送数据。

当需要发送数据时，系统通过轮询（查询）串口的状态，检查发送缓冲区是否为空。如果发送缓冲区为空，系统将待发送的数据写入发送缓冲区，并等待数据发送完成。

（3）接收数据。

当需要接收数据时，系统通过轮询（查询）串口的状态，检查接收缓冲区是否有数据。如果接收缓冲区非空，系统将读取接收缓冲区中的数据。

（4）轮询周期。

上述发送和接收过程被包含在一个循环中重复进行，这个循环的周期可由系统的主循环控制，以调节轮询周期。

2. 轮询方式的特点

（1）优点。

①实现简单。轮询方式相对于中断或 DMA 方式，实现较为简单，不需要考虑中断服务函数或 DMA 配置。

②适用于简单场景。在一些简单的嵌入式系统中，轮询方式足以满足通信需求。

（2）缺点。

①轮询效率低。轮询方式会占用系统的主循环时间，降低了系统的实时性和效率。

②无法实现异步操作。无法实现异步的数据传输，可能导致系统响应速度较慢。

③串口收发轮询方式适用于一些对实时性要求不高、系统相对简单的应用场景。在对实时性要求较高、需要异步操作的情况下，采用中断或 DMA 方式将更为合适。当然，选择哪种方式通常取决于具体应用需求和系统的复杂程度。

3. 具体实现

（1）MCU 型号的选择，如图 5.6 所示。

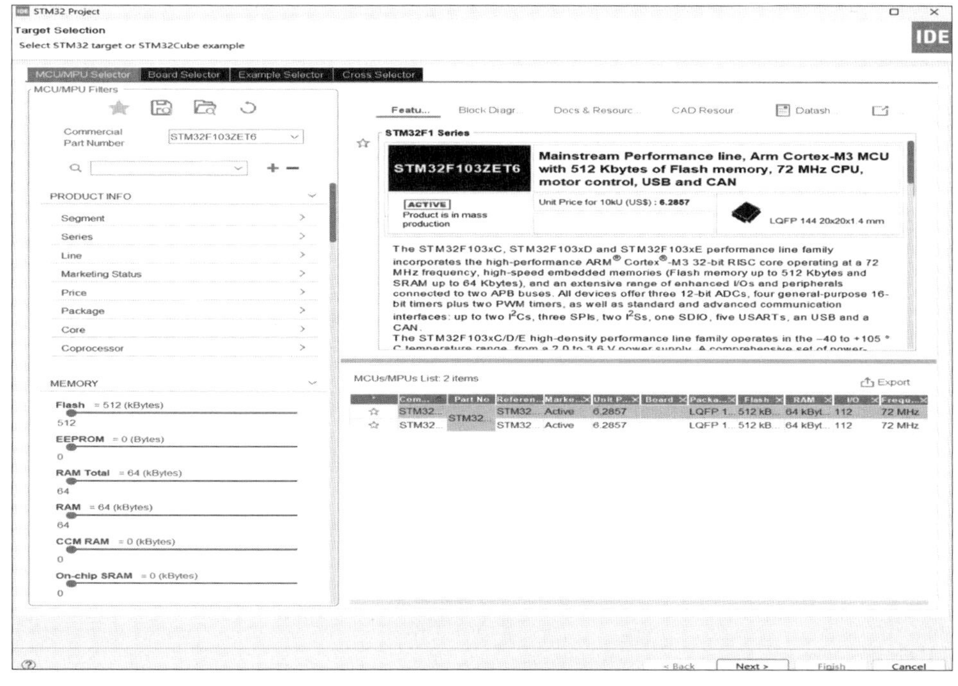

图 5.6　MCU 型号的选择

（2）配置 RCC，选择外部高速晶振，如图 5.7 所示。

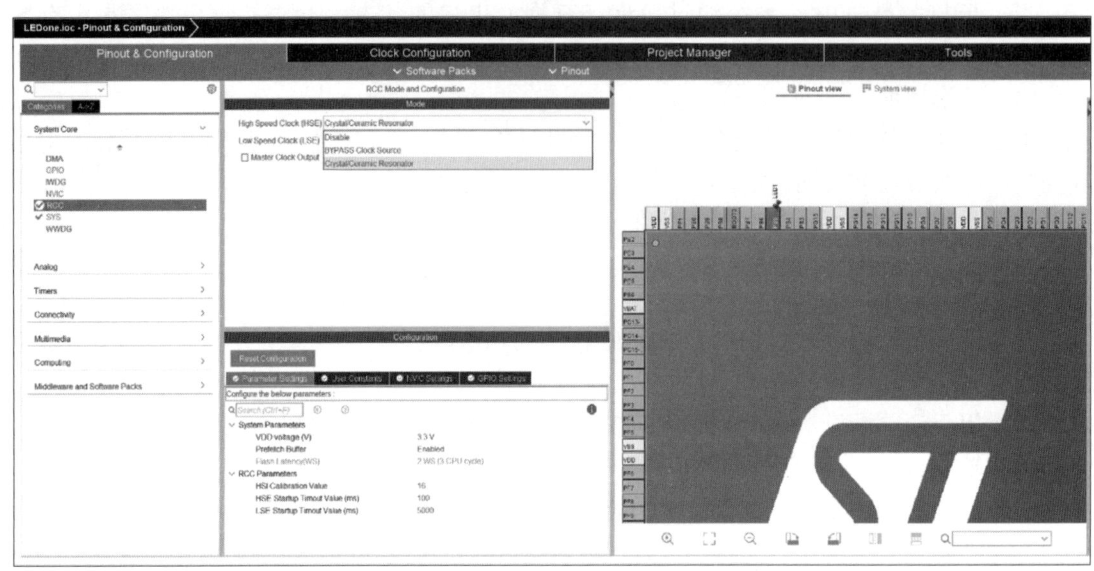

图 5.7　RCC 配置

（3）配置时钟树，设置系统时钟频率为 72MHz，如图 5.8 所示。

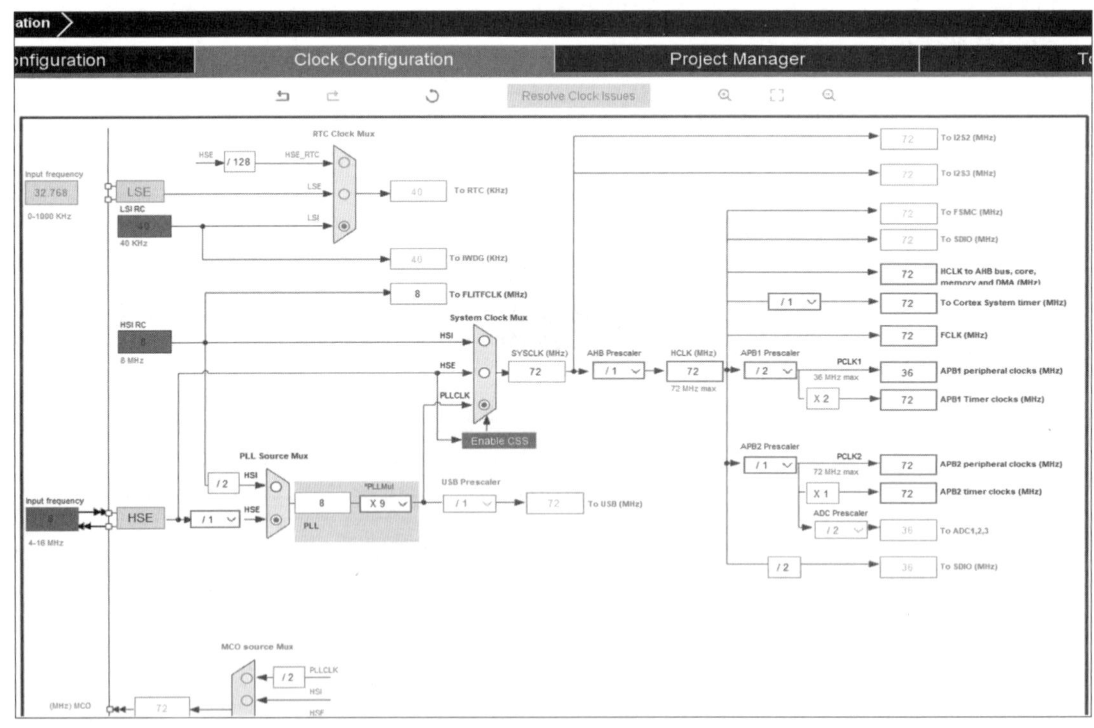

图 5.8　时钟树配置

（4）配置 Debug，如图 5.9 所示。

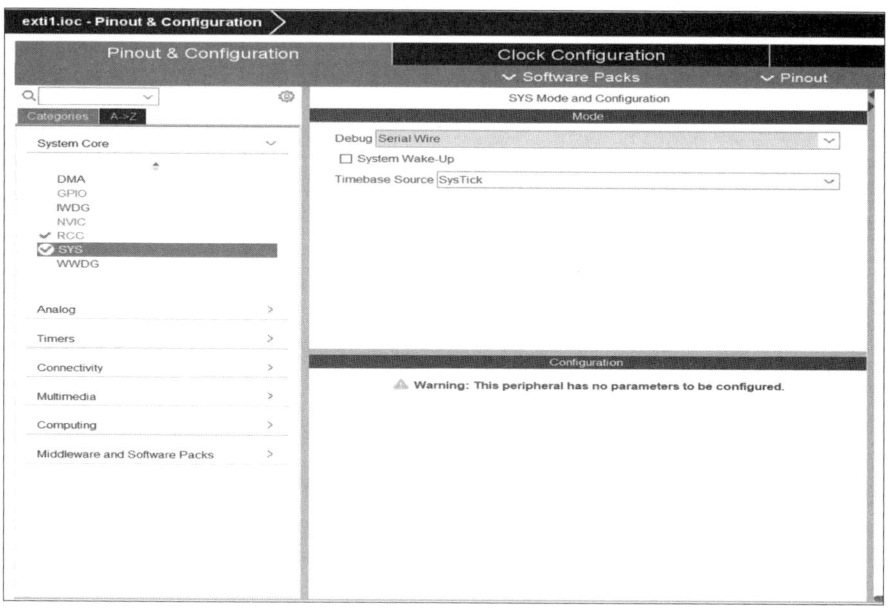

图 5.9　Debug 配置

这里使用了 STLink 调试工具，故选择 Serial Wire。

（5）配置 USART 外设。

在 Connectivity 选项卡中，选择 USART1 或其他 USART 外设，在 USART 配置选项中，启用 USART 外设并进行相应的配置，如图 5.10 所示。

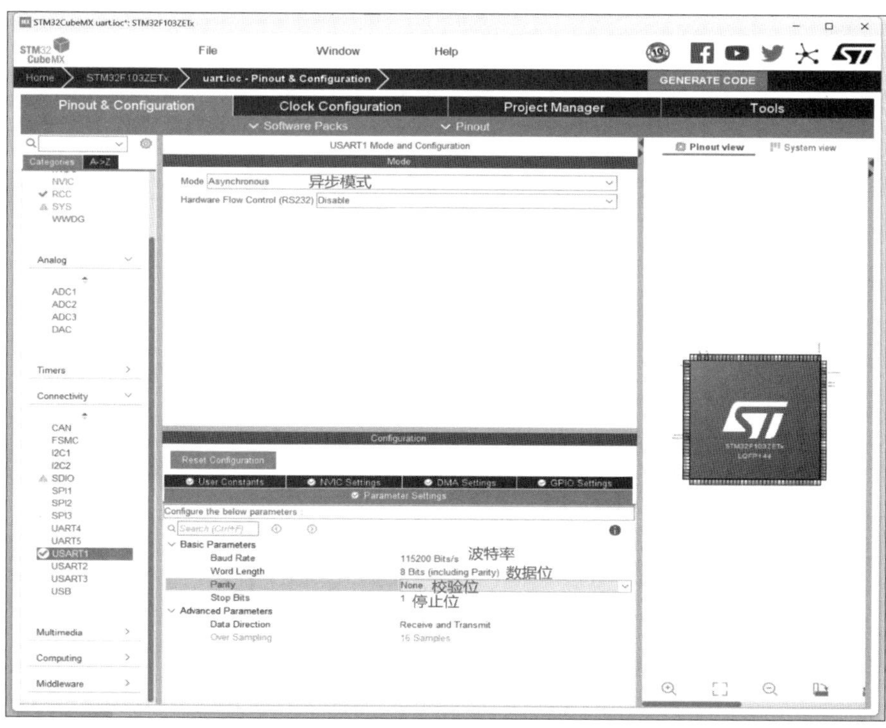

图 5.10　USART 外设配置

启用串口中断，如图 5.11 所示。

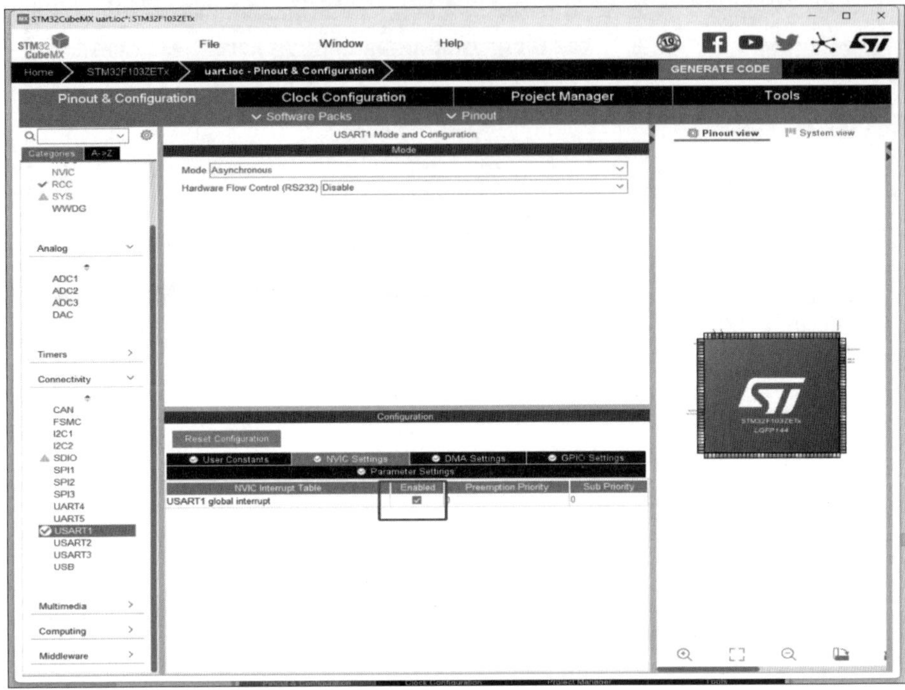

图 5.11　外设中断启用

设置相应的引脚 PA9、PA10 分别为复用推挽和浮空输入模式，如图 5.12 所示。

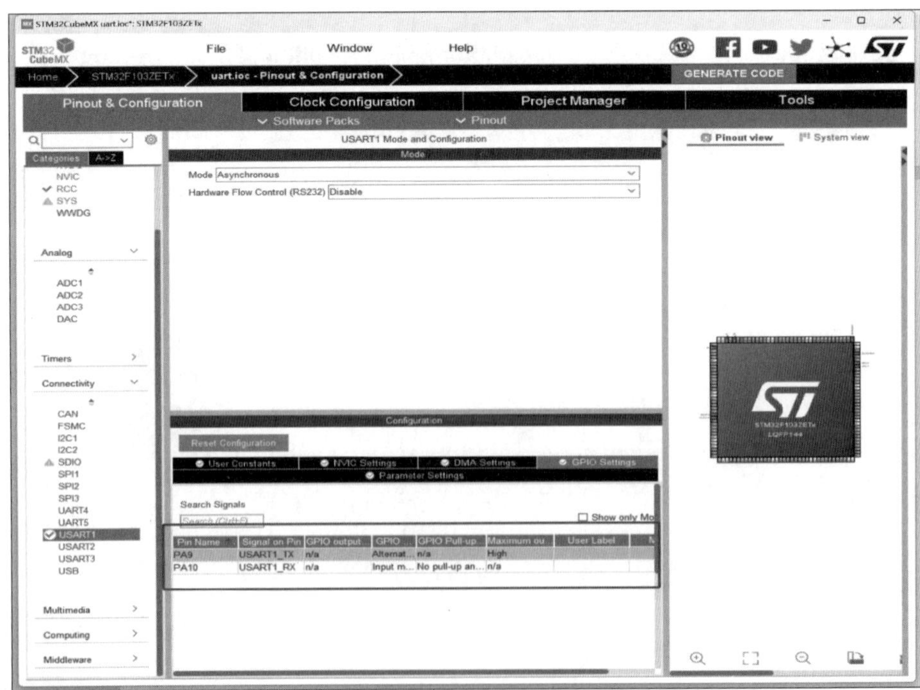

图 5.12　串口引脚配置

（6）生成工程。

命名工程，指定保存路径，如图 5.13 所示。

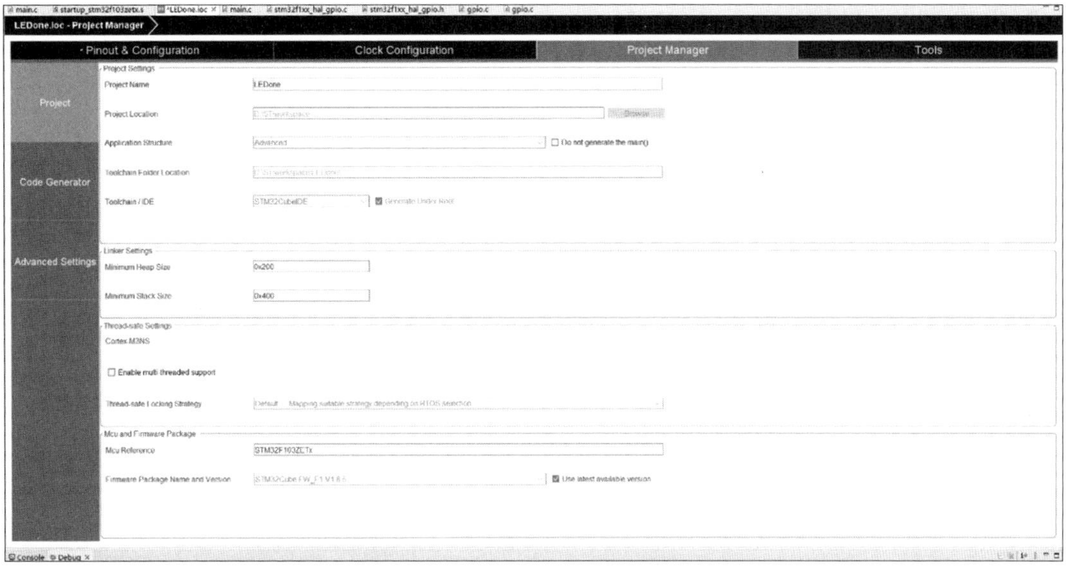

图 5.13　命名工程、指定保存路径

选择图 5.14 所示选项。

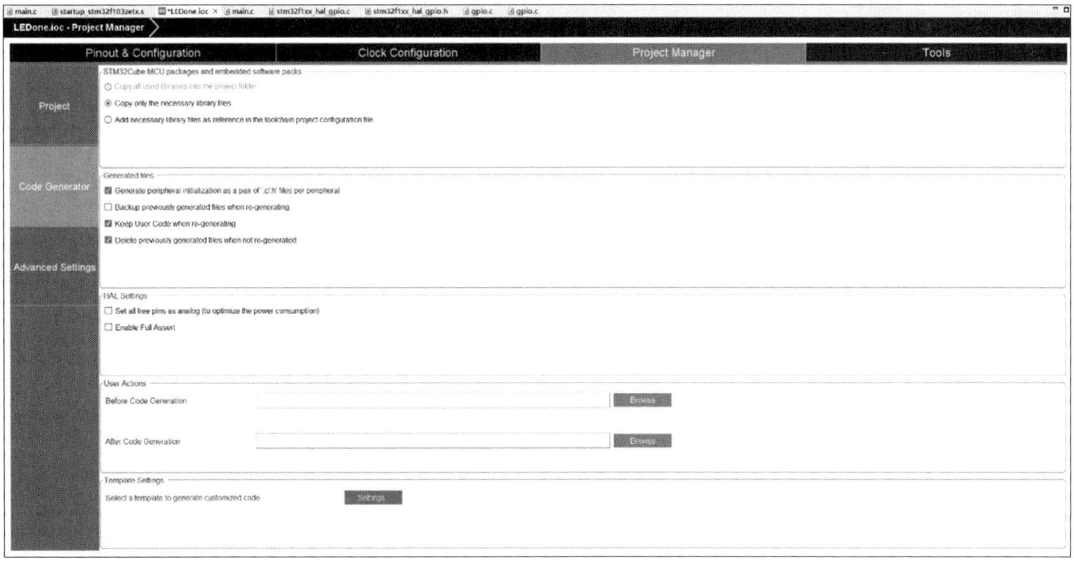

图 5.14　文件生成配置

单击“编译”按钮或“保存”按钮后，IDE 弹出是否生成代码文件的提示，选择生成即可。

（7）添加代码。

在 main.c 中添加如下代码，代码中使用 if 判断接收是否成功，这便是轮询的过程，如果接收成功，那么将接收的数据发送出去。这里缓冲区为 3 字节，故每次最大传输 3 个字节。

```
/* USER CODE BEGIN WHILE */
while (1)
{
/* USER CODE END WHILE */

/* USER CODE BEGIN 3 */
uint8_t rxdata1[3]={0,0,0};
     /* 判断是否接收成功 */
     if(HAL_UART_Receive(&huart1, rxdata1, 3, 200) == HAL_OK)
     {
          /* 将接收成功的数据通过串口发出 */
       HAL_UART_Transmit(&huart1,rxdata1, 3, 0xffff);
     }
}
/* USER CODE END 3 */
```

（8）使用串口调试助手与开发板进行通信测试。

通过串口调试助手发送数据，并接收到串口返回的数据，这表明上述程序代码运行正常，注意：因为缓冲区设置为 3 字节，所以每次发 5 字节只返回 3 字节，如图 5.15 所示。

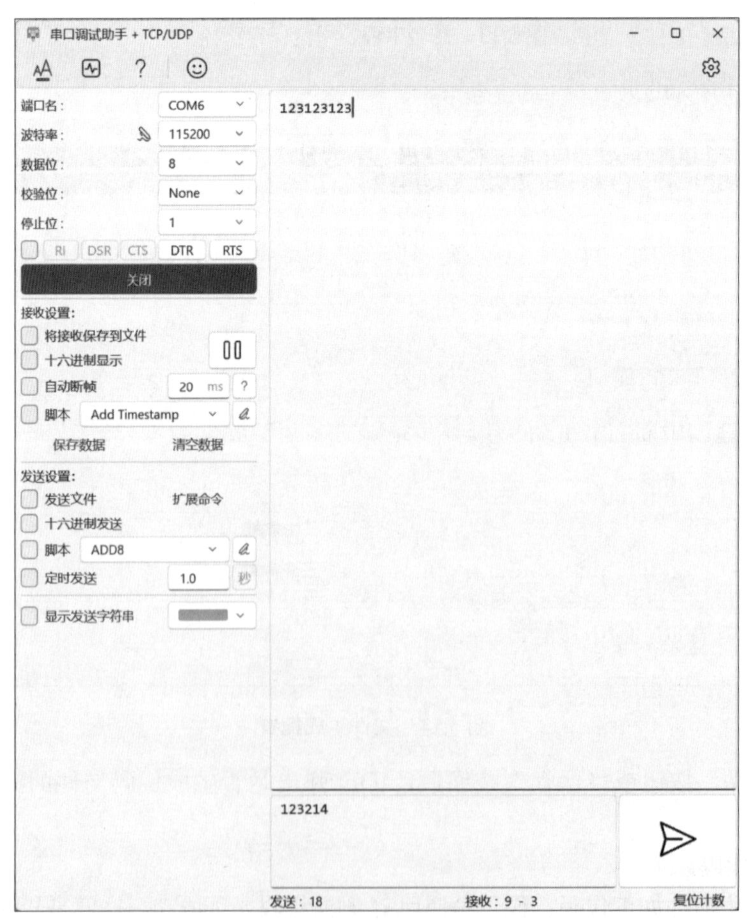

图 5.15　串口调试助手显示发送和接收数据

5.4.2 串口收发中断方式

串口收发中断方式是一种常见的串口通信实现方式，其中数据的发送和接收通过中断机制来处理。

1. 基本流程

以下是串口收发中断方式的基本流程。

（1）初始化串口。

在系统启动时，需要进行串口的初始化，设置波特率、数据位、停止位等参数。

（2）配置中断。

使能串口的接收和发送中断，通常包括接收缓冲区非空中断（RXNE）和发送缓冲区空中断（TXE）。

（3）发送数据。

当需要发送数据时，系统将待发送的数据写入发送缓冲区，并启动发送操作。当发送缓冲区空闲时，触发发送中断，通过中断服务程序（ISR）继续发送剩余数据。

（4）接收数据。

当串口接收到数据并存入接收缓冲区中时，触发接收中断。中断服务程序从接收缓冲区中读取数据，并进行相应的处理。

（5）中断服务程序。

中断服务程序是一段特殊的代码，它会在中断发生时被执行。在串口通信中，中断服务程序负责处理接收和发送中断，确保数据能够及时地被处理或发送。

2. 中断方式的特点

（1）优点。

① 异步处理。中断方式允许系统异步地进行串口数据的收发，提高了系统的实时性和效率。

② 适用于复杂场景。中断方式适用于对实时性要求较高，同时系统较为复杂的应用场景。

（2）缺点。

① 实现相对复杂。与轮询方式比较，中断方式的实现相对复杂，需要考虑中断服务程序的编写和中断优先级的配置。

② 系统开销大。频繁地触发中断可能会增加系统开销。

3. 具体实现示例

在使用中断方式时，用户需要编写中断服务程序以处理串口中断事件。中断服务程序通常是一小段代码，负责处理与串口收发相关的事务，例如将接收到的数据存储到缓冲区或将待发送的数据传输到串口。

配置过程同 5.4.1 节，代码修改过程如下：

```
/* USER CODE BEGIN PV */
uint8_t rxdata1[3]={0};                                    //数据缓冲区
/* USER CODE END PV */
/* USER CODE BEGIN 2 */
HAL_UART_Receive_IT(&huart1, rxdata1, 3);                  //中断接收函数
/* USER CODE END 2 */
```

重定义中断回调函数如下：

```
/* USER CODE BEGIN 4 */
void   HAL_UART_RxCpltCallback(UART_HandleTypeDef *huart)
{
    /* 将接收成功的数据通过串口发出 */
    HAL_UART_Transmit(&huart1,rxdata1, 3, 0xffff);
    HAL_UART_Receive_IT(&huart1, rxdata1, 3);          //重新开启，接收 3 字节数据
}
/* USER CODE END 4 */
```

在上述代码中，先在初始化的过程中初始化中断，每次串口接收到 3 字节时（使用串口调试助手时要注意不要勾选自动添加回车和换行复选框）就会产生中断，然后在中断回调函数中将接收的数据发送回去。

利用串口调试助手发送数据，并接收到串口返回的数据，这表明代码运行正常，如图 5.16 所示。

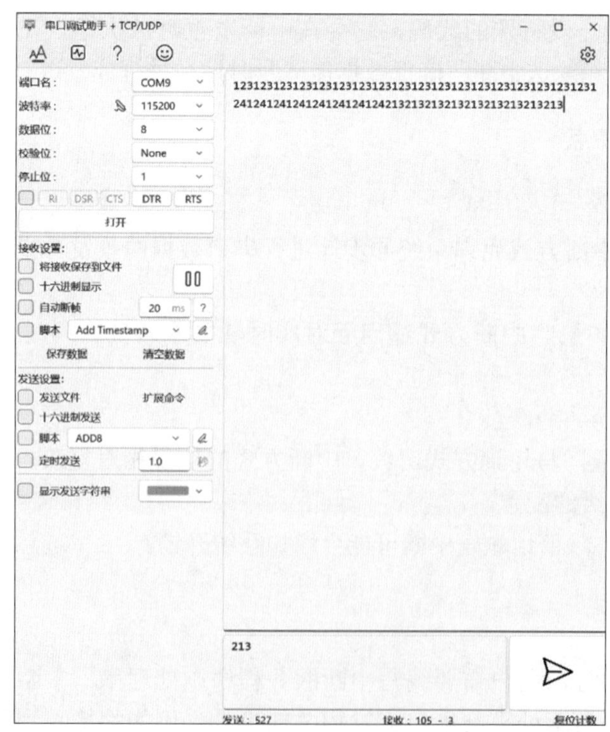

图 5.16　数据的发送接收

5.4.3 串口空闲中断方式

串口空闲中断方式是一种在串口通信中常用的方式，它基于串口的空闲线状态进行中断触发。相对于普通的中断方式，串口空闲中断方式可以更灵活地处理接收数据，减少了接收数据的延迟，其时序参见图 5.1。以下对串口空闲中断方式与普通中断方式进行简要对比。

普通中断方式：

（1）中断触发条件：中断在接收寄存器非空或发送寄存器可用时触发。

（2）中断处理：需要不断地检查接收寄存器的状态，当接收寄存器非空时立即处理接收到的数据。

（3）接收延迟：中断是在接收寄存器非空时触发的，可能存在一定的接收延迟，尤其在数据包的末尾。

空闲中断方式：

（1）中断触发条件：中断在检测到串口空闲线状态时触发。

（2）中断处理：中断服务程序可以更灵活地处理接收到的数据，在数据包的末尾触发中断，减少接收延迟。

（3）接收延迟：更适合处理不定长度的数据包，能够更及时地触发中断，减少接收延迟。

空闲中断的实现：

在 STM32 等嵌入式系统中，空闲中断通常通过配置串口空闲中断的使能，并在中断服务程序中进行接收数据的处理来实现。

总结：

普通中断方式：适用于定长数据包的场景；中断在接收寄存器非空或发送寄存器可用时触发。

空闲中断方式：适用于不定长数据包的场景，可减少接收延迟；中断在检测到串口空闲线状态时触发。

中断方式的选择取决于具体的应用场景和数据传输的特点。

配置过程同 5.4.1 节，代码修改过程如下：

```
/* USER CODE BEGIN PV */
uint8_t rxdata1[3]={0};
/* USER CODE END PV */
  /* USER CODE BEGIN 2 */
HAL_UARTEx_ReceiveToIdle_IT(&huart1, rxdata1, 3);                //串口空闲中断服务函数
  /* USER CODE END 2 */
                                                                 //中断回调函数
/* USER CODE BEGIN 4 */
void HAL_UARTEx_RxEventCallback(UART_HandleTypeDef *huart, uint16_t Size)
{
    HAL_UART_Transmit(&huart1,rxdata1, 3, 0xffff);
    HAL_UARTEx_ReceiveToIdle_IT(&huart1,rxdata1,3);              //串口空闲中断方式
```

```
}
/* USER CODE END 4 */
```

这段程序先在初始化的过程中初始化中断，每次串口接收到 3 字节的时候（回车和换行各会占用 2 字节）就会产生中断，然后在中断回调函数中将接收的数据发送回去。串口空闲中断响应更及时。串口调试助手使用方法同上。

5.5 本章小结

STM32 串口通信程序的开发涉及 HAL 库的使用和 CubeMX 的配置，同时需要理解串口通信协议及异步、同步的区别，以及串口收发轮询、收发中断和空闲中断的应用。

1. HAL 库的使用和 CubeIDE 配置

熟悉 HAL 库函数的调用和参数设置，了解 CubeIDE 的配置流程，如时钟树设置、引脚配置。理解 HAL 库的抽象层，确保正确配置硬件资源以满足通信需求。

2. 串口通信协议和异步、同步的区别

深入理解串口通信协议，如 UART、USART，了解数据位、停止位、奇偶校验位等参数的含义。理解异步串口通信和同步串口通信的区别。

3. 串口收发轮询、收发中断、空闲中断的应用

掌握串口轮询方式的实现，了解其优缺点和应用场景。理解中断的概念，学会配置中断服务函数，确保在接收到数据时能够及时处理；了解空闲中断在提高效率和节约资源方面的作用，以在数据传输结束时实现中断处理。

4. 错误处理和调试技巧

学会处理串口通信中可能出现的错误，如帧错误、奇偶校验错误等。掌握调试工具的使用，如逻辑分析仪、串口调试助手等，以便快速定位和解决问题。

思考与实践

1．仿照本章范例，设计实现接收到 OK 就发送接收成功的程序。

2．模拟传感器对温度进行采集，并通过计算机上位机发送温度给 STM32。由 STM32 对温度进行判断，温度大于 60℃则判定为高温，小于 30℃则判定为低温，温度为 30℃～60℃则为中温，系统进行判断后将高温、低温和中温三种信息发送至上位机。

第 6 章 I^2C 和 SPI

本章主要讨论 STM32 单片机同步串行接口总线 I^2C 和 SPI 的工作原理及其应用要领。通过学习达到以下目标：

1．知识目标。了解 I^2C 的数据传输过程，包括起始条件、设备地址传输、数据传输和停止条件的时序关系；理解 I^2C 通信中的主从模式，以及配置主、从设备的相关参数，如设备地址、数据传输速率等；理解 I^2C 的参数配置（时钟速率、设备地址、地址模式等）和配置过程。了解 SPI 的数据传输过程，理解 SPI 通信中的主从模式和时钟极性等，以及数据位长度、时钟速率等参数的配置。

2．能力目标。能基于 HAL 库进行 I^2C 和 SPI 通信应用程序的开发。

3．素质目标。学会与他人交流和沟通。

6.1 STM32 的 I^2C 总线

I^2C 总线采用 I^2C 协议，广泛应用于各种设备之间的短距离通信，如传感器、存储器、显示器及各种集成电路。它以灵活性和多设备连接的特性而成为许多嵌入式系统中的首选通信协议。

6.1.1 I^2C 总线概述

I^2C 即 IIC，为 Inter-Integrated Circuit（集成电路总线）的缩写。这种总线类型是由飞利浦半导体公司在 20 世纪 80 年代初设计出来的。它是一种高性能的同步串行总线。最初，I^2C 总线的数据传输速率最高为 100kbit/s，采用 7 位寻址，后增强为快速模式（400kbit/s）和 10 位寻址，以满足更高速度和更大寻址空间的需求。近来又增加了高速模式，其数据传输速率可达 3.4Mbit/s。I^2C 总线保持向下兼容性。

I^2C 总线一般有两根信号线，一根是双向的数据线 SDA，另一根是时钟线 SCL。所有 I^2C 总线设备上的 SDA 端都接到总线的数据线 SDA 上，各设备的 SCL 端接到总线的时钟线 SCL 上。各设备连接总线的输出端必须是漏极开路（OD）输出或集电极开路（OC）输出。各设备的 SDA 信号是“与”关系，SCL 信号也是“与”关系。

总线的运行（数据传输）由主机控制。所谓主机，是指启动数据的传送（发出启动信号）、发出时钟信号及传送结束时发出停止信号的设备，通常主机都是微处理器。被主机寻访的设备称为从机。为了进行通信，每个接到 I^2C 总线的设备都有唯一的地址，便于主机寻访。主机和从机间的数据传送，可以由主机发送数据到从机，也可以由从机发送数据到主机。凡是发送数据到总线的设备称为发送器，从总线上接收数据的设备称为接收器。

I^2C 总线上允许连接多个微处理器及各种外部设备，如存储器、LED 及 LCD 驱动器、A/D 转换器及 D/A 转换器等。多设备 I^2C 总线系统示意图如图 6.1 所示。为了保证数据可靠传送，任一时刻总线只能由某一台主机控制。

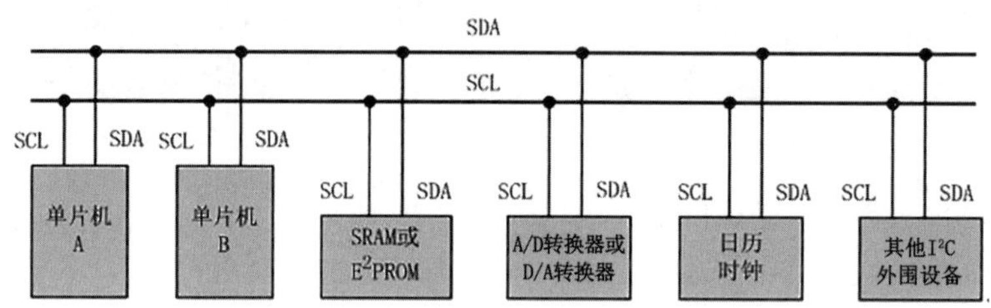

图 6.1　多设备 I^2C 总线系统示意图

6.1.2　I^2C 总线的工作原理和注意事项

1. I^2C 总线的工作原理

处理器和 I^2C 芯片之间的通信，可以形象地比喻成两个人对话，因此必须遵循基本的规范：一是你说的别人能听懂，即双方要有约定的信号协议（通信协议）；二是你的语速别人能接受，即双方满足时序要求。

I^2C 总线上可以挂多个设备，每个 I^2C 设备都有固定的地址。只有当 I^2C 总线上传输的地址值等于某个 I^2C 设备的地址时，该 I^2C 设备才做出响应。数据传输后，必须要有应答信号（响应信号）。数据传输前必须有开始信号，传输结束后必须有停止信号，整个过程如图 6.2 所示。

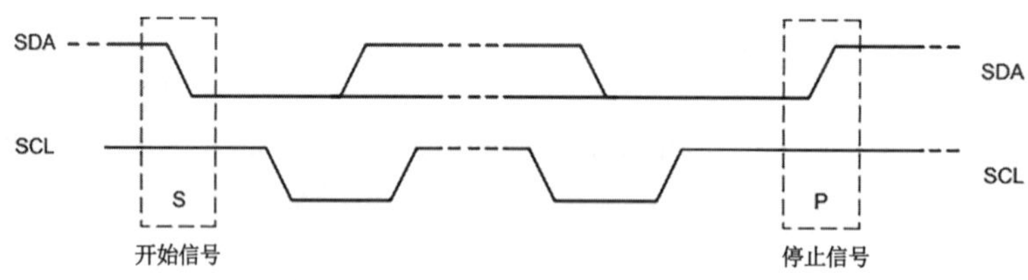

图 6.2　I^2C 总线起始和停止条件

① 开始信号：处理器让 SCL 保持高电平，然后让 SDA 由高变低表示一个开始信号。I^2C 总线上的设备检测到这个开始信号后，就知道处理器要发送数据了。

② 停止信号：处理器让 SCL 保持高电平，然后让 SDA 由低变高表示一个停止信号。I^2C 总线上的设备检测到这个停止信号后，就知道处理器已经结束了数据传输，于是它们就可以各忙各的了，如进入休眠状态等。

③ 数据传输：SDA 上传输的数据必须在 SCL 为高电平期间保持稳定，因为外接 I^2C 设

备在 SCL 为高电平期间才采集数据，确定 SDA 是高电平或低电平。SDA 上的数据只能在 SCL 为低电平期间才被允许翻转变化。

④ 响应信号（ACK）：处理器把数据发给 I²C 设备，如何知道 I²C 设备已经收到数据呢？这就需要 I²C 设备回应一个信号给处理器。因为处理器发送完 8bit 数据后就不再驱动总线了（SDA 引脚由输出端变输入端），而 SDA 和 SDL 硬件设计时都有上拉电阻，所以这时候 SDA 变成高电平。在第 8 个数据位，如果 I²C 设备能收到信号，那么将在第 9 个周期把 SDA 拉低，这样处理器检测到 SDA 拉低就能知道 I²C 设备已经收到数据。

⑤ I²C 总线上的数据是从最高位开始传输的。

⑥ 多设备通信：I²C 总线是允许挂载多个设备的，如何访问其中一个设备而不影响其他设备呢？方法是：主机（发送方）发送寻址从机（接收方）的数据帧。图 6.3 为寻址从机的数据帧示意图，其中，S 表示起始位，P 表示停止位，A 表示响应位，DATA 表示一字节数据，SLAVE ADDRESS 表示从机地址（7bit），$R/\overline{W}$ 表示读写控制位（1bit，就主机而言，0 表示写，1 表示读）。因为用 7bit 表示从机地址，所以可以挂载的从设备数理论上是 $2^7=128$ 个，当然这还取决于处理器的驱动能力。

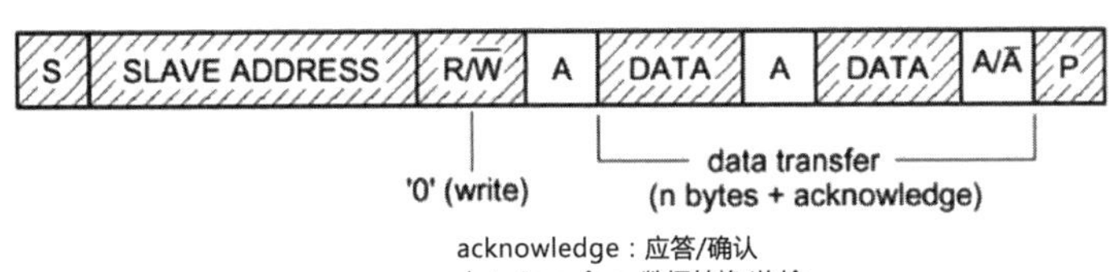

图 6.3　主机寻址从机的数据帧示意图

2. 有关 I²C 总线的几个注意事项

① 在 SCL=1（高电平）时，SDA 不能随意跳变。否则，SDA 下跳被视为起始信号 S，SDA 上跳则被视为停止信号 P。

② SCL 必须由主机发送，否则通信陷入瘫痪。首字节是片选信号（相当于呼叫），即 7 位从机地址加 1 位方向（读写）控制位；从机只有收到（听到）自己的地址，才能发送应答信号（必须应答!）表示自己在线，其他地址的从机则禁止应答。如果是广播模式（主机对所有从机呼叫），则从机只能接收不能发送。

③ 7 位地址的 I²C 总线理论上可以挂接 128−1=127 个不同地址的 I²C 设备，因为 0 号地址作为群呼地址。10 位的 I²C 总线可以挂接更多的 I²C 设备。

④ 常用 I²C 接口器件的地址是由器件类型码和寻址码组成的，共 7 位，被称为从地址。其格式如图 6.4 所示。

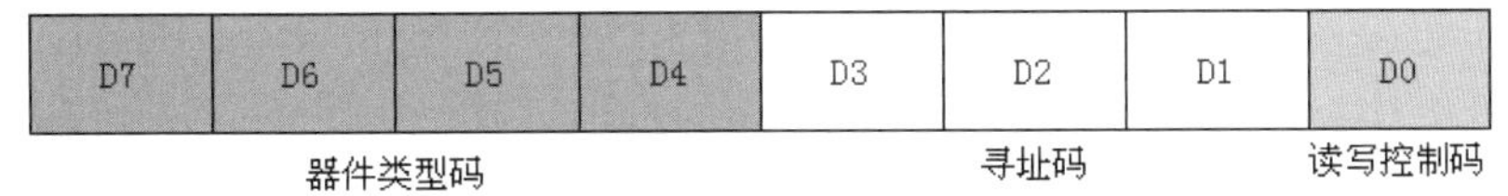

图 6.4　7 位 I²C 接口器件的地址格式

其中，器件类型由 D7、D6、D5、D4 共 4 位决定，这是公司生产时就已固定的类型代码；用户自定义地址码由 D3、D2、D1 共 3 位组成，这是由用户自己设置的，有点类似于

EEPROM 器件的 3 个外部引脚的电平组合（A0、A1、A2），也称为**寻址码**。这就是为什么同一 I^2C 总线上最多只能挂 8 个同一型号的 I^2C 设备。读写控制码：最低一位，就是 R/W 位。

⑤ I^2C 总线必须通过合适的上拉电阻接电源的正极。当总线空闲时，SCL、SDA 两根线均为高电平。

⑥ 要十分注意数据传送格式与应答信号。这部分内容请自行参阅 I^2C 的有关资料。

6.1.3 STM32 的 I^2C 总线的基本特点

STM32 系列单片机支持 I^2C 通信协议，通常在 STM32 的外设中被称为 IIC。

1. I^2C 外设的基本特性

（1）硬件支持：大多数 STM32 系列单片机都内置了 I^2C 外设，方便用户实现 I^2C 通信。

（2）支持的速率：I^2C 外设通常支持标准模式（100kbit/s）和快速模式（400kbit/s），部分型号支持更高的速率。

（3）多主从架构：I^2C 外设支持多主从架构，允许多个设备在同一总线上通信。

（4）DMA 支持：部分 I^2C 外设支持 DMA，可通过 DMA 来传输数据，从而减轻 CPU 的负担。

2. I^2C 硬件结构

I^2C 硬件结构如图 6.5 所示。

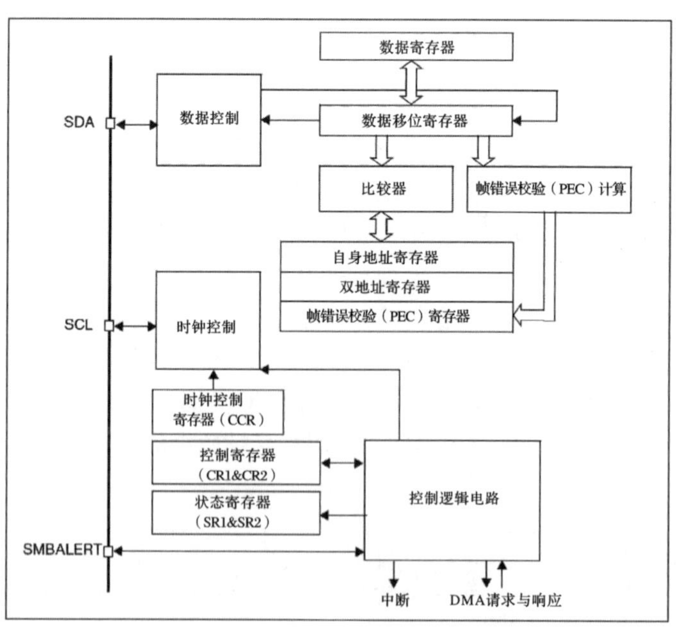

图 6.5 I^2C 硬件结构

SDA（数据线）和 SCL（时钟线）：I^2C 外设与一般 I^2C 硬件结构相似，采用双线制结构，包括数据线和时钟线，简化了硬件连接。

GPIO 引脚：通常使用 GPIO 引脚来配置 I²C 的数据线和时钟线，用户可以根据需要配置特定的引脚。

3. 主从模式和地址配置

主模式：I²C 外设可以配置为主设备，负责发起通信和生成时钟信号。
从模式：I²C 外设也可以配置为从设备，等待主设备的命令并响应。

4. 中断和事件

中断支持：I²C 外设支持中断，用户可根据需要配置中断，处理数据传输和错误事件。
事件触发：I²C 外设能够产生各种事件，如起始条件、停止条件、数据接收等，系统通过中断或轮询方式进行处理。

5. DMA 传输

部分 I²C 外设支持 DMA 传输，通过 DMA 可实现数据的快速、高效传输。

6.2 STM32 的 I²C 总线的应用要领

6.2.1 关于 STM32 的 I²C 模块

I²C 总线在嵌入式系统中被广泛使用，它是工业级别的总线。STM32 是一个 32 位的 MCU，它的 I²C 接口功能强大，但同时存在难以控制的问题，不像 AVR 等 8 位机的 TWI（实际完全符合 I²C 标准）那么易用。不少开发者在开发 STM32 的 I²C 接口程序时，总是会出现程序卡顿在某一处的现象，网上搜索的结果可以证明这一点，于是认为 STM32 自身的 I²C 接口性能较差。因此，很多开发者放弃使用 STM32 自身的 I²C 模块，而采用软件模拟的方式实现 I²C 通信。在此建议不要使用软件模拟实现 I²C 方式，因为 STM32 至少有一个 I²C 模块。

虽然 STM32 的 I²C 模块有不尽完善的地方，但还是要对它的特性有清晰的把握。如果在程序中加入有效的容错机制，如总线状态判断、超时处理、应答机制，STM32 的 I²C 模块及其库函数还是十分好用的。

以下是利用 STM32 的 I²C 硬件接口编程时要注意的事项。

（1）把 I²C 的中断优先级提升到最高。对 STM32 系统而言，优选的 I²C 工作模式是中断或 DMA，或者两者的结合，而不是查询方式（POLLING）。

（2）把多于 2 字节的发送与接收代码封装成利用 DMA 收发的函数，而把 1 字节的接收和发送的代码单独封装为一个 POLLING（轮询）函数。

（3）在寻址某一 I²C 设备时，要先检查总线状态，如果状态为忙，则等待指定时间，如果超时，则说明 I²C 总线被死锁挂起。这时要采取一定的措施，让被寻址方结束当前的工作，退出总线死锁状态以恢复总线。主设备在对从设备进行操作前先和从设备握手是很好的防守编程模型。

（4）不要让 I^2C 工作在 88kHz 的频率上，在满足需要的情况下，建议让 I^2C 工作在 100kHz 的频率上。

（5）STM32 的 I^2C 硬件接口负责满足 I^2C 总线的规约，而应用程序必须利用 I^2C 控制寄存器和 I^2C 的事件标志组合完成通信相关的工作：接收、发送和其他相关处理，在发送或接收完成后一定要查询并清除相关标志。

6.2.2 I^2C 总线死锁的原因及其解决办法

查阅 ST 公司的 STM32 官方手册可知，在 I²C_CR1 寄存器中有一个 Software reset 位，即 SWRST 位，该位可以在出错或死锁时复位 STM32 的 I^2C 外设模块的 I^2C 控制器。而在低功耗的 STM32L0xx 系列的用户指南中提到可以用 PE 位复位。

6.2.3 STM32 的 I^2C 接收和发送流程

1. 发送的主要流程

① 检测 I^2C 总线是否空闲。

② 按 I^2C 协议发出起始信号。

③ 发送 7 位器件地址和写模式码。

④ 发送要写入的存储区首地址。

⑤ 用页写入方式或字节写入方式写入数据（多字节在这里循环）。

⑥ 清除应答标志。

⑦ 发出停止信号。

2. 接收的主要流程

① 检测 I^2C 总线是否空闲。

② 按 I^2C 协议发出起始信号。

③ 发送 7 位器件地址和写模式（伪写）码。

④ 重新使能 STM32 的 I^2C 外设模块，以清除相应事件标志 EV6。

⑤ 发送要读取的存储区首地址。

⑥ 重发起始信号。

⑦ 发送 7 位器件地址和读模式码。

⑧ 接收并应答。这里分两种情况。

第一种情况：如果是单字节接收，则不应答，发送停止信号，读取 1 字节数据。

第二种情况：如果是多字节接收，则最后一字节不需应答，读取数据，在最后一字节接收前发送停止信号。

6.3 硬件 I²C 与软件 I²C

硬件 I²C 是指 STM32 内置的 I²C 外设模块。软件 I²C 是指通过软件模拟实现的 I²C 功能。

6.3.1 硬件 I²C 设备配置流程

在 STM32 上，使用 I²C 外设需要进行相关的初始化和配置工作，以满足具体应用的需求。通过 HAL 库提供的高级 API，开发者能够更便捷地实现 I²C 通信功能。

（1）配置 RCC，选择外部高速晶振，如图 6.6 所示。

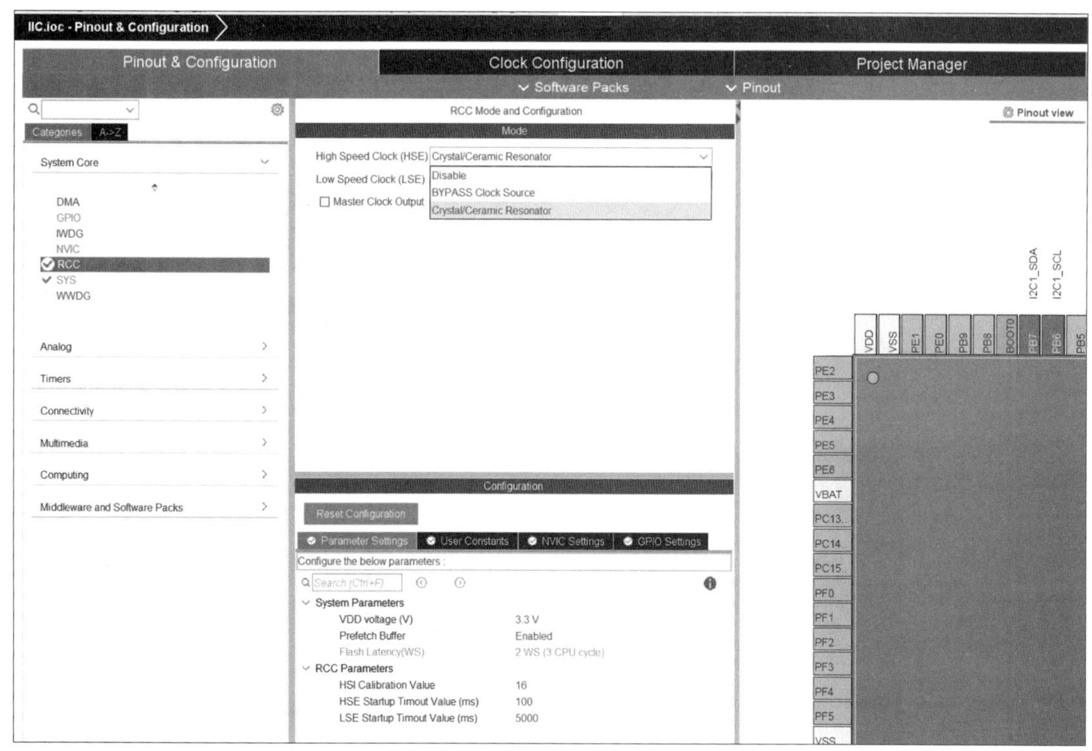

图 6.6　RCC 配置

（2）配置时钟树，系统时钟频率为 72MHz，如图 6.7 所示。

（3）配置 Debug，如图 6.8 所示。

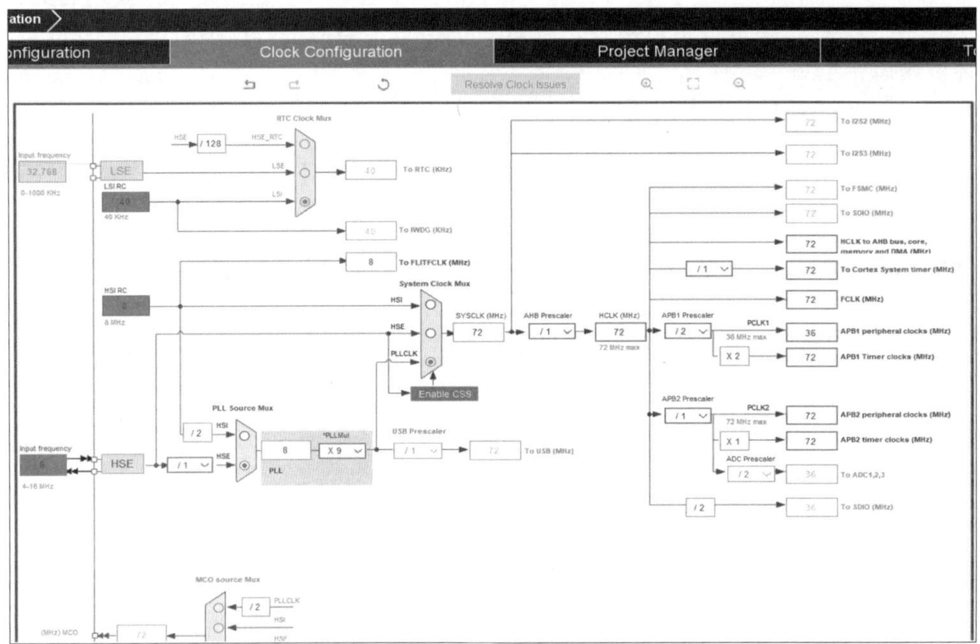

图 6.7　时钟树配置

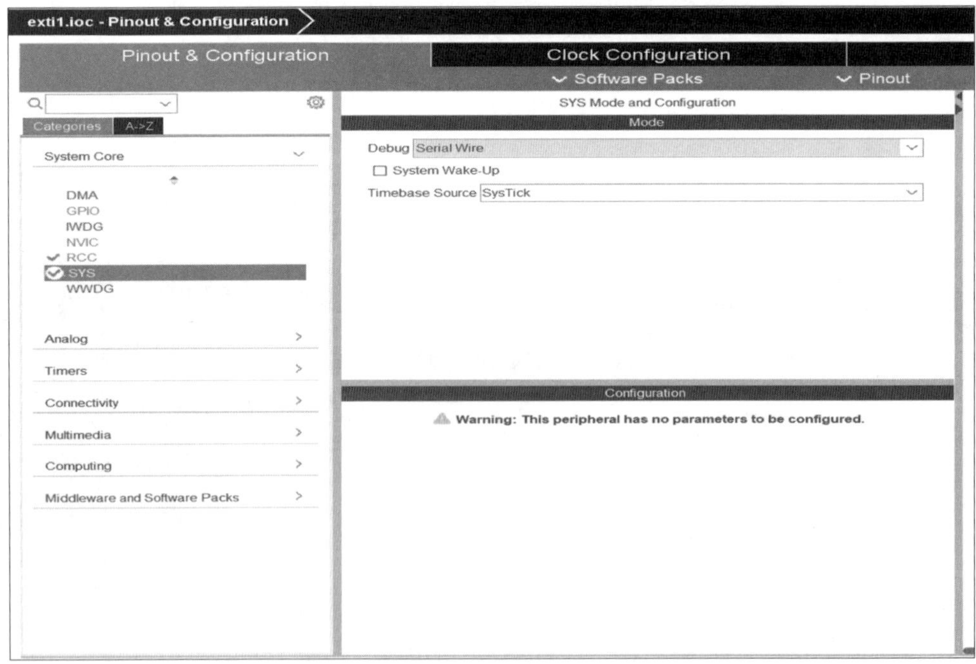

图 6.8　Debug 配置

这里使用了 STLink 调试工具，故选择 Serial Wire。

（4）配置 I²C 外设。

在 Connectivity 选项卡中，选择 I²C1 或其他要配置的 I²C 外设，在 I²C 配置选项中，启用 I²C 外设并进行相应的配置，如图 6.9 和图 6.10 所示。

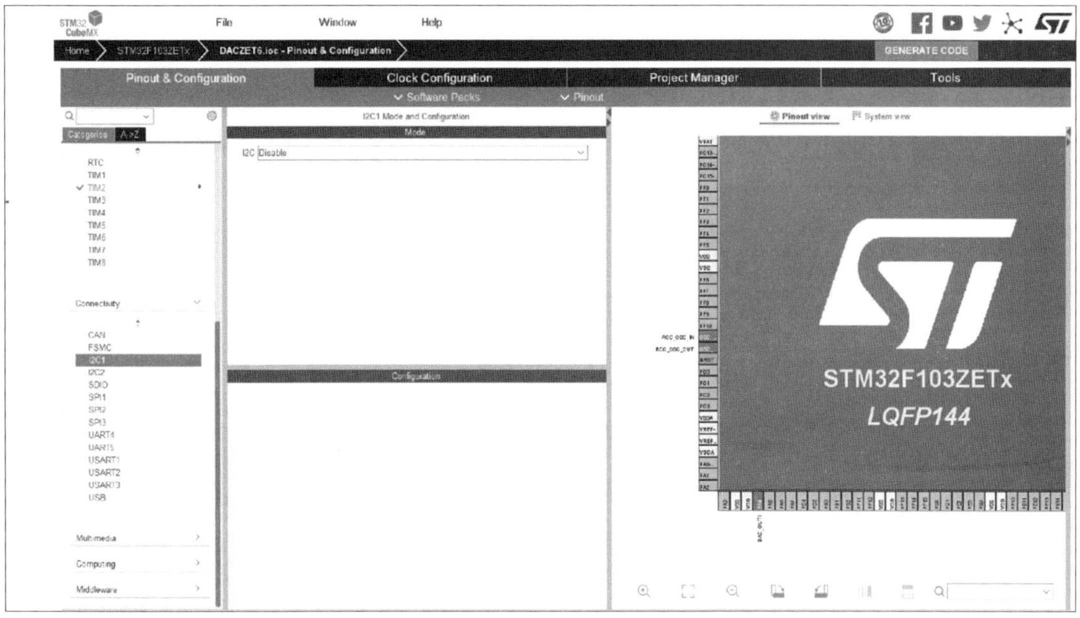

图 6.9 选择 I²C 外设

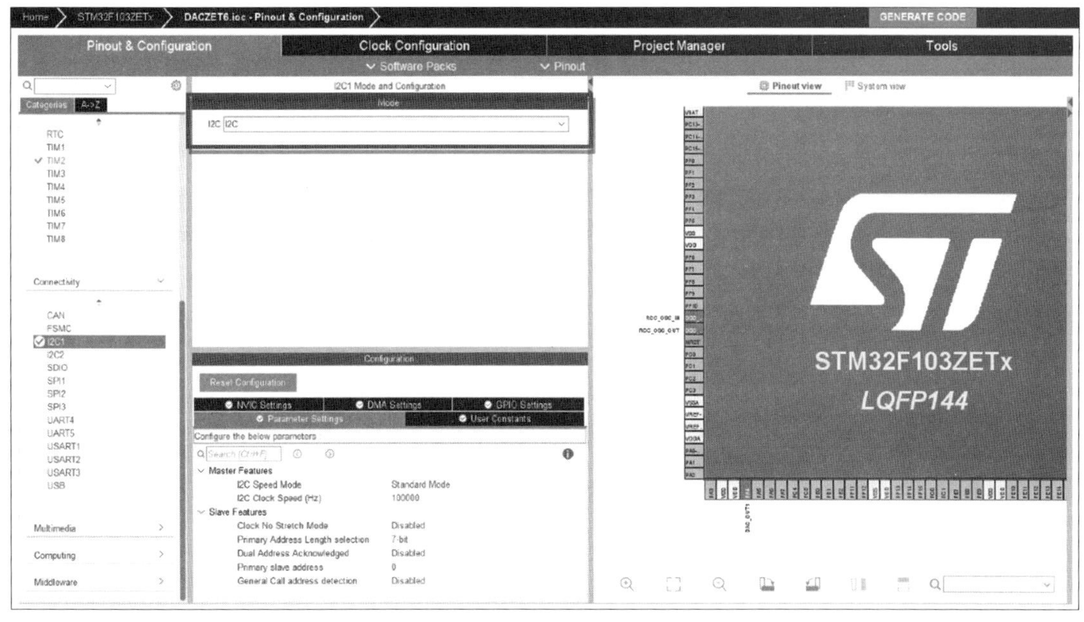

图 6.10 启用 I²C 外设

（5）配置 GPIO 引脚。

在 Pinout & Configuration 选项卡中，选择 Pinout，配置 I²C 的 SDA 和 SCL 引脚。为 I²C 选择适当的引脚，确保它们没有冲突，并配置成 I²C 功能，如图 6.11 所示。

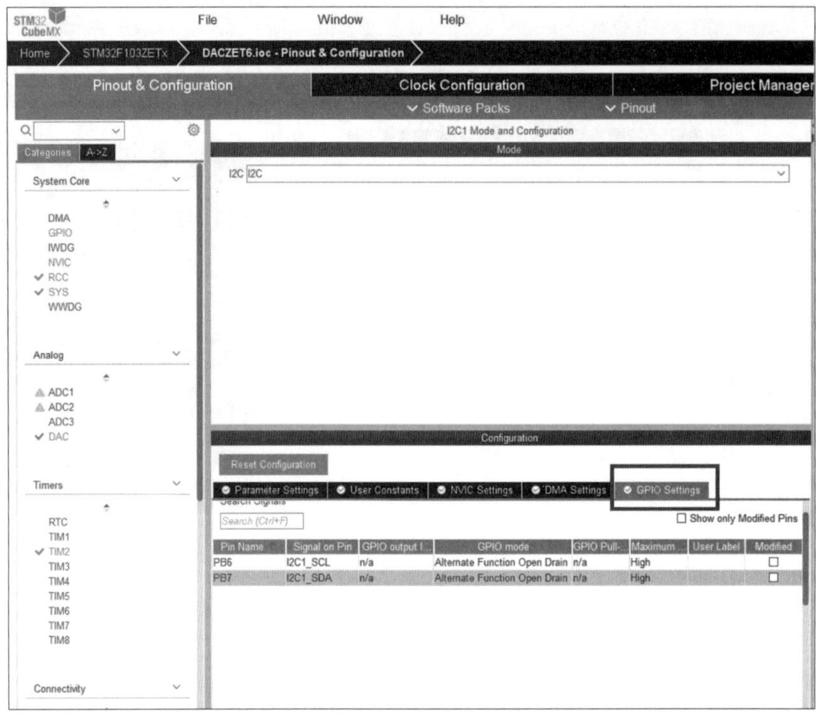

图 6.11　I²C GPIO 引脚配置

（6）工程生成。

命名工程和指定保存路径，如图 6.12 所示。

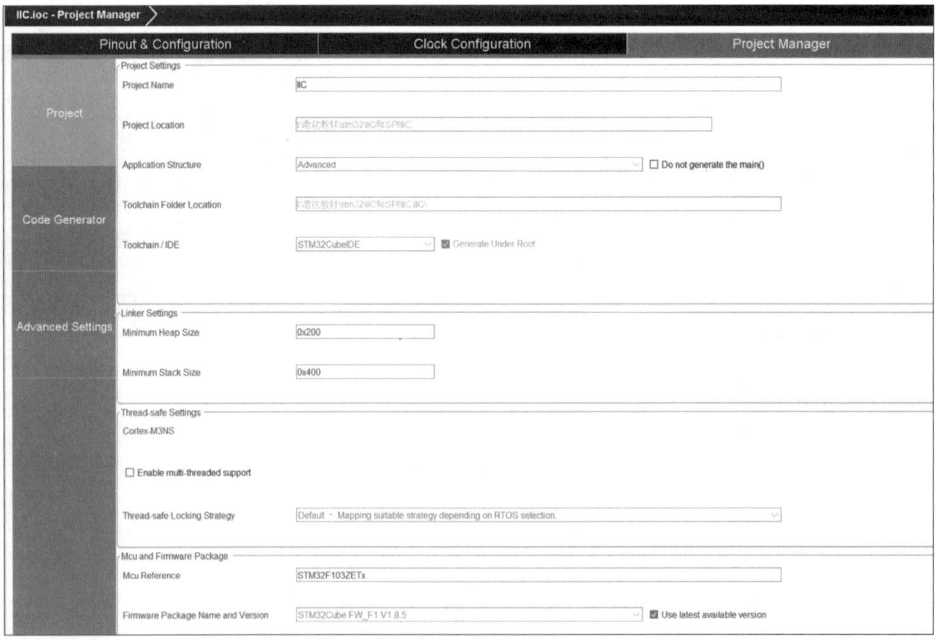

IIC.ioc - Project Manager

Pinout & Configuration　Clock Configuration　Project Manager

Project　Code Generator　Advanced Settings

Project Settings

Project Name　IIC

Project Location

Application Structure　Advanced　Do not generate the main()

Toolchain Folder Location

Toolchain / IDE　STM32CubeIDE　Generate Under Root

Linker Settings

Minimum Heap Size　0x200

Minimum Stack Size　0x400

Thread-safe Settings

Cortex-M3NS

Enable multi-threaded support

Thread-safe Locking Strategy　Default – Mapping suitable strategy depending on RTOS selection.

Mcu and Firmware Package

Mcu Reference　STM32F103ZETx

Firmware Package Name and Version　STM32Cube FW_F1 V1.8.5　Use latest available version

图 6.12　命名工程和指定保存路径

选择如图 6.13 所示的选项。

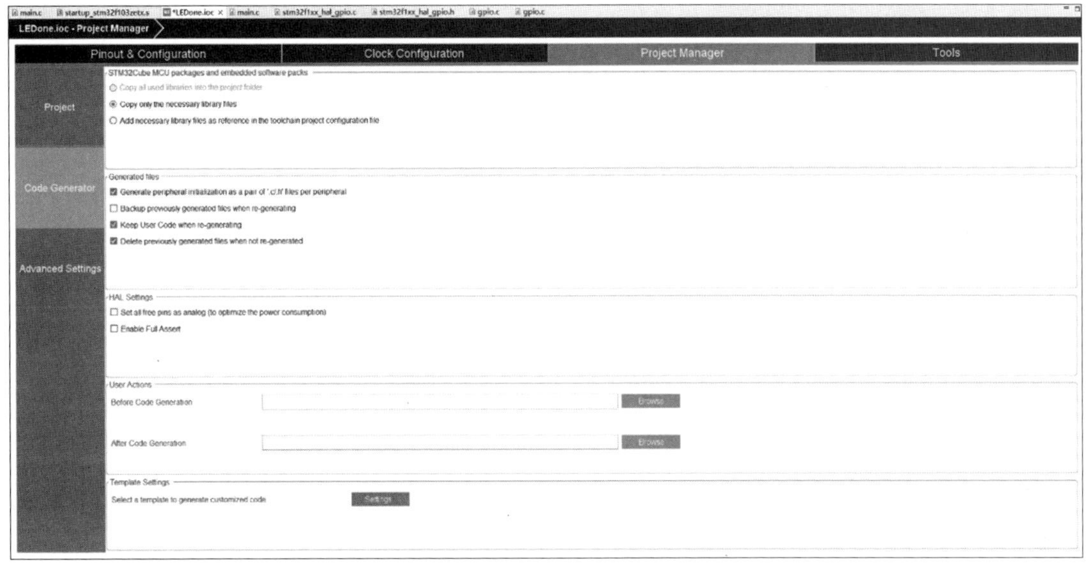

图 6.13 文件生成配置

单击“编译”按钮或“保存”按钮后，IDE 弹出是否生成代码文件的提示，选择生成即可。通过逐步配置上述参数，可定制 STM32 的 I²C 外设以满足特定的应用需求。确保完成配置后生成代码，然后将其导入选择的集成开发环境（IDE）中进行进一步的开发。

6.3.2 接口函数及其应用

以下是 HAL 库中部分典型的 I²C 相关函数的格式和应用范例。

1. I²C 初始化函数

函数原型：

```
HAL_StatusTypeDef HAL_I²C_Init(I²C_HandleTypeDef hI²C);
```

应用范例：

```
I²C_HandleTypeDef hI²C;
if(HAL_I²C_Init(&hI²C) != HAL_OK)
{
    Error_Handler();
}
```

2. I²C 配置时钟和 GPIO 引脚函数

函数原型：

```
HAL_StatusTypeDef HAL_I²C_MspInit(I²C_HandleTypeDef hI²C);
```

应用范例：

```
void HAL_I2C_MspInit(I2C_HandleTypeDef hI2C)
{
    // 初始化时钟和 GPIO 引脚
    // ...
}
```

3. I²C 主从模式配置函数

函数原型：

```
HAL_StatusTypeDef HAL_I2C_Master_Init(I2C_HandleTypeDef hI2C);
HAL_StatusTypeDef HAL_I2C_Slave_Init(I2C_HandleTypeDef hI2C);
```

应用范例：

```
I2C_HandleTypeDef hI2C;
...
if(HAL_I2C_Master_Init(&hI2C) != HAL_OK)
{
    Error_Handler();
}
```

4. I²C 数据传输函数

函数原型：

```
HAL_StatusTypeDef HAL_I2C_Master_Transmit(I2C_HandleTypeDef hI2C, uint16_t DevAddress, uint8_t pData,
uint16_t Size, uint32_t Timeout);
HAL_StatusTypeDef HAL_I2C_Master_Receive(I2C_HandleTypeDef hI2C, uint16_t DevAddress, uint8_t pData,
uint16_t Size, uint32_t Timeout);
```

应用范例：

```
I2C_HandleTypeDef hI2C;
uint8_t data_to_send = 0xAA;
uint8_t data_received;
if(HAL_I2C_Master_Transmit(&hI2C, device_address, &data_to_send, 1, HAL_MAX_DELAY) != HAL_OK)
{
    Error_Handler();
}
if(HAL_I2C_Master_Receive(&hI2C, device_address, &data_received, 1, HAL_MAX_DELAY) != HAL_OK)
{
    Error_Handler();
}
```

5. I²C 中断和错误处理函数

函数原型：

```
void HAL_I2C_MasterTxCpltCallback(I2C_HandleTypeDef hI2C);
```

```
void HAL_I2C_ErrorCallback(I2C_HandleTypeDef hI2C);
```

应用范例：

```
void HAL_I2C_MasterTxCpltCallback(I2C_HandleTypeDef hI2C)
{
    // 数据传输完成回调
}
void HAL_I2C_ErrorCallback(I2C_HandleTypeDef hI2C)
{
    // 错误处理代码
}
```

6. I²C DMA 传输函数

函数原型：

```
HAL_StatusTypeDef HAL_I2C_Master_Transmit_DMA(I2C_HandleTypeDef hI2C, uint16_t DevAddress, uint8_t
pData, uint16_t Size);
HAL_StatusTypeDef HAL_I2C_Master_Receive_DMA(I2C_HandleTypeDef hI2C, uint16_t DevAddress, uint8_t
pData, uint16_t Size);
```

应用范例：

```
I2C_HandleTypeDef hI2C;
uint8_t data_to_send = 0xAA;
uint8_t data_received;
if(HAL_I2C_Master_Transmit_DMA(&hI2C, device_address, &data_to_send, 1) != HAL_OK)
{
    Error_Handler();
}
if(HAL_I2C_Master_Receive_DMA(&hI2C, device_address, &data_received, 1) != HAL_OK)
{
    Error_Handler();
}
```

7. I²C 7 位和 10 位地址模式配置函数

函数原型：

```
HAL_StatusTypeDef HAL_I2C_Enable10bitAddrMode(I2C_HandleTypeDef hI2C);
HAL_StatusTypeDef HAL_I2C_Disable10bitAddrMode(I2C_HandleTypeDef hI2C);
```

应用范例：

```
I2C_HandleTypeDef hI2C;
if(HAL_I2C_Enable10bitAddrMode(&hI2C) != HAL_OK)
```

```
{
    Error_Handler();
}
```

8. I²C 中断状态清除函数

函数原型：

```
HAL_StatusTypeDef HAL_I2C_ClearError(I2C_HandleTypeDef hI2C);
```

应用范例：

```
I2C_HandleTypeDef hI2C;
if (HAL_I2C_ClearError(&hI2C) != HAL_OK)
{
    Error_Handler();
}
```

9. I²C 自定义错误回调函数

函数原型：

```
void HAL_I2C_ErrorCallback(I2C_HandleTypeDef hI2C);
```

应用范例：

```
void HAL_I2C_ErrorCallback(I2C_HandleTypeDef hI2C)
{
    // 自定义错误处理代码
}
```

6.3.3 软件 I²C 实现

在 STM32F103 上通过软件模拟 I²C 通信协议实现 I²C 功能，需要通过 GPIO 口模拟 I²C 的时钟线（SCL）和数据线（SDA）。

以下是一个简单的软件 I²C 初始化和数据传输的示例代码。

使用的 GPIO 引脚：GPIOA_PIN_8 对应 SCL，GPIOA_PIN_9 对应 SDA。注意，此处使用开漏模式，因此务必在 SCL 和 SDA 上加合适的上拉电阻。一般而言，I²C 速率越高，上拉电阻越小，功耗越大，故常选 4.7kΩ 的电阻。

```
#include "stm32f1xx_hal.h"
#define SCL_PIN GPIO_PIN_8
#define SDA_PIN GPIO_PIN_9
#define I2C_DELAY() delay_us(5)   // 适当的延时，根据实际情况调整
GPIO_TypeDef I2C_PORT = GPIOA;
```

```
void I2C_Init()
{
    GPIO_InitTypeDef GPIO_InitStruct = {0};
    // 初始化 SCL 和 SDA 引脚
    __HAL_RCC_GPIOA_CLK_ENABLE();
    GPIO_InitStruct.Pin = SCL_PIN | SDA_PIN;
    GPIO_InitStruct.Mode = GPIO_MODE_OUTPUT_OD;  // 开漏输出
    GPIO_InitStruct.Speed = GPIO_SPEED_FREQ_HIGH;
    HAL_GPIO_Init(I2C_PORT, &GPIO_InitStruct);
    // 初始化 I2C 总线
    HAL_GPIO_WritePin(I2C_PORT, SCL_PIN | SDA_PIN, GPIO_PIN_SET);
    I2C_DELAY();
}
void I2C_Start()
{
    // 在 SCL 高电平时，SDA 由高变低表示起始条件
    HAL_GPIO_WritePin(I2C_PORT, SDA_PIN, GPIO_PIN_SET);
    I2C_DELAY();
    HAL_GPIO_WritePin(I2C_PORT, SCL_PIN, GPIO_PIN_SET);
    I2C_DELAY();
    HAL_GPIO_WritePin(I2C_PORT, SDA_PIN, GPIO_PIN_RESET);
    I2C_DELAY();
    HAL_GPIO_WritePin(I2C_PORT, SCL_PIN, GPIO_PIN_RESET);
    I2C_DELAY();
}
void I2C_Stop()
{
    // 在 SCL 高电平时，SDA 由低变高表示停止条件
    HAL_GPIO_WritePin(I2C_PORT, SDA_PIN, GPIO_PIN_RESET);
    I2C_DELAY();
    HAL_GPIO_WritePin(I2C_PORT, SCL_PIN, GPIO_PIN_SET);
    I2C_DELAY();
    HAL_GPIO_WritePin(I2C_PORT, SDA_PIN, GPIO_PIN_SET);
    I2C_DELAY();
}
void I2C_WriteBit(uint8_t bit)
 {
if (bit)
{
        HAL_GPIO_WritePin(I2C_PORT, SDA_PIN, GPIO_PIN_SET);
}
```

```
else
{
            HAL_GPIO_WritePin(I2C_PORT, SDA_PIN, GPIO_PIN_RESET);
      }
      I2C_DELAY();
      HAL_GPIO_WritePin(I2C_PORT, SCL_PIN, GPIO_PIN_SET);
      I2C_DELAY();
      HAL_GPIO_WritePin(I2C_PORT, SCL_PIN, GPIO_PIN_RESET);
      I2C_DELAY();
}
uint8_t I2C_ReadBit()
{
      HAL_GPIO_WritePin(I2C_PORT, SDA_PIN, GPIO_PIN_SET);
      I2C_DELAY();
      HAL_GPIO_WritePin(I2C_PORT, SCL_PIN, GPIO_PIN_SET);
      I2C_DELAY();
      uint8_t bit = HAL_GPIO_ReadPin(I2C_PORT, SDA_PIN);
      I2C_DELAY();
      HAL_GPIO_WritePin(I2C_PORT, SCL_PIN, GPIO_PIN_RESET);
      I2C_DELAY();
      return bit;
}
uint8_t I2C_WriteByte(uint8_t byte)
{
for (int i = 7; i >= 0; i--)
{
            uint8_t bit = (byte >> i) & 0x01;
            I2C_WriteBit(bit);
      }
      return I2C_ReadBit();           // 读取应答位
}
uint8_t I2C_ReadByte(uint8_t ack)
{
      uint8_t byte = 0;
for (int i = 7; i >= 0; i--)
{
            byte |= (I2C_ReadBit() << i);
      }
I2C_WriteBit(ack);                    // 发送应答位
}
```

6.4 STM32的SPI

SPI（Serial Peripheral Interface）是一种同步串行通信协议，也表示一种高速的、全双工同步串行总线，由于其简单易用的特性，越来越多的芯片集成了这种通信总线，常用于微控制器、传感器、外设芯片之间的短距离、高速通信。与 SPI 不同的是，I²C 的数据输入输出使用一根线，而 SPI 的数据输入与输出是分开的。由于这个原因，采用 I²C 时 CPU 的端口占用更少。但是由于 I²C 的数据线是双向的，所以隔离比较复杂，而 SPI 则比较容易。所以，系统内部通信可用 I²C，若要与外部通信，则最好用 SPI（可以提高抗干扰能力）。不过，I²C 和 SPI 都不适合长距离传输。

6.4.1 硬件结构与时序

1. 通信方式

SPI 通信采用全双工方式，允许在同一时刻进行数据的发送和接收。

2. 通信线

SPI 通信一般需要以下四根线。

SCLK（Serial Clock）：时钟线，定义了数据的传输速率。

MOSI（Master Out Slave In）：主设备发送数据到从设备的数据线。

MISO（Master In Slave Out）：从设备发送数据到主设备的数据线。

SS/CS（Slave Select/Chip Select）：片选线用于选择从设备，通常每个从设备都有对应的片选线。

3. 传输方式

数据通过位的形式进行传输，通常采用 8 位或 16 位的数据帧。传输的起始和结束由 SCLK 的边沿来标定，可以是上升沿或下降沿。

4. 时序关系

SPI通信的时序关系如图6.14所示，由时钟相位（CPHA）和时钟极性（CPOL）两个参数定义。

时钟相位（CPHA）：定义了数据采样的时机，可以在时钟的上升沿（CPHA=0）或下降沿（CPHA=1）。

时钟极性（CPOL）：定义了时钟在空闲状态时是高电平（CPOL=1）还是低电平

（CPOL=0）。

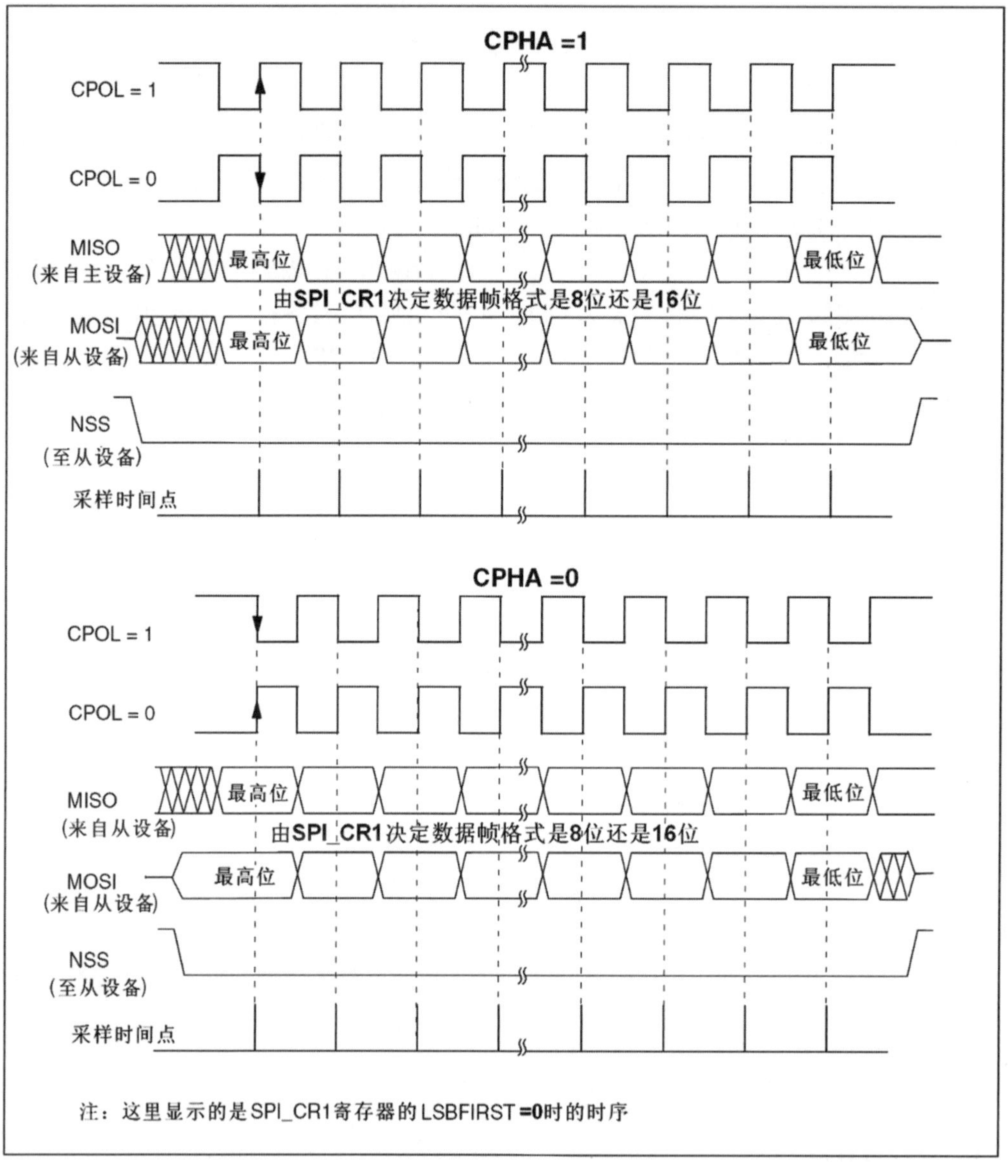

CPHA =1

CPOL = 1

CPOL = 0

MISO
(来自主设备)
最高位
最低位

由SPI_CR1决定数据帧格式是8位还是16位

MOSI
(来自从设备)
最高位
最低位

NSS
(至从设备)

采样时间点

CPHA =0

CPOL = 1

CPOL = 0

MISO
(来自从设备)
最高位
最低位

由SPI_CR1决定数据帧格式是8位还是16位

MOSI
(来自从设备)
最高位
最低位

NSS
(至从设备)

采样时间点

注：这里显示的是SPI_CR1寄存器的LSBFIRST =0时的时序

图 6.14　SPI 通信的时序关系

5. 主从模式

SPI 通信中通常有一个主设备和一个或多个从设备。主设备负责控制时钟线和片选线，从设备则在片选线激活时响应主设备的命令。

6. 速率控制

通过调整时钟频率可以控制 SPI 通信的速率。速率的选择需要考虑从设备的最大工作频率。

6.4.2 STM32 SPI 的构成

STM32 的 SPI 的结构图如图 6.15 所示。

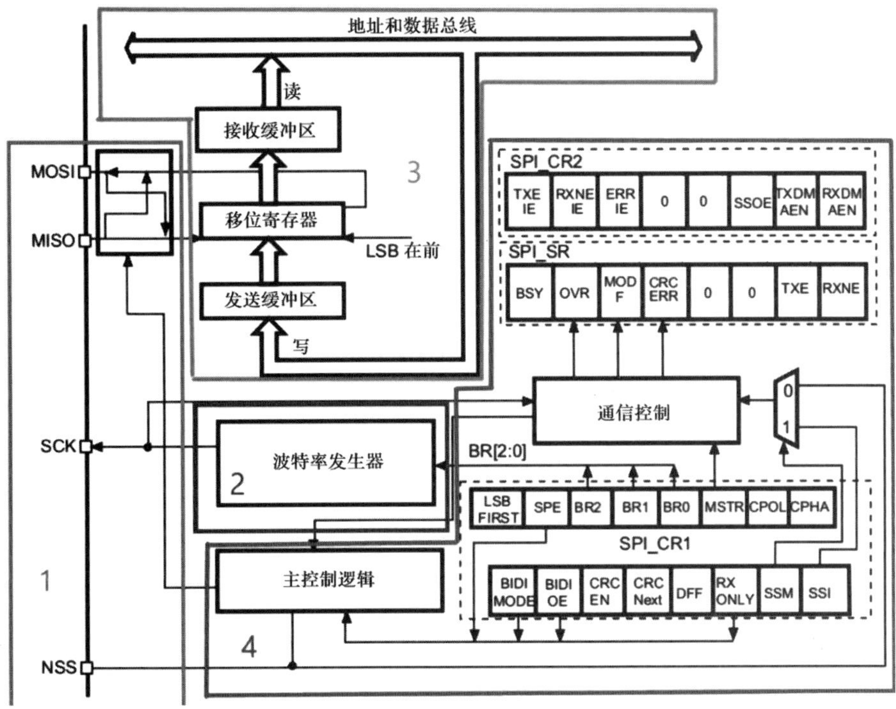

图 6.15 STM32 的 SPI 的结构图

以下介绍 STM32F1 系列 SPI 模块的主要组成部分。

1. SPI 控制器

STM32F1 系列的 SPI 通常包含多个 SPI 控制器，如 SPI1、SPI2 等。

2. SPI 寄存器

每个 SPI 控制器包含一组寄存器，用于配置和管理 SPI 通信。以下是一些典型的 SPI 寄存器。

CR1（Control Register 1）：用于配置 SPI 的主要参数，如数据位长度、帧格式、时钟极性和相位等。

CR2（Control Register 2）：用于配置 SPI 的一些辅助功能，如帧大小、NSS 信号管理等。

SR（Status Register）：用于检测 SPI 状态，如数据传输完成、处于空闲状态等。

DR（Data Register）：用于读写 SPI 数据。

CCRx（Clock Control Register）：用于配置 SPI 的时钟频率。

3. GPIO 引脚

SPI 通信需要使用 GPIO 引脚，通常需要至少四根线：SCK（时钟线）、MOSI（主设备输出、从设备输入）、MISO（主设备输入、从设备输出）、NSS/CS（片选线）。这些引脚可以通过 GPIO 的复用功能配置为 SPI 模式。

4. DMA 控制器

STM32F1 的 SPI 控制器可与 DMA 控制器配合使用，以实现无须 CPU 干预的数据传输，提高系统的性能。

5. 时钟树

SPI 控制器通常与时钟树相连，时钟树为 SPI 提供时钟。时钟树的配置会影响 SPI 的通信速率。

6. 中断控制器

在 SPI 通信过程中，SPI 控制器可产生中断信号，通知 CPU 有特定事件发生。中断控制器允许配置和处理这些中断。

6.4.3 STM32 的 SPI 的主要工作流程

SPI 的初始化步骤和初始化设置很重要、很关键。SPI 总线应用的基本步骤如下。

① 连接 SPI 外设时钟。

② 连接被复用的 GPIO 引脚的外设时钟。对于复用输出，端口的工作模式必须配置成复用功能输出模式。

③ 设置被复用的 GPIO 引脚模式为推挽输出，不能设置为开漏输出。因为设置成开漏输出时，从示波器上看输出是锯齿波，而不是需要的方波。

④ 调用初始化函数配置 SPI 外设的模式、地址、速率等参数，并使能 SPI 外设。

⑤ 收发数据。

6.4.4 SPI 函数及其应用

1. 复位 SPI 外设为默认值

函数原型：

```
HAL_StatusTypeDef HAL_SPI_DeInit(SPI_HandleTypeDef *hspi);
```

应用范例：

```
SPI_HandleTypeDef hspi;
hspi.Instance = SPI1;
HAL_SPI_DeInit(&hspi);
```

2. 发送数据到 SPI 外设

函数原型：

```
HAL_StatusTypeDef HAL_SPI_Transmit(SPI_HandleTypeDef *hspi, uint8_t *pData, uint16_t Size, uint32_t
Timeout);
```

应用范例：

```
SPI_HandleTypeDef hspi;
hspi.Instance = SPI1;
uint8_t data_to_send[3] = {0xAA, 0xBB, 0xCC};
if (HAL_SPI_Transmit(&hspi, data_to_send, 3, HAL_MAX_DELAY) != HAL_OK)
    Error_Handler();
```

3. 接收数据到 SPI 外设

函数原型：

```
HAL_StatusTypeDef HAL_SPI_Receive(SPI_HandleTypeDef *hspi, uint8_t *pData, uint16_t Size, uint32_t
Timeout);
```

应用范例：

```
hspi.Instance = SPI1;
uint8_t received_data[3];
if (HAL_SPI_Receive(&hspi, received_data, 3, HAL_MAX_DELAY) != HAL_OK)
    Error_Handler();
```

4. 同时发送和接收数据

函数原型：

```
HAL_StatusTypeDef HAL_SPI_TransmitReceive(SPI_HandleTypeDef *hspi, uint8_t *pTxData, uint8_t *pRxData,
uint16_t Size,uint32_t Timeout);
```

应用范例：

```
SPI_HandleTypeDef hspi;
hspi.Instance = SPI1;
uint8_t data_to_send[3] = {0xAA, 0xBB, 0xCC};
uint8_t received_data[3];
if (HAL_SPI_TransmitReceive(&hspi, data_to_send, received_data, 3, HAL_MAX_DELAY) != HAL_OK)
    Error_Handler();
```

6.4.5 设备配置流程

第一步：配置 RCC，选择外部高速晶振，同 6.3 节。
第二步：配置时钟树，设置系统时钟频率为 72MHz，同 6.3 节。
第三步：配置 Debug，同 6.3 节。
第四步：选择 SPI 外设，在全双工模式下不启用硬件 NSS，如图 6.16 所示。

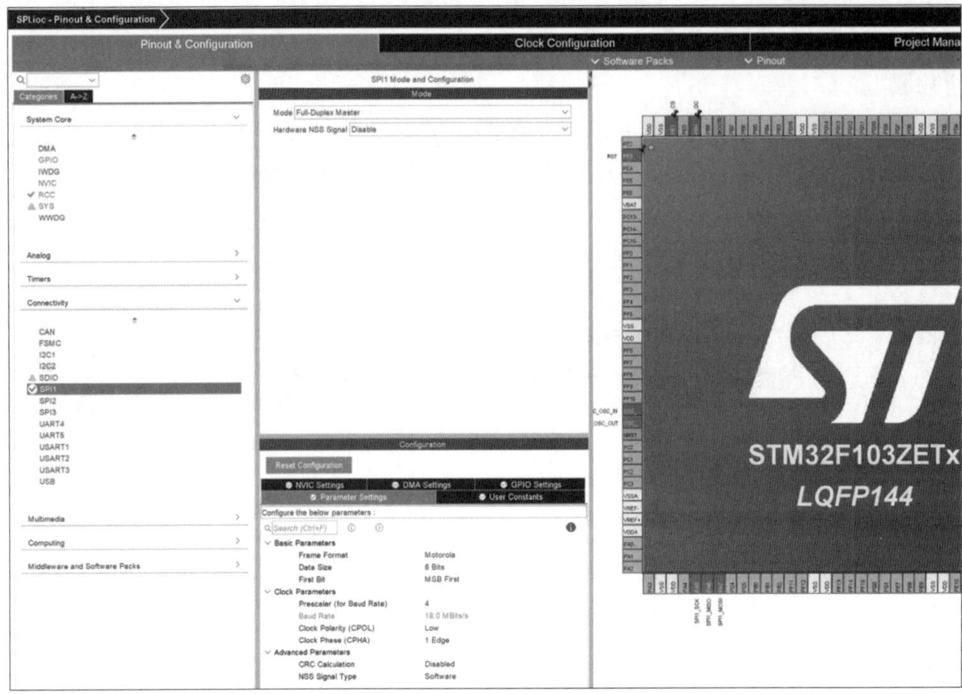

图 6.16　选择 SPI 外设

选择数据格式[8 位/16 位（Data Size）、高位优先/低位优先（First Bit）]、时钟极性（CPOL）、时钟相位（CPHA），对分频系数进行设置，如图 6.17 所示。

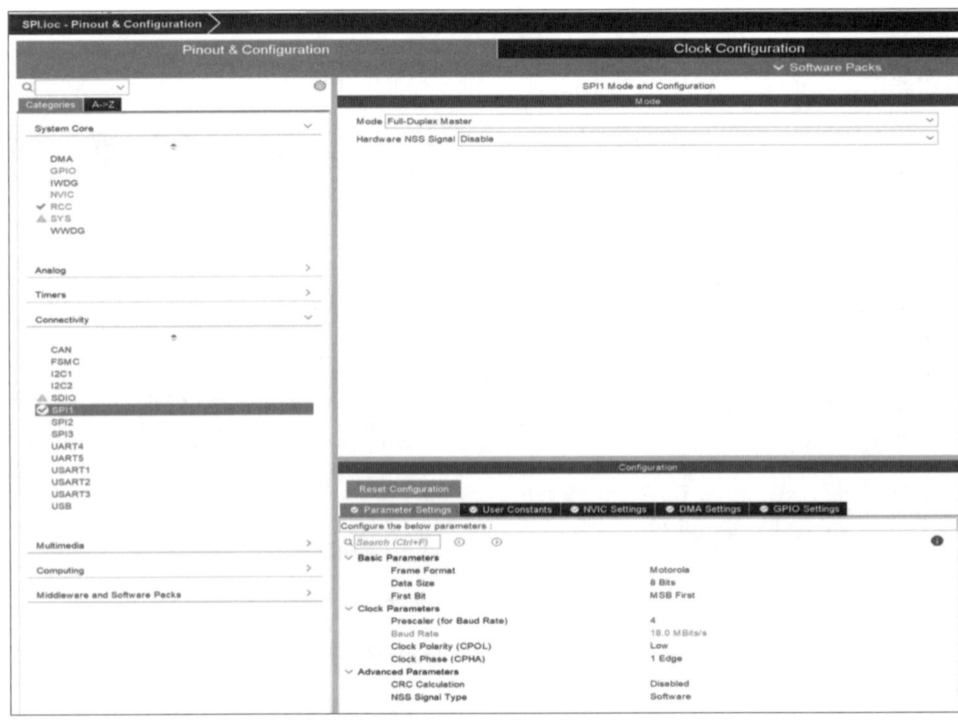

图 6.17　设置分频系数

进行引脚配置，如图 6.18 所示。

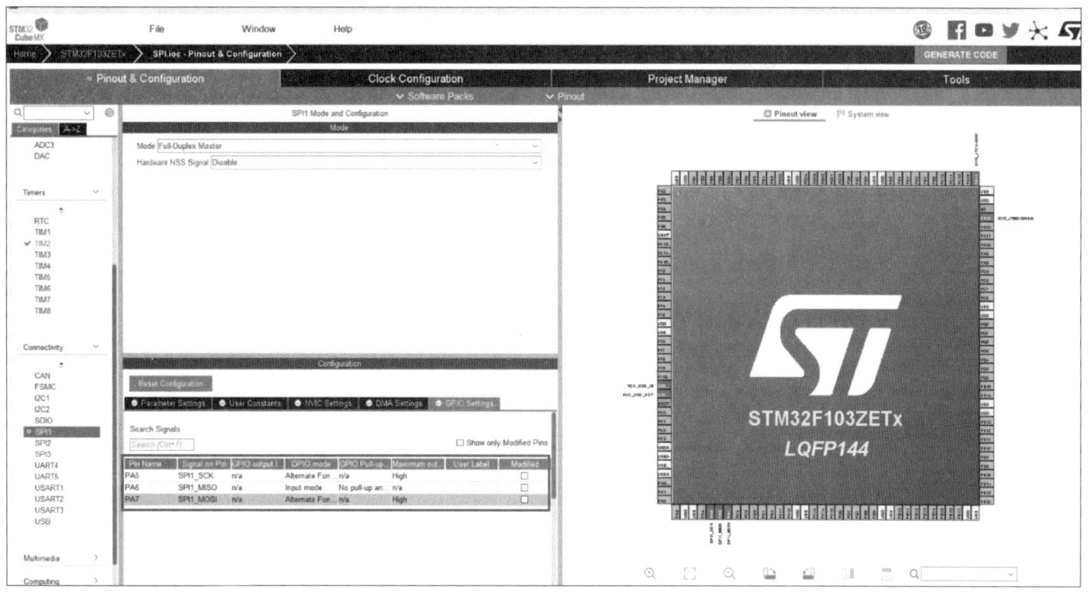

图 6.18　配置引脚

设置项目名称、路径、所用 IDE，这里不再赘述。

6.5　I²C 和 SPI 应用实例

6.5.1　I²C 读写 AT24C02

1. 功能描述

向 AT24C02 按地址依次写入 0～255，并将数据读出至缓冲区。

2. 功能配置与添加代码

（1）配置 RCC，选择外部高速晶振，同 6.3 节。

（2）配置时钟树，设置系统时钟频率为 72MHz，同 6.3 节。

（3）配置 Debug，同 6.3 节。

（4）配置 I²C 外设。

在 Connectivity 选项卡中，选择 I²C1 或其他要配置的 I²C 外设，在 I²C 配置选项中，启用 I²C 外设并进行相应的配置，如图 6.19 和图 6.20 所示。

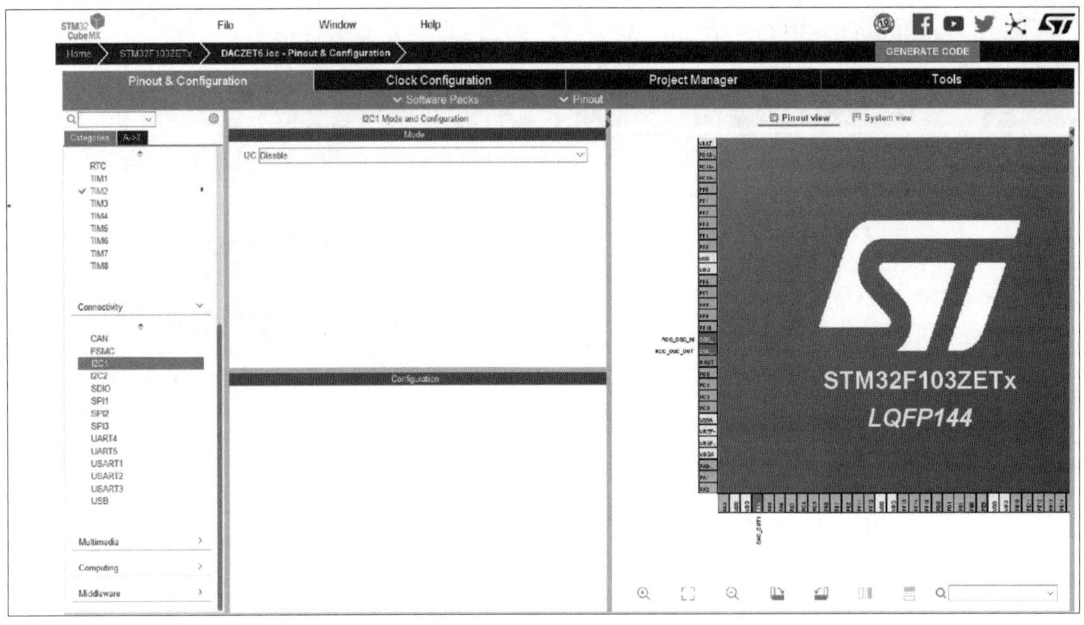

图 6.19　选择 I²C 外设

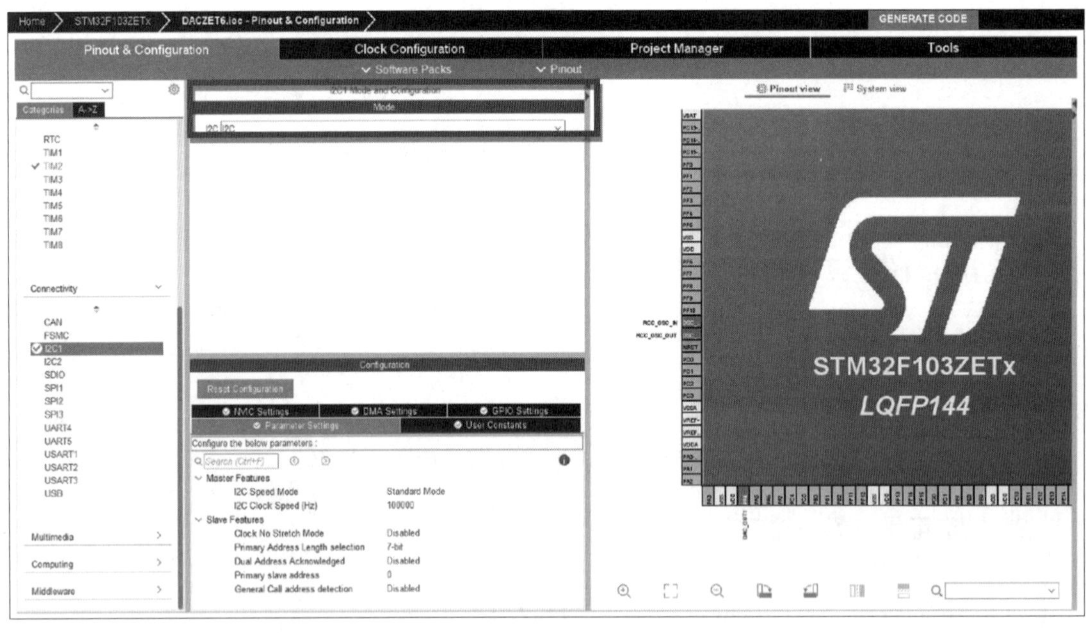

图 6.20　启用 I²C 外设

（5）配置 GPIO 引脚。

在 Pinout & Configuration 选项卡中，选择 Pinout，配置 I²C 的 SDA 和 SCL 引脚。为 I²C 选择适当的引脚，确保它们没有冲突，并配置成 I²C 功能，如图 6.21 所示。

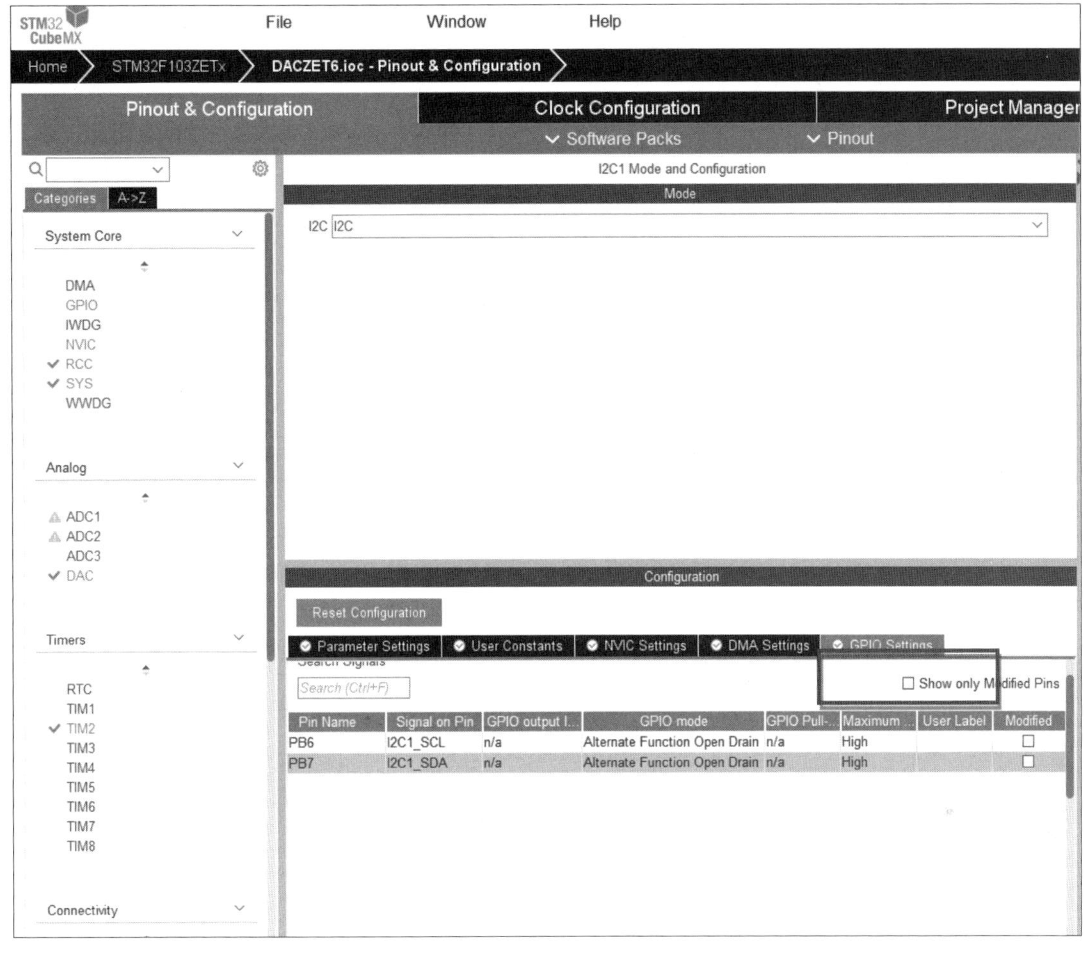

图 6.21 I²C GPIO 引脚配置

（6）工程生成，同 6.3 节。

（7）添加代码。

首先，在 main.c 文件中进行库函数声明，定义 AT24C02 的写地址和读地址，定义写数据数组和读数据数组等。

```
/* USER CODE BEGIN PV */
#include <string.h>
#define ADDR_24LCxx_Write 0xA0
#define ADDR_24LCxx_Read 0xA1
#define BufferSize 256
uint8_t WriteBuffer[BufferSize],ReadBuffer[BufferSize];
uint16_t i;
/* USER CODE END PV */
```

其次，编写循环写入数据代码。

```
/* USER CODE BEGIN 2 */
for (i=0; i<256; i++)
```

```
WriteBuffer[i]=i;
for (int j=0; j<32; j++)
{
if(HAL_I2C_Mem_Write(&hI2C1, ADDR_24LCxx_Write, 8*j, I2C_MEMADD_SIZE_8BIT,WriteBuffer+8*j,8,
1000) == HAL_OK)
HAL_Delay(20);
else
    {
        HAL_Delay(20);
    }
}
HAL_I2C_Mem_Read(&hI2C1, ADDR_24LCxx_Read, 0, I2C_MEMADD_SIZE_8BIT,ReadBuffer,BufferSize,
0xff); //将数据读取至 ReadBuffer 中
/* USER CODE END 2 */
```

3. 测试结果

（1）开启 Debug 并设置断点，如图 6.22 和图 6.23 所示。

cubeidework - STM32CubeIDE
File Edit Source Refactor Navigate Search Project Run Window Help myST
Project Explorer × main.c × 0x1ffff3b6 startup_s
IIC
61 /* USER CODE BEGIN PFP */

图 6.22 开启 Debug

```
/* MCU Configuration--------------------------------------------------------*/

/* Reset of all peripherals, Initializes the Flash interface and the Systick. */
HAL_Init();

/* USER CODE BEGIN Init */

/* USER CODE END Init */

/* Configure the system clock */
SystemClock_Config();

/* USER CODE BEGIN SysInit */

/* USER CODE END SysInit */

/* Initialize all configured peripherals */
MX_GPIO_Init();
MX_TIM2_Init();
MX_I2C1_Init();
/* USER CODE BEGIN 2 */
for (i = 0; i < 256; i++)
  WriteBuffer[i] = i;
for (int j = 0; j < 32; j++)
{
  if (HAL_I2C_Mem_Write(&hi2c1, ADDR_24LCxx_Write, 8 * j, I2C_MEMADD_SIZE_8BIT, WriteBuffer + 8 * j, 8, 1000) == HAL_OK)
    HAL_Delay(20);
  else
  {
    HAL_Delay(20);
  }
}
HAL_I2C_Mem_Read(&hi2c1, ADDR_24LCxx_Read, 0, I2C_MEMADD_SIZE_8BIT, ReadBuffer, BufferSize, 0xff); // 对数据进行读取读到ReadBuffer中

/* USER CODE END 2 */

/* Infinite loop */
/* USER CODE BEGIN WHILE */
while (1)
{
```

图 6.23 设置断点（在对应位置双击）

单击“运行”按钮，开始运行程序，如图 6.24 所示。

图 6.24 “运行”按钮

（2）借助 CubeIDE 的 Debug 功能查看缓冲区数据，如图 6.25 所示。

Expression	Type	Value
ReadBuffer	uint8_t [256]	0x200001c4 <ReadBuffer>
[0...99]	uint8_t [100]	0x200001c4 <ReadBuffer>
ReadBuffer[0]	uint8_t	0 '\0'
ReadBuffer[1]	uint8_t	0 '\0'
ReadBuffer[2]	uint8_t	0 '\0'
ReadBuffer[3]	uint8_t	0 '\0'
ReadBuffer[4]	uint8_t	0 '\0'
ReadBuffer[5]	uint8_t	0 '\0'
ReadBuffer[6]	uint8_t	0 '\0'
ReadBuffer[7]	uint8_t	0 '\0'
ReadBuffer[8]	uint8_t	0 '\0'
ReadBuffer[9]	uint8_t	0 '\0'
ReadBuffer[10]	uint8_t	0 '\0'
ReadBuffer[11]	uint8_t	0 '\0'
ReadBuffer[12]	uint8_t	0 '\0'
ReadBuffer[13]	uint8_t	0 '\0'
ReadBuffer[14]	uint8_t	0 '\0'
ReadBuffer[15]	uint8_t	0 '\0'
ReadBuffer[16]	uint8_t	0 '\0'
ReadBuffer[17]	uint8_t	0 '\0'
ReadBuffer[18]	uint8_t	0 '\0'
ReadBuffer[19]	uint8_t	0 '\0'
ReadBuffer[20]	uint8_t	0 '\0'
ReadBuffer[21]	uint8_t	0 '\0'
ReadBuffer[22]	uint8_t	0 '\0'
ReadBuffer[23]	uint8_t	0 '\0'
ReadBuffer[24]	uint8_t	220 'Ü'
ReadBuffer[25]	uint8_t	42 '*'
ReadBuffer[26]	uint8_t	0 '\0'
ReadBuffer[27]	uint8_t	8 '\b'
ReadBuffer[28]	uint8_t	0 '\0'

图 6.25 缓冲区数据

（3）程序继续运行，可以看到准备用于写入的数据已经被正确写入，如图 6.26 所示。

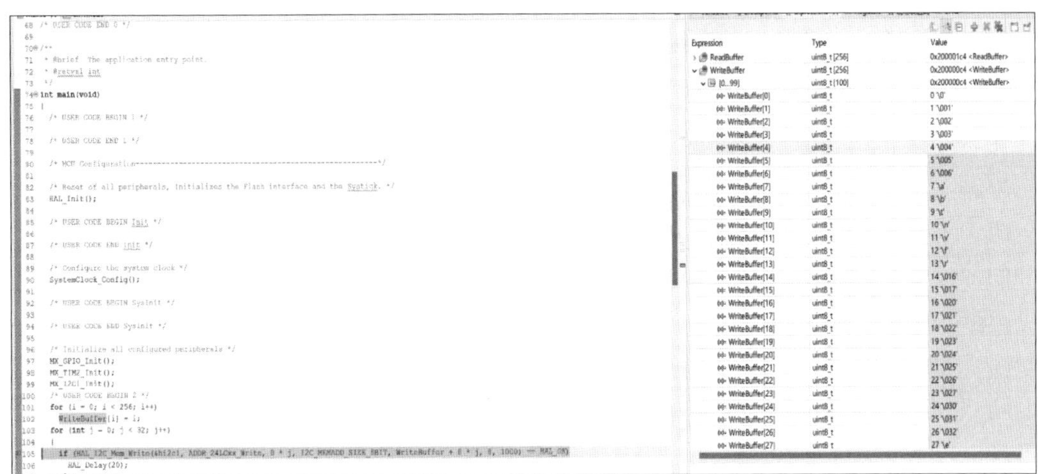

图 6.26 写入的数据

（4）程序继续运行至 while 时，从 AT24C02 读出的数据如图 6.27 所示。

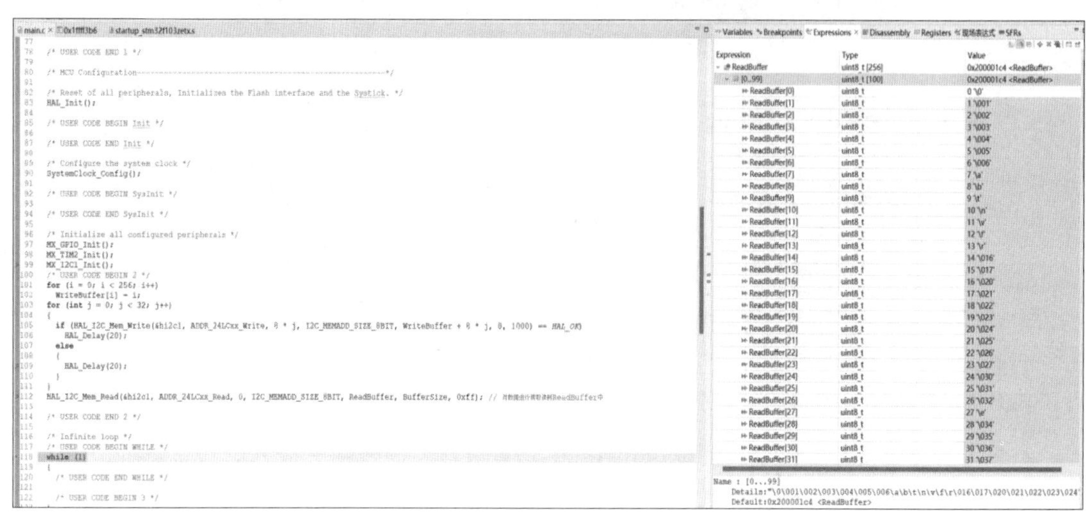

图 6.27　从 AT24C02 读出的数据

（5）从图 6.27 可知，已经从芯片中读出刚写入的数据，由此说明对 AT24C02 的读出与写入均成功实现。

6.5.2　基于 SPI 总线实现 OLED 显示

1. 功能描述

使用 STM32 的硬件 SPI 进行 128×64 的 SSD1306 屏幕的简单显示。

2. 硬件连接

OLED 显示屏与开发板的连接实物图如图 6.28 所示，对应关系如下。

OLED		STM32
GND	———	GND
VCC	———	3.3V
CL	———	SCLK（PA5）
DI	———	MOSI（PA7）
RST	———	RST（PE3）
DC	———	DC（PB9）
CS	———	CS（PE1）

图 6.28　OLED 显示屏与开发板的连接实物图

3. 功能配置与添加代码

（1）配置 RCC，选择外部高速晶振，同 6.3 节。

（2）配置时钟树，设置系统时钟频率为 72MHz，同 6.3 节。

（3）配置 Debug，同 6.3 节。

（4）选择 SPI 外设，在全双工模式下不启用硬件 NSS，如图 6.29 所示。

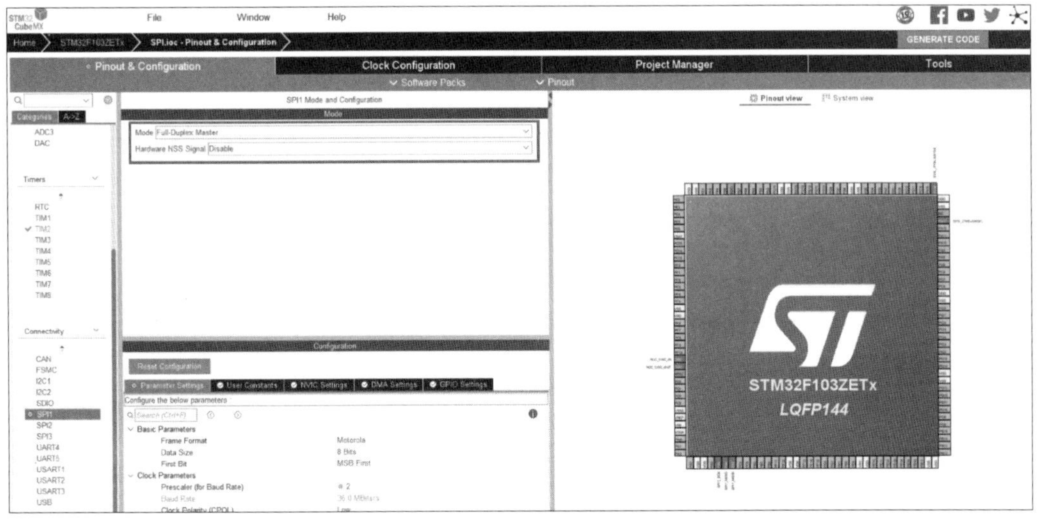

图 6.29　选择 SPI 外设

选择数据格式[8 位/16 位（Data Size）、高位优先/低位优先（First Bit）]、时钟极性（CPOL）、时钟相位（CPHA），对分频系数进行设置，如图 6.30 所示。配置相关引脚，如图 6.31 所示。

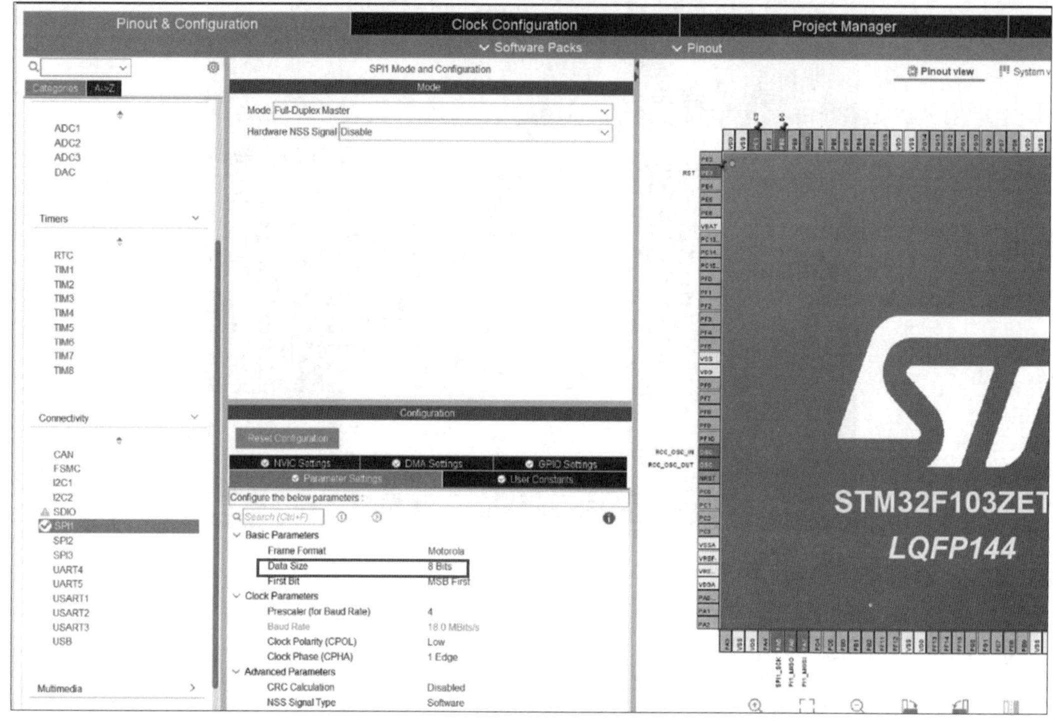

图 6.30　设置分频系数

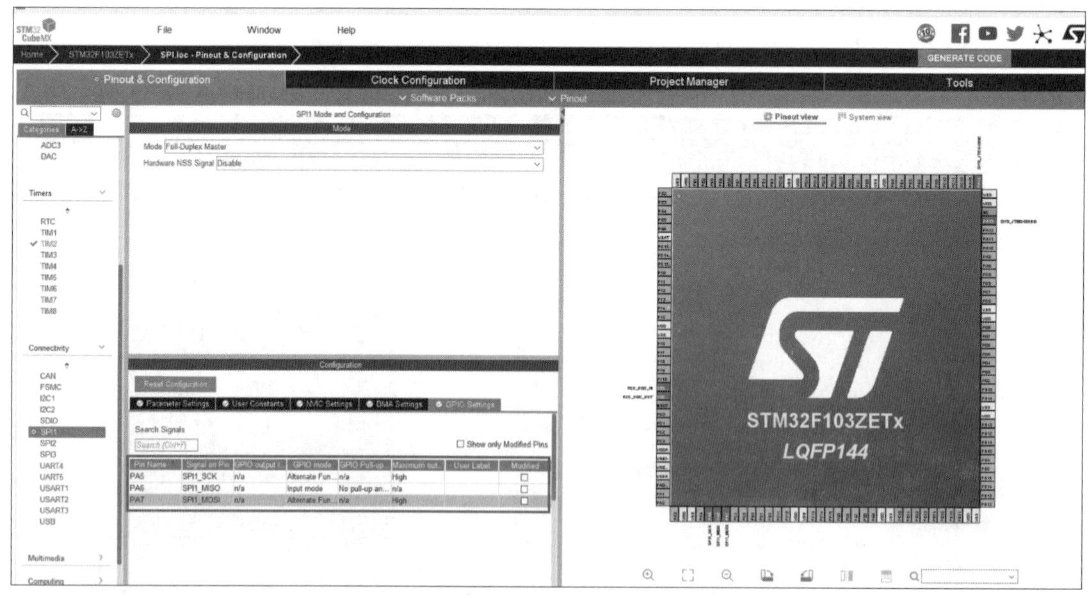

图 6.31　配置相关引脚

（5）设置项目名称、路径、所用 IDE，这里不再赘述。

（6）将 PE1、PE3、PB9 配置为 GPIO 推挽输出模式并且添加对应的 User Label，以方便后续程序调用。这三个引脚用于控制显示屏的 CS、RST、DC，当然也可配置其他引脚，只要确保引脚没有被占用，并对硬件连接做出调整即可，如图 6.32 所示。

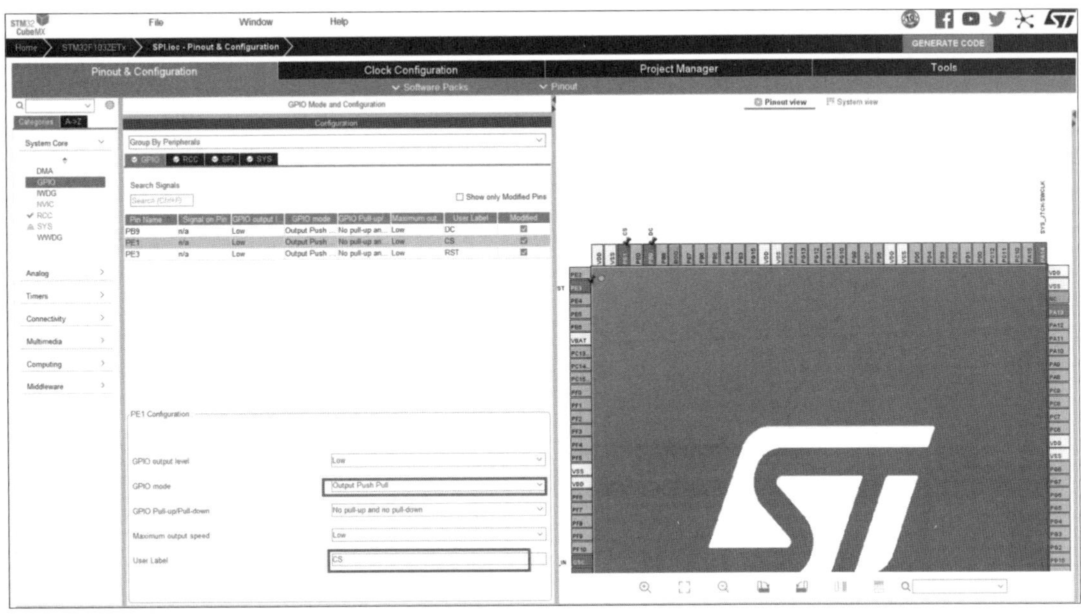

图 6.32　GPIO 引脚配置

（7）生成工程，同 6.3 节。

（8）添加代码。

首先，在 main.c 文件中定义显存数组，并对显示屏控制函数进行宏定义。

```
/* USER CODE BEGIN PV */
#define OLED_RES_Clr HAL_GPIO_WritePin(RST_GPIO_Port, RST_Pin, GPIO_PIN_RESET);
#define OLED_RES_Set HAL_GPIO_WritePin(RST_GPIO_Port, RST_Pin, GPIO_PIN_SET);
#define OLED_DC_Clr HAL_GPIO_WritePin(DC_GPIO_Port, DC_Pin, GPIO_PIN_RESET);
#define OLED_DC_Set HAL_GPIO_WritePin(DC_GPIO_Port, DC_Pin, GPIO_PIN_SET);
#define OLED_CS_Clr HAL_GPIO_WritePin(CS_GPIO_Port, CS_Pin, GPIO_PIN_RESET);
#define OLED_CS_Set HAL_GPIO_WritePin(CS_GPIO_Port, CS_Pin, GPIO_PIN_SET); //宏定义 DC CS RES 控
//制函数，方便操作
unsigned char GRAM[1024]; //定义显存数组
const unsigned char F6x8[] =
{
0x00, 0x00, 0x00, 0x00, 0x00, 0x00,// sp
0x00, 0x00, 0x00, 0x2f, 0x00, 0x00,// !
0x00, 0x00, 0x07, 0x00, 0x07, 0x00,// "
0x00, 0x14, 0x7f, 0x14, 0x7f, 0x14,// #
0x00, 0x24, 0x2a, 0x7f, 0x2a, 0x12,// $
0x00, 0x62, 0x64, 0x08, 0x13, 0x23,// %
0x00, 0x36, 0x49, 0x55, 0x22, 0x50,// &
0x00, 0x00, 0x05, 0x03, 0x00, 0x00,// '
0x00, 0x00, 0x1c, 0x22, 0x41, 0x00,// (
0x00, 0x00, 0x41, 0x22, 0x1c, 0x00,// )
0x00, 0x14, 0x08, 0x3E, 0x08, 0x14,// *
0x00, 0x08, 0x08, 0x3E, 0x08, 0x08,// +
```

```
0x00, 0x00, 0x00, 0xA0, 0x60, 0x00,// ,
0x00, 0x08, 0x08, 0x08, 0x08, 0x08,// -
0x00, 0x00, 0x60, 0x60, 0x00, 0x00,// .
0x00, 0x20, 0x10, 0x08, 0x04, 0x02,// /
0x00, 0x3E, 0x51, 0x49, 0x45, 0x3E,// 0
0x00, 0x00, 0x42, 0x7F, 0x40, 0x00,// 1
0x00, 0x42, 0x61, 0x51, 0x49, 0x46,// 2
0x00, 0x21, 0x41, 0x45, 0x4B, 0x31,// 3
0x00, 0x18, 0x14, 0x12, 0x7F, 0x10,// 4
0x00, 0x27, 0x45, 0x45, 0x45, 0x39,// 5
0x00, 0x3C, 0x4A, 0x49, 0x49, 0x30,// 6
0x00, 0x01, 0x71, 0x09, 0x05, 0x03,// 7
0x00, 0x36, 0x49, 0x49, 0x49, 0x36,// 8
0x00, 0x06, 0x49, 0x49, 0x29, 0x1E,// 9
0x00, 0x00, 0x36, 0x36, 0x00, 0x00,// :
0x00, 0x00, 0x56, 0x36, 0x00, 0x00,// ;
0x00, 0x08, 0x14, 0x22, 0x41, 0x00,// <
0x00, 0x14, 0x14, 0x14, 0x14, 0x14,// =
0x00, 0x00, 0x41, 0x22, 0x14, 0x08,// >
0x00, 0x02, 0x01, 0x51, 0x09, 0x06,// ?
0x00, 0x32, 0x49, 0x59, 0x51, 0x3E,// @
0x00, 0x7C, 0x12, 0x11, 0x12, 0x7C,// A
0x00, 0x7F, 0x49, 0x49, 0x49, 0x36,// B
0x00, 0x3E, 0x41, 0x41, 0x41, 0x22,// C
0x00, 0x7F, 0x41, 0x41, 0x22, 0x1C,// D
0x00, 0x7F, 0x49, 0x49, 0x49, 0x41,// E
0x00, 0x7F, 0x09, 0x09, 0x09, 0x01,// F
0x00, 0x3E, 0x41, 0x49, 0x49, 0x7A,// G
0x00, 0x7F, 0x08, 0x08, 0x08, 0x7F,// H
0x00, 0x00, 0x41, 0x7F, 0x41, 0x00,// I
0x00, 0x20, 0x40, 0x41, 0x3F, 0x01,// J
0x00, 0x7F, 0x08, 0x14, 0x22, 0x41,// K
0x00, 0x7F, 0x40, 0x40, 0x40, 0x40,// L
0x00, 0x7F, 0x02, 0x0C, 0x02, 0x7F,// M
0x00, 0x7F, 0x04, 0x08, 0x10, 0x7F,// N
0x00, 0x3E, 0x41, 0x41, 0x41, 0x3E,// O
0x00, 0x7F, 0x09, 0x09, 0x09, 0x06,// P
0x00, 0x3E, 0x41, 0x51, 0x21, 0x5E,// Q
0x00, 0x7F, 0x09, 0x19, 0x29, 0x46,// R
0x00, 0x46, 0x49, 0x49, 0x49, 0x31,// S
0x00, 0x01, 0x01, 0x7F, 0x01, 0x01,// T
0x00, 0x3F, 0x40, 0x40, 0x40, 0x3F,// U
0x00, 0x1F, 0x20, 0x40, 0x20, 0x1F,// V
0x00, 0x3F, 0x40, 0x38, 0x40, 0x3F,// W
0x00, 0x63, 0x14, 0x08, 0x14, 0x63,// X
0x00, 0x07, 0x08, 0x70, 0x08, 0x07,// Y
0x00, 0x61, 0x51, 0x49, 0x45, 0x43,// Z
```

```
0x00, 0x00, 0x7F, 0x41, 0x41, 0x00,// [
0x00, 0x55, 0x2A, 0x55, 0x2A, 0x55,// 55
0x00, 0x00, 0x41, 0x41, 0x7F, 0x00,// ]
0x00, 0x04, 0x02, 0x01, 0x02, 0x04,// ^
0x00, 0x40, 0x40, 0x40, 0x40, 0x40,// _
0x00, 0x00, 0x01, 0x02, 0x04, 0x00,// '
0x00, 0x20, 0x54, 0x54, 0x54, 0x78,// a
0x00, 0x7F, 0x48, 0x44, 0x44, 0x38,// b
0x00, 0x38, 0x44, 0x44, 0x44, 0x20,// c
0x00, 0x38, 0x44, 0x44, 0x48, 0x7F,// d
0x00, 0x38, 0x54, 0x54, 0x54, 0x18,// e
0x00, 0x08, 0x7E, 0x09, 0x01, 0x02,// f
0x00, 0x18, 0xA4, 0xA4, 0xA4, 0x7C,// g
0x00, 0x7F, 0x08, 0x04, 0x04, 0x78,// h
0x00, 0x00, 0x44, 0x7D, 0x40, 0x00,// i
0x00, 0x40, 0x80, 0x84, 0x7D, 0x00,// j
0x00, 0x7F, 0x10, 0x28, 0x44, 0x00,// k
0x00, 0x00, 0x41, 0x7F, 0x40, 0x00,// l
0x00, 0x7C, 0x04, 0x18, 0x04, 0x78,// m
0x00, 0x7C, 0x08, 0x04, 0x04, 0x78,// n
0x00, 0x38, 0x44, 0x44, 0x44, 0x38,// o
0x00, 0xFC, 0x24, 0x24, 0x24, 0x18,// p
0x00, 0x18, 0x24, 0x24, 0x18, 0xFC,// q
0x00, 0x7C, 0x08, 0x04, 0x04, 0x08,// r
0x00, 0x48, 0x54, 0x54, 0x54, 0x20,// s
0x00, 0x04, 0x3F, 0x44, 0x40, 0x20,// t
0x00, 0x3C, 0x40, 0x40, 0x20, 0x7C,// u
0x00, 0x1C, 0x20, 0x40, 0x20, 0x1C,// v
0x00, 0x3C, 0x40, 0x30, 0x40, 0x3C,// w
0x00, 0x44, 0x28, 0x10, 0x28, 0x44,// x
0x00, 0x1C, 0xA0, 0xA0, 0xA0, 0x7C,// y
0x00, 0x44, 0x64, 0x54, 0x4C, 0x44,// z
0x00, 0x00, 0x18, 0xE7, 0x00, 0x00,//{
0x00, 0x00, 0xFF, 0x00, 0x00, 0x00,//|
0x00, 0x00, 0xE7, 0x18, 0x00, 0x00,//}
0x08, 0x04, 0x08, 0x10, 0x08, 0x04,//~
0x14, 0x14, 0x14, 0x14, 0x14, 0x14,// horiz lines
};//用于字符显示的字库
/* USER CODE END PV */
```

其次，添加显示屏驱动函数定义代码。

```
/* USER CODE BEGIN 0 */
//写命令
void OLED_WR_CMD(unsigned char cmd)
{
    OLED_DC_Clr;                              //把 D/C 引脚拉低以表示命令
    HAL_SPI_Transmit(&hspi1,&cmd,1,1000);
```

```
}

//写数据
void OLED_WR_Data(unsigned char* data)
{
    OLED_DC_Set;                          //把 D/C 引脚拉高以表示数据
    HAL_SPI_Transmit(&hspi1,data,1024,1000);
}
//OLED 初始化函数
void OLED_Init(void)
{
    HAL_Delay(200);                       //延时防止卡死
    /*使用水平寻址模式*/
    OLED_RES_Clr;
    HAL_Delay(80);
    OLED_RES_Set;                         //复位 OLED
    OLED_WR_CMD(0xAE);                    //display off
    OLED_WR_CMD(0x20);                    //Set Memory Addressing Mode
    OLED_WR_CMD(0x00);
    //00,Horizontal Addressing Mode;
    //01,Vertical Addressing Mode;
    //10,Page Addressing Mode (RESET);
    //11,Invalid
    OLED_WR_CMD(0xB0);                    //Set Page Start Address for Page Addressing Mode,0-7
    OLED_WR_CMD(0xC8);                    //Set COM Output Scan Direction
    OLED_WR_CMD(0x00);                    //---set low column address
    OLED_WR_CMD(0x10);                    //---set high column address
    OLED_WR_CMD(0x40);                    //--set start line address
    OLED_WR_CMD(0x81);                    //--set contrast control register
    OLED_WR_CMD(0xFF);                    //亮度调节 0x00~0xff
    OLED_WR_CMD(0xA1);                    //--set segment re-map 0 to 127
    OLED_WR_CMD(0xA6);                    //--set normal display
    OLED_WR_CMD(0xA8);                    //--set multiplex ratio(1 to 64)
    OLED_WR_CMD(0x3F);                    //
    OLED_WR_CMD(0xA4);
    //0xa4,Output follows RAM content;0xa5,Output ignores RAM content
    OLED_WR_CMD(0xD3);                    //-set display offset
    OLED_WR_CMD(0x00);                    //-not offset
    OLED_WR_CMD(0xD5);                    //--set display clock divide ratio/oscillator frequency
    OLED_WR_CMD(0xF0);                    //--set divide ratio
    OLED_WR_CMD(0xD9);                    //--set pre-charge period
    OLED_WR_CMD(0x22);                    //
    OLED_WR_CMD(0xDA);                    //--set com pins hardware configuration
    OLED_WR_CMD(0x12);
    OLED_WR_CMD(0xDB);                    //--set vcomh
    OLED_WR_CMD(0x20);                    //0x20,0.77xVcc
    OLED_WR_CMD(0x8D);                    //--set DC-DC enable
```

```
    OLED_WR_CMD(0x14);                    //
    OLED_WR_CMD(0xAF);                    //--turn on oled panel
}
/*
功能描述：在 OLED 中画点
参数：x（x 坐标）、y（y 坐标）、mode（1,反白显示;0,正常显示）
*/
void OLED_DrawPoint(int x,int y,int mode)
{
    int line_y,pixel_y,temp;              //定义临时变量
    if(x>127||y>63)
    {
        return;
    } //判断数据的合法性
    line_y = y / 8;                       //计算对应显存行数
    pixel_y = y % 8;                      //计算对应行的像素
    temp = 0x01 << pixel_y;               //通过移位得到数据
    if(mode==0)
    {
        GRAM[line_y*128 + x] |= temp;     //通过或运算更新显存
    }
    else
    {
        GRAM[line_y*128 + x] &= temp;     //通过与运算更新显存
    }
}

/*
功能描述：在 OLED 中画线
参数：x1、y1（起始坐标），x2、y2（终止坐标），mode（1,反白显示;0,正常显示）
*/
void OLED_DrawLine(unsigned char x1,unsigned char y1,unsigned char x2,unsigned char y2,int mode)
{
    unsigned char i = 0;                  //先计算增量 Δy 和 Δx
    char DeltaY = 0,DeltaX = 0;
    float k = 0,b = 0;//考虑到斜率有小数的情况，所以 b 也写成浮点型
    if(x1>x2)
    {
        //保持 Δx 为正，方便后面使用
        i = x2;x2 = x1;x1 = i;
    i = y2;y2 = y1;y1 = i;
    i = 0;
    }
    if (y1 <= y2)
    {
        DeltaY = y2 - y1;
    DeltaX = x2 - x1;
```

```
if(DeltaX == 0)
    {
        //斜率 k 不存在时的画法
        if(y1 <= y2)
        {
            for(y1 = y1; y1<=y2; y1++)
            {
                OLED_DrawPoint(x1,y1,mode);
            }
        }
        else
            if(y1 > y2)
            {
                for(y2 = y2; y2<=y1; y2++)
                {
                    OLED_DrawPoint(x1,y2,mode);
                }
            }
    }
    else
        if(DeltaY == 0)
        {
            //斜率 k 为 0 时的画法
            for(x1 = x1; x1<=x2; x1++)
            {
                OLED_DrawPoint(x1,y1,mode);
            }
        }
        else
        {
            //斜率正常存在时的画法
            k = ((float)DeltaY)/((float)DeltaX);//计算斜率
            b = y2 - k * x2;
            //计算截距
            if(k > -1 && k < 1)
            {
                for(x1 = x1; x1 <= x2; x1++)
                {
                    OLED_DrawPoint(x1,(int)(k * x1 + b),mode);
                }
            }
            else
                if (k >= 1 || k <= -1)
                    {
                        for(y1 = y1; y1<=y2; y1++)
```

```
                        {
                            OLED_DrawPoint((int)((y1 - b) / k),y1,mode);
                        }
                    }
        }
    }
    else
        if(y1 > y2)
        {
            int m = y1;
            y1 = y2;
            y2 = m;
            DeltaY = y2 - y1;
            DeltaX = x2 - x1;
        if(DeltaX == 0)
        {
                //斜率k不存在时的画法
            if(y1 <= y2)
            {
                    for(y1 = y1; y1<=y2; y1++)
                    {
                        OLED_DrawPoint(x1,y1,mode);
                    }
            }
            else
                if(y1 > y2)
                {
                    for(y2 = y2; y2<=y1; y2++)
                    {
                        OLED_DrawPoint(x1,y2,mode);
                    }
                }
            }
            else
            {
                //斜率存在时的画法
                k = ((float)DeltaY)/((float)DeltaX);        //计算斜率
                b = y2 - k * x2;                            //计算截距
                int n = y1;
                if(k > -1 && k < 1)
                {
                    for(x1 = x1; x1 <= x2; x1++)
                    {
                        OLED_DrawPoint(x1,(int)(y2 - (k * x1 + b) + n),mode);
                    }
```

```
                }
                else
                    if (k >= 1 || k <= -1)
                    {
                        for(y1 = y1; y1<=y2; y1++)
                        {
                            OLED_DrawPoint((int)(y1 - b) / k,y2 - y1 + n,mode);
                        }
                    }
            }
        }
}
/*
功能描述：清屏
*/
void OLED_Clear(void)
{
    for(int n=0;n<1024;n++)
    {
        GRAM[n]=0x00;
    }
}
//发送显存
void OLED_GRAM_Transmit(void)
{
    OLED_WR_Data(GRAM);
}
/*
功能描述：显示一个字符
参数：x，y：坐标；chr：字符；
*/
void OLED_ShowChar(int x,int y,char chr)
{
    unsigned char c=0,i=0;
    c=chr-' ';                          //得到偏移后的值
    if(x>127){x=0;y=y+2;}
    for(i=0;i<6;i++)
    {
        GRAM[y*28 + x + i] = F6x8[c*6+i];
    }
}

void OLED_ShowString(int x,int y,char *chr)
{
```

```
    unsigned char j=0;
    while (chr[j]!='\0')
    {
        OLED_ShowChar(x,y,chr[j]);
        x+=8;
        if(x>120)
        {
            x=0;y+=1;
        }
        j++;
    }
}

/* USER CODE END 0 */
```

最后，添加功能实现代码。

这段代码调用了 OLED_Init，首先对显示屏进行初始化，然后调用画横线函数在 OLED 的边框中画出两条线，并显示 HELLO,WORLD，最后在 while 中不断循环，将显存的内容发送到屏幕上。

① 进行初始化和绘图操作。

```
/* USER CODE BEGIN 2 */
OLED_Init();
OLED_DrawLine(0,63,127,63,0);
OLED_DrawLine(0,0,0,63,0);
OLED_ShowString(0,10,"HELLO,WORLD");
/* USER CODE END 2 */
```

② 循环调用显示屏刷新函数。

```
/* USER CODE BEGIN WHILE */
while (1)
{
/* USER CODE END WHILE */

    /* USER CODE BEGIN 3 */
OLED_GRAM_Transmit();/*调用发送显存函数*/
}
/* USER CODE END 3 */
```

4. 测试结果

烧录代码后复位单片机以运行代码。从图 6.33 可看到，OLED 显示屏已经成功显示了“HELLO, WORLD”。

图 6.33　OLED 显示屏显示效果图

6.6 本章小结

I^2C 与 SPI 通信的开发涉及 HAL 库的使用和 CubeIDE 的配置，同时需要理解 I^2C 和 SPI 通信协议、主从模式的区别，以及不同通信方式的优缺点和适用场景。

1. HAL 库的使用和 CubeIDE 配置

熟悉 HAL 库函数的调用和参数设置，了解 CubeIDE 的配置流程，如时钟树设置、引脚配置。理解 HAL 库的抽象层，确保正确配置硬件资源以满足通信需求。

2. I^2C 与 SPI 通信协议和主从模式的区别

深入理解 I^2C 和 SPI 通信的协议，包括数据传输的格式、速率等参数，了解主从模式下设备的角色和通信方式。理解 I^2C 的主从模式与 SPI 的主从模式的区别，以及在不同场景下的应用。

3. I^2C 与 SPI 通信方式的比较

掌握 I^2C 和 SPI 通信方式的实现，了解其优缺点和适用场景，例如，I^2C 适用于连接多个设备，SPI 适用于高速通信等。理解 I^2C 的主从模式和 SPI 的主从模式切换，确保通信的稳定性和可靠性。

4. 错误处理和调试技巧

学会处理 I^2C 与 SPI 通信中可能出现的错误，如通信超时、设备地址错误等。掌握调试工具的使用，如逻辑分析仪、I^2C/SPI 调试助手等，以便快速定位和解决问题。

5. 性能优化和电源管理

优化 I²C 与 SPI 通信的性能，考虑数据传输速率、数据缓冲区大小等参数的选择。

思考与实践

1．仿照本章范例（OLED），设计能在 OLED 显示屏显示方框的程序。

2．利用本章范例（AT24C02），完成一个能记忆开关状态的按键控制灯（点亮或熄灭 LED，断电重新上电后依然保持上一次的状态）。

第 7 章

定时器

本章主要讨论 STM32 单片机定时器的工作原理及其应用。通过学习达到以下目标：

1．知识目标。了解 STM32 三类定时器的异同点，理解定时器的功能框图及其原理，理解定时器的定时功能、输入捕获功能、PWM 功能及它们的应用配置。

2．能力目标。能在应用中合理选用定时器，能基于 HAL 库进行基于定时器的应用开发，如通过 PWM 功能实现呼吸灯应用。

3．素质目标。要珍惜光阴，在奋斗的年华不要得过且过；要有时间观念，学会守时。

7.1 STM32 定时器

定时器作为单片机不可缺少的外设，应用场景非常广泛，如电机控制、呼吸灯、编码器等。STM32 共有 8 个定时器，其中 2 个为高级定时器（TIM1、TIM8），4 个为通用定时器（TIM2、TIM3、TIM4、TIM5），2 个为基本定时器（TIM6、TIM7）。

7.1.1 高级定时器

高级定时器（TIM1 和 TIM8）包含一个由可编程的预分频器驱动的 16 位自动重装载计数器（包括自动重装载寄存器和计数器）。它们可与通用定时器同时使用。

高级定时器具有以下特性：

①具有 16 位的上、下、上/下自动重装载计数器。

②16 位的可编程预分频器，对系统时钟分频范围为 1～65536。

③具有 4 个独立通道，可用于输入捕获、输出捕获、PWM 生成、单脉冲输出。

④具有可编程死区时间的互补输出。

⑤具有同步电路，用以控制外部时钟信号及连接多个定时器。

⑥中断和 DMA 的触发事件：更新事件（上溢/下溢初始化）、触发事件（计数器启动、停止、初始化）、输入捕获、输出捕获。

⑦支持增量（正交）编码器和霍尔传感器电路。

⑧触发输入作为外部时钟。

图 7.1 为高级定时器的功能框图。

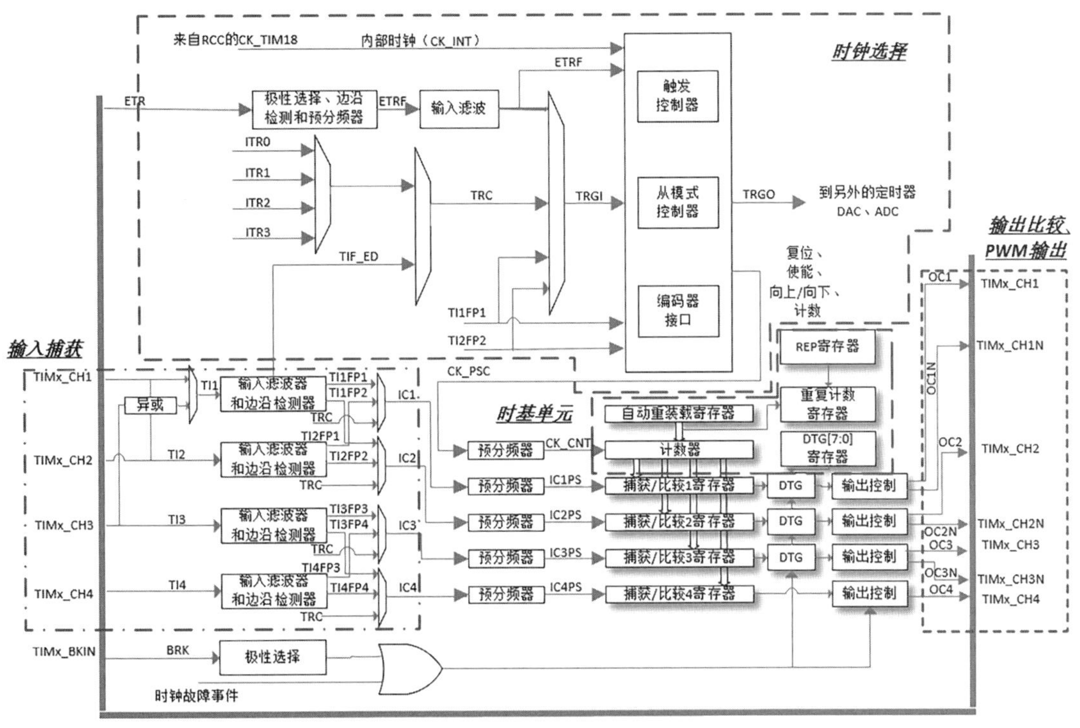

图 7.1　高级定时器的功能框图

从图 7.1 可知，高级定时器可分为四大部分（由虚线框标出），分别是①时钟选择；②时基单元；③输入捕获；④输出比较、PWM 输出。

时钟选择：用于选择定时器的时钟源，可选时钟源分别为内部时钟（CK_INT）、外部输入时钟、外部触发输入 ETR、内部触发输入（ITRx），其中 ITRx 用 A 定时器作为 B 定时器的预分频器（A 为 B 提供时钟）。

时基单元：包含计数器（TIMx_CNT）、预分频器、自动重装载寄存器（TIMx_ARR）和重复计数寄存器（TIMx_RCR）。其中计数器可用于向上、向下或中心对齐计数。预分频器用于对时钟进行分频，分频系数可设置为 1～65536。

输入捕获：通道的 IC1、IC2 和 IC3、IC4 可通过软件设置分别映射到 TI1、TI2 和 TI3、TI4。当产生一次捕捉时，相应的 CCxIF 标志位被置 1；同时如果中断或 DMA 请求被使能，则产生中断或 DMA 请求。如果 CCxIF 标志位已经为 1，这时又产生一个捕捉，则捕捉溢出标志位 CCxOF 将被置 1。

输出比较、PWM 输出在 7.2 节中具体介绍。

7.1.2　通用定时器

通用定时器（TIM2、TIM3、TIM4、TIM5）同样包含一个由可编程的预分频器驱动的 16 位自动重装载计数器。通用定时器的特性与高级定时器类似，区别在于通用定时器无法互补输出。图 7.2 是通用定时器的功能框图。

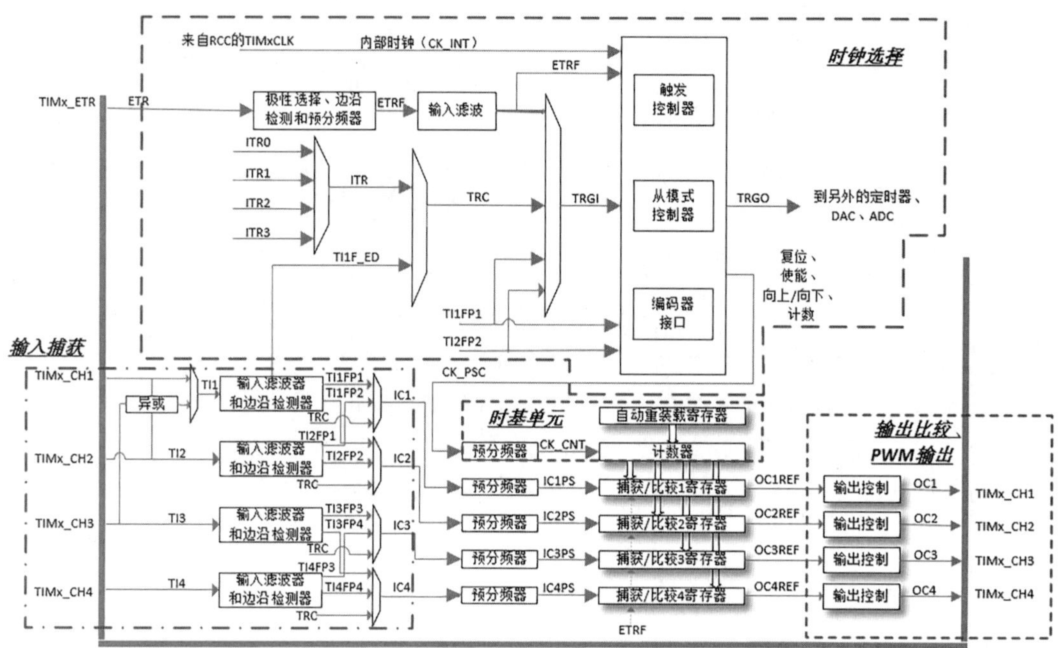

图 7.2　通用定时器的功能框图

由图 7.2 可知，通用定时器的功能框图与高级定时器类似，但其内部时钟来自 TIMxCLK。时基单元包含计数器（TIMx_CNT）、预分频器（TIM_PSC）、自动重装载寄存器（TIMx_ARR），相较于高级定时器，少了重复计数寄存器（TIMx_RCR）。

7.1.3　基本定时器

基本定时器（TIM6、TIM7）没有输入、输出通道，主要用于定时功能，也可用于驱动 DAC 进行数模转换，其功能框图如图 7.3 所示。基本定时器主要有如下特点：

（1）具有 16 位自动重装载向上计数器，注意只能向上计数。

（2）具有 16 位可编程预分频器。

（3）具有触发 DAC 的同步电路。

（4）在向上溢出或更新事件时，会产生相应中断/DMA。

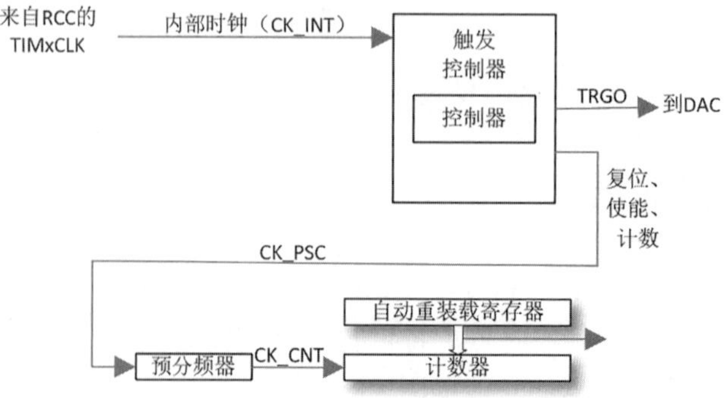

图 7.3　基本定时器的功能框图

内部时钟 CK_INT 来自 TIMxCLK 定时器时钟，在经过预分频器后得到 CK_CNT，用来驱动计数器进行计数。预分频器是 16 位的，能够对 TIMxCLK 进行 1～65536 之间的任意分频。计数器是 16 位的，计数方向向上，最大计数值为 65535。当计数器与自动重装载寄存器中的值相同时，产生更新事件或定时器中断，同时计数器清零并从头开始计数。自动重装载寄存器同样是 16 位寄存器，其装载数值最大为 65536。

7.2　PWM

7.2.1　什么是 PWM

PWM（Pulse Width Modulation）是脉冲宽度调制的缩写。它是指通过对一系列脉冲的宽度进行调制，等效出所需要的波形（包含形状及幅值），再对模拟信号电平进行数字编码。高级定时器 TIM1 和 TIM8 可同时产生多达 7 路的 PWM 输出，通用定时器也能同时产生多达 4 路的 PWM 输出。不过，同一定时器只能产生一个频率的 PWM 波，若要同一定时器产生不同频率的 PWM 波，则要使用输出比较加以实现。

7.2.2　PWM 的主要参数

1. 占空比

在一串理想的脉冲序列（如方波）中，正脉冲的持续时间与脉冲总周期的比值，称为占空比（Duty Cycle）。例如，脉冲宽度 1μs、信号周期 4μs 的脉冲序列，其占空比为 0.25。

2. 频率

PWM 信号的频率决定 PWM 完成一个周期的速度。

7.2.3　PWM 的工作原理

STM32 单片机的定时器中的计数单元对一定频率的时钟进行计数，当计数值达到某个设定值时，某一对应引脚的输出状态翻转（如由高电平翻转为低电平）。随后，当计数单元溢出时，该引脚的输出状态再次翻转，恢复到初始状态。周而复始，形成具有一定脉冲宽度的高电平和低电平周期波。该周期波的周期（频率）显然取决于计数时钟的频率。从本质上看，PWM 就是定时器的一个比较功能，具体可参见 STM32 使用手册。

下面介绍两个相关概念。

（1）输出通道：就是 PWM 波的输出引脚，STM32 单片机的每个定时器通常都有对应的 4 个输出通道，即 TIMx_CHX，其中，x 代表是定时器 x，X 代表定时器对应的第 X 通道。

（2）互补输出：互补输出是对高端与低端开关提供交替驱动所必需的信号。例如，无刷直流电机（Brushless Direct Current Motor，BLDCM）每转一圈，每个相位的驱动电流方向便会改变两次。这必然使连接在该相位端的驱动电压改变方向。这种电压换向是将每个相位端通过分离式 MOSFET 或 IGBT 驱动器连接到电源的正向输出端和负向输出端来实现的。当一个驱动器接通时，另一个驱动器关闭，这就意味着需要互补驱动输入的互补驱动器。

STM32 的 PWM 工作框图如图 7.4 所示。

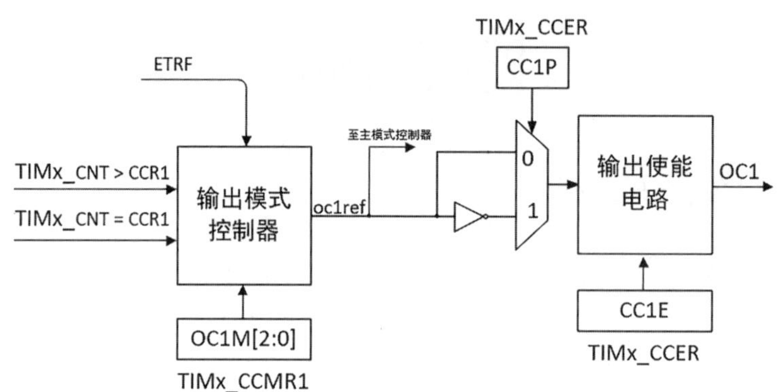

图 7.4 PWM 工作框图

由图 7.4 可知，TIMx_CCMR1 寄存器的 OC1M[2:0]位，用于设置输出模式控制器，选择输出的模式为 PWM 模式 1 或 PWM 模式 2。将计数器值 TIMx_CNT 与通道 1 捕获比较寄存器 CCR1 进行比较，根据比较结果输出有效或无效电平。TIMx_CCER 寄存器的 CC1P 位，用于设置输入/捕获通道 1 的输出极性。TIMx_CCER 寄存器的 CC1E 位控制输出使能电路，信号由此输出到对应引脚。

PWM 的占空比主要由 CCR 决定：若向上计数，且计数器值小于 CCRx 值，则输出低电平，反之，输出高电平，高低电平的占比即 PWM 的占空比。

7.2.4 PWM 的应用

PWM 的应用十分广泛，其中典型的应用有以下三种。

1. 直流电机调速

改变 PWM 的占空比，可使直流电机两端的有效电压改变，从而达到调节直流电机转速的目的。

2. LED（发光二极管）亮度调节

改变 PWM 的占空比，可使流过 LED 的有效电流发生改变，从而达到调节 LED 亮度的目的。这与以往 LED 要么亮（ON）、要么灭（OFF）的开关方式不同。

3. 变频调速

变频调速往往有交流变频调速和直流变频调速之分。交流变频调速，往往通过改变

PWM 的频率来改变交流电机的转速。变频调速的目的除调速外，还有节能，广泛应用于工业、家用设备中，如变频空调。

7.3 定时器配置

7.3.1 定时器模式

本节以高级定时器 TIM1 为例进行分析。单击 TIM1，右侧显示可配置信息，如图 7.5 所示。

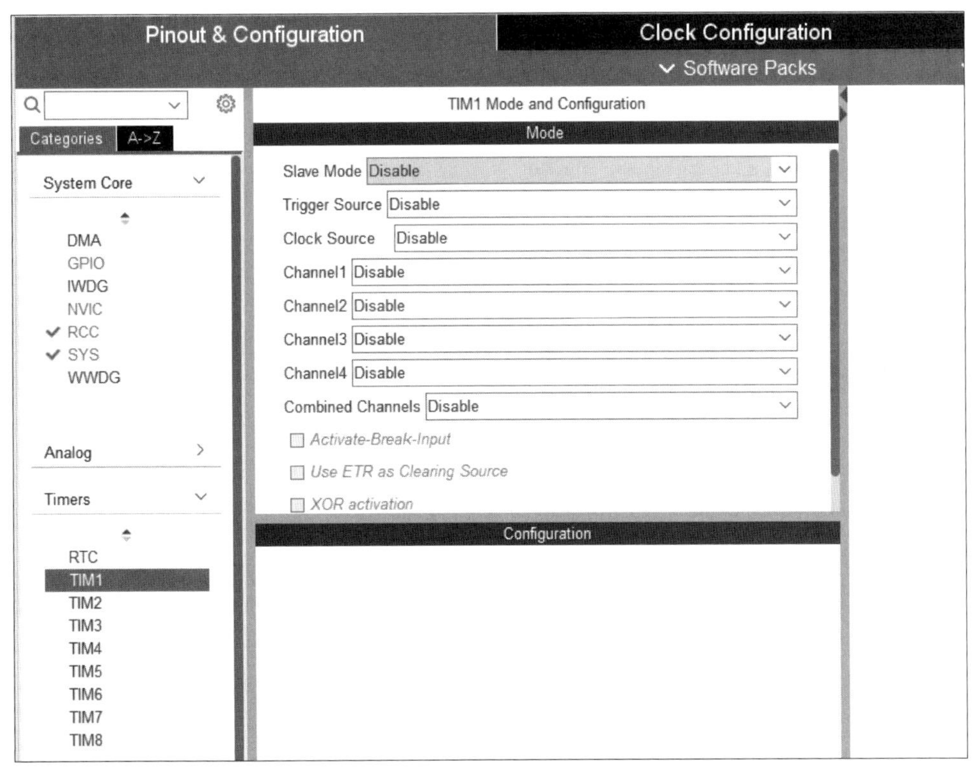

图 7.5 定时器配置界面

在 Mode 选项下，从上往下配置的内容分别为：Slave Mode（从模式）、Trigger Source（触发源）、Clock Source（时钟源）、Channel x（通道 x）和 Combined Channels（结合通道）。

1. 从模式

从模式用于选择时钟源，可选内容有：Disable、外部时钟模式 1、复位模式、门级驱动模式、触发模式。如果选择 Disable，即使用内部时钟源，不同种类定时器内部时钟源有所区别。外部时钟模式 1 即通过外部输入引脚，由外部晶振提供时钟。

2. 触发源

当从模式选择触发模式时，需要在“触发源”中选择触发信号。

3. 时钟源

时钟源有两个选项，一个是内部时钟，另一个为外部触发输入（ETR2）。多数情况下使用内部时钟。ETR2 一般适用于边沿检测、上升沿计数等场景，可以不中断计数。选择 ETR2 后，右侧芯片对应引脚将高亮显示。

4. 通道 x

通道 x 用来设置输入捕获、比较输出、PWM 生成、强制输出。其中强制输出用于在 PWM 输出时，强制拉低或拉高。

5. 结合通道

结合通道与外设搭配使用，可以设置为编码器模式（Encoder Mode）、PWM 输入模式、异或/霍尔传感器模式。

7.3.2 定时器参数

可以通过设置内部时钟等方式启用定时器。启用后，下方将弹出三个可设置选项卡，分别是 User Constants、NVIC Settings 和 DMA Settings，具体如图 7.6 所示。

在 Configuration 区域的 User Constants 下，Parameter Settings 即为定时器参数设置，从上往下为计数设置（Counter Settings）和触发输出参数设置[Trigger Output(TRGO) Parameters]。

1. 计数设置

计数设置包含预分频器（PSC）、计数模式、计数周期（ARR）、时钟分频（CKD）、重复计数器（RCR）、自动重载的设置。

在其他参数不变的情况下，用预分频（PSC）和计数周期（ARR）计算溢出时间的公式如下：

$$\text{溢出时间}T_{\text{out}} = \frac{(\text{ARR}+1)(\text{PSC}+1)}{T_{\text{clk}}}$$

计数模式（Counter Mode）可以设置为向上计数、向下计数、中心对齐计数。

时钟分频（CKD）用以获得更长的计数时间，不过分频倍数固定，只能选 2 分频或 4 分频。

重复计数器（RCR）用于溢出次数计数，计满后减 1，减至 0 时触发溢出事件。RCR 可用于获得更长的计数时间。

自动重载（auto-reload preload）与自动重载寄存器有关。自动重载寄存器 TIMx_ARR 用

来存放与计数器值比较的数值，如果两个数值相等则生成事件，将相关事件标志位置位，生成 DMA 和中断输出。自动重载（auto-reload preload）对应 TIMx_CR1 的 ARPE 位，使能时会将 TIM_ARR 放入影子寄存器，不使能则没有缓冲，即当该参数为 Disable 时，自动重装载寄存器（TIMx_ARR）写入新值后，计数器立即产生计数溢出，然后开始新的计数周期；当该参数为 Enable 时，自动重装载寄存器写入新值后，计数器完成当前旧的计数，再开始新的计数周期。一般情况下，自动重载参数常设置为 Disable（不使能）。

2. 触发输出参数设置

触发输出参数设置包含主/从模式设置、触发事件选择。

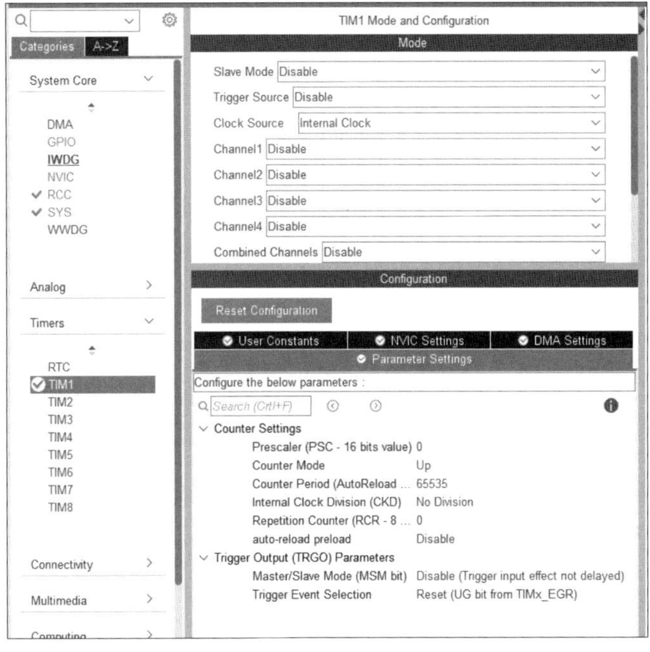

图 7.6　定时器参数

7.3.3　定时器中断

单击图 7.6 中的 NVIC Settings 选项卡，下方显示可以启用的定时器中断，如图 7.7 所示。

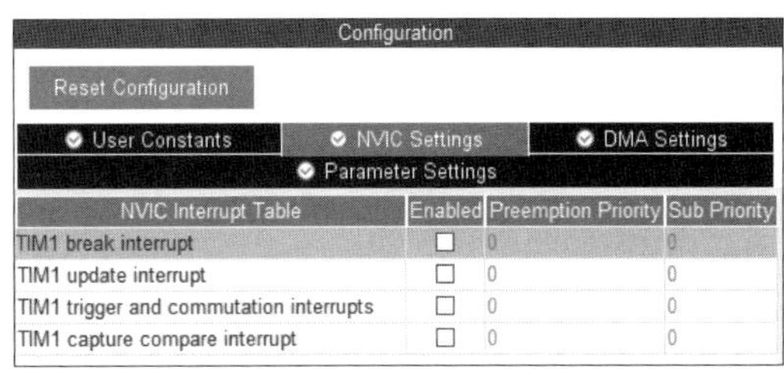

NVIC Interrupt Table	Enabled	Preemption Priority	Sub Priority
TIM1 break interrupt	☐	0	0
TIM1 update interrupt	☐	0	0
TIM1 trigger and commutation interrupts	☐	0	0
TIM1 capture compare interrupt	☐	0	0

图 7.7　定时器中断

由图 7.7 可知，定时器中断有四种触发方式，分别是溢出中断、更新中断、触发与传输中断、捕获比较中断，可根据需要选用。

7.4 主要接口函数

定时器的 HAL 库接口函数定义在 stm32f1xx_hal_tim.c 和 stm32f1xx_hal_tim_ex.c 两个源文件中。定时器库函数声明与相关的结构体定义则在 stm32f1xx_hal_tim.h 和 stm32f1xx_hal_tim_ex.h 两个头文件中。本节只对主要函数进行解析，详细内容可参阅上述文件。

7.4.1 定时器启停

1. 非中断方式

（1）普通方式启动。

函数原型：

```
HAL_StatusTypeDef HAL_TIM_Base_Start(TIM_HandleTypeDef *htim)
```

功能描述：以普通方式启动指定定时器。

（2）停止定时器。

函数原型：

```
HAL_StatusTypeDef HAL_TIM_Base_Stop(TIM_HandleTypeDef *htim)
```

功能描述：停止定时器。

2. 中断方式

（1）中断方式启动。

函数原型：

```
HAL_StatusTypeDef HAL_TIM_Base_Start_IT(TIM_HandleTypeDef *htim)
```

功能描述：以中断方式启动定时器。

（2）停止定时器中断。

函数原型：

```
HAL_StatusTypeDef HAL_TIM_Base_Stop_IT(TIM_HandleTypeDef *htim)
```

功能描述：停止定时器中断。

7.4.2 比较输出

1. 比较输出的启动、关闭

（1）启动定时器的比较输出。

函数原型：

```
HAL_StatusTypeDef HAL_TIM_OC_Start(TIM_HandleTypeDef *htim, uint32_t Channel)
```

功能描述：启动定时器的指定通道的比较输出。

（2）关闭定时器的比较输出。

函数原型：

```
HAL_StatusTypeDef HAL_TIM_OC_Stop(TIM_HandleTypeDef *htim, uint32_t Channel)
```

功能描述：关闭定时器的指定通道的比较输出。

2. 比较输出中断的启动、关闭

（1）启动定时器的比较输出中断。

函数原型：

```
HAL_StatusTypeDef HAL_TIM_OC_Start_IT(TIM_HandleTypeDef *htim, uint32_t Channel)
```

功能描述：启动定时器的指定通道的比较输出中断。

（2）关闭定时器的比较输出中断。

函数原型：

```
HAL_StatusTypeDef HAL_TIM_OC_Stop_IT(TIM_HandleTypeDef *htim, uint32_t Channel)
```

功能描述：关闭定时器的指定通道的比较输出中断。

3. 比较输出 DMA 的启动、关闭

（1）启动定时器的比较输出 DMA。

函数原型：

```
HAL_StatusTypeDef HAL_TIM_OC_Start_DMA(TIM_HandleTypeDef *htim, uint32_t Channel)
```

功能描述：启动定时器的指定通道的比较输出 DMA。

（2）关闭定时器的比较输出 DMA。

函数原型：

```
HAL_StatusTypeDef HAL_TIM_OC_Stop_DMA(TIM_HandleTypeDef *htim, uint32_t Channel)
```

功能描述：关闭定时器的指定通道的比较输出 DMA。

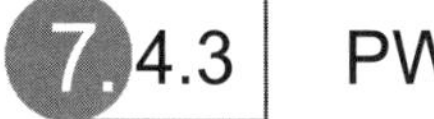

7.4.3　PWM 输出

1. 非中断方式的 PWM 输出

（1）启动 PWM 输出。

函数原型：

```
HAL_StatusTypeDef HAL_TIM_PWM_Start(TIM_HandleTypeDef *htim, uint32_t Channel)
```

功能描述：启动指定通道的 PWM 输出。

（2）停止 PWM 输出。

函数原型：

```
HAL_StatusTypeDef HAL_TIM_PWM_Stop(TIM_HandleTypeDef *htim, uint32_t Channel)
```

功能描述：停止指定通道的 PWM 输出。

2. 中断方式的 PWM 输出

（1）启动中断方式的 PWM 输出。

函数原型：

```
HAL_StatusTypeDef HAL_TIM_PWM_Start_IT(TIM_HandleTypeDef *htim, uint32_t Channel)
```

功能描述：启动指定通道的中断方式的 PWM 输出。

（2）停止中断方式的 PWM 输出。

函数原型：

```
HAL_StatusTypeDef HAL_TIM_PWM_Stop_IT(TIM_HandleTypeDef *htim, uint32_t Channel)
```

功能描述：停止指定通道的中断方式的 PWM 输出。

7.4.4 输入捕获

1. 非中断方式的输入捕获

（1）启动输入捕获。

函数原型：

```
HAL_StatusTypeDef HAL_TIM_IC_Start(TIM_HandleTypeDef *htim, uint32_t Channel)
```

功能描述：启动指定通道的输入捕获。

（2）停止输入捕获。

函数原型：

```
HAL_StatusTypeDef HAL_TIM_IC_Stop(TIM_HandleTypeDef *htim, uint32_t Channel)
```

功能描述：停止指定通道的输入捕获。

2. 中断方式的输入捕获

（1）启动中断方式的输入捕获。

函数原型：

```
HAL_StatusTypeDef HAL_TIM_IC_Start_IT(TIM_HandleTypeDef *htim, uint32_t Channel)
```

功能描述：启动指定通道的中断方式的输入捕获。

（2）停止中断方式的输入捕获。

函数原型：

```
HAL_StatusTypeDef HAL_TIM_IC_Stop_IT(TIM_HandleTypeDef *htim, uint32_t Channel)
```

功能描述：停止指定通道的中断方式的输入捕获。

7.5 定时器应用实例

7.5.1 定时器控制 LED

1. 功能要求

本实例使用定时器中断控制 LED 亮灭，每隔 1s 变换一次状态。选用定时器 TIM1。

2. 软件设计

具体操作步骤如下：

（1）新建 STM32CubeIDE 工程，选择 MCU。

（2）时钟与引脚功能配置：TIM1 挂载在 APB2 上，设置 APB2 的频率为 8MHz。配置 RCC、GPIO 引脚，具体的配置过程参见本书 GPIO 相关章节，本实例使用 LED0，对应的物理引脚为 PB5。

（3）配置定时器：按照图 7.8 所示的①②③顺序，依次单击 TIM1，设置时钟源（Clock Source）为内部时钟，以使能 TIM1。

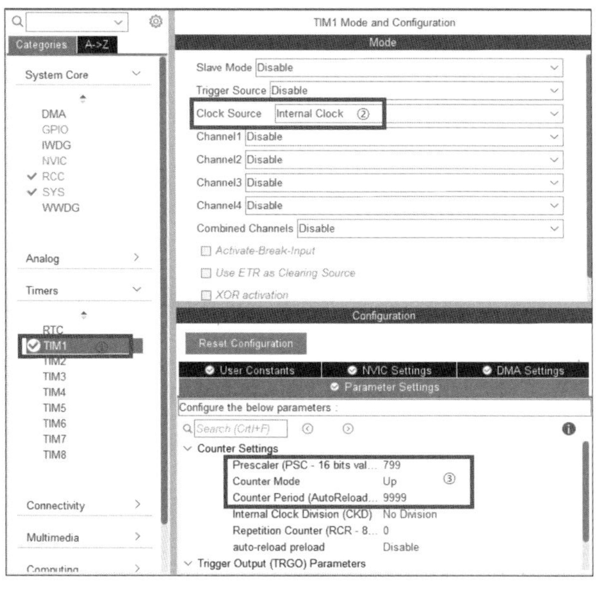

图 7.8　配置定时器时钟与计时周期

（4）按照间隔 1s 的要求，更改计数器设置（Counter Settings）的预分频器 PSC 和计数周期 ARR。注意无须设置自动重载。定时周期计算如下：

$$T = (799+1)\times(9999+1)/8\text{MHz} = 1\text{s}$$

（5）设置定时器中断。单击 NVIC Settings 选项卡，勾选 TIM1 update interrupt 复选框，如图 7.9 所示。

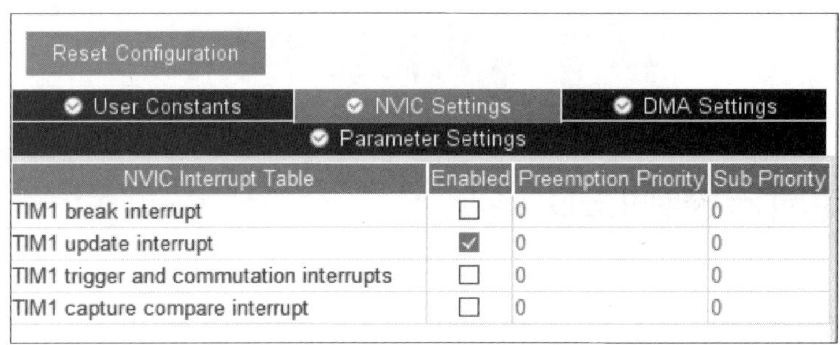

图 7.9　设置定时器中断

（6）代码编写。

在 main.c 文件中的 /* USER CODE BEGIN 2 */与/ *USER CODE END 2 */之间添加以下代码，启动定时器中断。

```
HAL_TIM_Base_Start_IT(&htim1);                    //启动定时器中断
```

在中断文件 stm32f1xx_it.c 的/* USER CODE BEGIN TIM1_UP_IRQn 1 */与/* USER CODE END TIM1_UP_IRQn 1 */之间添加控制 LED 状态翻转的函数。

```
HAL_GPIO_TogglePin(LED0_GPIO_Port, LED0_Pin);        //翻转 LED0 状态
```

3. 实验结果

通过观察可以发现，LED 每隔 1s 变换一次状态，实现了设计要求。读者可自行更改预分频器 PSC 和计数周期 ARR 参数以调整计数时间。

7.5.2 PWM 呼吸灯

1. 功能描述

呼吸灯是 PWM 最简单的应用。利用 PWM 输出，有节奏调节通过 LED 的电流大小，实现它的亮度变化模拟人的呼吸状态，即为呼吸灯。本实例中，占空比从 0 增加到 1000，再降至 0。LED 的亮度从低到高再变低，如此反复循环。

2. 软件设计

（1）新建 STM32CubeIDE 工程，选择 MCU。

（2）时钟与引脚功能配置：由原理图得知，LED0 的引脚对应 TIM3 的通道 2。TIM3 挂

载在 APB1 上，设置 APB2 的频率为 72MHz。

（3）配置定时器：按照图 7.10 所示的①②③顺序，依次单击 TIM3，设置时钟源（Clock Source）为内部时钟，以使能 TIM3。由于默认情况下通道 2 使用的引脚不是 PB5，因此需要将 PB5 引脚分配给 TIM3 的通道 2（TIM3_CH2），方法如下：先单击 PB5，选择 TIM3_CH2，此时高亮颜色为黄色，表示尚未连接定时器。通道 2 设置为 PWM Generation CH2，右侧高亮颜色变绿色，表示连接成功。

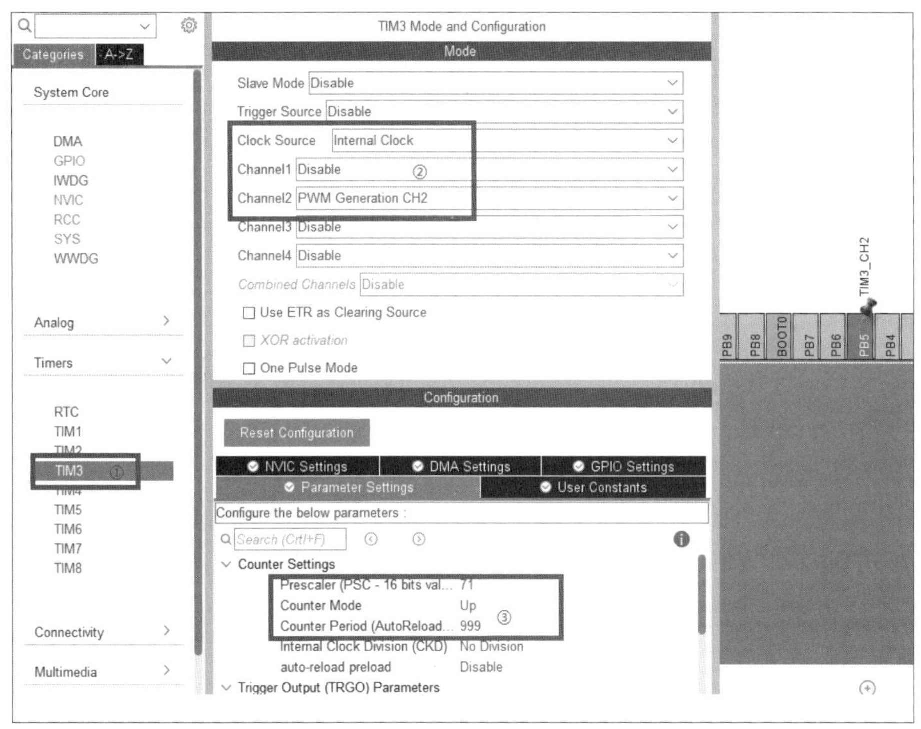

图 7.10　设置 PWM 的时钟源与周期

（4）设定 PWM 周期：本实例为 1kHz，因此图 7.10 中③所示的预分频器 PSC 和计数周期 ARR 更改了，由定时时间计算得到周期：

$$T = (71+1)\times(999+1)/72\text{MHz} = 1\text{s}$$

其他参数保留默认设置。

若希望初始条件下占空比不为 0，可对以下代码中 PWMVal=0 进行调整，占空比=Pulse / Counter Period。

（5）代码编写。

在 main.c 文件中的/* USER CODE BEGIN 2*/与/* USER CODE END 2 */之间添加以下 PWM 输出的启动代码。

```
uint16_t PWMVal=0;                                    //PWM 占空比
HAL_TIM_PWM_Start(&htim3, TIM_CHANNEL_2);             //启动 PWM
```

在/* USER CODE BEGIN 3 */与 /*USER CODE END 3 */之间添加以下控制占空比变更的代码。

```
while (PWMVal<1000)
{
  PWMVal++;
  HAL_TIM_SetCompare(&htim3, TIM_CHANNEL_2, PWMVal); //修改占空比
  HAL_Delay(1);
}
while (PWMVal)
{
  PWMVal--;
  HAL_TIM_SetCompare(&htim3, TIM_CHANNEL_2, PWMVal); //修改占空比
  HAL_Delay(1);
}
HAL_Delay(200);
```

3. 实验结果

与设计要求相符，LED0 的亮度先逐渐变亮后逐渐变暗，如此反复循环。

7.5.3 输入捕获

1. 功能描述

输入捕获模式可用来测量脉冲宽度或频率。STM32 的定时器中，除基本定时器 TIM6、TIM7 外，其他的定时器都有输入捕获功能。输入捕获测量脉冲宽度与频率的原理可结合图 7.11 加以说明，主要分为 6 步。

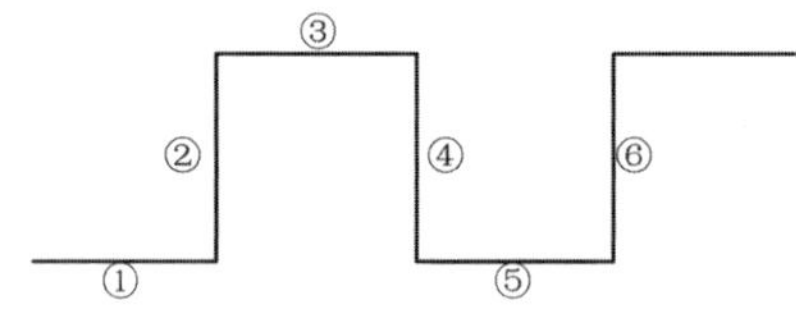

图 7.11　输入捕获测量脉冲宽度与频率的原理图

第一步：设置输入捕获为上升沿捕获，如图 7.11 中①所示。

第二步：记录发生上升沿时 TIMx_CNT（计数器）的值或清除计数器值，如图 7.11 中②所示。

第三步：设置输入捕获为下降沿捕获，如图 7.11 中③所示。

第四步：记录发生下降沿时的计数器值，计算高电平计数值，如图 7.11 中④所示。

第五步：设置输入捕获为上升沿捕获，如图 7.11 中⑤所示。

第六步：记录发生上升沿时的计数器值，计算低电平计数值，如图 7.11 中⑥所示。

在第 4 步和第 6 步得到高、低电平的计数值的基础上，即可计算得到脉冲宽度或频率。

本实例通过 TIM3 输出 PWM，通过 TIM2 对该 PWM 波形进行捕获，然后计算 PWM 的占空比。

2. 软件设计

（1）新建 STM32CubeIDE 工程，选择 MCU。

（2）时钟与引脚功能配置，参见 7.5.1 节。

（3）配置 PWM 输出。按图 7.12 所示，选择 TIM3，设置时钟源为内部时钟，用通道 1 输出 PWM，物理引脚为 PA6。设置 PWM 频率为 10Hz，初始占空比为 40%，相应参数如图 7.12 所示。

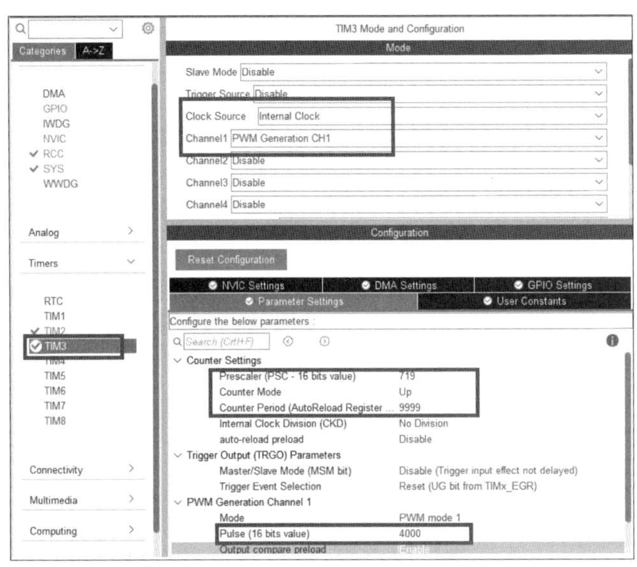

图 7.12 配置 PWM 输出

（4）设置输入捕获。如图 7.13 所示，选择 TIM2，设置时钟源为内部时钟，使用通道 4 作为输入捕获通道，物理引脚为 PA3。

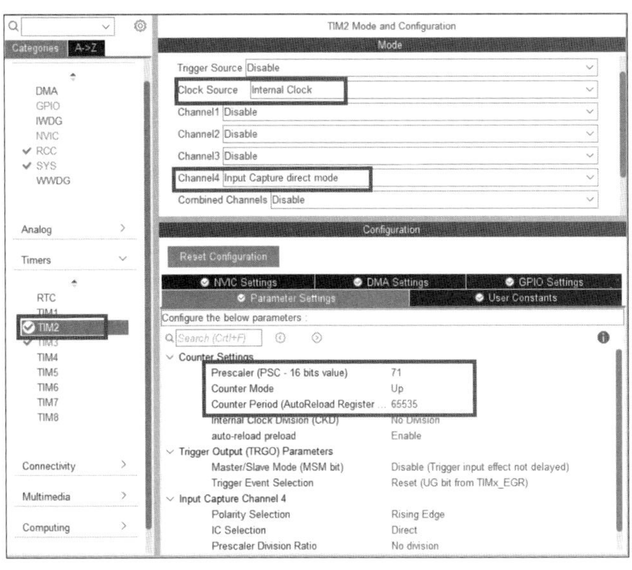

图 7.13 设置输入捕获

（5）代码编写。

在/* USER CODE BEGIN PV */与/ *USER CODE END PV */之间添加以下定义变量的代码。

```
uint32_t Cap_Buf[2];                                  //用于存放下降沿与第二个上升沿时间
uint8_t Cap_End = 0;                                  //一个周期结束标志位
float duty = 0;                                       //占空比
uint8_t over_time = 0;                                //溢出次数
```

在/* USER CODE BEGIN 2 */与/ *USER CODE END 2 */之间添加以下启动定时器代码。

```
HAL_TIM_PWM_Start(&htim3, TIM_CHANNEL_1);             //启动 PWM
HAL_TIM_IC_Start_IT(&htim2, TIM_CHANNEL_4);           //启动输入捕获
```

在/* USER CODE BEGIN 3 */与/ *USER CODE END 3 */之间添加以下占空比计算代码。

```
if(Cap_End == 1)
{
//设置为上升沿捕获
__HAL_TIM_SET_CAPTUREPOLARITY(&htim2,TIM_CHANNEL_4,TIM_ICPOLARITY_RISING);
  HAL_TIM_IC_Start_IT(&htim2, TIM_CHANNEL_4);         //启动输入捕获
  duty = (float)Cap_Buf[0]/(over_time * 65535 + Cap_Buf[1])*100; //占空比计算
  Cap_End = 0;
  over_time = 0;
}
if(TIM2->CNT == 0xFFFF)
  over_time++;                                        //记录溢出次数
```

在/* USER CODE BEGIN TIM2_IRQn 1 */和/* USER CODE END TIM2_IRQn 1 */之间添加以下中断代码。

```
if(Cap_End == 0)
  switch(Cap_Cnt)
{
    case 0:
      HAL_TIM_SET_COUNTER(&htim2,0);                  //清除计数器的计数
      //设置为下降沿捕获
      HAL_TIM_SET_CAPTUREPOLARITY(&htim2,TIM_CHANNEL_4,TIM_ICPOLARITY_FALLING);
      Cap_Cnt = 1;
      break;
    case 1:
      //获取当前的捕获时间
      Cap_Buf[0] = HAL_TIM_ReadCapturedValue(&htim2,TIM_CHANNEL_4);
      HAL_TIM_SET_COUNTER(&htim2,0);                  //清除计数器的计数
      //设置为上升沿捕获
      HAL_TIM_SET_CAPTUREPOLARITY(&htim2,TIM_CHANNEL_4,TIM_ICPOLARITY_RISING);
      Cap_Cnt = 2;
      break;
    case 2:
      //获取当前的捕获时间
```

```
        Cap_Buf[1] = HAL_TIM_ReadCapturedValue(&htim2,TIM_CHANNEL_4);
        HAL_TIM_IC_Stop_IT(&htim2,TIM_CHANNEL_4);  //停止捕获
        Cap_Cnt = 0;                               //清空标志
        Cap_End = 1;                               //一个周期捕获完成
        break;
}
```

3. 实验结果

在图 7.14 中，duty 表示测量的占空比，over_time 表示溢出事件的次数。实际测量结果与理论值存在一定误差，理论上占空比为 40%，但实际检测占空比为 38%。

Expression	Type	Value
> Cap_Buf	uint32_t [2]	0x2000007c <Cap_Buf>
(x)= duty	float	38.2944679
(x)= over_time	uint8_t	0 '\0'
Add new expression		

图 7.14 输入捕获结果

7.6 本章小结

1. 定时器的类型

STM32 的定时器分为高级定时器、通用定时器、基本定时器。高级定时器功能最强大，三者的区别在于通用定时器比高级定时器少了 PWM 互补输出功能且 PWM 输出通道数量相对较少，基本定时器只能用于基本的定时功能，以及为 DAC 提供时钟。

2. 定时器的功能

定时器的功能较多，如基本定时、输入捕获、输出比较、PWM。其中基本定时功能应用广泛，如软件延时、准确触发 ADC 等，应用定时功能需要掌握与理解定时计算公式。输入捕获可以用于检测输入信号的频率、脉冲宽度。输出比较与 PWM 类似，都可以生成 PWM 波，不过同一定时器不同通道 PWM 的频率相同，而输出比较可以产生不同的频率。PWM 在电机控制、电源稳压等项目中有较多应用。

3. 配置要点

1）频率设置

在定时器基本应用中，周期的设置是关键。定时器的本质是计数器，即对一定周期（频率）的脉冲进行计数，计数方式为向上计数或向下计数，计数达到一定值则溢出使输出信号翻转。因此，周期设置的重点就是两个方面：一是计数用的脉冲的频率（周期）设

定，二是计数值的设定。对于 STM32，即为设置 TIMx 的 PSC（预分频值）和 ARR（自动重装溢出值），前者就是对定时器所用的时钟进行分频，后者就是设置计数目标。在这两步前，要先选择对应定时器所用的时钟，如选择内部时钟作为计数器时钟（系统默认为该时钟），本书所用开发板内部时钟频率为 72MHz。

举例说明，假如要产生 500Hz 的 PWM 波，则其设置方法如下：

系统默认使用内部时钟，即频率为 72MHz，预分频 71+1 次，得到 TIM 计数时钟频率为 1MHz。计数长度（自动重装溢出值）为 1999+1=2000，由此得出 PWM 频率为 1MHz/2000=500Hz。

因此，必须设置 PSC 为 71，ARR 为 1999，因为在内部计算时二者均被自动加 1，这一点务必注意！

2）通用定时器的配置要点

本实例所用的定时器 TIMER2 为通用定时器。现对 TIM2～TIM5 这几个通用定时器的配置要点归纳如下。

（1）时钟来源。

计数器时钟可由下列时钟源提供。

① 内部时钟（CK_INT）。

② 外部时钟模式 1：外部输入脚（TIx）。

③ 外部时钟模式 2：外部触发输入（ETR）。

④ 内部触发输入（ITRx）：使用一个定时器作为另一个定时器的预分频器，例如，可配置定时器 TIM1 为另一个定时器 TIM2 的预分频器。

如果采用内部时钟，那么对普通定时器 TIM2～TIM5 而言，其时钟不是直接来自 APB1，而是来自输入为 APB1 的一个倍频器。当 APB1 的预分频系数为 1 时，这个倍频器不起作用，定时器的时钟频率等于 APB1 的频率；当 APB1 的预分频系数为其他数值（预分频系数为 2、4、8 或 16 等）时，这个倍频器起作用，定时器的时钟频率等于 APB1 的频率的 2 倍。通过倍频器产生定时器时钟的好处在于：APB1 不仅要给 TIM2～TIM5 提供时钟，还要为其他的外设提供时钟，设置这个倍频器可保证在其他外设使用较低时钟频率时，TIM2～TIM5 仍然可以得到较高的时钟频率。这一点必须注意！

（2）计数器模式。

TIM2～TIM5 可以有向上计数、向下计数、中心对齐向计数三种计数模式。向上计数模式中，计数器从 0 计数到自动重装溢出值，然后重新从 0 开始计数并且产生一个计数器溢出事件。在向下模式中，计数器从自动装入值开始向下计数到 0，然后从自动装入值重新开始，并产生一个计数器向下溢出事件。而中心对齐计数（向上/向下双向计数）是计数器从 0 开始计数到自动装入值-1，产生一个计数器溢出事件，然后向下计数到 1 并且产生一个计数器向下溢出事件；再从 0 开始重新计数。

（3）编程步骤。

第一步：配置系统时钟。

第二步：配置 NVIC。

第三步：配置 GPIO 引脚。

第四步：配置定时器。

思考与实践

1．查阅相关资料，了解并绘制基本的电机驱动电路，尝试分析互补 PWM 如何工作。

2．输入捕获模式有 direct 和 indirect 两种方式，请查阅相关资料阐述二者的区别。

3．在输入捕获的实例中只计算了脉冲宽度，请思考如何计算输入信号的频率。

4．某些特定算法对采样时间要求较高，需要精确地进行采样，此时需要使用定时器触发外设。请选择一个可被定时器触发的片内设备，编写每隔 1ms 触发一次外设的程序。

第 8 章

直接存储器访问（DMA）

本章主要讨论 STM32 单片机 DMA 外设的功能、基本原理、配置及其基本应用。通过学习达到以下目标：

1．知识目标。了解 DMA 的基本用途，理解 DMA 控制器的功能框图和基本原理，熟悉各个外设对应的 DMA 通道及三种传输方式的配置与使用。

2．能力目标。能基于 HAL 库进行 DMA 应用的开发。

3．素质目标。涵养待人坦诚的品格。

8.1 STM32 的 DMA

8.1.1 什么是 DMA

DMA（Direct Memory Access），即直接存储器访问，它是一种实现数据快速传输的技术。DMA 允许数据在外设与内存以及内存与内存之间直接传输，而不需要 CPU 的干预，因此可大大提高数据传输的效率，减少 CPU 占用，以更好地服务于其他操作。越来越多的单片机提供 DMA 功能。

DMA 的传输方式有三种：外设到内存，如 ADC 到内存；内存到外设，如内存到 DAC；内存到内存，如变量赋值。

8.1.2 DMA 控制器的功能框图

STM32 有两个 DMA 控制器，多达 12 个通道，其中 7 个用于 DMA1，5 个用于 DMA2，每个通道都专门负责管理来自特定外设的内存访问请求。此外，它还有一个仲裁器，用以处理 DMA 请求之间的优先级问题。DMA 控制器独立于内核（CPU），属于一个单独的外设，它的结构比较简单，功能框图如图 8.1 所示。

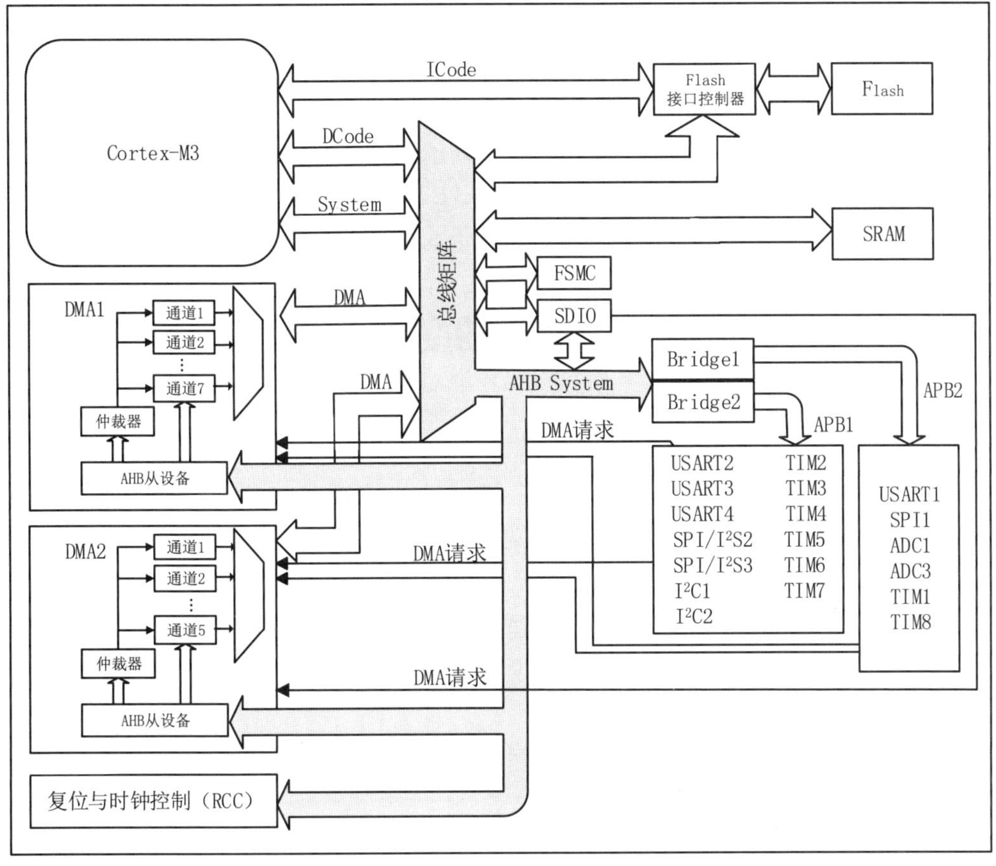

图 8.1　DMA 控制器的功能框图

8.1.3 DMA 的基本原理

由图 8.1 可知，若不使用 DMA，内核（CPU）通过 DCode 经总线矩阵协调，获取 AHB 外设采集的数据，然后内核再通过 DCode 经总线矩阵协调把数据存入 SRAM 内存。

若使用 DMA，外设发送 DMA 请求，DMA 控制器收到 DMA 请求信号后，向外设发送一个应答信号，当外设应答且 DMA 控制器接收到应答信号后，就会启动 DMA 传输，直到传输完毕。DMA 控制器的 DMA 总线与总线矩阵协调，使用 AHB 把外设采集的数据经由 DMA 通道存入 SRAM 内存。在整个数据的传输过程中，不需要 CPU 干预。

8.1.4 DMA 控制器的主要特点

（1）12 个独立的可配置的通道：DMA1 有 7 个通道，DMA2 有 5 个通道。STM32 中每个通道与外设模块之间的对应关系是固定的，具体参见《STM32F10xxx 参考手册》。

（2）每个通道都支持软件触发，可通过软件配置。

（3）在同一个 DMA 模块上，多个请求的优先级可以通过软件编程设置，共有四级：很高、高、中等和低。优先级相等时由硬件决定（请求 0 优先于请求 1，以此类推）。

（4）独立数据源和目标数据区的传输宽度有字节、半字、全字三种可选。源地址和目标地址必须按数据传输宽度对齐。支持循环的缓冲器管理。

（5）每个通道都有 3 个事件标志（DMA 半传输、DMA 传输完成和 DMA 传输出错），这 3 个事件标志逻辑相“或”成为一个单独的中断请求，也即任何一个事件均可触发中断。

（6）闪存、SRAM、外设的SRAM、APB1、APB2 和 AHB 外设均可作为访问的源和目标。

（7）可编程的数据传输数目：1～65535，即最大为 65535，至少 1 个数据。

8.2 DMA 的配置要点

8.2.1 DMA 控制器配置参数

进行 DMA 配置前，不要忘了在 RCC 设置中使能 DMA 时钟。STM32 的 DMA 控制器挂在 AHB 总线上。

以下是配置 DMA 通道 x 的主要过程，其中 x 代表通道号，主要包括以下 6 个方面：

（1）在 DMA_CPARx 寄存器中设置外设寄存器的地址。产生外设数据传输请求时，这个地址将是数据传输的源或目标。

（2）在 DMA_CMARx 寄存器中设置数据存储器的地址。产生外设数据传输请求时，传输的数据将从这个地址读出或写入这个地址。

（3）在 DMA_CNDTRx 寄存器中设置要传输的数据量。每传输一个数据，这个数值递减 1。

（4）在 DMA_CCRx 寄存器的 PL[1:0]位中设置通道的优先级。

（5）在 DMA_CCRx 寄存器中设置数据传输的方向、循环模式、外设和存储器的增量模式、外设和存储器的数据宽度，选择传输一半产生中断或传输完成产生中断的中断方式。

（6）设置 DMA_CCRx 寄存器的 ENABLE 位，启动该通道。一旦启动了 DMA 通道，它即可响应该通道上的外设的 DMA 请求。当传输一半的数据后，半传输标志（HTIF）被置 1，当设置了允许半传输中断位（HTIE）时，将产生一个中断请求。在数据传输结束后，传输完成标志（TCIF）被置 1，当设置了允许传输完成中断位（TCIE）时，将产生一个中断请求。

8.2.2 DMA 的优先级及其仲裁

仲裁器根据通道请求的优先级启动外设/存储器的访问。总体而言，DMA1 控制器拥有高于 DMA2 控制器的优先级。对具体某一个 DMA 控制器而言，优先级分为软件和硬件两类。

（1）软件优先级：4 个等级，即最高、高、中等、低。每个通道的优先级可以在 DMA_CCRx 寄存器中设置。

（2）硬件优先级：较低编号的通道比较高编号的通道有较高的优先级。

因此，优先级管理分为两个阶段：

第一阶段：软件仲裁，根据设定的软件优先级进行仲裁，高者优先被响应。

第二阶段：硬件仲裁，如果两个请求有相同的软件优先级，则较低编号的通道比较高编号的通道有较高的优先级。例如，通道 2 优先于通道 4。

8.2.3 DMA 通道

DMA 通道的数据传输数量可通过 DMA_CCRx 寄存器中的 PSIZE 和 MSIZE 位设定，最大为 65535。不同的 DMA 控制器的通道对应着不同的外设请求，这决定了在软件编程时该怎么设置，具体见 DMA 请求映像表（见表 8.1 和表 8.2）。每次只能选择其中一个通道进行 DMA 传输。

表 8.1 DMA1 请求映像表

外设	通道 1	通道 2	通道 3	通道 4	通道 5	通道 6	通道 7
ADC1	ADC1						
SPI/I²S		SPI1_RX	SPI1_TX	SPI2/I²S2_RX	SPI2/I²S2_TX		
USART		USART3_TX	USART3_RX	USART1_TX	USART1_RX	USART2_RX	USART2_TX
I²C				I²C2_TX	I²C2_RX	I²C1_TX	I²C1_RX
TIM1		TIM1_CH1		TIM1_TX4 TIM1_TRIG TIM1_COM	TIM1_UP	TIM1_CH3	
TIM2	TIM2_CH3	TIM2_UP			TIM2_CH1		TIM2_CH2 TIM2_CH4
TIM3		TIM3_CH3	TIM3_CH4 TIM3_UP			TIM3_CH1 TIM3_TRIG	
TIM4	TIM4_CH1			TIM4_CH2	TIM4_CH3		TIM4_UP

表 8.2　DMA2 请求映像表

外设	通道 1	通道 2	通道 3	通道 4	通道 5
ADC3					ADC3
SPI/I²S3	SPI/I²S3_RX	SPI/I²S3_TX			
UART4			UART4_RX		UART4_TX
SDIO				SDIO	
TIM5	TIM5_CH4 TIM5_TRIG	TIM5_CH3 TIM5_UP		TIM5_CH2	TIM5_CH1
TIM6/ DAC_Channel1			TIM6_UP/ DAC_Channel1		
TIM7				TIM7_UP/ DAC_Channel2	
TIM8	TIM8_CH3 TIM8_UP	TIM8_CH4 TIM8_TRIG TIM8_COM	TIM8_CH1		TIM8_CH2

8.2.4 DMA 中断请求

每个通道在传输过半（Half-Transfer）、传输完成（Transfer Complete）及传输错误（Transfer Error）时产生中断。每个中断事件都有各自的触发标志与使能控制位，如表 8.3 所示。

表 8.3　中断事件的触发标志与使能控制位

中断事件	触发标志	使能控制位
传输过半	HTIF	HTIE
传输完成	TCIF	TICE
传输错误	TEIF	TEIE

对应中断被使能后，可通过查询表中的这些标志位来获知当前 DMA 传输的状态。常用的是 TCIFx 位，即数据流的 DMA 传输完成与否标志。

8.2.5 DMA 注意事项

DMA 有三种工作模式：非循环模式、循环模式、存储器到存储器模式。

非循环模式：DMA_Mode_Normal，即正常模式，当一次 DMA 数据传输完后，停止 DMA 传送。需要重新设置传送数量和再次启动 DMA 后，才能进行下一次 DMA 数据传输。

循环模式：DMA_Mode_Circular，用于处理循环缓冲区和连续的数据传输（如 ADC 的扫描模式）。DMA_CCRx 寄存器中的 CIRC 位可开启这一功能。当启用了循环模式，且数据传输的数目变为 0 时，DMA 将会自动地被恢复成配置通道时设置的初值，DMA 操作将继续进行。

存储器到存储器模式：DMA_M2M_Enable。

8.3 DMA 配置

8.3.1 设备配置解析

1. 常规 DMA 配置

当不配置与外设通信时，DMA 模块只能设置内存到内存。为便于阐述，以下配置了 USART1 和 ADC3 两个外设。

在图 8.2 所示界面中，单击①框中的“DMA”，右侧显示配置模式。在②框中可看到，对于 F103 系列有 DMA1、DMA2 和 MemToMem 三个选项。单击下方的 Add 按钮和 Delete 按钮可以增加或减少 DMA 通道。由上文的 DMA 请求映像表可知，USART1_RX 和 USART1_TX 只能在 DMA1 中配置，分别占用 DMA1 的通道 5 和通道 4。而 ADC3 只能在 DMA2 中配置，占用 DMA2 的通道 5，如图 8.3 所示。

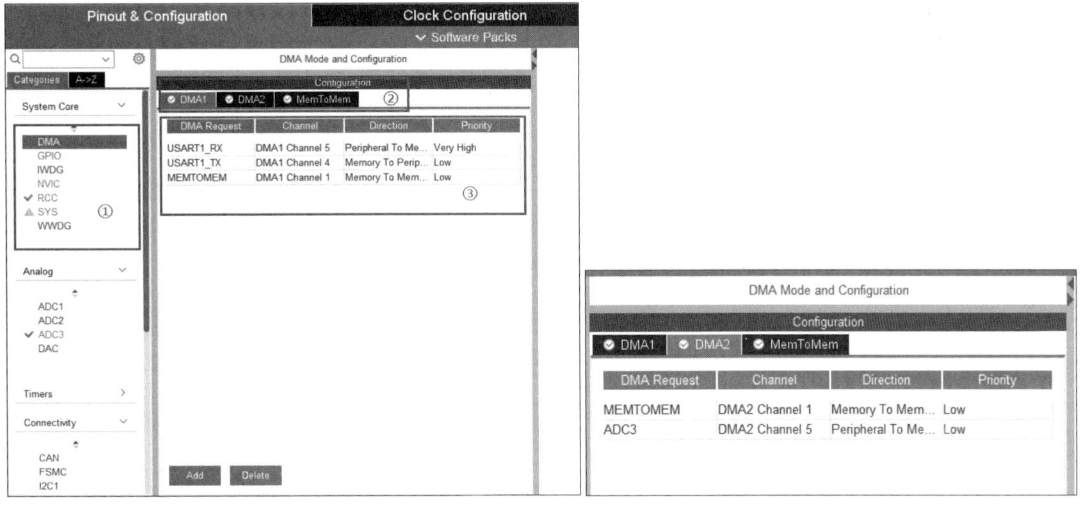

图 8.2　DMA 配置　　　　图 8.3　DMA2 通道配置

而 MEMTOMEM 既可以在 DMA1、DMA2，也可以在 MemToMem 中配置。

在以上配置中，可变更的是 MEMTOMEM 的传输通道，只要不与其他 DMA 通道重复即可，还可变更的是优先级（Priority）。在图 8.4 中，USART1_TX 和 MEMTOMEM 的优先级均为 Low，此时通道编号低的优先。虽然 USART1_RX 的通道号比 USART1_TX 高，但由于其优先级设置为 Very High，所以串口接收请求优先。

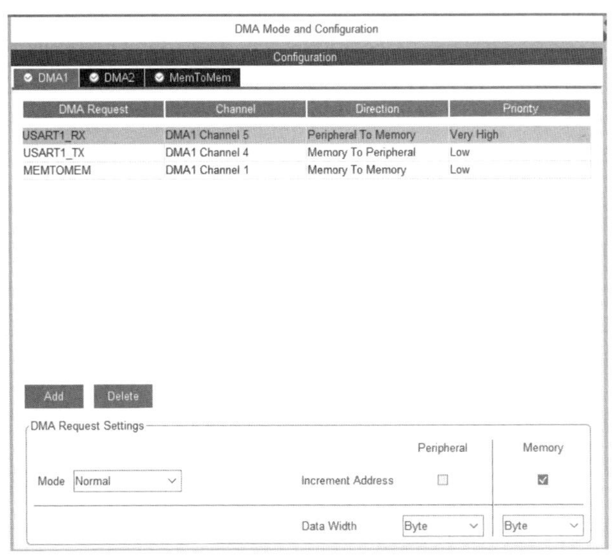

图 8.4　DMA1 通道配置

单击某外设名，下方显示具体配置。Mode 可以配置为正常模式（Normal）或循环模式（Circular）。正常模式适用于单次传输，比如存储器到存储器的数据复制粘贴，又如串口的数据单次发送，当下次还需要发送的时候，再次使能即可。循环模式（Circular）适用于需要连续传输的场合，如定时器触发 DMA 实现任意 GPIO 口的 PWM 输出。

在图 8.5 中，对于外设，Increment Address（地址自增）选项用于对内存地址进行设置，若不勾选，则数据传输到同一个内存地址，数据不断更新；若勾选，则数据传输后，内存地址增加，可显示所有传输的数据，该选项一般处于勾选状态。

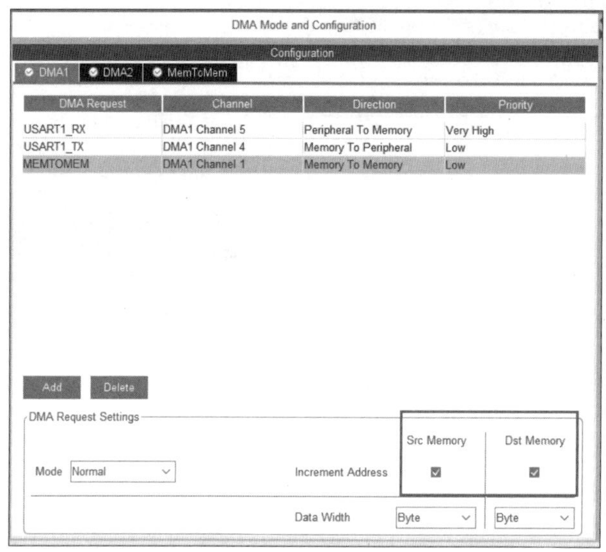

图 8.5　地址自增选项

而对于 MEMTOMEM，Increment Address（地址自增）选项可对源地址和目标地址进行设置。

Data Width（数据宽度）用于设置传输的宽度，可设置为 Byte（字节）、Half word（半字）和 Word（全字）。

2. DMA 中断配置

单击 NVIC，右侧显示中断配置界面，如图 8.6 所示。

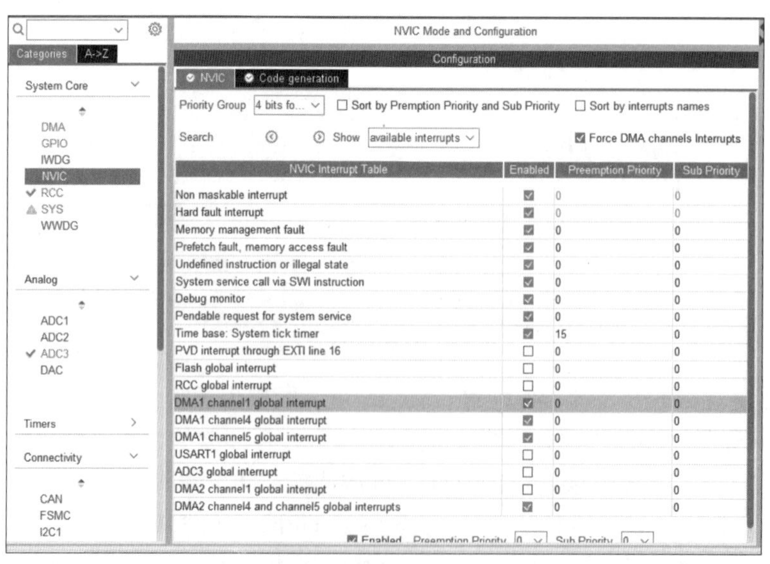

图 8.6　中断配置界面

系统默认使能外设到内存的 DMA 中断，且无法关闭。DMA1 通道 1 为上文配置的 MEMTOMEM，勾选后使能中断。右侧可配置优先级，一般保留默认设置。

8.3.2 配置函数解析

内存到内存的 DMA 传输可以使用下面两个函数，一个以普通方式启动 DMA，另一个以中断方式启动 DMA。HAL 库接口函数定义在 stm32f1xx_hal_dma.c 源文件中。DMA 库函数声明与相关的结构体定义在 stm32f1xx_hal_dma.h 头文件中。

1. 以普通方式启动 DMA

```
HAL_DMA_Start(DMA_HandleTypeDef *hdma, uint32_t SrcAddress, uint32_t DstAddress, uint32_t DataLength)
```

2. 以中断方式启动 DMA

```
HAL_DMA_Start_IT(DMA_HandleTypeDef *hdma, uint32_t SrcAddress, uint32_t DstAddress, uint32_t
DataLength)
```

DMA 的函数已应用到各个外设函数中，在各个章节均已介绍。本章仅简单举例说明其中部分函数，涉及 DMA 的外设函数举例如表 8.4 所示。

表 8.4　涉及 DMA 的外设函数举例

	举例
DMA 方式启动 ADC	HAL_ADC_Start_DMA(ADC_HandleTypeDef* hadc, uint32_t* pData, uint32_t Length)
DMA 方式关闭 ADC	HAL_ADC_Stop_DMA(ADC_HandleTypeDef* hadc)
DMA 方式串口发送	HAL_UART_Transmit_DMA(UART_HandleTypeDef *huart, const uint8_t *pData, uint16_t Size)
DMA 方式串口接收	HAL_UART_Receive_DMA(UART_HandleTypeDef *huart, uint8_t *pData, uint16_t Size)

8.4 DMA 应用实例

8.4.1 内存到内存传输方式应用（MEMTOMEM）

1. 功能描述

变量的赋值是单片机系统常用的操作。不过，对大容量的数组赋值时，普通的循环赋值非常占用 CPU。对于 STM32F1 系列这样的中低端 ARM 微控制器，在进行图像传输处理时，传统的 CPU 干预方式执行速度慢、效率低。为提高数据传输效率，可使用 memset、memcpy 等内存函数。但这些函数仍然需要 CPU 的干预，故会占用和消耗 CPU 资源。对于大容量数据赋值场合，利用 DMA 实现内存到内存的传输可以避免 CPU 参与，从而提高传输速率和运行效率。

以下介绍基于 DMA 的内存到内存的直接传输。

2. 软件设计

具体操作步骤如下。

（1）新建 STM32CubeIDE 工程，选择 MCU。

（2）功能参数设置。

第一步：配置 RCC。

第二步：配置 DMA。单击 System Core 目录下的 DMA，在右侧选中 DMA1、DMA2 和 MemToMem 三项中任意一项，单击 Add 按钮，在弹出的框中选择 MEMTOMEM。默认参数不变，默认为 DMA 分配的通道为通道 1，如图 8.7 所示。

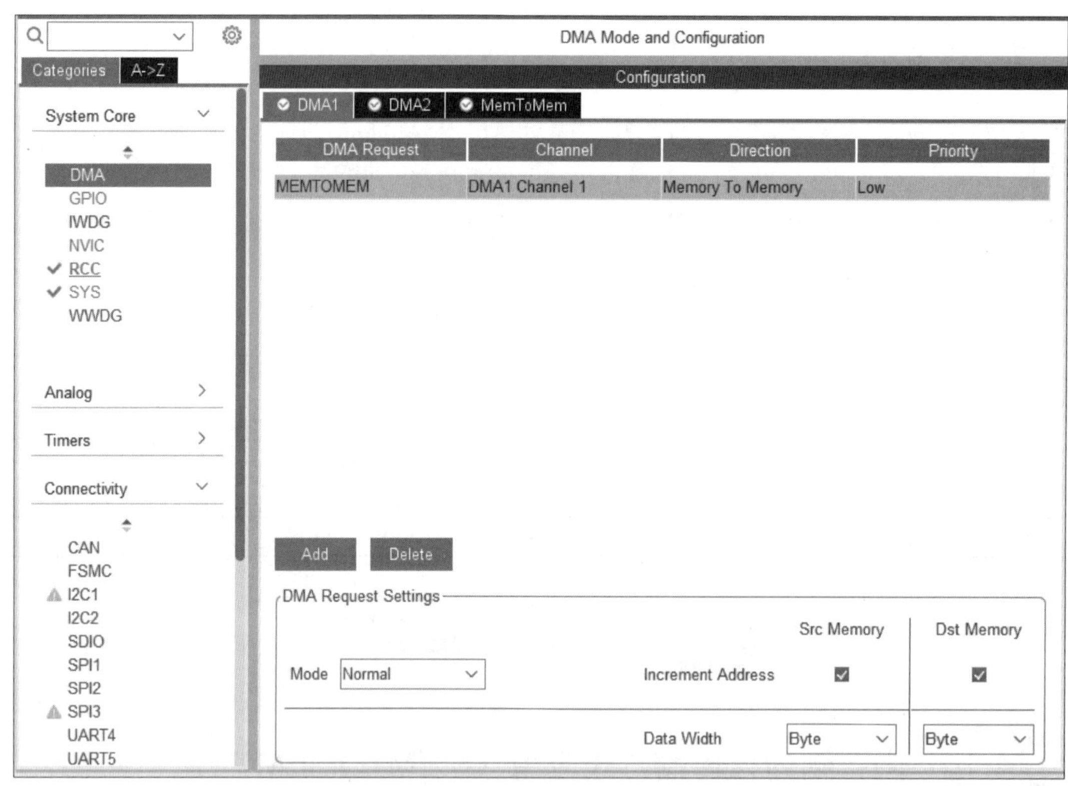

图 8.7　MEMTOMEM 设置

第三步：配置 DMA 中断。单击 System Core 目录下的 NVIC。选择 MemToMem 对应的中断 DMA1 channel1 global interrupt，如图 8.8 所示。

第四步：增加 LED。当数据传输完成后，LED 点亮，用以指示 DMA 传输完成，该实例中，选择 PB5 作为 LED 的控制引脚，LED 的配置参见第 3 章。根据不同项目的需求，可为中断服务函数赋予不同的功能，如修改标志位等。

第五步：配置系统时钟和 DMA 时钟。根据所使用的目标板的实际情况配置系统时钟。DMA 时钟对应的是 AHB 时钟，该时钟无法分倍频。

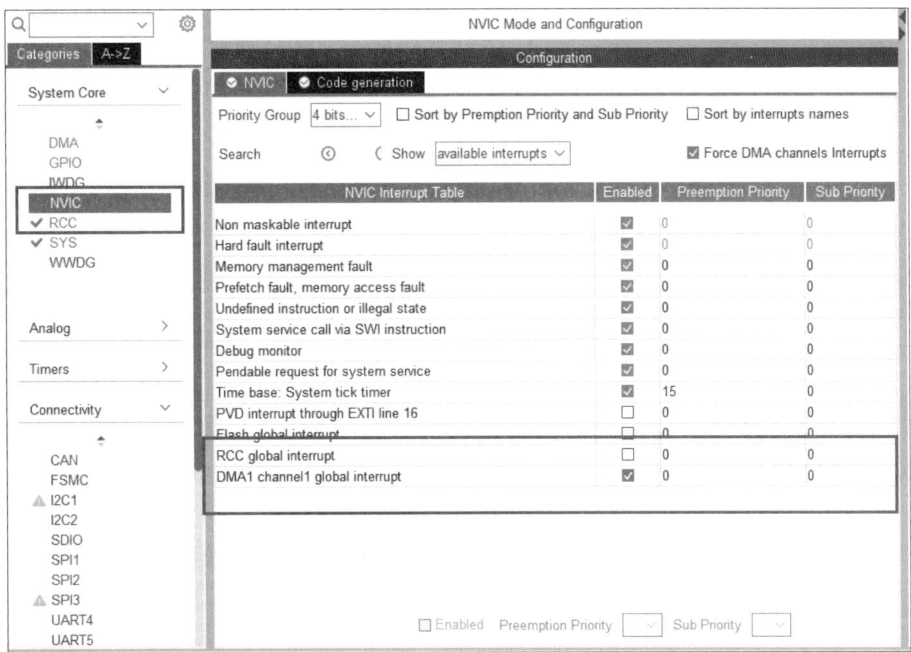

图 8.8 DMA1 通道 1 中断设置

（3）生成工程代码。单击“保存”按钮，IDE 弹出是否生成代码文件的提示，选择生成即可。

（4）编辑应用代码。

内存到内存传输方式没有现成的函数，需要自己定义，如下所示。该函数传入的参数有三个：srcAddr、dstAddr、bufsz。srcAddr 为源地址，dstAddr 为目标地址，它们的数据宽度均为 8 位，可根据自身需求进行调整；bufsz 为传输长度，最大为 66535 字节。

```
void DMA_M2M_Start(uint8_t *srcAddr,uint8_t *dstAddr,uint16_t bufsz)
{
    if(HAL_DMA_Start_IT(&hdma_memtomem_dma1_channel1,(uint32_t)srcAddr,(uint32_t)dstAddr,bufsz)    !=
HAL_OK)
        Error_Handler();
}
```

该函数使用中断方式启动 DMA，通道是 DMA1 的通道 1，可根据需要进行修改。若出现启动错误，则会进入硬件错误函数。

以上代码可以放在/* USER CODE BEGIN 0 */和 /* USER CODE END 0 */之间。

之后在 main.c 文件中的/* USER CODE BEGIN PV */和/* USER CODE END PV */之间定义复制的源数组和目标数组。

```
static uint8_t srcBuffer[30000];
static uint8_t dstBuffer[30000];
```

在 /* USER CODE BEGIN 2 /和/ USER CODE END 2 */之间添加给源数组赋值的代码，并对传输函数进行调用。

```
int i = 0;
for(i = 0; i < 30000; i++)
    srcBuffer[i] =(uint8_t) i & 0xFF;
DMA_M2M_Start(srcBuffer,dstBuffer,30000);
```

最后，在 stm32f1xx_it.c 文件中的/* USER CODE BEGIN DMA1_Channel1_IRQn 0 */和/* USER CODE END DMA1_Channel1_IRQn 0 */之间添加以下 LED 控制函数。

```
HAL_GPIO_WritePin(LED_GPIO_Port,LED_Pin,GPIO_PIN_RESET);
```

3. 实验结果

随机选取源数组和目标数组中一段数据进行对比，如图 8.9 所示，可知其内容完全一致，而且 LED 亮起，由此表明：DMA 方式的 MemToMem 功能已经实现。

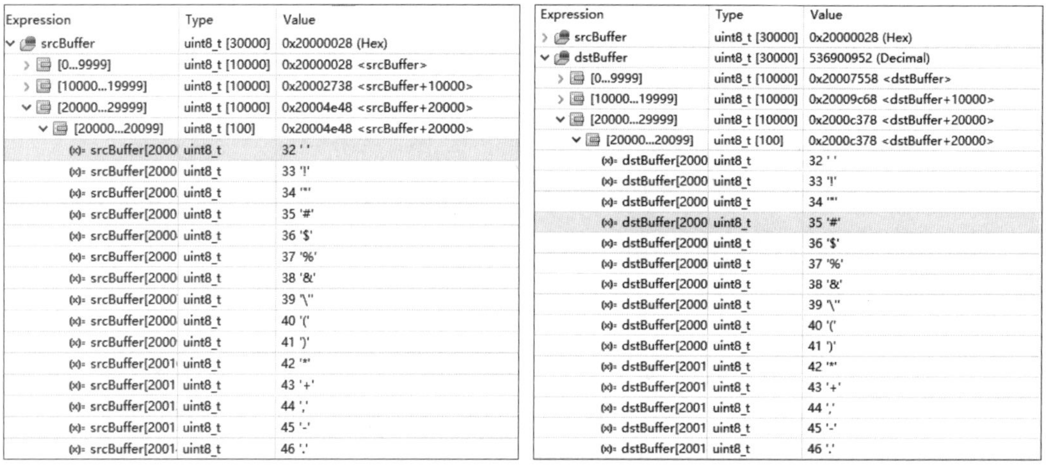

Expression	Type	Value
srcBuffer	uint8_t [30000]	0x20000028 (Hex)
[0...9999]	uint8_t [10000]	0x20000028 <srcBuffer>
[10000...19999]	uint8_t [10000]	0x20002738 <srcBuffer+10000>
[20000...29999]	uint8_t [10000]	0x20004e48 <srcBuffer+20000>
[20000...20099]	uint8_t [100]	0x20004e48 <srcBuffer+20000>
srcBuffer[2000	uint8_t	32 ' '
srcBuffer[2000	uint8_t	33 '!'
srcBuffer[2000	uint8_t	34 '"'
srcBuffer[2000	uint8_t	35 '#'
srcBuffer[2000	uint8_t	36 '$'
srcBuffer[2000	uint8_t	37 '%'
srcBuffer[2000	uint8_t	38 '&'
srcBuffer[2000	uint8_t	39 '\''
srcBuffer[2000	uint8_t	40 '('
srcBuffer[2000	uint8_t	41 ')'
srcBuffer[2001	uint8_t	42 '*'
srcBuffer[2001	uint8_t	43 '+'
srcBuffer[2001	uint8_t	44 ','
srcBuffer[2001	uint8_t	45 '-'
srcBuffer[2001	uint8_t	46 '.'

Expression	Type	Value
srcBuffer	uint8_t [30000]	0x20000028 (Hex)
dstBuffer	uint8_t [30000]	536900952 (Decimal)
[0...9999]	uint8_t [10000]	0x20007558 <dstBuffer>
[10000...19999]	uint8_t [10000]	0x20009c68 <dstBuffer+10000>
[20000...29999]	uint8_t [10000]	0x2000c378 <dstBuffer+20000>
[20000...20099]	uint8_t [100]	0x2000c378 <dstBuffer+20000>
dstBuffer[2000	uint8_t	32 ' '
dstBuffer[2000	uint8_t	33 '!'
dstBuffer[2000	uint8_t	34 '"'
dstBuffer[2000	uint8_t	35 '#'
dstBuffer[2000	uint8_t	36 '$'
dstBuffer[2000	uint8_t	37 '%'
dstBuffer[2000	uint8_t	38 '&'
dstBuffer[2000	uint8_t	39 '\''
dstBuffer[2000	uint8_t	40 '('
dstBuffer[2000	uint8_t	41 ')'
dstBuffer[2001	uint8_t	42 '*'
dstBuffer[2001	uint8_t	43 '+'
dstBuffer[2001	uint8_t	44 ','
dstBuffer[2001	uint8_t	45 '-'
dstBuffer[2001	uint8_t	46 '.'

图 8.9　MEMTOMEM 实验结果

8.4.2　外设到内存传输方式应用

1. 功能描述

除内存到内存传输方式外，DMA 还有两种传输方式：一种是内存到外设，另一种是外设到内存。DMA 方式的串口通信的接收和发送两个接口正好采用上述两种传输方式。对于大数据的通信，使用 DMA 可以减小 CPU 负担，提高通信效率。

本示例程序将演示基于 DMA 的串口接收与发送。

2. 软件设计

具体操作步骤如下。

（1）新建 STM32CubeIDE 工程，选择 MCU。

（2）设置 DMA 功能参数。

第一步：配置 RCC。

第二步：配置 DMA。单击 System Core 目录下的 DMA。由于 USART1 的接收和发送 DMA 都在 DMA1 控制器中，所以单击 DMA1，添加 USART1_RX 和 USART1_TX。串口的接收和发送都可以设置为普通模式或循环模式，这里将 USART1_RX 设置为循环模式，USART1_TX 设置为普通模式。其他参数保留默认设置，如图 8.10 所示。

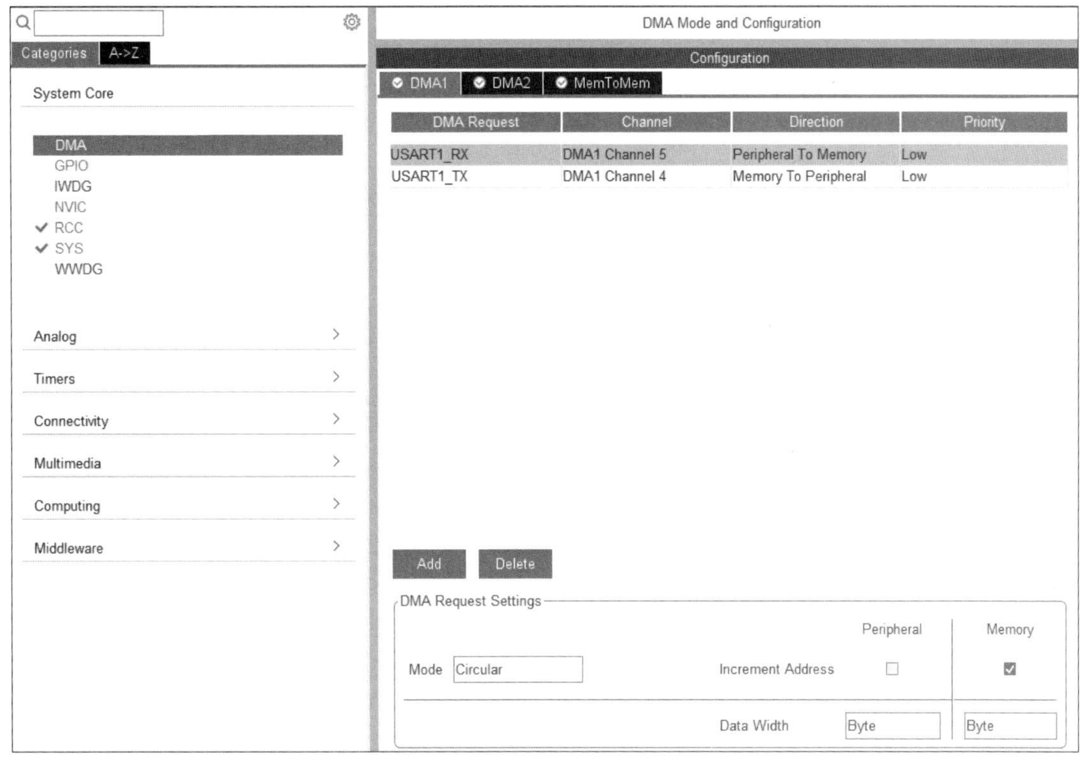

图 8.10　串口通信 DMA 配置

第三步：DMA 中断。外设的 DMA 中断系统默认使能，且无法取消。

第四步：配置系统时钟和 DMA 时钟。根据所使用的目标板的实际情况配置系统时钟。

（3）生成工程代码。单击“保存”按钮，IDE 弹出是否生成代码文件的提示，选择生成即可。

（4）编辑应用代码。

在 main.c 文件中的/* USER CODE BEGIN PV /和/ USER CODE END PV */之间定义接收数组及接收完成标志位变量。

```
uint8_t RxBuffer[5];
uint8_t RxFlag = 0;
```

在 /* USER CODE BEGIN 2 /和/ USER CODE END 2 */之间添加调用启动串口的 DMA 接收函数的代码。

```
UART_Start_Receive_DMA(&huart1, RxBuffer, 5);        //数据有 5 个，存入 RxBuffer 中
```

在stm32f1xx_it.c对应的接收中断服务函数内设置RxFlag，即当接收完成后，RxFlag置1。在main.c的while循环中添加如下代码，可以实现接收到数据后，把该数据发送给上位机。

```
if(RxFlag == 1)
{
    while(HAL_UART_Transmit_DMA(&huart1, RxBuffer, 5));    //发回数据
    RxFlag = 0; //复位接收标志
}
```

特别要注意的是，在实践中发现HAL_UART_Transmit_DMA存在以下问题：在第一次发送完成后，串口一直处于“忙”状态，因此需要手动修改它的状态，即在stm32f1xx_it.c中对应的发送中断服务函数内添加如下代码。

```
huart1.gState = HAL_UART_STATE_READY;                    //huart1 传输完成 变为准备状态
```

3. 实验结果

这里需要使用串口调试助手等工具软件。在串口调试助手中，设置波特率等参数后，打开串口，使用该软件向单片机独立地发送5个数据，单片机发回原数据。实验结果如图8.11所示。

图8.11　实验结果

8.5 本章小结

本章重点：STM32 的 DMA 控制器的功能、结构及工作原理、相关概念，基于 HAL 库的参数配置流程，DMA 与其他外设的数据传输实现。DMA 的三种传输方式：内存到内存，内存到外设和外设到内存。不同外设的 DMA 使用方法。

本章难点：STM32 的 DMA 及其工作原理，基于 HAL 库的参数配置流程。

DMA 的主要功能是传输数据，其特点是独立于 CPU，在数据传输时 CPU 可以做其他事情，多应用于数据量大或速度要求高的数据传输场合。然而，使用 DMA 技术也存在一些弊端，如增加系统硬件的复杂性和成本，以及在 DMA 传送期间 CPU 可能被挂起，影响中断请求的及时响应与处理。因此，在一些小系统或速度要求不高、数据传输量不大的系统中，一般不使用 DMA 方式。

DMAx 有严格对应的外设，如 DMA2 的通道 4 对应 DAC 的通道 2，而 DAC 的通道 1 只能对应 DMA2 的通道 3。在实现程序的时候要十分小心，尤其是从他人那里借鉴来的程序，要注意调整程序的系统联动。

思考与实践

1. 简述 DMA 的工作原理与模式。

2. ADC 是各类传感器非常重要的接口，但其容易受电路等外界因素的影响，从而影响检测精度，常采用多次采样后均值滤波的方式，提高检测精度。采用 DMA 方式的数据采样是解决 ADC 检测精度问题的一种方案。请查阅相关资料，设计一个 DMA 方式读取 ADC 的传感器系统。

第 9 章 ADC

本章主要讨论 STM32 单片机 ADC 外设模块的工作原理及其基本应用。通过学习达到以下目标：

1．知识目标。了解 ADC 的用途和 ADC 的转换原理，理解 ADC 误差来源与消除方法，熟悉 ADC 配置过程及相关参数配置。

2．能力目标。能基于 HAL 库进行 ADC 应用开发，如温度检测、电压测量等。

3．素质目标。培养敬业爱国、有担当的精神。

9.1 STM32F1 的 ADC

9.1.1 ADC 及其基本特性

1. 基本特性

（1）转换精度。

STM32 的 ADC 是 12 位逐次逼近型模数转换器。一般至少有一个 ADC，即 ADC1。某些型号还具有 ADC2。

（2）通道数。

ADC1 有 18 个通道，可测量 16 个外部信号源（从引脚 ADC_IN[15:0]输入）和 2 个内部信号源[连接到温度传感器和内部参考电压端（V_{REFINT}=1.2V）]。各通道的 A/D 转换可以单次、连续、扫描或间断执行。ADC 的结果可以左对齐或右对齐的方式存储在 16 位数据寄存器中。

（3）STM32 的 ADC 具有模拟看门狗特性。

模拟看门狗特性允许应用程序检测输入电压是否超出用户定义的高/低阈值。

（4）转换速度。

ADC 的输入时钟不得超过 14MHz，它由 PCLK2 经分频产生。

（5）ADC 转换时间。

STM32F103xx 增强型产品：系统时钟频率为 56MHz 时，ADC 转换时间最高为 1μs；系统时钟频率为 72MHz 时，ADC 转换时间最高为 1.17μs。

STM32F101xx 基本型产品：系统时钟频率为 28MHz 时，ADC 转换时间最高为 1μs；系统时钟频率为 36MHz 时，ADC 转换时间最高为 1.55μs。

STM32F102xxUSB 型产品：系统时钟频率为 48MHz 时，ADC 转换时间最高为 1.2μs。

（6）供电电压与参考电压。

ADC 供电要求：2.4～3.6V。ADC 输入范围：$V_{REF-} \leqslant V_{IN} \leqslant V_{REF+}$。$V_{REF+}$和 V_{REF-}只有 LQFP100 以上封装才有，LQFP100 以下封装接 VDDA、VSSA（模拟电源的正极、负极）。如果参考电源电压为 2.4V，则输入电压 V_{IN} 与数字量之间的关系为：

$$\text{数字量} = \frac{V_{IN}}{2.4} \times 4096$$

（7）规则通道转换期间能产生 DMA 请求，但是仅 ADC1 有此功能。

2. ADC 采样周期与转换时间

ADCCLK 频率最高可达 14MHz，由图 9.1 可知，其来自经过分频器的 PCLK2（2、4、6、8 分频），经 ADC Prescalers 再次分频得到。

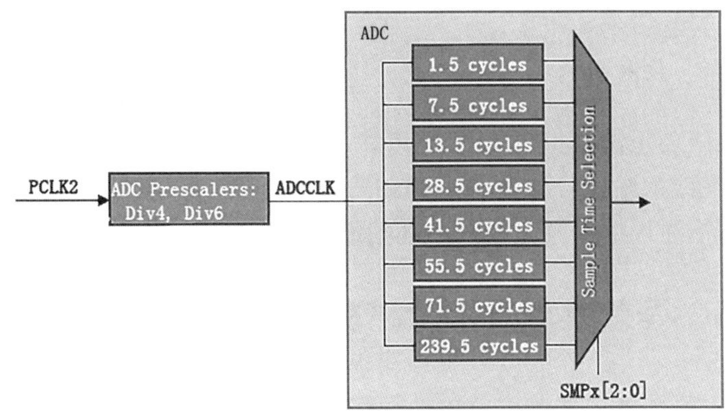

图 9.1 ADC 时钟与转换周期配置

整个转换时间=采样时间+12.5 个周期（固定时间）

采样时间可通过寄存器 ADC_SMPR1 的 SMPx[2:0]来设置。一共有 8 种采样周期可选。在允许的情况下，尽量选大一点的周期，以使 ADC 更稳定、更精确。

以时钟频率为 14MHz 和采样时间为 1.5 周期的情况为例，其转换周期（转换时间）为：

$$T_{CONV}=1.5+12.5=14\text{ 周期}=14\times[1/(14\times1000000)]=1\mu s$$

其他情况下，可依此推算。

3. 规则组和注入组

STM32 的 ADC1 有 16 个外部通道，它们可被分成两组：规则组和注入组。

1）规则组、注入组的概念

STM32 的 ADC 可以对一组指定的通道，按照指定的顺序进行逐个转换，转换结束后，再从头循环。指定的通道组就称为规则组。但是在实际应用中，有可能需要临时中断规则组的转换，对其他通道进行转换，这些需要中断规则组而进行转换的通道组，就称为注入组。

2）规则组、注入组各自的特性

规则组由多达 16 个通道组成。规则通道和它们的转换顺序在 ADC_SQRx 寄存器中设置。规则组中转换的总数写入 ADC_SQR1 寄存器的 L[3:0]位中。

注入组由多达 4 个通道组成。注入通道和它们的转换顺序在 ADC_JSQR 寄存器中设置。注入组中转换的总数必须写入 ADC_JSQR 寄存器的 L[1:0]位中。

如果 ADC_SQRx 寄存器或 ADC_JSQR 寄存器在转换期间被更改，则当前的转换被清除，一个新的启动脉冲将被发送至 ADC 以转换新选择的组。

3）内部通道的特性

ADC 存在两个内部通道：与内部温度传感器相连的通道 ADCx_IN16，与内部参考电压端 VREFINT 相连的通道 ADCx_IN17。可以参照注入通道或规则通道对这两个内部通道进行转换。注意：温度传感器和 VREFINT 只能出现在 ADC1 中。

4）关于规则组、注入组的举例

举例来说，系统要正常采集 8 通道温度，又要适时监控一下湿度，那么这个湿度 ADC（采集）就可以放在注入组中，通过合适的触发启动转换。一旦启动注入组转换，规则组转换则暂停，然后等待注入组转换完成后，规则组再继续进行转换。

9.1.2 ADC 误差来源及消除措施

ADC 实际输出数字量与理想输出数字量存在差异，通常为 1 个或半个最小数字量的模拟变化量，表示为 1LSB 或 0.5LSB。

所有 ADC 都存在转换误差。了解误差来源，可有针对性地消除误差，提升转换质量。

ADC 误差来源分为两部分：①ADC 自身误差；②电路环境误差。ADC 自身误差有偏移误差、增益误差、线性微分误差、线性积分误差和总未调整误差。这些误差由 ADC 设计方案决定，可以通过自校准等软件方式降低。而使用者应该更关心电路环境误差。本节将着重讲解电路环境误差的来源及消除措施。

1. 参考电压噪声

由于 ADC 输出为模拟电压与参考电压之比，因此模拟电压参考电压上的任何噪声都会导致转换后数字值的变化。在某些封装中，VDDA 模拟电源被用作参考电压（V_{REF+}），因此 VDDA 电源的质量会影响 ADC 误差。

当参考电压为 3.3V，参考电压峰间波动即噪声为 40mV，待测信号为 1V 时，误差 = $(1/3.3 - 1/3.34) \times 4095 \approx 15$LSB。

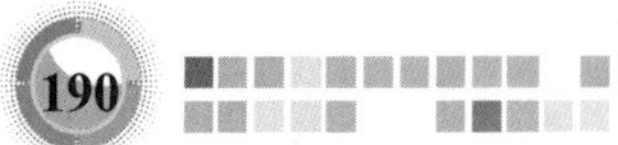

在电源设计中不应选用开关电源作为 ADC 的参考电压输入，因为其会产生高频噪声，影响转换质量。如果使用开关电源，建议使用线性稳压器供应电压。

除此之外，还建议在电源线和地线之间连接具有优良高频特性的电容，在 STM32 中，可通过极短的引线将电容连接到 VDD 和 VSS。对于多个 VDD、VSS 引脚的情况，应使用单独的去耦电容。这些电容可以对噪声进行过滤。

2. 参考电压/电源

ADC 将模拟量转化为数字量的计算公式如下，

$$\text{ADC 输出量}=V_{\text{IN}}\times(2^{N}-1)/V_{\text{REF+}}$$

式中，V_{IN} 为输入电压；$V_{\text{REF+}}$为参考电压；N 为 ADC 分辨率。不难看出，参考电压发生变化，输出的数字量也将发生变化，所以应确保参考电压/电源的稳定性和精确性。

在上式中，输入电压 V_{IN} 不能大于参考电压 $V_{\text{REF+}}$，所以在选择参考电压时，还要考虑输入电压峰值。

3. 最大输入信号幅度的 ADC

为获得较高的 ADC 转换精度，ADC 动态范围必须与待转换信号的最大幅度相匹配。我们假设待转换信号在 0～2.5 V 之间变化，并且 $V_{\text{REF+}}$ 等于 3.3 V。ADC 转换的最大信号值为 3102（2.5V）。在本实例中，有 993 个未使用转换（4095-3102＝993）。这意味着转换后信号精度下降。所以在设计中，应使最大输入信号幅度与 ADC 动态范围相匹配。

4. 模拟信号源电阻的影响

在电源和引脚之间的模拟信号源的阻抗或串联电阻（R_{AIN}），可能会因为流入引脚的电流而导致其产生电压降。通过电阻为 R_{ADC} 的开关控制内部采样电容（C_{ADC}）的充电。添加了源电阻（R_{ADC}）后，电容充满电所需的时间延长。因此，充电时间常量为 $t_c=(R_{\text{ADC}}+R_{\text{AIN}})\times C_{\text{ADC}}$。如果采样时间短于 C_{ADC} 充满电所需的时间（$t_s<t_c$），则 ADC 转换的数字值小于实际值。

除以上影响外，外部还可能有输入信号噪声、GPIO 引脚串扰、EMI 产生的噪声等。在设计电路时应充分考虑这些影响。

9.2 STM32 外设模块 ADC 的工作流程与编程要点

9.2.1 ADC 的工作流程

STM32 的 ADC 有两种转换模式：单次转换与连续转换。单次转换模式下，ADC 只执行一次转换。连续转换模式下，前面的 ADC 转换一结束马上就启动下一次转换。

STM32 的 ADC 的工作流程（以 ADC1 为例）：

（1）开启 ADC1 的时钟，由于 ADC1 的模拟输入通道在 GPIOA 上，所以也要打开 GPIOA 的时钟，并进行相关的配置，要把 GPIOA 的相应引脚设置成模拟输入引脚。

（2）复位 ADC1（省略也可以），设置 ADC1 的分频因子（记住：ADC 的时钟频率不能超过 14MHz），其采样周期长一点会更好。

（3）初始化 ADC1 的参数，设置 ADC1 的工作模式和规则序列的相关信息。

（4）使能 ADC。

（5）执行复位校准和 ADC 校准。注意：这两步校准很必要，否则转换结果将有较大的误差。每次校准之后都要等待校准结束，但是通过什么方式知道校准结束呢？通常通过获取校准状态来判断校准是否结束。

（6）读取 ADC 的值。

9.2.2 ADC 编程的要点

在开发 ADC 应用程序时，需要设置 ADC 转换模式、外部触发模式、数据对齐方式。

1. ADC 转换模式

ADC 转换模式有 10 种，通常选择 ADC_Mode_Independent（独立模式）。其他常用的模式有 ADC_Mode_Independent、ADC_Mode_RegInjecSimult 、ADC_ExternalTrigConv 等。

2. ADC 外部触发模式

ADC 外部触发模式有多种，常用的有以下三种。

（1）软件触发，最简单，参数为 ADC_ExternalTrigConv_None。设置该选项后，一定要通过软件才能触发启动 ADC 转换。

（2）定时器通道输出触发，共有 ADC_ExternalTrigConv_T1_CC1 等 5 种，定时器通道输出触发使用起来比较麻烦，还需要设置相应的定时器。

（3）外部引脚触发，对于规则通道，选择 EXTI_11 和 TIM8_TRGO 作为外部触发事件；对于注入通道，则选择 EXTI_15 和 TIM8_CC4 作为外部触发事件。

3. 数据对齐方式（ADC_DataAlign）

ADC_DataAlign 的取值为：ADC_DataAlign_Right、ADC_DataAlign_Left。

ADC_DataAlign_Right，即右对齐方式。建议采用右对齐方式，因为这样处理数据会比较方便。

当然，如果要从高位开始传输数据，则采用左对齐方式（ADC_DataAlign_Left）比较合适。

以下两点要引起注意：

（1）注入组和规则组的扩展符号位在处理上存在差异。

（2）多通道数据传输时要注意：若一个数组为 ADC_ValueTab[4]，且设置了两个通道：通道 1 和通道 2，则转换结束后，ADC_ValueTab[0]和 ADC_ValueTab[2]存储的是通道 1 的数据，而 ADC_ValueTab[1]和 ADC_ValueTab[3]存储的是通道 2 的数据。如果数组容量增大，则以此类推。

9.3 ADC 配置

9.3.1 设备配置解析

1. 使能 ADC

STM32F1 的不同产品，其复用通道数量有所不同。例如，ZET6 拥有 16 个外部通道和 2 个内部通道。ADC 配置界面如图 9.2 所示。单击 ADC1，可以看见 STM32F103ZET6 可用的通道。

图 9.2 ADC 配置界面

选择所使用的通道（当前勾选 ADC1 的 IN0、IN1，ADC2 的 IN2，ADC3 的 IN3）。①框处，Configuration 一栏会显示配置信息。②框处，右侧芯片会显示所占用引脚，并以初始命名格式 ADCx_INx 对引脚进行命名。在后续生成的程序中，对应的 ADC_CR2 寄存器中 ADON 位置 1，即开启 ADC，如图 9.3 所示。

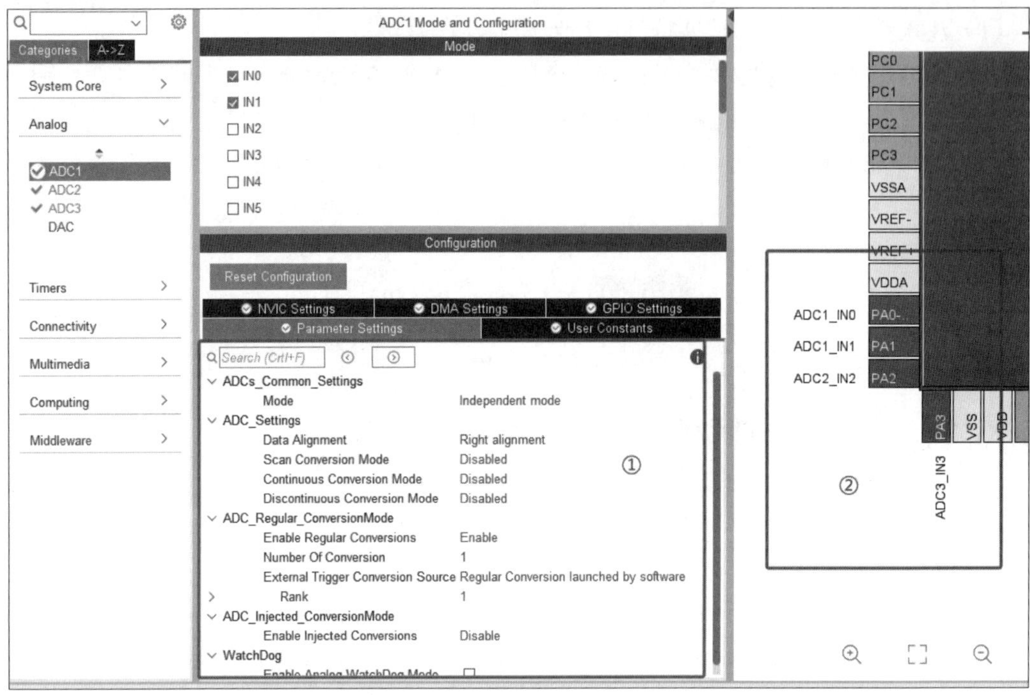

图 9.3　选择通道后界面

图 9.4 所示为参数配置（Paramter Settings）界面。

图 9.4　参数配置界面

2. 模式选择（ADCs_Common_Settings）

Mode 栏用于选择 ADC 模式，配置 ADC 为独立模式或多模式工作。在寄存器中，模式

由 ADC1_CR1 寄存器中的 DUALMOD[2:0]位决定。

若选择独立模式（Independent Mode），则双 ADC 模式失效，每个 ADC 接口独立工作。

若选择组合规则+注入同步模式（Dual combined regular simultaneous + injected simultaneous mode），则可以中断规则组的同步转换，并启动注入组的同步转换。此时两个 ADC 的通道需配置完全相同的采样时间。

组合规则+注入同步模式是一种允许注入的常规同步模式。这种模式下，注入通道也会同时转换。在这种模式下，必须转换相同长度的序列，或者确保触发器之间的间隔大于两个序列中最长的一个，否则，具有最短序列的 ADC 可能重新启动，而具有最长序列的 ADC 正在完成转换。

若选择规则同步转换+注入交替转换模式（Dual regular simultaneous + alternate trigger mode），可以中断规则组的同步转换，并启动注入组的交替转换。注入组触发事件到达后立即启动注入组交替转换。如果规则组转换正在运行，为了确保注入组转换后的同步，两个（主/从）ADC 的常规转换将停止，并在注入组转换结束时同步恢复。此时两个 ADC 的通道应该配置完全相同的采样时间。

注入同步转换的快速或慢速交替模式是交错模式和注入同步模式的结合。当触发常规通道时，开始双交错转换，ADC2 进行第一次转换，然后 ADC1 转换通道，以此类推。当注入通道被触发时，中断交错通道转换，两个 ADC 开始转换注入通道组，当两个 ADC 完成注入转换后，它们恢复配置为交错模式的通道转换。在快速交替模式下，ADC1 和 ADC2 以 7 个 ADC 时钟周期交替转换所选通道。每个 ADC 每 14 个 ADC 时钟周期转换通道。在慢速交替模式下，ADC1 和 ADC2 每 14 个 ADC 时钟周期交替转换所选通道，每个 ADC 每 28 个 ADC 时钟周期转换通道。

注意：仅一个 ADC 打开时，模式选项仅能选择独立模式。需要注入转换时，得同时开启两个或多个 ADC，且其中一个 ADC 使能注入转换，同时设置转换数量大于 1（方框位置），如图 9.5 所示。

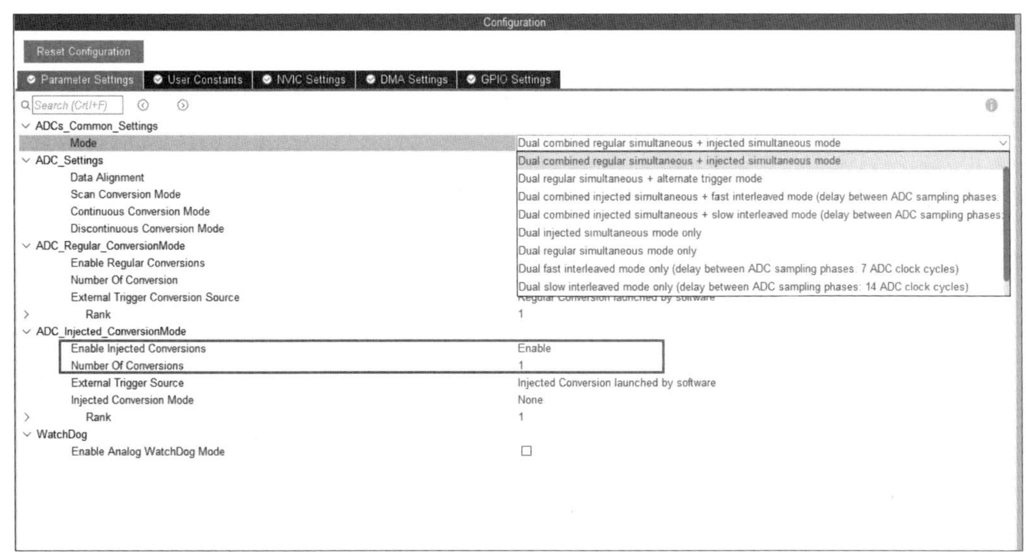

图 9.5 参数设置界面（模式设置）

3. ADC 转换设置（ADC_Settings）

ADC_Settings 用于设定当前 ADC 转换方式，参数配置如图 9.6 所示。

1）对齐方式（Data Alignment）设置

Data Alignment 用于设置 ADC 转换后的对齐格式。可以选择右对齐（Right Alignment）或左对齐（Left Alignment），如图 9.7、图 9.8 所示。在寄存器中可通过 ADC_CR2 寄存器中 ALIGN 位选择。对于注入组，转化值会减去用户在 ADC_JOFRx 寄存器写入的偏移量，所以结果可能会出现负数，符号信息会存储在寄存器的 SEXT 位（符号扩展位）。对于规则组，没有偏移量，所以只存储 12 位。

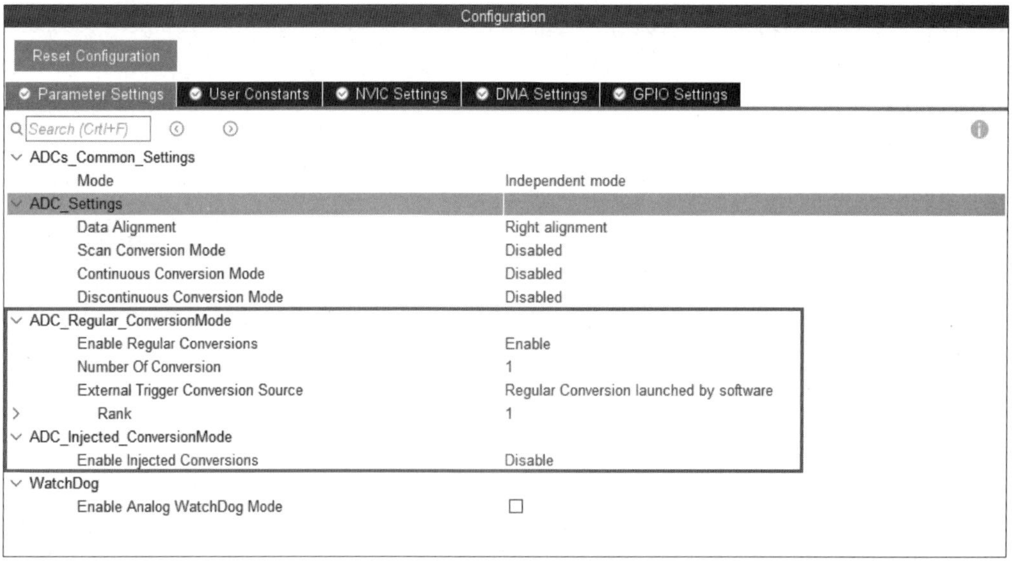

Configuration

Reset Configuration

Parameter Settings | User Constants | NVIC Settings | DMA Settings | GPIO Settings

Search (Crtl+F)

ADCs_Common_Settings	
Mode	Independent mode
ADC_Settings	
Data Alignment	Right alignment
Scan Conversion Mode	Disabled
Continuous Conversion Mode	Disabled
Discontinuous Conversion Mode	Disabled
ADC_Regular_ConversionMode	
Enable Regular Conversions	Enable
Number Of Conversion	1
External Trigger Conversion Source	Regular Conversion launched by software
Rank	1
ADC_Injected_ConversionMode	
Enable Injected Conversions	Disable
WatchDog	
Enable Analog WatchDog Mode	☐

图 9.6　参数设置界面（转换设置）

注入组															
SEXT	SEXT	SEXT	SEXT	D11	D10	D9	D8	D7	D6	D5	D4	D3	D2	D1	D0
规则组															
0	0	0	0	D11	D10	D9	D8	D7	D6	D5	D4	D3	D2	D1	D0

图 9.7　数据右对齐

注入组															
SEXT	D11	D10	D9	D8	D7	D6	D5	D4	D3	D2	D1	D0	0	0	0
规则组															
D11	D10	D9	D8	D7	D6	D5	D4	D3	D2	D1	D0	0	0	0	0

图 9.8　数据左对齐

一般情况下，对齐方式配置为右对齐，存储在两个寄存器 ADCH 和 ADCL 中的数据合并可得到 A/D 转换数据。在实际应用中，A/D 转换存在噪声。若 10 位数据中有效数据是 8

位的，此时可选择左对齐，只读取ADCH中的8位数据即可，这样能简化运算、节省时间。

2）扫描模式（Scan Conversion Mode）设置

Scan Conversion Mode 用来设置是否使能扫描模式。当 ADC 启用多通道时，需要开启扫描模式。扫描模式可通过设置 ADC_CR1 寄存器中的 SCAN 位实现。设置此位后，ADC 扫描 ADC_SQRx 寄存器（规则组）或 ADC_JSQR（注入组）中选择的所有通道，对组中的每个通道进行单独转换。每次转换结束后，自动转换该组的下一个通道。若不使能，转换不会在选择的最后通道处停止，而是重新从选择的第一个通道处继续。当使用扫描模式时，必须设置 DMA 位，在每次 ADC_DR 寄存器更新后，使用直接存储器访问控制器将通道转换后的数据传输至 SRAM。

3）连续转换模式（Continuous Conversion Mode）设置

Continuous Conversion Mode 用于设置是否使能连续转换模式。在连续转换模式下，前一次转换结束，立马开始后一次转换。该模式可通过外部触发器启动，或在 ADC_CR2 寄存器中设置 ADON 位，打开 ADC 后再设置 CONT 位。该转换模式下，如果转化的是规则组，转化数据存放在 16 位寄存器 ADC_DR 中，标志位 EOC 将被置位。如果设置了 EOCIE 位，将触发中断；如果转化的是注入组，转化的数据将存放在 16 位寄存器 ADC_DRJ1 中，标志位 JEOC 将被置位。如果设置了 JEOCIE 位，将触发中断。

4）间断转换模式（Discontinuous Conversion Mode）设置

Discontinuous Conversion Mode 用于设置是否使能间断转换模式。对于规则组，启用此模式需要设置 ADC_CR1 寄存器中的 DISCEN 位。单次转换步长 *n* 的值通过写入 ADC_CR1 寄存器中的 DISCNUM[2:0]位加以指定。外部触发器可启动 ADC_SQRx 寄存器中选择的下 *n* 个通道，直到完成序列中的所有转换。总序列长度由 ADC_SQR1 寄存器中的 L[3:0]位定义。对于注入组，启用此模式需要设置 ADC_CR1 寄存器中的 JDISCEN 位。外部触发器会启动 ADC_JSQR 寄存器中选择的下 *n* 个通道，直到完成序列中的所有转换。总序列长度由 ADC_JSQR 寄存器中的 JL[3:0]位定义。

例如，若待转换通道为 0～4，单次转换步长为 2，则转换过程为：①通道 0、1 转换；②停止，等待 ADC 触发信号；③通道 2、3 转换；④停止，等待 ADC 触发信号；⑤通道 4 转换；⑥停止，等待 ADC 触发信号；⑦通道 0、1 转换；⑧停止，等待 ADC 触发信号。

有以下两点提示：

① 连续转换模式和间断转换模式会互锁，一个使能后，另一个无法再使能。

② 在图 9.6 中方框处，当规则组配置（ADC_Regular_ConversionMode）和注入组配置（ADC_Injected_ConversionMode）中其一使能且转换数量（Number Of Conversion）大于 1 时，扫描模式将被自动使能。

4. 规则组配置（ADC_Regular_ConversionMode）

图9.9所示为规则组配置。在使能规则组转换后将弹出如下选项：Number Of Conversion（转换数量），用于设置规则组转换的数量；External Trigger Conversion Source（转换外部触发源），用于设置规则组采样触发方式，可以选择软件触发、定时器触发等；为获取更精确的采样周期，可由定时器触发 ADC。Rank（等级）用于设置通道转换顺序，当前设置表示首先转换 Channel 0 再转换 Channel 1，两者采样时间均为 1.5 个周期。

ADC_Regular_ConversionMode	
Enable Regular Conversions	Enable
Number Of Conversion	2
External Trigger Conversion Source	Regular Conversion launched by software
Rank	1
Channel	Channel 0
Sampling Time	1.5 Cycles
Rank	2
Channel	Channel 1
Sampling Time	1.5 Cycles

图 9.9　规则组配置

5. 注入组配置（ADC_Injected_ConversionMode）

图 9.10 所示为注入组配置。在使能注入组转换后会弹出如下选项：Number Of Conversions 和 External Trigger Source，与规则组类似；Injected Conversion Mode（注入转换模式）可选择 Discontinuous Mode（触发式注入）和 Auto Injected Mode（自动式注入），触发式注入需要将 ADC_CR1 的 JAUTO 位清零。该方式会在规则组转换时，复位当前转换并单次扫描转换注入组。注入组转换结束后，恢复中断前正在转换的规则组。自动式注入需要将 JAUTO 位置位，注入组将在规则组后自动转换，此时外部触发失效。

ADC_Injected_ConversionMode	
Enable Injected Conversions	Enable
Number Of Conversions	2
External Trigger Source	Injected Conversion launched by software
Injected Conversion Mode	Discontinuous Mode

图 9.10　注入组配置

6. 模拟看门狗（WatchDog）配置

图 9.11 所示为模拟看门狗配置。当使能模拟看门狗模式（Enable Analog WatchDog Mode）后弹出如下选项：Watchdog Mode（看门狗模式）用于选择触发源，可选择为 Single regular channel（单一规则组通道）、Single injected channel（单一注入组通道）、Single regular or injected channel（单一规则组或注入组通道）、All regular channels（所有规则组通道）、All injected channels（所有注入组通道）、All regular and injected channels（所有规则组和注入组通道）。在前三种触发源中，需要设置 Analog WatchDog Channel（模拟看门狗通道）。High

Threshold（高阈值）和 Low Threshold（低阈值）用来定义 ADC 高或低阈值，超出阈值则模拟看门狗状态位（AWD）被置位。

WatchDog	
Enable Analog WatchDog Mode	☑
* Watchdog Mode	Single regular channel
* Analog WatchDog Channel	Channel 0
* High Threshold	0
* Low Threshold	0
* Interrupt Mode	Disabled

图 9.11　模拟看门狗配置

模拟看门狗中断可通过 ADC_CR1 寄存器中的 AWDIE 位来启用，模拟看门狗中断可在一个或多个通道上启用，具体启用方式如表 9.1 所示。其高、低阈值在 16 位寄存器 ADC_HTR 和 ADC_LTR 的 12 个低有效位中设定。该功能启用时，若 ADC 转换的模拟电压低于低阈值或高于高阈值，模拟看门狗状态位（AWD）将被置位。请注意，高、低阈值与 ADC_CR2 寄存器中 ALIGN 位选择的对齐方式无关。

表 9.1　模拟看门狗中断启用方式

通道	ADC_CR1 寄存器控制位（X＝任意）		
	AWDSGL bit	AWDEN bit	JAWDEN bit
无	X	0	0
所有注入组通道	0	0	1
所有规则组通道	0	1	0
所有规则组和注入组通道	0	1	1
单一注入组通道	1	0	1
单一规则组通道	1	1	0
单一规则组或注入组通道	1	1	1

7. ADC 中断配置

STM32F 系列 ADC1 和 ADC2 中断映射到同一个中断向量上。ADC3 中断映射到一个单独的中断向量上。勾选 Enabled 复选框开启中断，如图 9.12 所示。ADC 中断有三种方式：规则组转换结束、注入组转换结束和模拟看门狗状态位置位。

ADC3 的中断在 ADC3→NVIC Settings 中设置。

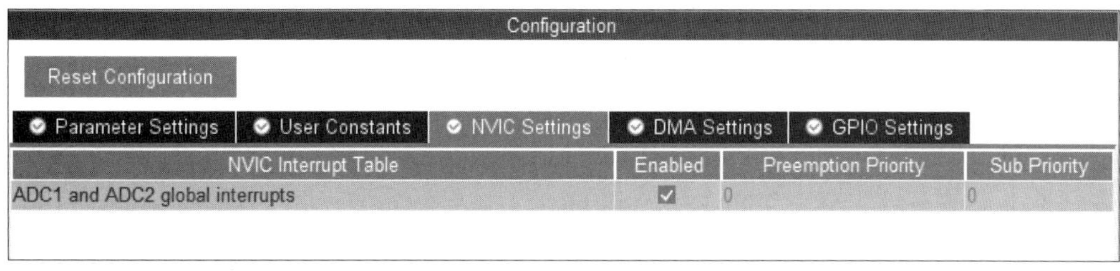

图 9.12　ADC 中断配置

8. F1 系列 DMA 配置

ADC 打开 DMA 的过程如图 9.13 所示，第一步单击 Add 按钮，第二步选择 ADC1。

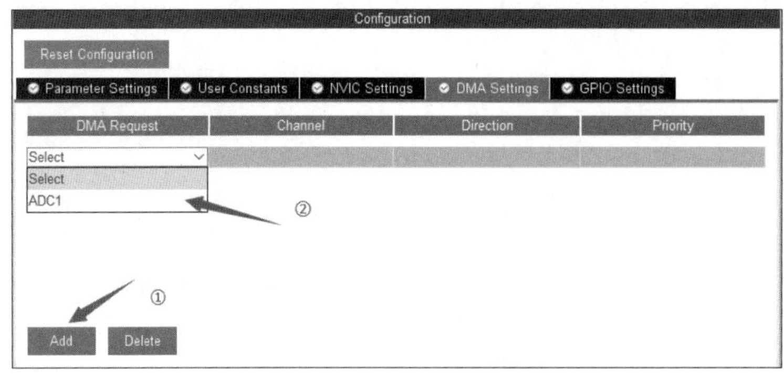

图 9.13　ADC 打开 DMA 的过程

打开 DMA 后将弹出如图 9.14 所示的 DMA 配置信息。

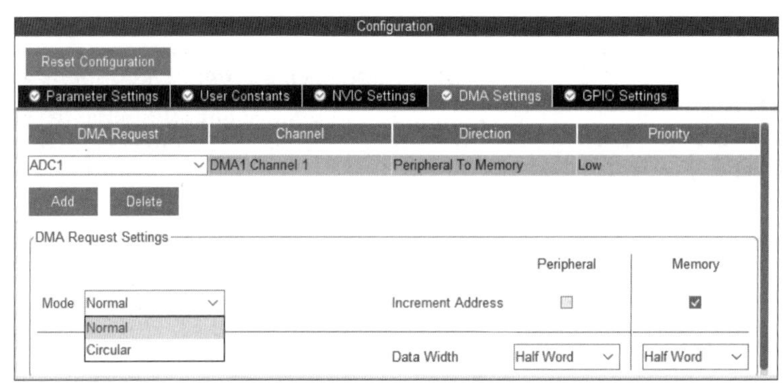

图 9.14　DMA 配置信息

Mode 下拉列表用于设置 DMA 模式，有以下两个选项。Normal（单次搬运）：在 DMA 第一次传输完成后，要启动第二次 DMA 传输，需先关闭该 DMA 通道，重新设置 DMA 传输数据的个数，再开启 DMA 通道。Circular（循环搬运）：DMA 会不断循环地将数据从外设传输至内存。

在 Increment Address（增量地址）栏中，若勾选 Memory（内存）复选框则第一个数据传输完成后，内存地址会增加，存放第二个数据时不会覆盖第一个数据。若取消勾选 Memory（内存）复选框，则存放第二个数据时会覆盖第一个数据。

Data Width（传输数据宽度）用于对传输的数据位数进行修改，可修改为 Byte（1 字节）即 8 位，Half Word（半字）即 16 位，Word（字）即 32 位。

9.3.2　接口函数

ADC 的 HAL 库接口函数定义在 stm32f1xx_hal_adc.c 源文件中。ADC 库函数声明与相关的结构体定义在 stm32f1xx_hal_adc.h 头文件中。本节将对用户可用接口函数进行解析。

1. 初始化（带自校准）及复位函数

函数原型：

```
HAL_ADC_Init(ADC_HandleTypeDef* hadc)
```

应用范例：

```
if (HAL_ADC_Init(&hadc1) != HAL_OK)
Error_Handler();
```

注意事项：IDE 会根据硬件配置自动生成初始化 ADC 的代码，这些代码位于函数 MX_ADC1_Init(void)中。

2. 复位函数

复位函数用于将 ADC 外围寄存器恢复到其默认值或初始状态。

函数原型：

```
HAL_ADC_DeInit(ADC_HandleTypeDef* hadc)
```

应用范例：

```
HAL_ADC_DeInit(&hadc1) ;
```

3. 轮询方式相关函数及其功能

（1）函数功能：开启 ADC 转换。

函数原型：

```
HAL_ADC_Start(ADC_HandleTypeDef* hadc)
```

应用范例：

```
HAL_ADC_Start(&hadc1);
```

（2）函数功能：停止 ADC 转换。

函数原型：

```
HAL_ADC_Stop(ADC_HandleTypeDef* hadc)
```

应用范例：

```
HAL_ADC_Stop(&hadc1) ;
```

（3）函数功能：等待规则组转换结束，并采用超时管理机制。此函数不能在开启 DMA 时使用。

函数原型：

```
HAL_ADC_PollForConversion(ADC_HandleTypeDef* hadc, uint32_t Timeout)
```

应用范例：

```
while(HAL_ADC_PollForConversion(&hadc1, 0xff));
```

（4）函数功能：获取 ADC 数值（常用于轮询或中断方式下获取数值）。

函数原型：

```
HAL_ADC_GetValue(ADC_HandleTypeDef* hadc)
```

应用范例：

```
HAL_ADC_GetValue(&hadc1) ;
```

注意事项：此函数会自动清除 EOC 标志（单一通道转换完成标志），不会清除 EOS 标志（序列转换完成标志）。

4. 中断方式及其相关函数

（1）函数功能：启动 ADC 及其中断，并开始对规则组通道进行转换。

函数原型：

```
HAL_ADC_Start_IT(ADC_HandleTypeDef* hadc)
```

应用范例：

```
HAL_ADC_Start_IT(&hadc1) ;
```

（2）函数功能：停止规则组或自动注入模式的注入组的 ADC 转换，结束中断，禁用 ADC 外设。

函数原型：

```
HAL_ADC_Stop_IT(ADC_HandleTypeDef* hadc)
```

应用范例：

```
HAL_ADC_Stop_IT(&hadc1);
```

5. DMA 方式及其相关函数

（1）函数功能：DMA 方式启动 ADC，同时启动 DMA 中断（在转换一半和转换后进入）。开启后，会读取 Length 长度的数据至 pData 地址（一般为数组首地址）。

函数原型：

```
HAL_ADC_Start_DMA(ADC_HandleTypeDef* hadc, uint32_t* pData, uint32_t Length)
```

应用范例：

```
HAL_ADC_Start_DMA(&hadc1，data，2);
```

注意事项：此函数仅适用于单 ADC 模式。

（2）函数功能：停止 DMA，禁用 ADC 外设。

函数原型：

```
HAL_ADC_Stop_DMA(ADC_HandleTypeDef* hadc)
```

应用范例：

```
HAL_ADC_Stop_DMA(&hadc1);
```

6. 中断服务函数

（1）ADC 中断服务函数。

函数原型：

```
HAL_ADC_IRQHandler(ADC_HandleTypeDef* hadc)
```

（2）ADC 中断回调函数，用户在该函数内编写实际的中断服务程序。

函数原型：

```
HAL_ADC_ConvCpltCallback(ADC_HandleTypeDef* hadc)
```

（3）DMA 传输一半时调用的中断回调函数。

函数原型：

```
HAL_ADC_ConvHalfCpltCallback(ADC_HandleTypeDef* hadc)
```

（4）模拟看门狗非阻塞回调函数。

函数原型：

```
HAL_ADC_LevelOutOfWindowCallback(ADC_HandleTypeDef* hadc)
```

7. 外设状态函数

（1）获取 ADC 转换状态函数。

函数原型：

```
HAL_ADC_GetState(ADC_HandleTypeDef* hadc)
```

（2）获取 ADC 错误状态函数。

函数原型：

```
HAL_ADC_GetError(ADC_HandleTypeDef* hadc)
```

9.4 ADC 应用实例

9.4.1 单 ADC 单通道应用示例

1. 功能描述

本实例通过 ADC1 模块，读取芯片内部温度数据，再通过 Debug 的方式观察转换后的数据。

STM32F103 系列单片机内部有一个温度传感器，用来测量芯片内部的温度，连接在 ADC1_IN16 的输入通道上。内部温度测量范围是-40～125℃，测量精度为±1.5℃。查询数据手册，可得到内部温度与输出电压的关系：

$$\text{Temp} = \frac{(V_{25} - V_{\text{sense}})}{\text{Avg\_Slope}} + 25$$

式中，V_{25} 是温度传感器 25℃时的输出电压，典型值为 1.43V，最小值为 1.34V，最大值为 1.52V；Avg_Slope 是温度传感器输出电压与温度曲线的平均斜率，典型值为 4.3mV/℃，最小值为 4.0 mV/℃，最大值为 4.6 mV/℃；V_{sense} 是由 A/D 转换结果值 ADC_Value 换算得到的电压，当参考电压为 3.3V 时，换算公式如下：

$$V_{\text{sense}} = \frac{3.3}{2^{12} - 1} \times \text{ADC\_Value}$$

2. 软件设计

具体操作步骤如下。

（1）新建 STM32CubeIDE 工程，选择 MCU。

（2）ADC 功能参数设置。

第一步：配置 RCC。选择外部高速时钟源 High Speed Clock（HSE）作为系统时钟。在 High Speed Clock(HSE)下拉列表中选择 Crystal/Ceramic Resonator（晶振/陶瓷谐振器），如图 9.15 所示。

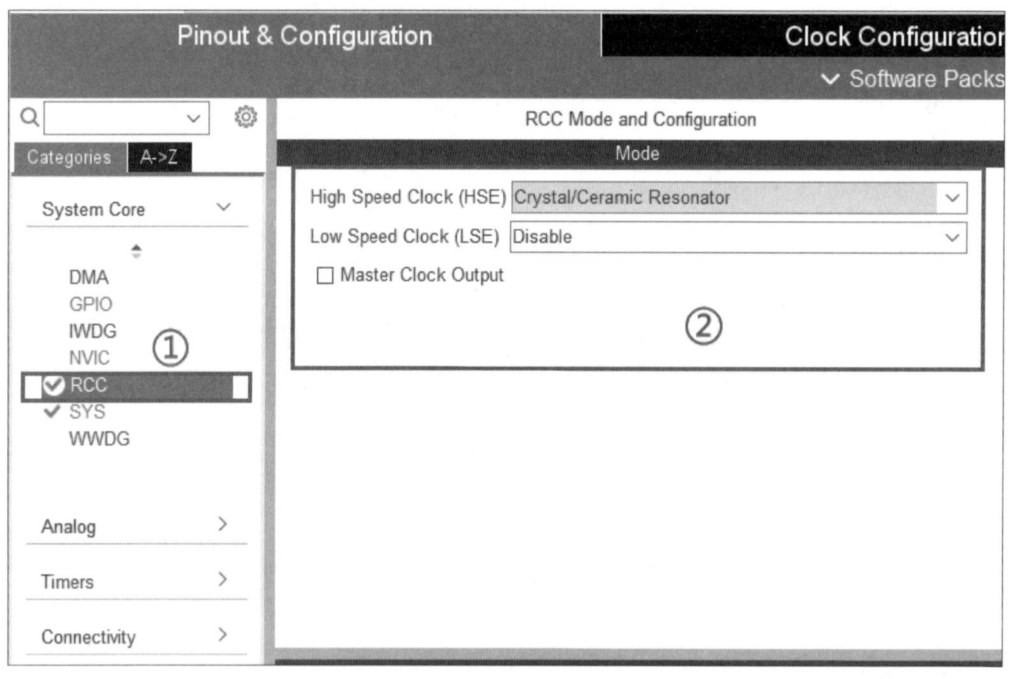

图 9.15　RCC 配置

第二步：配置 ADC1。单击 Analog 目录下的 ADC1；勾选 Mode 下 Temperature Sensor Channel 复选框，使能内部温度传感器通道；下方 Configuration 区域自动显示相关参数，如图 9.16 所示。

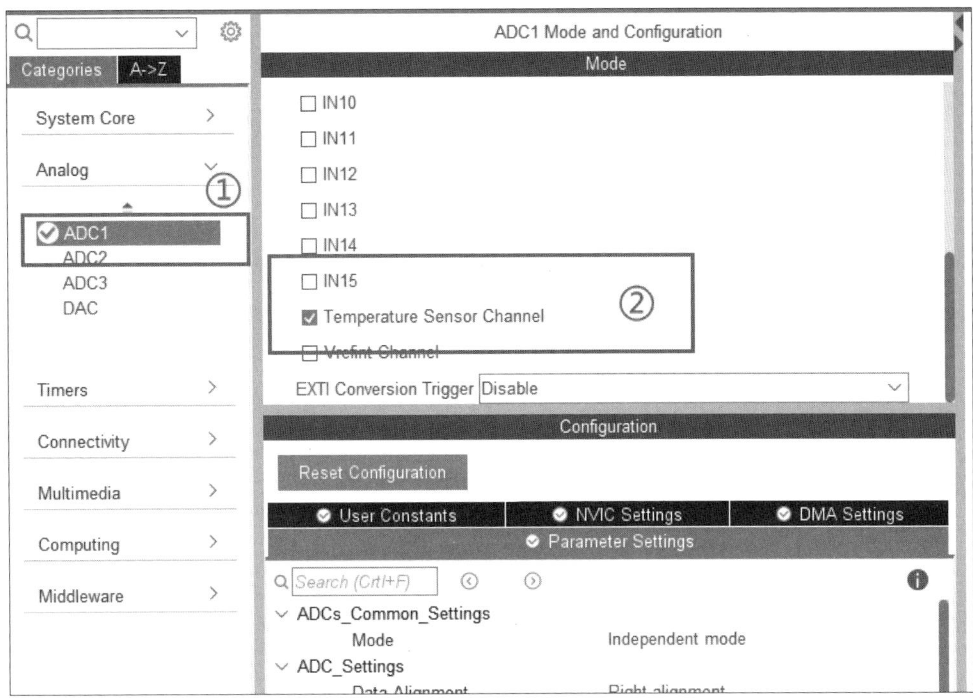

图 9.16 ADC1 通道设置

在 ADC1 的 Configuration 区域的 Parameter Settings 选项卡显示了默认的参数设置。对于单 ADC 单通道，可直接采用默认参数。当前设置中，数据对齐方式设置为右对齐；不启用连续转换模式，即 ADC 通过软件触发转换，如图 9.17 所示。

图 9.17 ADC1 参数配置

第三步：配置系统时钟和 ADC 时钟。根据所使用的目标板的实际情况配置系统时钟。本实例使用的目标板配置的外部时钟频率为 8MHz。经硬件倍频，STM32F103X 最高主频可达到 72MHz。由于本实例对时钟无精度要求，选择最大主频，即 72MHz，APB2 频率为 72MHz，APB1 频率为 36MHz，ADC 频率为 12MHz。用户可根据需求，自行配置时钟，如图 9.18 所示。

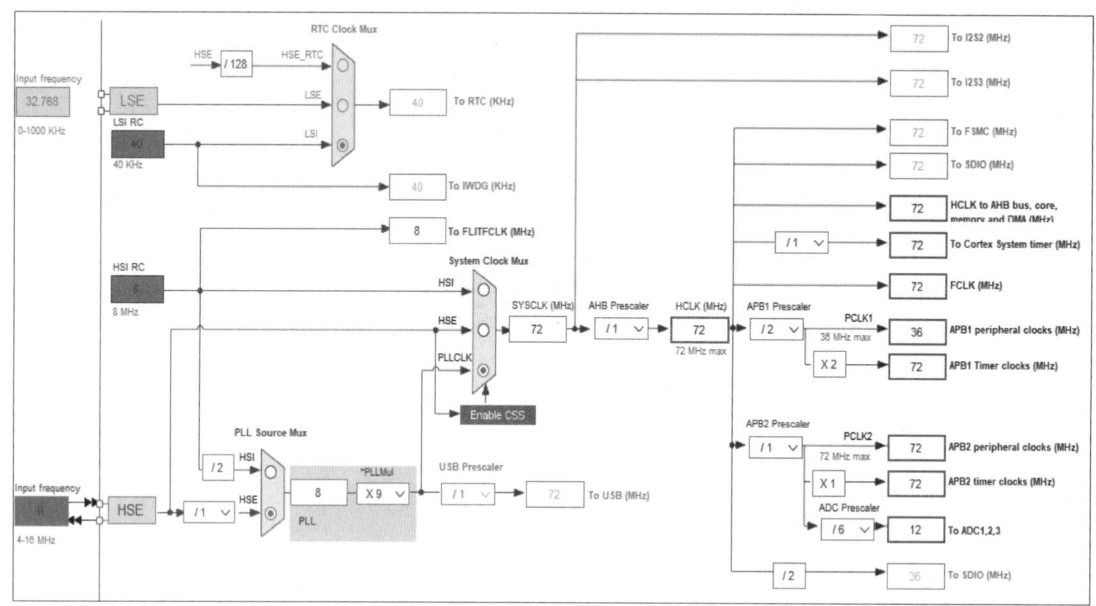

图 9.18　时钟配置

（3）生成工程代码。单击“保存”按钮，IDE 弹出是否生成代码文件的提示，选择生成即可。

（4）编写应用程序。

首先，进行变量的定义与宏定义。在 main.c 文件中的/* USER CODE BEGIN PV */和/* USER CODE END PV */之间添加以下代码。

```
/* USER CODE BEGIN PV */
#define V25 1.52                //根据实际情况进行调整
#define Ave_Slope 0.0043

uint16_t ADC_Value;             //用于存放 A/D 转换结果
float Vsense;                   //用于存放电压数值
float Temp;                     //用于存放温度数值
/* USER CODE END PV */
```

之后，在 while(1)内编写主要代码。本实例采用轮询方式，需要软件触发开启 ADC 并读取数据，代码如下。这段代码应该放在/* USER CODE BEGIN 3 */与/* USER CODE END 3 */之间。

```
while (1)
{
```

```
    /* USER CODE END WHILE */
    /* USER CODE BEGIN 3 */
    HAL_ADC_Start(&hadc1);                              //软件启动 ADC1 转换
    //*等待 ADC1 转换结束
    HAL_ADC_PollForConversion(&hadc1,60);
    //*判断是否将转换完成标志位置位
    if (HAL_IS_BIT_SET(HAL_ADC_GetState(&hadc1),HAL_ADC_STATE_REG_EOC))
    {
        ADC_Value = HAL_ADC_GetValue(&hadc1);           //读取 ADC1 转换数据
        Vsense = (float)ADC_Value / 4095 * 3.3;         //计算电压
        Temp = (V25 - Vsense) / Ave_Slope + 25;         //计算温度
    }
    HAL_Delay(1000);
}
/* USER CODE END 3 */
```

3. 实验结果

程序编译后进入 Debug 模式。在调试窗口添加变量 Temp。在程序中添加断点并运行。结果显示，当前 CPU 内部温度为 31.59℃（保留两位小数），如图 9.19 所示。

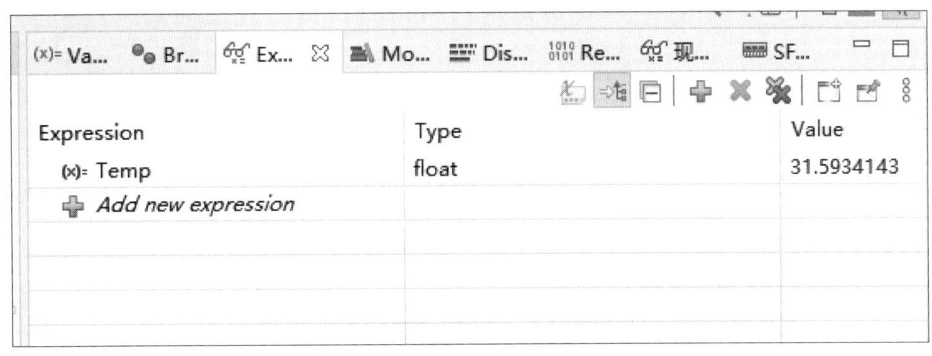

图 9.19　实验结果

9.4.2　单 ADC 多通道应用示例

1. 功能描述

在实际应用中，往往需要使用 ADC 的多路通道。ADC 多通道采集模式有两种：阻塞模式与 DMA 模式。在阻塞模式下，若未完成转换，则进程挂起直到完成再进行其他操作，因此当通道数量较多时，会比较耗时或影响整体时序。本实例使用 DMA 模式对单一 ADC 两路通道（一路外部通道、一路内部温度测量通道）进行读取。

注意：连接外部电路时，需注意电压、电流等参数，以防单片机击穿。还需注意“共地”，即通过杜邦线等方式共用一块地平面，使待测电路与单片机电路的基准源相同，否则会使 A/D 数据失真。

2. 软件设计

具体操作步骤如下。

（1）新建 STM32CubeIDE 工程，选择 MCU。

（2）ADC 功能参数设置。

第一步：配置 RCC。

第二步：配置 ADC1。如图 9.20 所示，单击 Analog 目录下的 ADC1；勾选 Mode 下的 Temperature Sensor Channel 复选框，使能内部温度传感器通道，勾选 IN15 复选框，使能外部通道，此时右侧芯片引脚 PC5 高亮显示；下方 Configuration 区域显示相关参数。

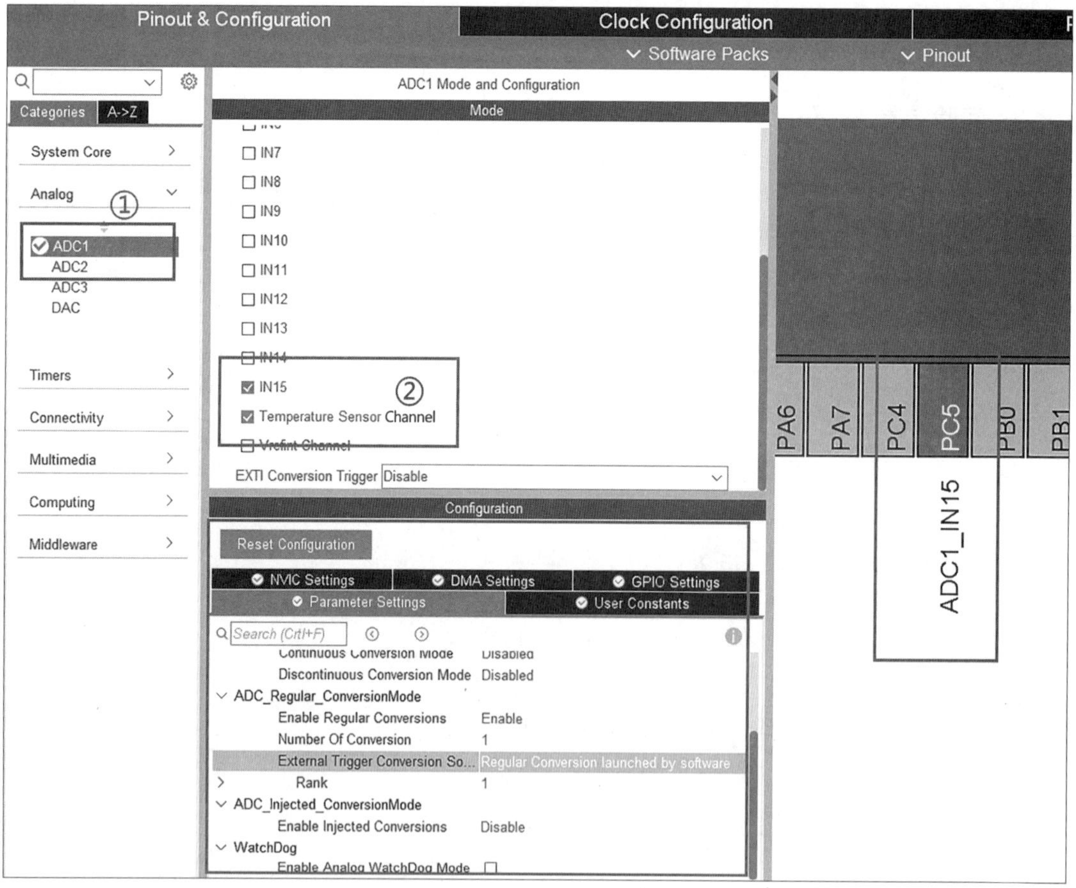

图 9.20　使能多个通道

ADC1 的配置如图 9.21 所示。在 Configuration 区域的 Parameter Settings 选项卡中，设置数据对齐方式为右对齐；设置转换的通道数量为 2（通道数量大于 1 是开启扫描模式的前提），开启扫描模式（使用多通道必须开启，否则仅转换一路）；开启连续转换模式。

在 Configuration 区域底部是默认的通道输出顺序，当前设置第一个数据为温度值，第二个数据为外部电压值。用户可根据需求更改输出顺序。

图 9.21 ADC1 配置

之后，如图 9.22 所示，在 DMA Settings 选项卡中开启 ADC1 的 DMA。当前 DMA 模式设置为 Circular，即循环读取 ADC 数据。Data Width（数据宽度）设置为 Half Wold（半字）。添加 DMA 后，会自动使能 DMA 中断，当 DMA 传输完成一轮后，进入中断回调函数，便于后续数据处理。

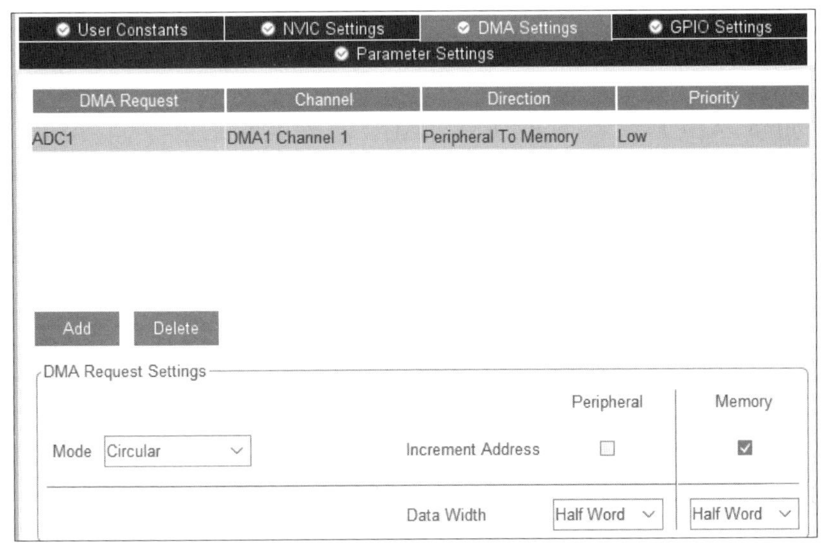

图 9.22 ADC-DMA 配置

（3）生成工程代码。单击“保存”按钮，IDE 弹出是否生成代码文件的提示，选择生成

即可。

（4）编写应用程序。

本实例需要在DMA传输结束后，对温度AD值进行处理。为提升代码运行效率，本实例将在中断服务函数中编写温度转换代码。

首先，进行变量的定义与宏定义。在main.c文件中的/* USER CODE BEGIN PV */和/* USER CODE END PV */之间添加以下代码。

```
/* USER CODE BEGIN PV */
uint16_t ADC_Values[2]={0};//用于存放两路A/D转换结果，初值为0
/* USER CODE END PV */
```

在stm32f1xx_it.c文件中的/* USER CODE BEGIN PV */和/* USER CODE END PV */之间添加以下代码。

```
/* USER CODE BEGIN PV *
//*该变量在main.c中声明，为外部变量，需要加extern关键字。注意，不能在此处赋值
extern uint16_t ADC_Values[2];

#define V25 1.52
#define Ave_Slope 0.0043

float Vsense;                                    //用于存放电压值
float Temp;                                      //用于存放温度值
/* USER CODE END PV */
```

之后，开启DMA，在main.c文件中的/* USER CODE BEGIN 2 */和/* USER CODE END 2 */之间添加以下代码。

```
/* USER CODE BEGIN 2 */
HAL_ADC_Start_DMA(&hadc1,(uint32_t *)ADC_Values,2);
/* USER CODE END 2 */
```

上述代码将ADC1两路数据通过DMA的方式存放在数组ADC_Values中。ADC_Values[0]存储内部温度，ADC_Values[1]存储外部电压。

最后，对温度的AD值进行转换。先在stm32f1xx_it.c文件中找到DMA的中断回调函数void DMA1_Channel1_IRQHandler(void)。然后在该函数中的/* USER CODE BEGIN DMA1_Channel1_IRQn 1 */和/* USER CODE END DMA1_Channel1_IRQn 1 */之间添加以下代码。

```
/* USER CODE BEGIN DMA1_Channel1_IRQn 1 */
Vsense = (float)ADC_Values[0] / 4095 * 3.3;      //计算电压
Temp = (V25 - Vsense) / Ave_Slope + 25;          //计算温度
/* USER CODE END DMA1_Channel1_IRQn 1 */
```

至此，本实例代码编写完成，但调试结果都是0。后经查找，发现当前CubeIDE生成的代码存在问题。为了解决这个问题，需要将DMA初始化函数与ADC初始化函数调换位置，如下所示。

```
MX_DMA_Init();
MX_ADC1_Init();
```

3. 实验结果

实验结果如图 9.23 所示。当外部待测电压为 1.65V 时，单片机测量 AD 值为 2071，根据公式换算得，测量值为 2071/4095×3.3≈1.67V，与实际相符。当前内部温度 AD 值为 1812，换算得温度为 40.59℃（保留两位小数）。

Expression	Type	Value
ADC_Values	uint16_t [2]	0x20000028 <ADC_Values>
(x)= ADC_Values[0]	uint16_t	1812
(x)= ADC_Values[1]	uint16_t	2071
(x)= Temp	float	40.5890579
Add new expression		

图 9.23　实验结果

9.5 本章小结

智能设备的准确控制需要实时掌握各类数据，如温度、湿度、光照强度等，这些数据往往需要转化为电信号，然后由 ADC 模块转化为数字量被系统读取。本章讨论了 STM32F1 外设模块 ADC 的转换原理、误差来源、设备配置与示例代码等内容。

本章重点：ADC 的转换过程及不同种类 ADC 的转换原理。根据实际情况确定分辨率、采样频率等参数，以选择外置的 ADC。ADC 的误差来源与消除措施。

本章难点：进行 ADC 的参数配置。

思考与实践

1. 简述 ADC 转换过程及主要技术参数。

2. 简述 ADC 的转换时间。STM32F103 系列微控制器的 ADC 最短转换时间是多少？

3. 程序设计：充电电池常常用作航模等设备的电源。为了保障设备工作时不断电，需要实时检测充电电池电压，当电压较低时提示充电。请应用本章知识，设计电压检测程序。

第 10 章 DAC

本章主要讨论 STM32 单片机 DAC 外设模块的功能、特点、技术参数、配置。通过学习，达到以下目标：

1．知识目标。了解 DAC 的用途、DAC 主要技术参数，理解 DAC 输出电压的计算方法，熟练掌握 DAC 配置过程。

2．能力目标。能基于 HAL 库进行 DAC 应用开发，如波形发生器。

3．素质目标。培养敬业爱国、有担当的精神。

10.1 STM32 的 DAC

10.1.1 DAC 的功能、特点

DAC 为数模转换模块，其作用与 ADC 相反，它把输入的数字编码转换成对应的模拟电压输出。在常见的数字信号系统中，大部分传感器信号被转化为电压信号，之后 ADC 把模拟电压信号转换成易于单片机存储、处理的数字编码，经单片机处理后，由 DAC 转换输出模拟电压信号，最后该模拟电压信号驱动某些执行器件，信号处理过程如图 10.1 所示。例如，音频信号的采集及还原就是这样一个过程。

图 10.1 信号处理过程

STM32 具有片上的 DAC 外设，它是 12 位数字输入、模拟电压输出的数模转换器。其可配置成 8 位或 12 位模式，也可以与 DMA 控制器配合使用。DAC 有两个输出通道，每个通道都有单独的转换器，可以工作在双 DAC 模式下。在此模式下，可以同步地更新两个通道的输出，这两个通道的转换可以同时进行，也可以分别进行。DAC 可以通过引脚输入电压 V_{REF} 获得更精确的转换结果。

DAC 的特点如下：

（1）两个 DAC 转换器：1 个输出通道对应 1 个转换器。

（2）8 位或 12 位单调输出。

（3）12 位模式下，数据左对齐或右对齐。8 位模式下，数据仅右对齐。

（4）可以生成噪声波形、三角波形。

（5）每个通道都有 DMA 功能。

（6）支持外部触发转换。

（7）V_{REF+}的范围为 2.4V≤V_{REF}≤VDDA（3.3V）。

一旦使能 DAC 通道，相应 GPIO 引脚（PA4 或 PA5）就会自动与 DAC 的模拟输出相连（DAC_OUTx）。为了避免寄生干扰和额外的功耗，引脚 PA4 和 PA5 在之前应设置成模拟输入（AIN）引脚。数字输入经过 DAC 转换成模拟电压输出，其范围为 0～V_{REF}。任一 DAC 通道引脚上的输出电压满足下面的关系：

$$\text{DAC输出电压}=V_{\text{REF}}\times\frac{\text{DOR}}{2^{12}}$$

式中，DOR 为输出的数字量。

10.1.2 DAC 的主要技术参数

1. 分辨率

分辨率是输入数字量发生单位数码变化（变化 1LSB）时，对应输出模拟量的变化量，常用二进制的位数表示，如 8 位、12 位。8 位 DAC 芯片常见的有 DAC0832、AD8600 等，12 位 DAC 芯片常见的有 DAC12DL3200、DAC8412 等，本书所介绍的 STM32F1 系列单片机内嵌的 DAC 可以设置为 8 位或 12 位。

DAC 的分辨率体现在模拟电压的最小增量上，若基准电压 V_{REF} 为 3.3V，当选择 12 位 DAC 时，DAC 输出的模拟电压最小增量为 3.3/4096 ≈ 0.8mV；当选择 8 位 DAC 时，DAC 输出的模拟电压最小增量为 3.3/256 ≈ 12.89mV。相比之下，8 位 DAC 最小增量较大，输出精度较低，输出的误差较大。用户可根据设计需求，综合考虑价格、精度等多方面因素加以选用。

2. 精度

DAC 的精度是指 DAC 实际特性曲线与理想特性曲线之间的最大偏差。D/A 转换精度与 DAC 芯片的结构和接口配置的电路有关，有绝对精度、相对精度之分。在不考虑转换误差时，DAC 的分辨率即为转换精度。

（1）绝对精度：指满刻度数字量输入时，输出模拟量接近理论值的程度。

（2）相对精度：指在满刻度已经校准的前提下，整个刻度范围内，任一模拟量的输出与它的理论值之差，它是 DAC 线性度的表征参数。

3. 误差

DAC 的误差主要包括失调误差（漂移误差）、增益误差（比例系数误差）和线性误差。

（1）失调误差：指数字输入全为 0 时，模拟输出值与理论输出值的偏差。

（2）增益误差：指实际转换的增益与理论增益之间的偏差。

（3）线性误差：指模拟输出偏离理想输出的最大值。

失调误差和增益误差主要由工艺与外部信号路径引起，可以通过自校准减小。导致失调误差的另一种原因是使能输出缓存器，使得数字输入为 0 时，输出电压仍然高于 20mV。

10.1.3 DAC 配置的基本过程

以通道 1 为例，其基本过程如下。

（1）开启 PA 口时钟，设置 PA4 为模拟输入。

STM32F1 的 DAC1 通道在 PA4 上，所以要先使能 PORTA 的时钟，然后设置 PA4 为模拟输入。DAC 本身是输出，但是为什么端口模式要设置为模拟输入呢？因为一旦使能 DACx 通道之后，相应的 GPIO 引脚（PA4 或 PA5）将自动与 DAC 的模拟输出相连，设置为输入，是为了避免额外的干扰。

（2）使能 DAC1 时钟。

同其他外设一样，使用前必须开启相应的时钟。STM32F1 的 DAC 模块的时钟是由 APB1 提供的，所以要使能 DAC 模块的时钟。

（3）初始化 DAC，设置 DAC 的工作模式。

该部分设置全部通过寄存器 DAC_CR 设置实现，包括：DAC1 通道使能、DAC1 通道输出缓存关闭、不使用触发、不使用波形发生器等设置。

（4）使能 DAC 转换通道。

初始化 DAC 之后，要使能 DAC 转换通道。

（5）设置 DAC 的输出值。

完成前面 4 个步骤的设置，DAC 就可以开始工作了。当使用 12 位右对齐数据格式时，就可以在 DAC 输出引脚（PA4）上得到不同的电压值。

（6）部分应用也可能要读取 DAC 的数值。

10.2 DAC 配置

10.2.1 设备配置解析

1. 使能 DAC

STM32F1 有两路 DAC。DAC 的配置界面如图 10.2 所示。单击 DAC，可以看到 STM32F103ZET6 可使用的 DAC 通道。

图 10.2 DAC 的配置界面

如图 10.3 所示，当选择所需 DAC 通道后，下方 Configuration 区域会显示配置信息，右侧芯片会显示所占用引脚，用初始命名格式 DAC_OUTx 对引脚进行命名。

将 DAC_CR 寄存器中 ENx 位置位，以启动 DAC。DAC 启动后，便开始正常工作。

图 10.3 DAC 参数配置

External Trigger 用于外部触发 DAC，勾选该复选框后，右侧芯片引脚 PF9 高亮显示，

并以“DAC_EXTI9”命名。

2. DAC 参数配置

DAC 参数配置包含两部分：输出缓存器设置与触发方式设置。

STM32F1 系列单片机的 DAC 集成了两个输出缓存器，可用于降低输出阻抗，并直接驱动外部负载，而无须添加外部运算放大器。每个 DAC 通道输出缓存区可以使用 DAC_CR 寄存器中相应的 BOFFx 位来启用和禁用。一般将输出缓存器状态配置为使能。但是输出电压不能低于 20mV，若需要设计低电压输出，则可以不使能输出缓存器。

如图 10.4 所示，DAC 的 Configuration 区域的 Parameter Settings 选项卡中显示了 DAC 两路输出的配置。默认使能 DAC 输出缓存器。

DAC 的触发方式可以通过 Trigger 下拉列表来选择，有定时器触发、软件触发和外部触发三种，用户可以根据自身需求进行配置。注意，触发方式中 None（无触发）和 Software trigger（软件触发）是有区别的：None 表示只在向 DAC 数据存储器 DHR 写入数据之后，DAC 自动转换一次；Software trigger 表示向软件触发寄存器 SWTRIGR 中写入命令时触发转换（将 DOR 寄存器中的数据进行转换），但是在这之前需要将数据写入 DAC 数据存储器 DHR。

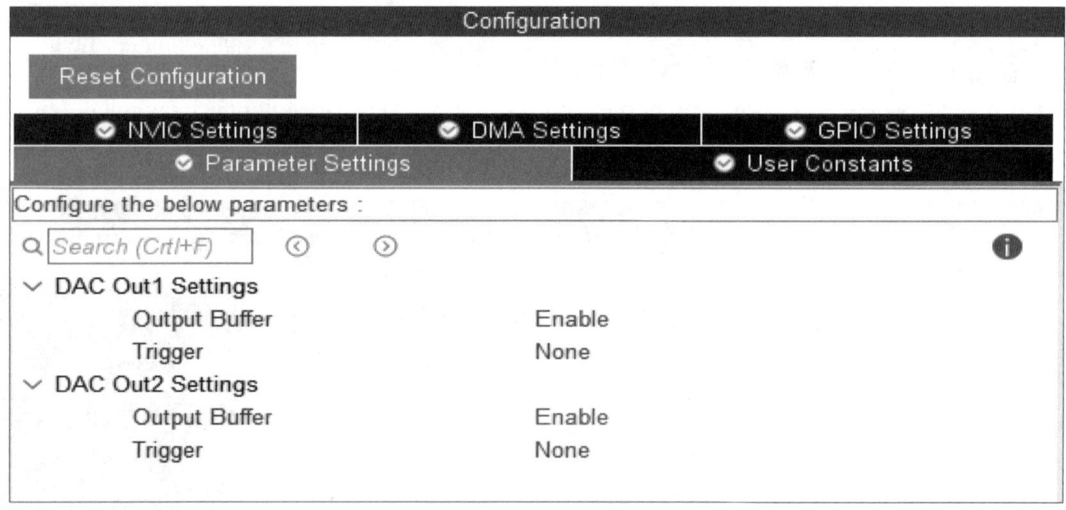

图 10.4　DAC 输出配置

3. DMA 请求

两个 DAC 通道都具有 DMA 能力。当 DMAENx 位置位时，外部触发器（不是软件触发器）触发将引发 DAC 的 DMA 请求。然后，将 DAC_DHRx 寄存器的值传输到 DAC_DORx 寄存器。

DMA 请求在 Configuration 区域的 DMA Settings 选项卡中设置。DAC 的 DMA 参数配置与 ADC 等其他模块的 DMA 的参数配置相同，如图 10.5 所示。

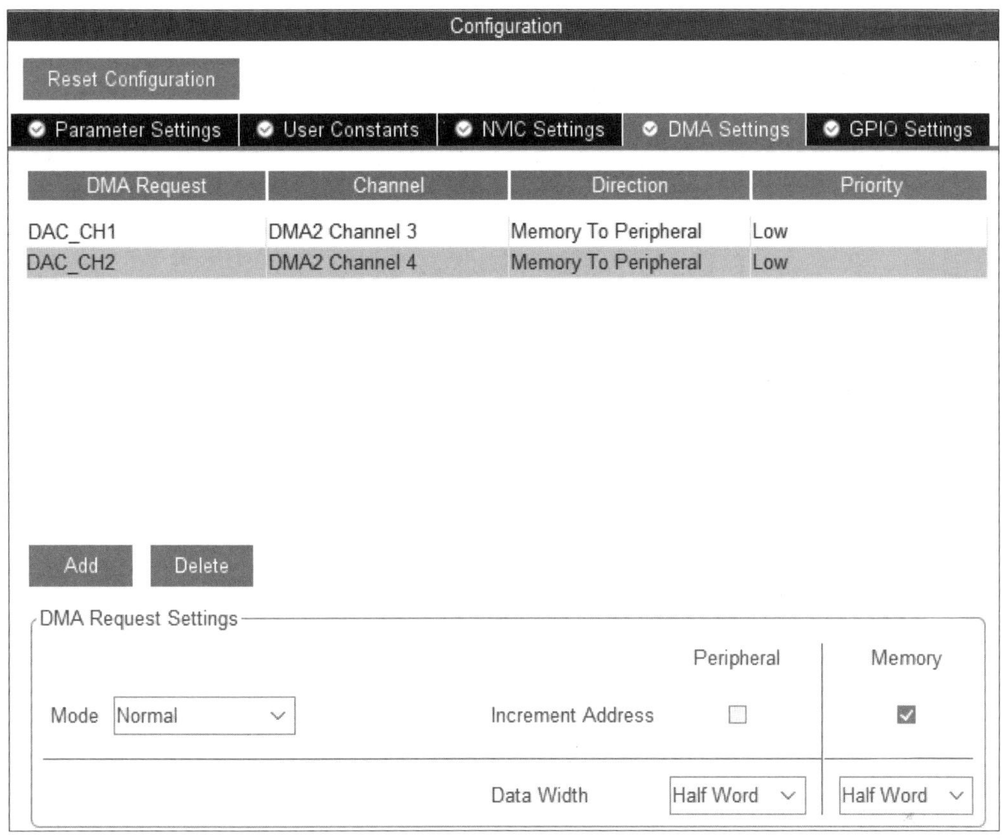

图 10.5　DAC 的 DMA 参数配置

10.2.2 接口函数

HAL 库中 DAC 的接口函数定义在 stm32f1xx_hal_dac.c 源文件中，DAC 库函数声明与相关的结构体定义在 stm32f1xx_hal_dac.h 头文件中。本节对用户可用的接口函数进行解析。

1. 初始化及复位函数

函数原型：

```
HAL_DAC_Init(DAC_HandleTypeDef *hdac)
```

应用范例：

```
if (HAL_DAC_Init(&hdac) != HAL_OK)
Error_Handler();
```

2. 复位函数（将 DAC 外围寄存器恢复到其默认值或初始状态）

函数原型：

```
HAL_DAC_DeInit(ADC_HandleTypeDef* hdac)
```

应用范例：

```
HAL_DAC_DeInit(&hdac);
```

3. DAC 轮询方式启停

（1）启动 DAC 的通道转换。

函数原型：

```
HAL_DAC_Start(DAC_HandleTypeDef *hdac, uint32_t Channel)
```

应用范例：

```
HAL_DAC_Start(&hdac, DAC_CHANNEL_1) //启用 DAC 输出通道 1
```

（2）DAC 的通道输出固定数据。输出正弦等波形数据时，需要放在循环中。Data 的范围是 0～4095。

函数原型：

```
HAL_DAC_SetValue(DAC_HandleTypeDef *hdac, uint32_t Channel,
uint32_t Alignment, uint32_t Data)
```

应用范例：

```
HAL_DAC_SetValue(&hdac, DAC_CHANNEL_1, DAC_ALIGN_12B_R, 4095); //DAC1 输出 3.3V。
```

（3）暂停 DAC 的通道转换。

函数原型：

```
HAL_DAC_Stop(DAC_HandleTypeDef *hdac, uint32_t Channel)
```

应用范例：

```
HAL_DAC_Stop(&hdac, DAC_CHANNEL_1); //停止 DAC 输出通道 1
```

4. DAC-DMA 方式启停

（1）以 DMA 方式启动 DAC 的通道。输出转换长度为 Length、存放在地址 pData 中的数据波形。Alignment 用于设定输出分辨率与对齐方式，一般采用 12 位右对齐。

函数原型：

```
HAL_DAC_Start_DMA(DAC_HandleTypeDef *hdac, uint32_t Channel,
                  const uint32_t *pData, uint32_t Length, uint32_t Alignment)
```

应用范例：

```
HAL_DAC_Start_DMA(&hdac, DAC_CHANNEL_1, pData, 128, DAC_ALIGN_12B_R) ;
//以 DMA 方式启动 DAC1，输出 128 个数据，存放在首地址为 pData 的区域。分辨率为 12 位，右对齐
```

（2）关闭 DAC 的指定通道的 DMA。

函数原型：

```
HAL_DAC_Stop_DMA(DAC_HandleTypeDef *hdac, uint32_t Channel)
```

应用范例：

```
HAL_DAC_Stop_DMA(&hdac, DAC_CHANNEL_1);
```

5. 状态获取

（1）读取 DAC 通道当前输出的数据值。

函数原型：

```
HAL_DAC_GetValue(const DAC_HandleTypeDef *hdac, uint32_t Channel)
```

应用范例：

```
HAL_DAC_GetValue(&hdac, DAC_CHANNEL_1);
```

（2）读取 DAC 当前状态。

函数原型：

```
HAL_DAC_GetState(const DAC_HandleTypeDef *hdac)
```

应用范例：

```
HAL_DAC_GetState(&hdac) ;
```

10.3 DAC 应用实例

10.3.1 DAC 输出正弦波

1. 功能描述

正弦波具有周期性和简谐振动的特点，在各领域都有广泛应用，如电力系统、音频系统。正弦波振幅在时间轴上按照正弦函数变化。振幅变化可以用如下公式描述：

$$f(t) = A\sin(\omega t + \varphi)$$

式中，A 为振幅；ω 为圆频率；t 为时间；φ 为初始相位。

为使 DAC 输出光滑、连续的正弦波，需要大量采样点。可以通过 MATLAB 对正弦波进行采样，采样代码如下。该代码的运行结果是 1 个周期的正弦波，采样点数是 32 个。用户可以根据需要，自行调整正弦波相关参数。

```
N=32;%    采样点数
n=0:N-1;
t = n / N;
y=int16(2047.5 * sin(2 * pi * t) + 2047.5);
```

2. 软件设计

具体操作步骤如下。

（1）新建 STM32CubeIDE 工程，选择 MCU。

（2）DAC 功能参数设置。

第一步：配置 RCC。

第二步：配置 DAC。

在图 10.6 所示界面中，单击 Analog 目录下的 DAC；勾选 Mode 下 OUT1 Configuration 复选框，使能 DAC1 通道，此时右侧芯片对应引脚 PA4 高亮显示；下方 Configuration 区域自动显示相关参数。

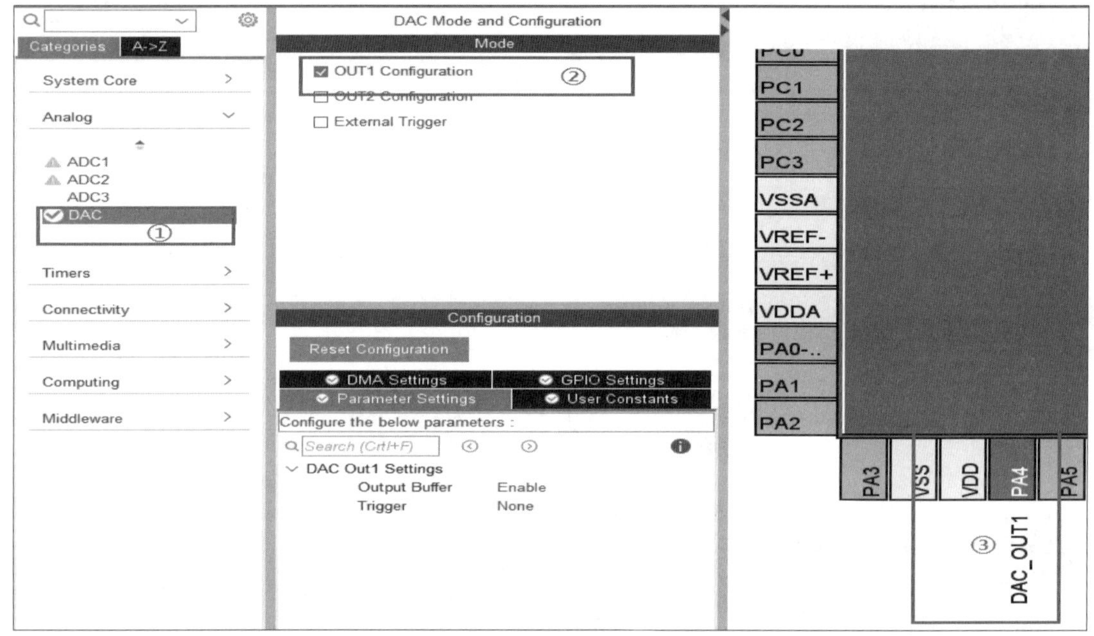

图 10.6　DAC 配置

使用默认参数，则使能输出缓存器，且采用无触发方式。

第三步：配置系统时钟和 ADC 时钟。

根据所使用的目标板的实际情况配置系统时钟。本实例使用的目标板配置的外部时钟频率为 8MHz。经硬件倍频，STM32F103x 最高主频可以达到 72MHz。由于本实例对时钟无精度要求，选择最大主频，即 72MHz，APB2 频率为 72MHz，APB1 频率为 36MHz。用户可以根据需要，自行配置时钟频率。

（3）生成工程代码。

单击“保存”按钮，IDE 弹出是否生成代码文件的提示，选择生成即可。

（4）编写应用程序。

首先，对正弦函数数组变量、循环变量进行定义。在 main.c 文件中的/* USER CODE BEGIN PV /和/ USER CODE END PV */之间添加以下代码。

```
int i = 0;
uint16_t sinwave[32] = {2048, 2460, 2856, 3218, 3532, 3786, 3969, 4072,
                        4093, 4031, 3887, 3668, 3382, 3042, 2661, 2255,
                        1841, 1435, 1054, 714 , 428 , 209 ,   65,  3   ,
                        24   , 127 , 310 , 564 , 878  , 1240,   1636, 2048};
```

然后，启动 DAC。在 main.c 文件中的/* USER CODE BEGIN 2 /和/ USER CODE END 2 */之间添加以下代码。

```
HAL_DAC_Start(&hdac, DAC_CHANNEL_1);
```

最后，在 while 循环中添加 DAC 转换输出代码。即在 main.c 文件中的/* USER CODE BEGIN 3 /和/ USER CODE END 3 */之间添加以下代码。

```
for (i = 0; i < 32; i++)
    HAL_DAC_SetValue(&hdac, DAC_CHANNEL_1, DAC_ALIGN_12B_R, sinwave[i]);
    //使用 DAC1 通道（PA4）输出正弦波。输出分辨率为 12 位，对齐方式为右对齐
```

3. 实验结果

生成的正弦波如图 10.7 所示。

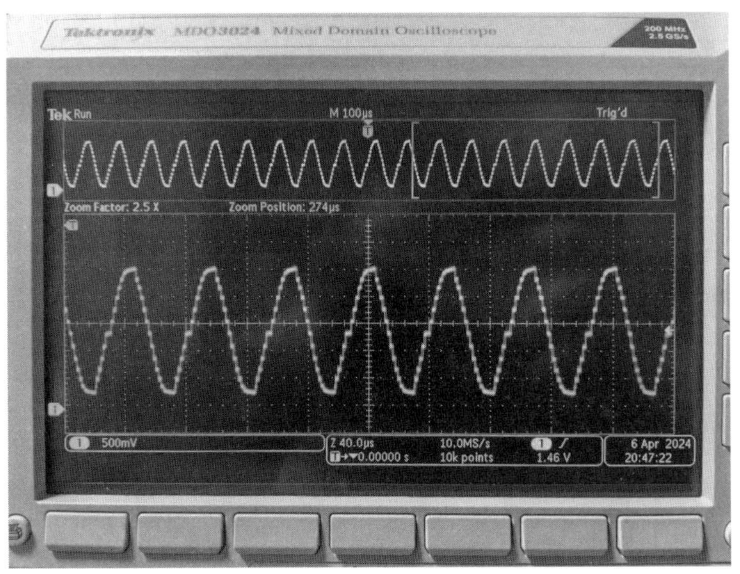

图 10.7　生成的正弦波

10.3.2 DAC 输出三角波

1. 功能描述

三角波是一种周期信号，其波形类似于等腰直角三角形，在电子学和通信领域中非常

常见，在音频合成、图像处理和测试设备中都有广泛应用。在音频合成中，可以将一系列三角波叠加来模拟复杂的声音波形。在图像处理中，可以使用三角波来产生灰度条纹，以检查扫描仪或打印机的性能。在测试仪器中，可以使用三角波来测试信道带宽、进行光谱分析和时序测量等。

三角波可以由不同方式产生，如 RC 电路、IC 和计算机软件等。在本实例中，将使用 STM32 的 DAC 自带的波形发生器生成三角波。在对应寄存器中，需要将 WAVEx[1:0]位设置为“10”，选择 DAC 生成三角波；通过 DAC_CR 寄存器中的 MAMPx[3:0]位配置三角波振幅。在每个触发器事件之后，内部的三角波计数器等待 3 个 APB1 时钟周期后累加 1。计数器的值与 DAC_DHRx 寄存器的数值相加并丢弃溢出位后写入 DAC_DORx 寄存器。在传入 DAC_DORx 寄存器的数值小于 MAMP[3:0]位定义的最大振幅时，三角波计数器逐步累加。一旦达到设置的最大幅度，计数器的值就开始递减，达到 0 后再开始累加，周而复始。

2. 软件设计

具体操作步骤如下。

（1）新建 STM32CubeIDE 工程，选择 MCU。

（2）DAC 功能参数设置。

第一步：配置 RCC。

第二步：配置 DAC。

使能 DAC1，操作步骤同 10.3.1 节对应部分。本实例使用硬件生成三角波，DAC 配置如图 10.8 所示。

DAC Out1 Settings	
Output Buffer	Enable
Trigger	Timer 2 Trigger Out event
Wave generation mode	Triangle wave generation
Maximum Triangle Amplitude	4095

图 10.8　DAC 配置

在图 10.8 中，使能输出缓存器。将触发方式设置为定时器 2 触发（Timer 2 Trigger Out event），仅当触发方式不为 None 时，才弹出下面两个选项。Wave generation mode（波形生成模式）可以设置为 Triangle wave generation（三角波生成）或 Noise wave generation（噪声生成）。当选择生成三角波时，下方可以设置三角波幅值（Maximun Triangle Amplitude），当将 Maximun Triangle Amplitude 设置为 4095 时，根据转换公式，三角波最大电压为 3.3V。

第三步：配置触发源 TIM2。

在图 10.9 所示界面中，单击 Timers 目录下的 TIM2；在 TIM2 的 Mode 选项中配置时钟源（Clock Source）为内部时钟（Internal Clock）。设置后即使能 TIM2。

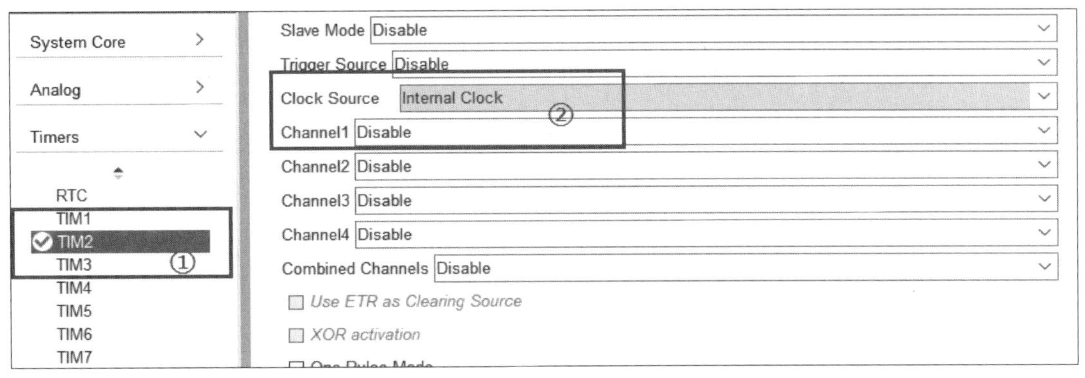

图 10.9 时钟源配置

使能 TIM2 后，下方 Configuration 区域自动弹出相关参数。

如图 10.10 所示，配置 PSC 为 3，Counter Period 为 8，Trigger Event Selection（触发事件）为 Update Event（更新事件），即在定时器的定时时间到达的时候输出一个触发信号。本实例的时钟配置与上一个实例相同，根据定时器的频率计算公式，TIM2 的频率为

$$f=\frac{\text{Tclk}}{(\text{psc}+1)(\text{cnt}+1)}=\frac{72\text{MHz}}{4\times 9}=2\text{MHz}$$

因此，DAC 输出频率为 2MHz。

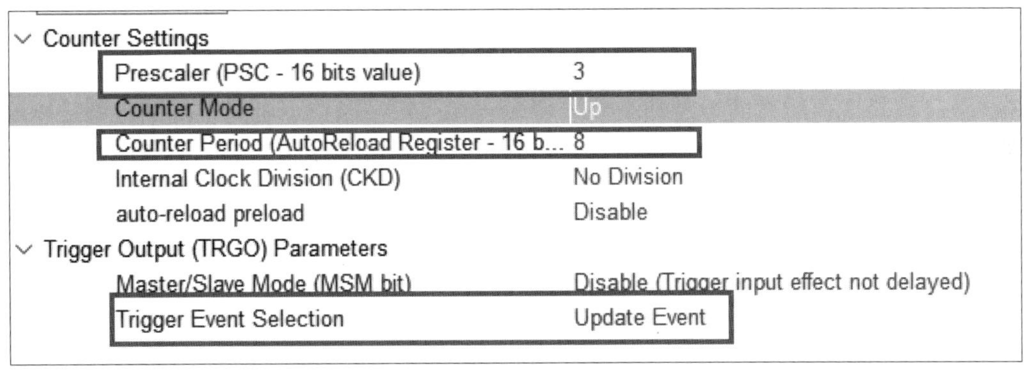

图 10.10 TIM2 配置

（3）生成工程代码。

单击“保存”按钮，IDE 弹出是否生成代码文件的提示，选择生成即可。

（4）编写应用程序。

本实例仅需编写启动 TIM2 和 DAC 的代码。在 main.c 文件中的/* USER CODE BEGIN 2 /和/ USER CODE END 2 */之间添加以下代码。

```
HAL_TIM_Base_Start(&htim2);
HAL_DAC_Start(&hdac,DAC_CHANNEL_1);
```

3. 实验结果

生成的三角波如图 10.11 所示。

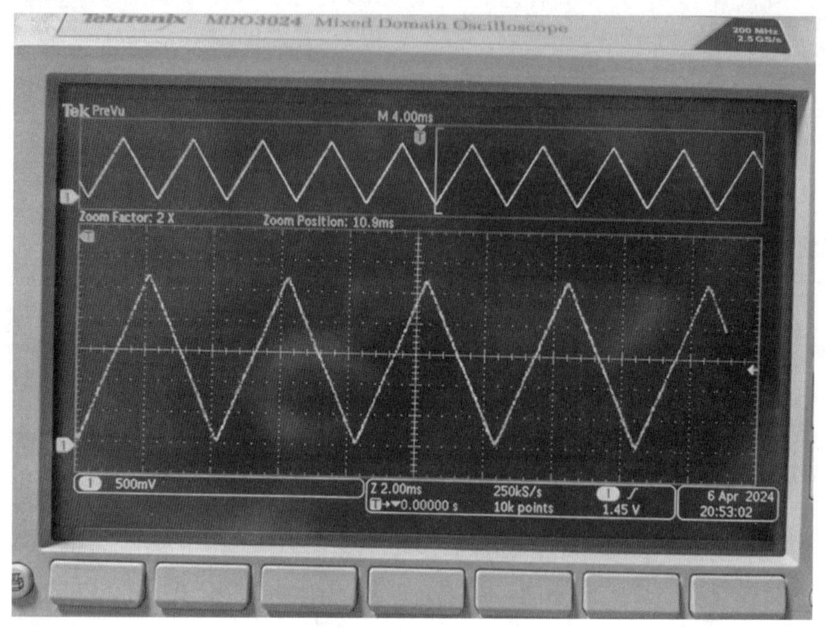

图 10.11 生成的三角波

10.4 本章小结

在数字电路中，所有的信号都是以数字形式存在的，而模拟电路中的信号则是以连续的模拟形式存在的。因此，往往要将数字信号转换为模拟信号，这就需要使用数模转换器（DAC）。本章基于 STM32F103ZET6 讨论了 DAC 的基本概念、技术参数、设备配置与应用程序设计等内容。

本章重点：DAC 的配置过程，配置并使用一路通道输出信号。

本章难点：使用多路通道同时输出信号、基于 DMA 的 DAC 实现。

思考与实践

1．程序设计：使用自带的噪声发生器，生成一个噪声波形。

2．程序设计：参考范例程序，设计一个基于 DMA 和 DAC 的任意波形发生器，波形频率自定。

第 11 章 Flash

本章主要讨论 STM32 单片机外设模块 Flash 的架构、相关操作、接口函数及其基本应用。通过学习达到以下目标：

1．知识目标。了解不同存储器的类型及其特性、基本用途，了解 STM32F1 外设模块 Flash 的架构，理解和掌握 Flash 的配置过程及应用程序开发的基本要领。

2．能力目标。能通过 Build Analyzer 查看 Flash 使用情况，能基于 HAL 库读写 Flash。

3．素质目标。在理解数据存储的完整性、正确性和一致性的基础上，初步建立数据安全观念。

11.1 STM32 的 Flash 存储器及其基本特性

11.1.1 嵌入式系统中的存储器

嵌入式系统中三大常见的存储器是 ROM、RAM 和 Flash。

1. ROM

只读寄存器（Read Only Memory，ROM），顾名思义是不能随意更改但能随意读取的存储器，它具有断电保持能力。ROM 的种类较多：有出厂后就无法更改的 MASK ROM，有允许写入一次的 PROM，还有最常使用的可电擦除、可编程的 EEPROM。这些 ROM 都有掉电保护功能，用于存放程序代码、不需要经常修改的数据。

2. RAM

随机访问寄存器（Random Access Memory，RAM），是与 CPU 直接交换数据的内部存储器，因此也被称为内存。它可以随时读写，而且读写速度快，通常作为操作系统或其他正在运行中的程序的临时数据存储媒介。但当电源关闭时，RAM 不能保留数据。RAM 有静态 RAM（SRAM）和动态 RAM（DRAM）之分，二者的读写速度都非常快，均用于临时存放数据。

3. Flash

Flash 结合了 ROM 和 RAM 的长处，它可电擦除、可编程，掉电不会丢失数据，同时读取速度很快。它和 EEPROM 的最大区别是，Flash 按扇区操作，相对于 EEPROM 的改进就是擦除时不再以字节为单位，而是以块为单位，简化了电路，数据密度更高，成本更低。Flash 应用广泛，市场占有率较高，因此理解和掌握 Flash 读写操作是学习和开发嵌入式系统的基本要求。本章将重点探讨 STM32F103ZET6 芯片内置的 512KB Flash 存储器及其使用方法。

11.1.2 Flash 模块的组织关系

1. 页、扇区和块的关系

扇区、块这些专用名词，是从早期的软盘、硬盘等存储器中发展演变而来的，其目的是将一个存储器划分为多个区域（扇区、块），以更方便地管理存储单元。根据容量大小，三者之间的关系为：页 < 扇区 < 块，如图 11.1 所示。

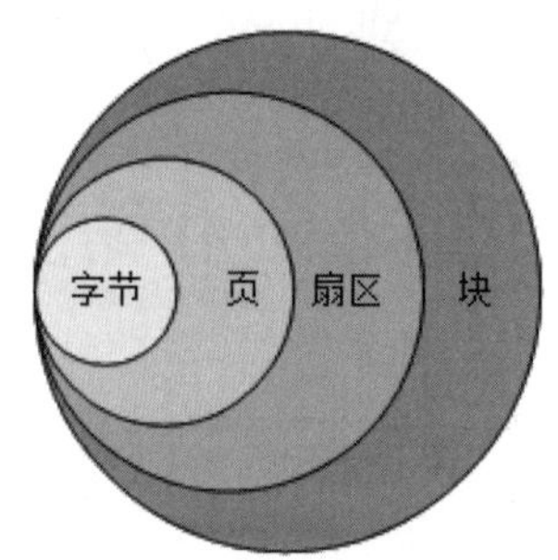

图 11.1　页、扇区和块的关系图

2. 页、扇区和块的概念

页（Page）是 Flash 存储器中划分的一种区域单元，每一页上能存储固定容量的字符信息。和纸张一样，Flash 存储器的页随型号的不同在大小上会有所区别。

扇区（Sector）和页类似，也是一种存储单元，只是扇区更常见，大部分 Flash 存储器主要以扇区为最小单元。

块（Block）比扇区高一个等级，一般 1 块包含多个扇区。

从擦写速度上看，页的擦写速度通常是每页 0.7ms，扇区擦写速度通常是每个扇区 100ms，块擦写速度通常是每块 0.2s。

11.1.3 STM32 的 Flash 架构

STM32 的 Flash 架构由主存储块、信息块和 Flash 接口寄存器组成。不同 STM32 型号的芯片具有不同大小的主存储块，小容量器件（Low-density devices，内部 Flash 容量为 16～

32KB）的主存储块包含 32 个 1KB 大小的页。中等容量器件（内部 Flash 容量为 64～128KB）的主存储块包含 128 个 1KB 大小的页，大容量器件（内部 Flash 容量为 256～512KB）的主存储块包含 256 个 2KB 大小的页。例如，本书使用的 STM32F103ZET6 属于大容量器件，它的 Flash 架构如表 11.1 所示。

表 11.1　STM32F103ZET6 的 Flash 架构

块	名称	基地址	大小
主存储块	Page 0	0x0800 0000～0x0800 07FF	2KB
	Page 1	0x0800 0800～0x0800 0FFF	2KB
	Page 2	0x0800 1000～0x0800 17FF	2KB
	⋮		
	Page 127	0x0803 F800～0x0803 FFFF	2KB
信息块	System Memory	0x1FFF B000～0x1FFF F7FF	18KB
	Option Bytes	0x1FFF F800～0x1FFF F80F	16B
Flash 接口寄存器	Flash_ACR	0x4002 2000～0x4002 2003	4B
	Flash_KEYR	0x4002 2004～0x4002 2007	4B
	Flash_OPTKEYR	2x4002 2008～0x4002 200B	4B
	Flash_SR	0x4002 200C～0x4002 200F	4B
	Flash_CR	0x4002 2010～0x4002 2013	4B
	Flash_AR	0x4002 2014～0x4002 2017	4B
	Reserved	0x4002 2018～0x4002 201B	4B
	Flash_OBR	0x4002 201C～0x4002 201F	4B
	Flash_WRPR	0x4002 2020～0x4002 2023	4B

从表 11.1 可以看出，STM32 外设模块 Flash 的起始地址均为 0x0800 0000，结束地址则为 0x0800 0000 加上芯片实际的 Flash 大小（容量）。

11.1.4 Flash 的相关操作

1. 读操作

在嵌入式系统中，Flash 作为一个公共存储空间可以直接寻址。访问 Flash 必须通过专用的读接口。

读接口包括一个用于访问 Flash 的读控制器和与 CPU 连接的 AHB 接口。读接口的作用是产生读控制信号，同时预取 CPU 所需的块。指令通过 l-Code 总线提取，用于从信息池中获取数据块，数据块则通过 D-Code 总线进行访问。这两个总线均作用于同一 Flash，但 D-Code 总线访问优先级比 1-Code 总线高。

为提高 CPU 读取 Flash 的速度，在 Flash 中设计了预取存储器（Prefetch Buffer），即当读取一个字（Word）后，下一个字在预取存储器中提前准备好，以加快读取速度。

打开或关闭预取存储器由预取控制器（Prefetch Controller）决定。当有读请求时，预取存储器将腾出一块空的预取缓冲区。需要注意的是，只有当 SYSCLK 频率＜24MHz 且

SYSCLK = HCLK（AHB 时钟未分频）时，才能对预取缓冲区进行操作。

在系统中没有高频时钟的情况下，Flash 访问可在 HCLK 的半周期（AHB 时钟）内进行，HCLK 的频率允许半周期访问（只能与低于 8 MHz 的低频时钟一起使用，可以使用 HSI 或 HSE，但不能使用 PLL)。这种模式可通过设置 Flash 访问控制寄存器的控制位加以选择。

2. Flash 解锁

初始状态下，Flash 擦写控制器（简称 FPEC）被保护，Flash_CR 寄存器（Flash 控制寄存器）无法写入指令。若需要取消擦写保护，可在 Flash_KEYR 寄存器中同时写入密钥 0x45670123 和 0xCDEF89AB。若指令错误将被锁死，需要进行复位操作。

在擦写完成后，可通过将 Flash_CR 寄存器中的 LOCK 位置 1 来锁上 FPEC 和 Flash_CR。

3. 主存储块编程

主存储块编程存储数据较为关键，因此在编程前需要进行解锁。首先需要往 Flash_KEYR 寄存器写入特定指令（0x45670123 与 0xCDEF89AB）以完成解锁。之后，CPU 通过设置 Flash_CR 寄存器的 PG 位将半字（16 位）数据写入主存储块地址，启动一次编程操作。需要注意的是，主存储块一次可编程位数固定为 16 位，写入任何非半字的数据，FPEC 都会产生总线错误。在编程过程中，若 BSY 位为 1，CPU 会暂停写入，直到当前编程结束。

4. Flash 擦除

Flash 擦除有两种方式，一种是页擦除，另一种是整体擦除。

（1）页擦除可使用 FPEC 的 Page Erase 功能实现。页擦除的步骤如下。

第一步：通过检查 Flash_CR 寄存器中的 BSY 位判断是否正在进行闪存操作。

第二步：设置 Flash_CR 寄存器中的 PER 位。

第三步：编程 Flash_AR 寄存器以设置要擦除的页面。

第四步：设置 Flash_CR 寄存器中的 STRT 位，等待 BSY 位复位。

第五步：读取已擦除的页并验证。

（2）整体擦除的步骤如下。

第一步：通过检查 Flash_SR 寄存器中的 BSY 位判断是否正在进行闪存操作。

第二步：设置 Flash_CR 寄存器中的 MER 位。

第三步：设置 Flash_CR 寄存器中的 STRT 位。

第四步：等待 BSY 位复位。

第五步：读取所有的页面并核对。

11.1.5 选项字节编程

选项字节是 STM32 内部 Flash 的一块特殊的区域（地址为 0x1FFF 7800），用来存放一些配置信息。例如，配置是否开启 ROM 读写保护、设置保护区的起始和结束位置等。

选项字节与普通用户地址的编程方式不同。选项字节数限制为 8（4 个用于写保护，1 个

用于读保护，1 个用于配置，2 个用于用户数据存储）。在解锁 FPEC 之后，用户必须通过将相同的一组密钥 0x45670123 和 0xCDEF89AB 写入 Flash_OPTKEYR 寄存器来授权选项字节的编程，以设置 Flash_CR 寄存器中的 OPTWRE 位。然后，用户必须在 Flash_CR 寄存器中设置 OPTPG 位，并在所需的 Flash 地址上执行半字写操作。之后，FPEC 读取寻址选项字节的值，并检查它是否已被擦除。如果没有，程序操作将被跳过，并由 Flash_SR 寄存器中的 PGERR 位发出警告。程序操作的结束由 Flash_SR 寄存器中的 EOP 位表示。FPEC 获取 LSB 并自动计算 MSB，然后开始编程操作。这保证了选项字节及其补码的正确性。

选项字节编程操作如下：

（1）通过检查 Flash_SR 寄存器中的 BSY 位来判断是否正在进行 Flash 操作。

（2）设置 Flash_CR 寄存器中的 OPTWRE 位。

（3）设置 Flash_CR 寄存器中的 OPTPG 位，将数据（半字）写入所需的地址。

（4）等待 BSY 位复位。

（5）读取程序值并验证。

也可以对选项字节进行擦除，擦除步骤如下：

（1）通过读取 Flash_SR 寄存器中的 BSY 位来判断是否正在进行 Flash 操作。

（2）设置 Flash_CR 寄存器中的 OPTWRE 位。

（3）设置 Flash_CR 寄存器中的 OPTER 位。

（4）设置 Flash_CR 寄存器中的 STRT 位。

（5）等待 BSY 复位。

（6）读取、擦除选项字节并进行验证。

11.2 Flash 配置与接口函数

在进行 Flash 操作时，只需要进行基础的时钟配置，无须进行额外的设备配置。其 HAL 库接口函数定义在 stm32f1xx_hal_Flash.c 和 stm32f1xx_hal_Flash_ex.c 源文件中，库函数声明与相关定义在 stm32f1xx_hal_Flash.h 和 stm32f1xx_hal_Flash_ex.h 头文件中。

11.2.1 写操作函数

1. Flash 写操作函数

函数原型：

```
HAL_Flash_Program(uint32_t TypeProgram, uint32_t Address, uint64_t Data)
```

应用范例：

```
HAL_Flash_Program(Flash_TYPEPROGRAM_HALFWORD, (uint32_t)0x08000900, 0xab);
```

第一个参数声明了存放数据的大小：Flash_TYPEPROGRAM_HALFWORD 为半字（16 位）；Flash_TYPEPROGRAM_WORD 为 1 字（32 位）；Flash_TYPEPROGRAM_DOUBLEWORD

为2字（64位）。

2. Flash 中断方式写操作函数

函数原型：

```
HAL_Flash_Program_IT(uint32_t TypeProgram, uint32_t Address, uint64_t Data)
```

这里特别说明一点，在写操作完成后，将进入的回调函数是：

```
void HAL_Flash_EndOfOperationCallback(uint32_t ReturnValue)
```

11.2.2 解锁与上锁函数

1. Flash 解锁函数

函数原型：

```
HAL_Flash_Unlock(void)
```

2. Flash 上锁函数

函数原型：

```
HAL_Flash_Lock(void)
```

11.2.3 Flash 擦除函数

1. 擦除函数

函数原型：

```
HAL_FlashEx_Erase(Flash_EraseInitTypeDef *pEraseInit, uint32_t *PageError)
```

应用范例：

```
HAL_FlashEx_Erase(&MyFlash, &PageError);
```

注意：第一个参数为结构体变量，包含擦除类型（页擦除还是整体擦除）、擦除地址和擦除页数（最小为 1，最大为总页数）。如果出现擦除错误，则第二个参数用于存放错误的 Flash 地址。

2. 中断方式擦除函数

函数原型：

```
HAL_FlashEx_Erase_IT(Flash_EraseInitTypeDef *pEraseInit)
```

11.2.4 读操作

读操作仅需读相应地址即可，所以在 HAL 库中 Flash 读操作没有接口函数。应用示例如下：

```
uint32_t Flash_read = (__IO uint32_t)( 0x08000900);//读 4 字节
```

11.2.5 选项字节相关操作函数

1. 选项字节编程解锁函数

函数原型：

```
HAL_Flash_OB_Unlock(void)
```

2. 选项字节编程上锁函数

函数原型：

```
HAL_Flash_OB_Lock(void)
```

3. 选项字节擦除函数

函数原型：

```
HAL_FlashEx_OBErase(void)
```

4. 选项字节写操作函数

函数原型：

```
HAL_FlashEx_OBProgram(Flash_OBProgramInitTypeDef *pOBInit)
```

5. 获取配置信息函数

函数原型：

```
HAL_FlashEx_OBGetConfig(Flash_OBProgramInitTypeDef *pOBInit)
```

6. 通过重启 MCU 的方式重新装载选项字节信息函数

函数原型：

```
HAL_Flash_OB_Launch(void)
```

11.3 Flash 应用实例

11.3.1 功能描述

本实例实现如下功能：在上电时，检测按键 KEY0（对应引脚为 PE4）是否按下，若按下则将一数组存入 Flash 中，再检测 KEY1 是否按下，若按下则清除 Flash 数据。若无任何操作，则从 Flash 中读出数据。

11.3.2 软件设计

具体操作步骤如下：

（1）新建 STM32CubeIDE 工程，选择 MCU。

（2）进行时钟与引脚功能配置，并生成工程代码：配置 RCC、GPIO 引脚，具体配置过程见本书第 3 章。

（3）确定存放地址。

编写代码时，需要确定数据存放于 Flash 的具体地址。Flash 的某些区域主要用于存放运行程序，如果往该区域强行写入数据会进入硬件错误中断。为查看哪些地址可用，可以在编译后，打开 Build Analyzer（选择 Window→Show View→Build Analyzer），查看使用率和占用的地址，如图 11.2 所示。

FLASH_Test.elf - /FLASH_Test/Debug - Nov 26, 2023, 6:09:30 PM

Memory Regions | Memory Details

Region	Start address	End address	Size	Free	Used	Usage (
RAM	0x20000000	0x20010000	64 KB	62.43 KB	1.57 KB	2.46%
FLASH	0x08000000	0x08080000	512 KB	506.14 KB	5.86 KB	1.15%

图 11.2　Flash 的使用率和占用的地址

图 11.3 所示界面中展示了 Flash 的实际使用情况，双击上面的参数可以跳转到对应的代码位置。Flash 最大的地址为 0x08001768，所以在编程时，应选 Flash 地址靠后的页。

若存储数据量庞大，可以增加优化等级，设置路径为 Project→Properties→C/C++ Build→Settings→Tool Settings→MCU GCC Compiler→Optimization→Optimization level。例如，设置优化等级为 3 级，再次编译后，打开 Build Analyzer，Flash 最大的地址为 0x08001150，可见增加了 1560B 的容量，优化后的 Flash 使用率和优化后的 Flash 使用情况如图 11.4 和图 11.5 所示。

```
        2) by calling HAL API fun
        3) each time HAL_RCC_Cloc
           Note: If you use this
                 is no need to ca
                 variable is upda
    */
uint32_t SystemCoreClock = 1600
const uint8_t AHBPrescTable[16U
const uint8_t APBPrescTable[8U]

/**
  * @}
  */

/** @addtogroup STM32F1xx_Syste
  * @{
```

FLASH_Test.elf - /FLASH_Test/Debug - Nov 26, 2023, 6:09:30 PM

Memory Regions　Memory Details

Selection:16 B

Search

Name	Run address (VMA)	Load address (LMA)	Size
FLASH	0x08000000		512 KB
.isr_vector	0x08000000	0x08000000	484 B
g_pfnVectors	0x08000000	0x08000000	0 B
.text	0x080001e4	0x080001e4	5.33 KB
.rodata	0x08001734	0x08001734	44 B
AHBPrescTable	0x0800173c	0x0800173c	16 B
aPLLMULFactorTable.5628	0x0800174c	0x0800174c	16 B
aPredivFactorTable.5629	0x0800175c	0x0800175c	2 B
.preinit_array	0x08001760	0x08001760	0 B
.init_array	0x08001760	0x08001760	4 B
.fini_array	0x08001764	0x08001764	4 B
.data	0x20000000	0x08001768	12 B
RAM	0x20000000		64 KB
.data	0x20000000	0x08001768	12 B
.bss	0x20000010		64 B
._user_heap_stack	0x20000050		1.5 KB

图 11.3　Flash 的实际使用情况

Memory Regions　Memory Details

Region	Start address	End address	Size	Free	Used	Usage
RAM	0x20000000	0x20010000	64 KB	62.43 KB	1.57 KB	2.46%
FLASH	0x08000000	0x08080000	512 KB	507.66 KB	4.34 KB	0.85%

图 11.4　优化后的 Flash 使用率

Name	Run address (VMA)	Load address (LMA)	Size
FLASH	0x08000000		512 KB
.isr_vector	0x08000000	0x08000000	484 B
.text	0x080001e4	0x080001e4	3.81 KB
.rodata	0x08001124	0x08001124	36 B
.preinit_array	0x08001148	0x08001148	0 B
.init_array	0x08001148	0x08001148	4 B
.fini_array	0x0800114c	0x0800114c	4 B
.data	0x20000000	0x08001150	12 B
RAM	0x20000000		64 KB
.data	0x20000000	0x08001150	12 B
.bss	0x20000010		64 B
._user_heap_stack	0x20000050		1.5 KB

图 11.5　优化后的 Flash 使用情况

（4）编写应用程序，在/* USER CODE BEGIN 2 */ 和 / * USER CODE END 2 */之间添加以下代码。

```
uint32_t Address_Page = 0x08010000;
int step_count = 0;
int i;
 //<当按键 KEY0 按下时，往 Flash 指定地址中写入 3 个 16 位的数据>//
```

```
if(!HAL_GPIO_ReadPin(KEY0_GPIO_Port, KEY0_Pin))
{
    uint32_t Address = Address_Page;
    uint16_t DATE_IN[3] = {0xa1a2,0xb1b2,0xc1c2};
    HAL_Flash_Unlock();
    for (i = 0; i < 3; i++)
    {
        HAL_Flash_Program(Flash_TYPEPROGRAM_HALFWORD,Address, DATE_IN[i]);
        Address += 2;
//寄存器中是按 8 位存储的，所以半字（16 位）的地址需要+2，同理 1 字+4，2 字+8
}
    HAL_Flash_Lock();
    step_count++;
}

//<当按键 KEY1 按下时，Flash 指定页的数据被置为 0xFF>//
if(!HAL_GPIO_ReadPin(KEY1_GPIO_Port, KEY1_Pin))
{
    Flash_EraseInitTypeDef MyFlash;                    //声明结构体为 MyFlash
    MyFlash.TypeErase = Flash_TYPEERASE_PAGES;         //选择页擦除
    MyFlash.PageAddress = Address_Page;
    MyFlash.NbPages = 1;

    uint32_t Page1Error = 0;
    HAL_Flash_Unlock();
    HAL_FlashEx_Erase(&MyFlash, &Page1Error);
    HAL_Flash_Lock();
    step_count++;
}

//<读数据>//
uint16_t Flash_read[3];
for (i = 0; i < 3; i++)
    Flash_read[i] = *(__IO uint16_t*)(Address_Page + 2 * i);
```

需要注意的是，写入和擦除操作都需要先解锁，操作完成后还必须上锁。Flash 的读操作则可以直接寻址。Flash 具有掉电保护功能，为观察此现象，本实例通过增加 step_count 变量来显示是否进行擦写操作。

11.3.3 实验结果

进入 Debug 模式后，为了便于直接观察 Flash 中的数据，打开 Memory（选择 Window→Show View→Meomory）。新建要查看的地址，如图 11.6 中①②③所示。单击“OK”按钮后，将显示右下角数据。

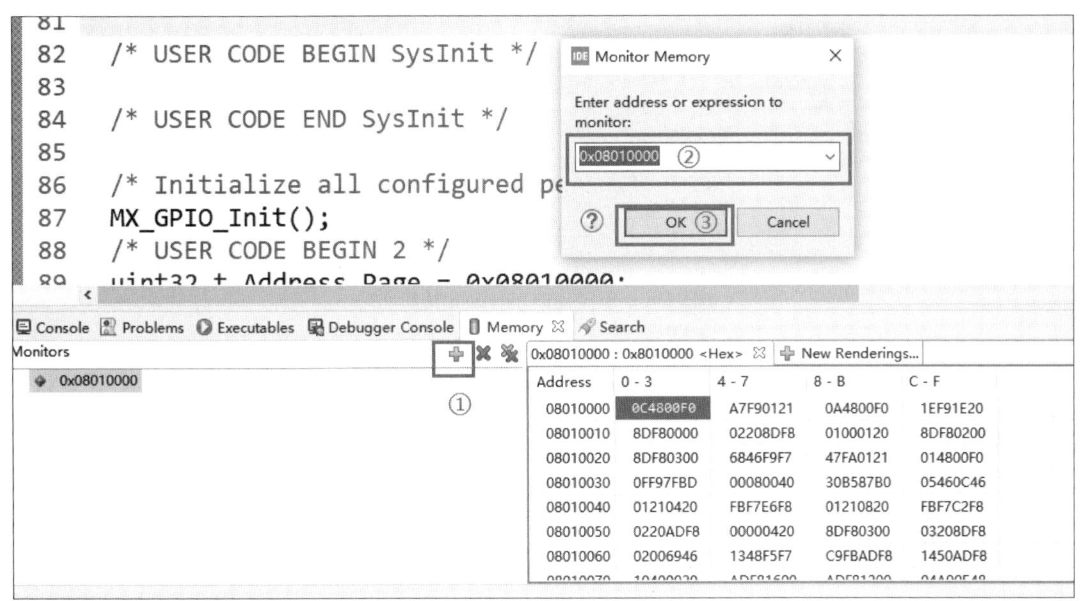

图 11.6 新建要查看的地址

图 11.6 中，右下角显示的数据位数为 32 位，每一位地址存储的位数是 8 位，低位放在地址较低的位置，所以显示顺序与我们通常的习惯相反。若需要显示 8 位或其他格式数据，可以在右下角的框内单击鼠标右键，选择 Format，在弹出的对话框中修改相关参数，如图 11.7 所示。

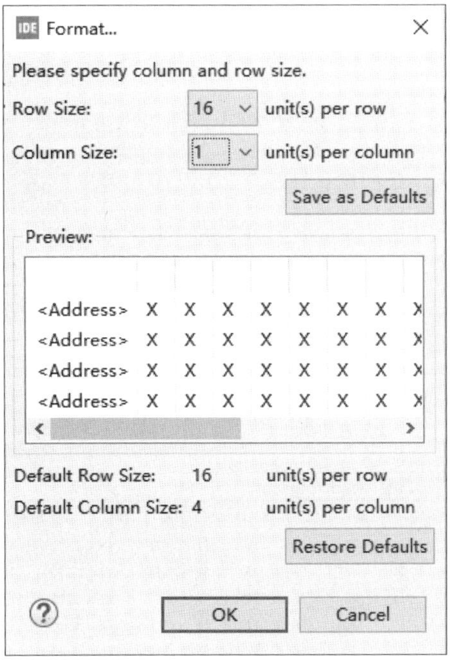

Format...
Please specify column and row size.
Row Size: 16 unit(s) per row
Column Size: 1 unit(s) per column
Save as Defaults
Preview:
<Address> X X X X X X X X
<Address> X X X X X X X X
<Address> X X X X X X X X
<Address> X X X X X X X X
Default Row Size: 16 unit(s) per row
Default Column Size: 4 unit(s) per column
Restore Defaults
OK Cancel

图 11.7 修改相关参数

此时，每一行地址（Address）相差 16，每一列都是 8 位数据，如图 11.8 所示。

0x08010000 : 0x8010000 <Hex> New Renderings...

Address	0	1	2	3	4	5	6	7	8	9	A	B	C	D	E	F
08010000	0C	48	00	F0	A7	F9	01	21	0A	48	00	F0	1E	F9	1E	20
08010010	8D	F8	00	00	02	20	8D	F8	01	00	01	20	8D	F8	02	00
08010020	8D	F8	03	00	68	46	F9	F7	47	FA	01	21	01	48	00	F0
08010030	0F	F9	7F	BD	00	08	00	40	30	B5	87	B0	05	46	0C	46
08010040	01	21	04	20	FB	F7	E6	F8	01	21	08	20	FB	F7	C2	F8
08010050	02	20	AD	F8	00	00	04	20	8D	F8	03	00	03	20	8D	F8
08010060	02	00	69	46	13	48	F5	F7	C9	FB	AD	F8	14	50	AD	F8

图 11.8　未操作时的 Flash 目标页

从图 11.8 中可以看到，在未进行任何操作时，Flash 的指定地址为乱码。首先，按下 KEY1，进行擦除操作，Memory 中数据均被置为 0xFF，如图 11.9 所示，图中有更改的地方被标红。这时 step_count 计为 1，表示进行了一次擦除操作。

0x08010000 : 0x8010000 <Hex> New Renderings...

Address	0	1	2	3	4	5	6	7	8	9	A	B	C	D	E	F
08010000	FF	FF	FF	FF	FF	FF	FF	FF	FF	FF	FF	FF	FF	FF	FF	FF
08010010	FF	FF	FF	FF	FF	FF	FF	FF	FF	FF	FF	FF	FF	FF	FF	FF
08010020	FF	FF	FF	FF	FF	FF	FF	FF	FF	FF	FF	FF	FF	FF	FF	FF
08010030	FF	FF	FF	FF	FF	FF	FF	FF	FF	FF	FF	FF	FF	FF	FF	FF
08010040	FF	FF	FF	FF	FF	FF	FF	FF	FF	FF	FF	FF	FF	FF	FF	FF
08010050	FF	FF	FF	FF	FF	FF	FF	FF	FF	FF	FF	FF	FF	FF	FF	FF
08010060	FF	FF	FF	FF	FF	FF	FF	FF	FF	FF	FF	FF	FF	FF	FF	FF

图 11.9　擦除后的 Flash 目标页

之后，重新上电，Memory 中的数据没有改变，仍然都是 0xFF，如图 11.10 所示。再进行写操作，按下 KEY0，把数据{0xa1a2,0xb1b2,0xc1c2}写入 Flash，Memory 中的数据如图 11.11 所示。

0x08010000 : 0x8010000 <Hex> New Renderings...

Address	0	1	2	3	4	5	6	7	8	9	A	B	C	D	E	F
08010000	FF	FF	FF	FF	FF	FF	FF	FF	FF	FF	FF	FF	FF	FF	FF	FF
08010010	FF	FF	FF	FF	FF	FF	FF	FF	FF	FF	FF	FF	FF	FF	FF	FF
08010020	FF	FF	FF	FF	FF	FF	FF	FF	FF	FF	FF	FF	FF	FF	FF	FF
08010030	FF	FF	FF	FF	FF	FF	FF	FF	FF	FF	FF	FF	FF	FF	FF	FF
08010040	FF	FF	FF	FF	FF	FF	FF	FF	FF	FF	FF	FF	FF	FF	FF	FF
08010050	FF	FF	FF	FF	FF	FF	FF	FF	FF	FF	FF	FF	FF	FF	FF	FF
08010060	FF	FF	FF	FF	FF	FF	FF	FF	FF	FF	FF	FF	FF	FF	FF	FF

图 11.10　重新上电的目标页

0x08010000 : 0x8010000 <Hex> New Renderings...

Address	0	1	2	3	4	5	6	7	8	9	A	B	C	D	E	F
08010000	A2	A1	B2	B1	C2	C1	FF	FF	FF	FF	FF	FF	FF	FF	FF	FF
08010010	FF	FF	FF	FF	FF	FF	FF	FF	FF	FF	FF	FF	FF	FF	FF	FF
08010020	FF	FF	FF	FF	FF	FF	FF	FF	FF	FF	FF	FF	FF	FF	FF	FF
08010030	FF	FF	FF	FF	FF	FF	FF	FF	FF	FF	FF	FF	FF	FF	FF	FF
08010040	FF	FF	FF	FF	FF	FF	FF	FF	FF	FF	FF	FF	FF	FF	FF	FF
08010050	FF	FF	FF	FF	FF	FF	FF	FF	FF	FF	FF	FF	FF	FF	FF	FF
08010060	FF	FF	FF	FF	FF	FF	FF	FF	FF	FF	FF	FF	FF	FF	FF	FF

图 11.11　写入数据后的目标页

再次重新上电，Flash 中的数据被读出并存入 Flash_read 数组中，该数组内的数据分别为 0xa1a2,0xb1b2,0xc1c2，显然与存入数据吻合，如图 11.12 所示。

Expression	Type	Value
flash_read	uint16_t [3]	0x2000ffe0 (Hex)
(x)= flash_read[0]	uint16_t	0xa1a2 (Hex)
(x)= flash_read[1]	uint16_t	0xb1b2 (Hex)
(x)= flash_read[2]	uint16_t	0xc1c2 (Hex)
(x)= step_count	int	0
Add new expression		

图 11.12　读出的数据

11.4　本章小结

Flash 的应用十分广泛。例如，电子温度计出厂时需要进行校准，校准的数据存放在 Flash 中，每次重新上电时可直接读取该校准值进行自动校准，这样用户可直接使用。因此必须掌握 Flash 的使用（Flash 的读写、擦除）。Flash 擦写的步骤如下：第一步解锁，第二步擦写，第三步上锁。

本章重点：Flash 的读写、擦除流程与操作。

本章难点：擦写步骤。

思考与实践

1．对比不同优化等级下，同一程序的 RAM 与 Flash 的使用情况。

2．程序设计：使用 DS18B20 制作一款电子温度计。DS18B20 采用 1-wire 通信，其检测温度范围为−55～+125℃。实际使用时，测量温度会与实际温度有所偏差。故要求温度计有“温度校准”与“温度测量”两个模式。在出厂前校准好温度计，之后重新上电使用时，应能显示校准后的温度值。

第 12 章 综合性设计项目

本章主要讨论 3 个综合性设计项目。通过学习达到以下目标：

1．知识目标。理解基于 HAL 的项目设计流程和要领，进一步理解和掌握 ADC、DAC、定时器等外设模块的应用，如 PWM 驱动电机。

2．能力目标。熟练掌握基于 HAL 库的程序开发，提升综合运用知识的能力。

3．素质目标。通过 3 个综合项目的设计与实践，学习者应明白办法总比困难多、面对困难要敢于坚持的道理。

12.1 信号发生与采集

12.1.1 项目性能和功能要求

本项目将使用 ADC、DAC 和定时器等外设。使用 TIM2 触发 DAC 输出正弦波，使用 TIM3 触发 ADC 进行采集。使用定时器触发 ADC 的方式可以确定采样时间，对于 FFT 的计算有重要作用。不过受资源限制，FFT 在 F1 系列的单片机中难以实现。在本实例基础上，学有余力的学习者可以选用 STM32F4 或更高规格的单片机，实现 FFT 功能。

12.1.2 外设配置

新建工程后，对外设的具体配置流程如下。

（1）配置 RCC，设置 High Speed Clock（高速时钟）为 Crystal/Ceramic Resonator（无源外部晶振）。

（2）配置 SYS，设置 Debug 为 Serial Wire。

（3）配置 ADC。根据需求选择 ADC 及其通道号，这里随机选取了 ADC1 及其通道 2（IN2）。在图 12.1 所示的配置中，将 External Trigger Conversion Source（外部转换触发源）设置为 Timer 3 Trigger Out event，相关引脚为 PA2。

（4）设置 ADC1 的触发源为 TIM3。设置 TIM3 的 Clock Source（时钟源）为 Internal Clock，设置 Prescaler 为 719，Counter Period 为 3。TIM3 对应挂载的时钟频率为 72MHz，所以 ADC1 采样频率如下，ADC 触发源的配置如图 12.2 所示。

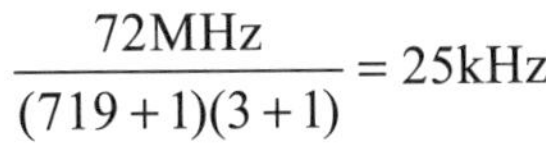

$$\frac{72\text{MHz}}{(719+1)(3+1)} = 25\text{kHz}$$

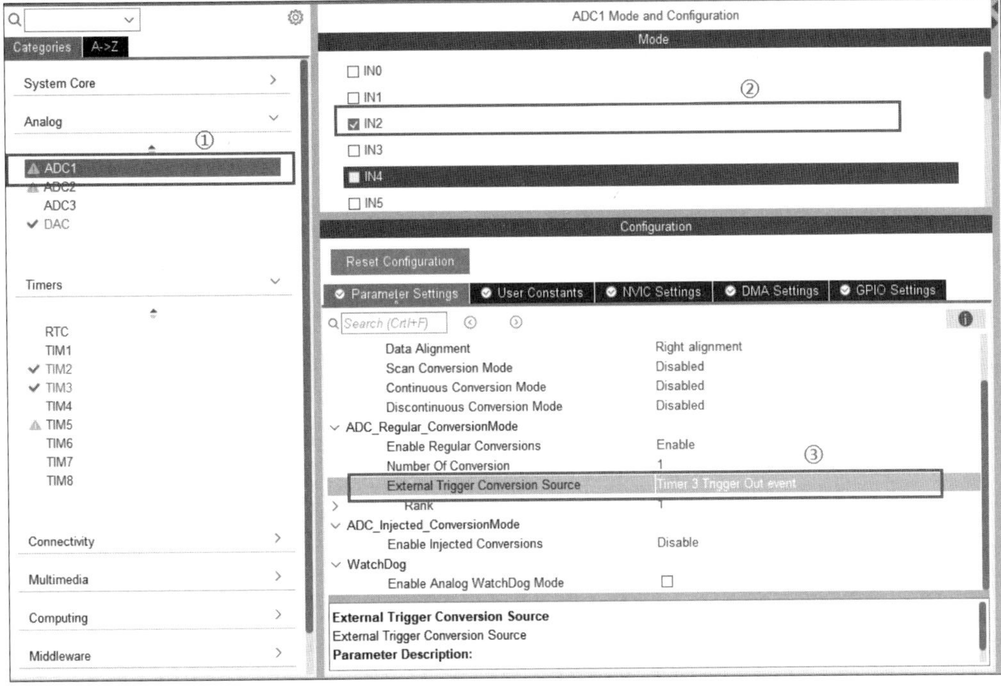

图 12.1　ADC 的配置

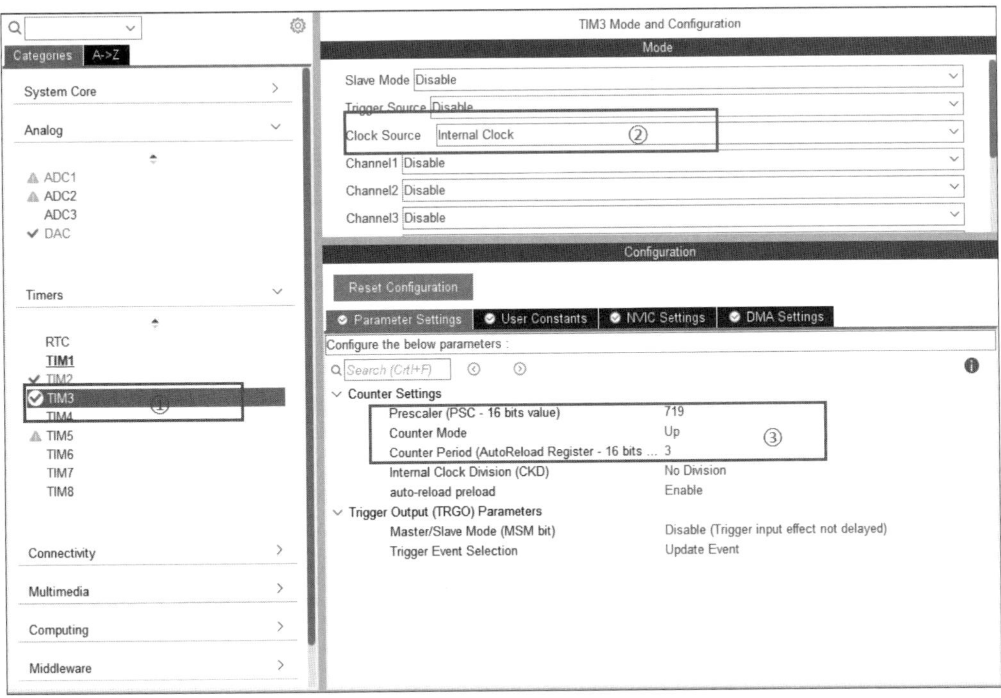

图 12.2　ADC 触发源的配置

（5）使能 ADC 的 DMA。将 Mode 设置为 Circular，其他参数采用默认值，如图 12.3 所示。

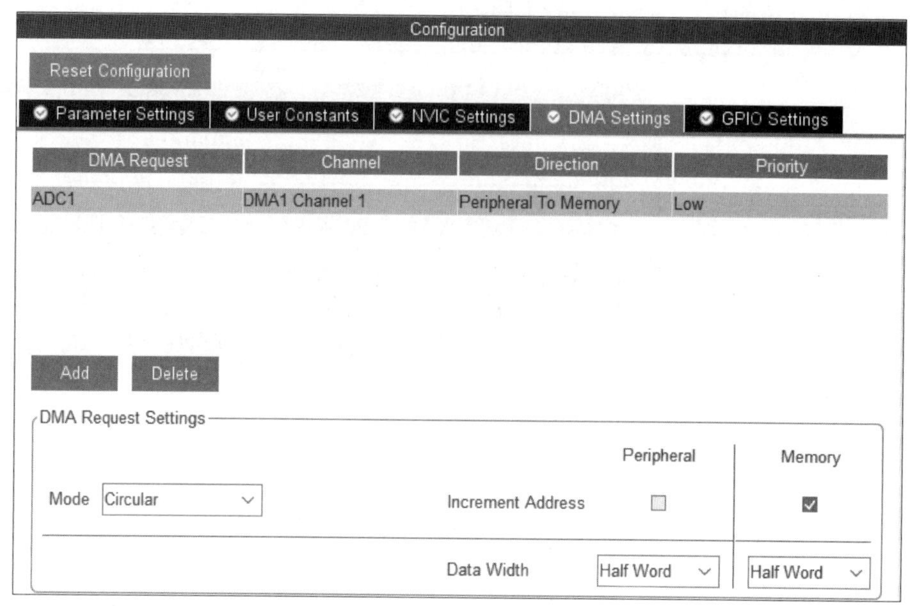

图 12.3　使能 ADC 的 DMA

（6）配置 DAC。选择 DAC 输出通道 1，采用的触发方式是 Timer 2 Trigger Out event，波形为硬件生成的三角波，幅值为 4095 即 3.3V，相关引脚为 PA4，如图 12.4 所示。

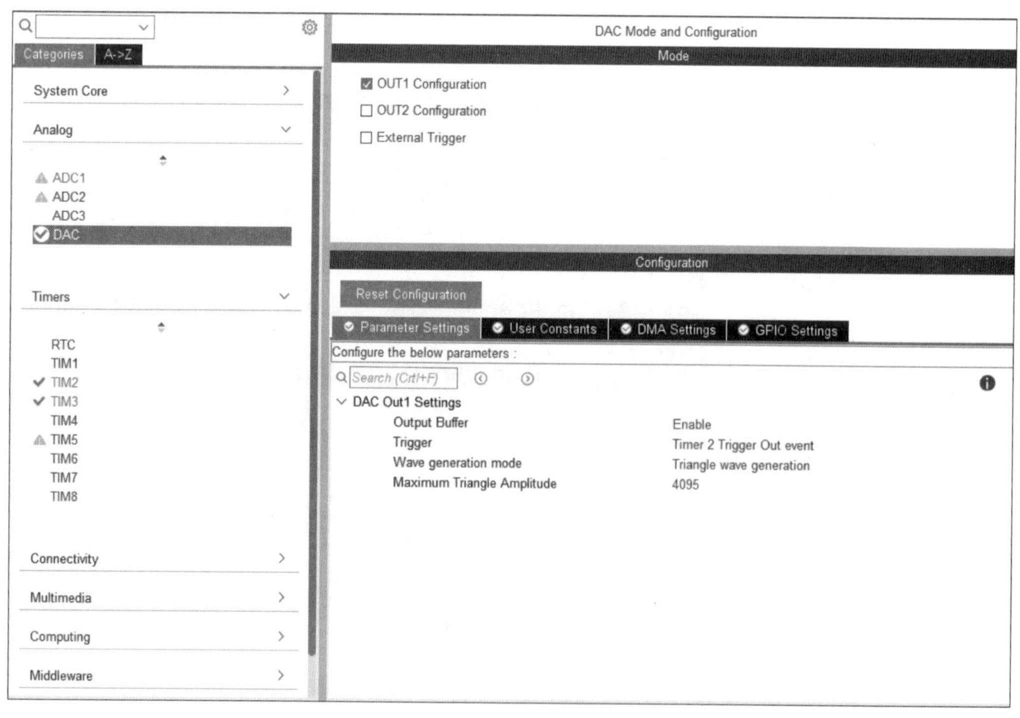

图 12.4　DAC 的配置

（7）设置 DAC 的触发源为 TIM2。如图 12.5 所示，设置 TIM2 的 Clock Source（时钟

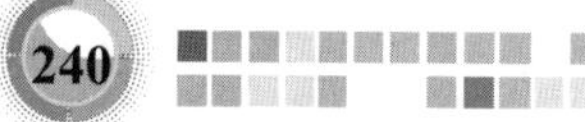

源）为 Internal Clock，设置 Prescaler 为 719，Counter Period 为 9。TIM2 对应挂载的时钟频率为 72MHz，所以输出的三角波频率如下。

$$\frac{72\text{MHz}}{(719+1)(9+1)}=10\text{kHz}$$

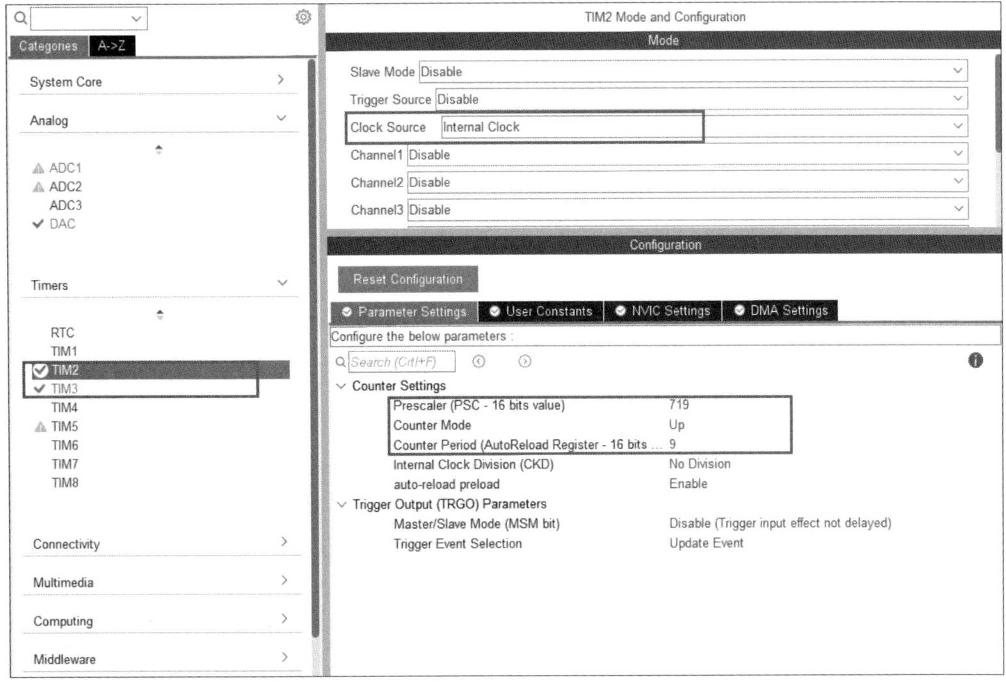

图 12.5　DAC 触发源的配置

（8）在时钟配置界面配置时钟频率为 72MHz，如图 12.6 所示。

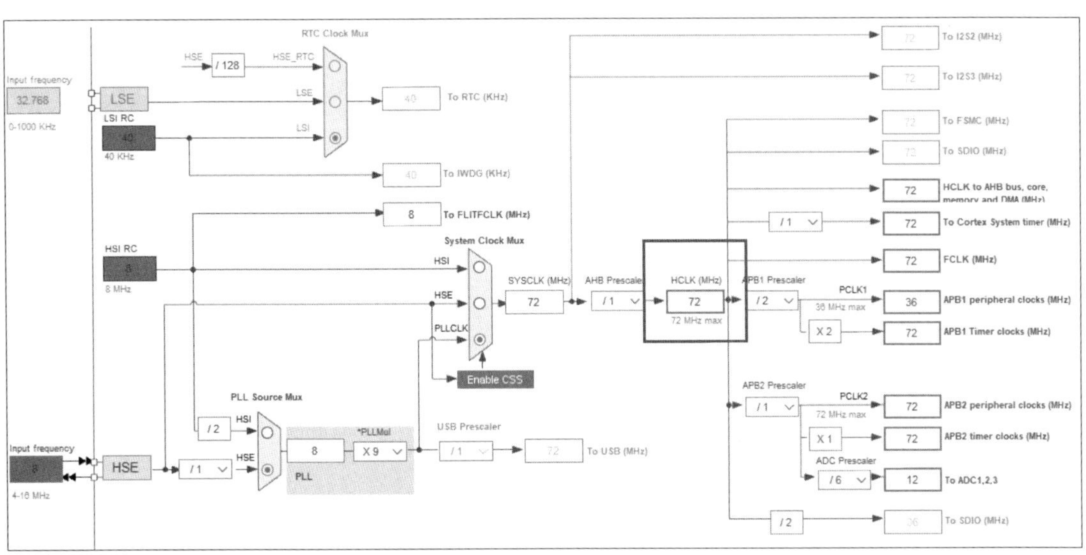

图 12.6　时钟配置界面

12.1.3 程序设计

生成代码后，在/* USER CODE BEGIN PV */和/* USER CODE END PV */之间定义存放 ADC 数据的数组 ADC_value[1024]。

```
uint16_t ADC_value[1024];
```

主程序的具体代码如下。

```
/* Initialize all configured peripherals */
MX_GPIO_Init();                                          //GPIO 初始化
//DMA 初始化,必须把 DMA 初始化放在 ADC 前
MX_DMA_Init();
MX_ADC1_Init();                                          //ADC1 初始化
MX_TIM3_Init();                                          //TIM3 初始化
MX_DAC_Init();                                           //DAC 初始化
MX_TIM2_Init();                                          //TIM2 初始化
/* USER CODE BEGIN 2 */
HAL_TIM_Base_Start(&htim3);                              //打开 ADC 的触发源 TIM3
HAL_ADC_Start_DMA(&hadc1, (uint32_t*)&ADC_value, 1024);  //打开 ADC
HAL_TIM_Base_Start(&htim2);                              //打开 DAC 的触发源 TIM2
HAL_DAC_Start(&hdac, DAC_CHANNEL_1);                     //打开 DAC
/* USER CODE END 2 */
while(1){};
```

12.1.4 运行结果

PA2 为 ADC 通道 2 的输入引脚，PA4 是 DAC 通道 1 的输出引脚。使用杜邦线连接 PA2 和 PA4，连接 DAC 输出与 ADC 输入。进入 Debug 模式，在 Expression 中添加用于观测的数组 ADC_value。程序运行结果如图 12.7 所示。

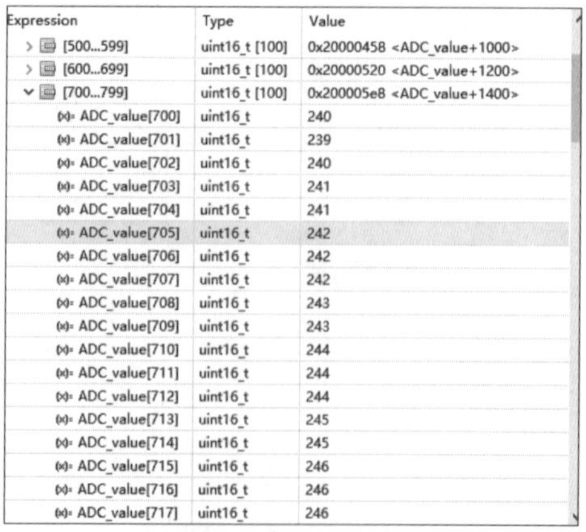

Expression	Type	Value
> [500...599]	uint16_t [100]	0x20000458 <ADC_value+1000>
> [600...699]	uint16_t [100]	0x20000520 <ADC_value+1200>
∨ [700...799]	uint16_t [100]	0x200005e8 <ADC_value+1400>
ADC_value[700]	uint16_t	240
ADC_value[701]	uint16_t	239
ADC_value[702]	uint16_t	240
ADC_value[703]	uint16_t	241
ADC_value[704]	uint16_t	241
ADC_value[705]	uint16_t	242
ADC_value[706]	uint16_t	242
ADC_value[707]	uint16_t	242
ADC_value[708]	uint16_t	243
ADC_value[709]	uint16_t	243
ADC_value[710]	uint16_t	244
ADC_value[711]	uint16_t	244
ADC_value[712]	uint16_t	244
ADC_value[713]	uint16_t	245
ADC_value[714]	uint16_t	245
ADC_value[715]	uint16_t	246
ADC_value[716]	uint16_t	246
ADC_value[717]	uint16_t	246

图 12.7　信号发生与采集程序运行结果

12.2 烟雾报警及其处置的模拟

12.2.1 项目设计要求

本项目需要使用以下外设模块、部件：直流电机、电机驱动芯片 ULD2003D、光敏传感器，ADC、TIM。

本项目通过光敏传感器判断当前环境亮度，当亮度增大时，光敏传感器电阻阻值减小，ADC 读取到的数值减小，此时定时器输出的 PWM 占空比减小，电机减速直至停转；当有烟雾或遮挡物时，亮度增大，则光敏传感器电阻阻值增大，ADC 读取到的数值增大，此时定时器输出的 PWM 占空比增大，电机加速转动。

12.2.2 外围电路设计

1. 光敏传感器电路

光敏传感器用于检测环境亮度。光敏传感器电路如图 12.8 所示。其中 LS1 为光敏二极管，47kΩ 电阻起分压作用。R26 连入单片机的 ADC 引脚（PF8），对应 ADC3 的通道 6（IN6）。

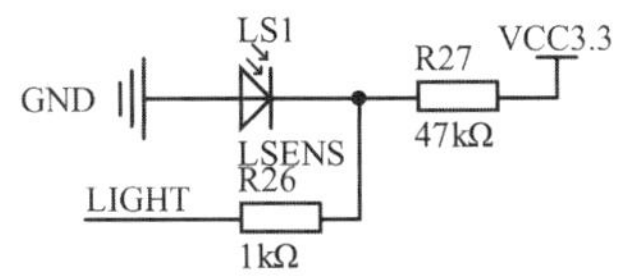

图 12.8　光敏传感器电路

2. 直流电机的控制与驱动电路

直流电机的控制与驱动电路如图 12.9 所示。

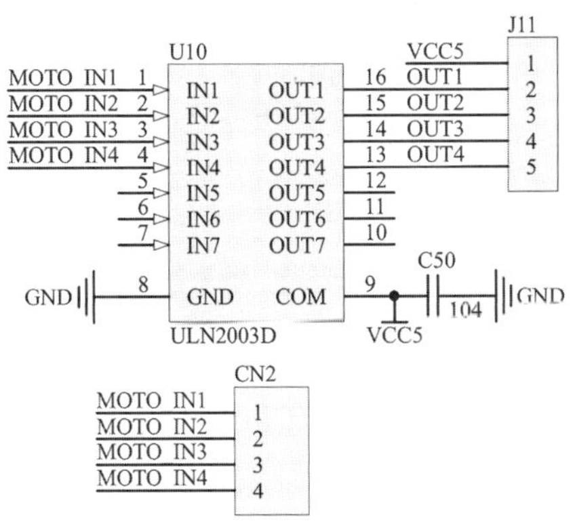

图 12.9　直流电机的控制与驱动电路

由于单片机引脚输出电流小、驱动能力较弱，所以需要使用驱动电路 ULN2003D 增大驱动电流以驱动直流电机。由于 ULN2003D 内含非门，所以如果输入端输入为高电平，则输出端输出为低电平，从而驱动直流电机转动。

直流电机采用 PWM 驱动方式实现调速，当输入 PWM 占空比升高时转速升高，反之转速降低。

12.2.3 外设配置

新建工程后，对外设的具体配置步骤如下。

（1）配置 RCC，设置 High Speed Clock（HSE）（高速时钟）为 Crystal/Ceramic Resonator（无源外部晶振）。

（2）配置 SYS，设置 Debug 为 Serial Wire。

（3）配置 ADC。由硬件设计电路可知，光敏传感器输入端为 PF8，对应 ADC3 的通道 6（IN6）。由于只读一个数据，因此不需要开通DMA，其余参数均采用默认值，如图12.10所示。

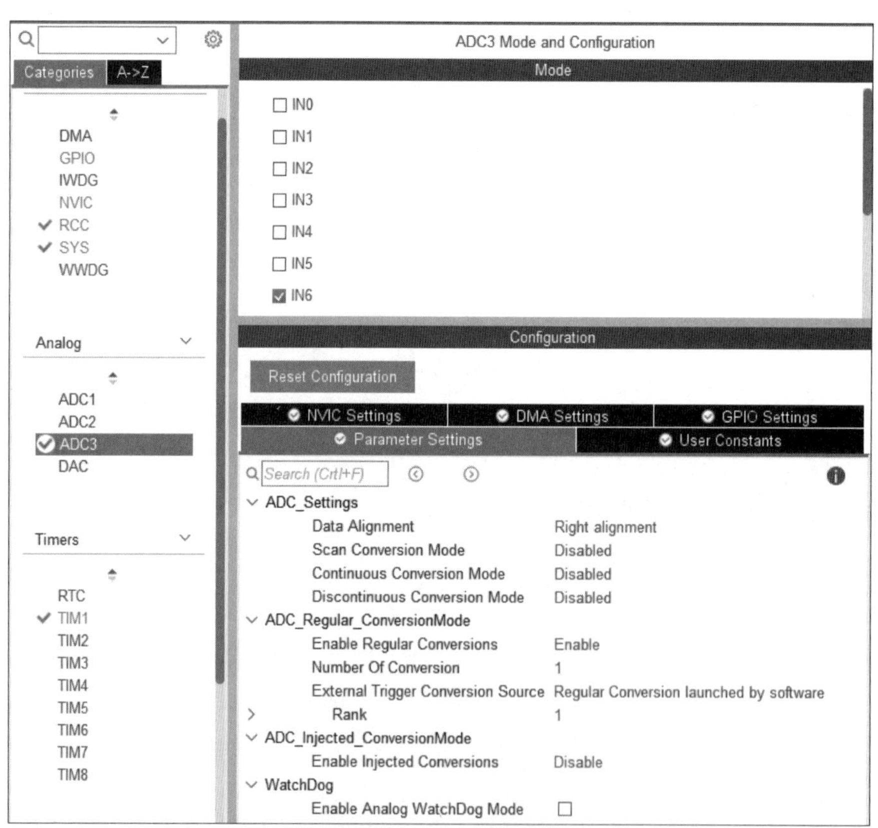

图 12.10　ADC 的配置

（4）设置 TIM1 的 PWM。设置 TIM1 的 Clock Source（时钟源）为 Internal Clock（内部时钟），使用它的通道 1 输出 PWM（PE9），参数配置如图 12.11 所示。

由此得到 PWM 的频率为 72MHz/(72×100)=10kHz。

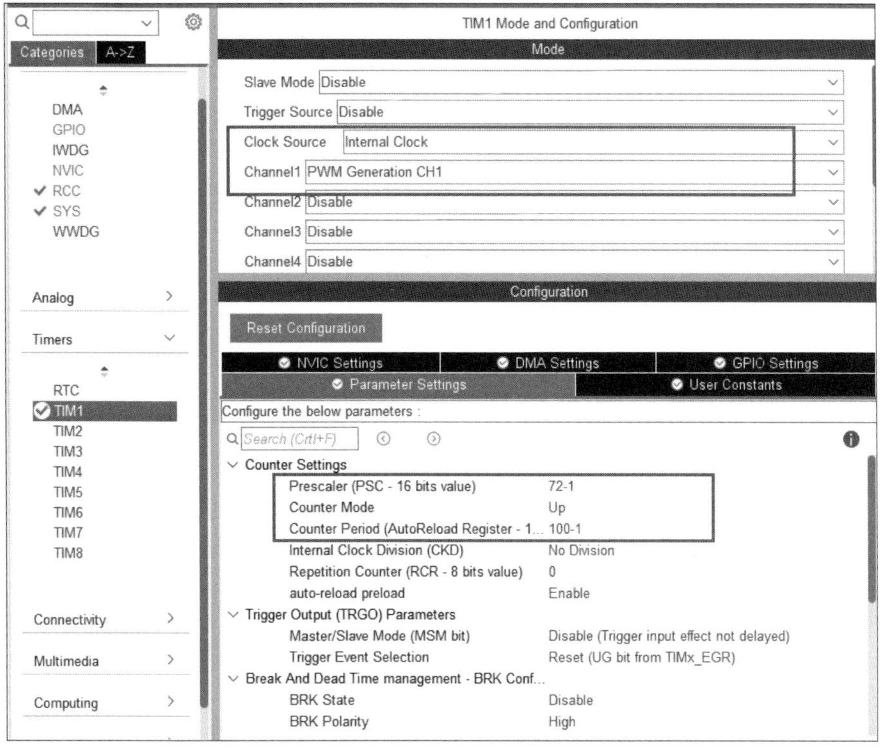

图 12.11 PWM 参数配置

在图 12.12 所示的配置界面中，参数 Pulse 用于设置占空比，这里将其设置为 0，即复位时 PWM 为 0。

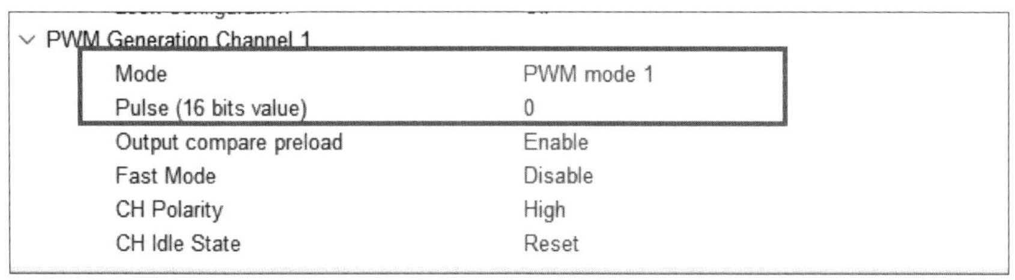

图 12.12 PWM 占空比配置

（5）在时钟配置界面，将时钟频率配置为 72MHz。

12.2.4 程序设计

生成代码后，在/* USER CODE BEGIN 2 */和/* USER CODE END 2 */之间添加如下启动 PWM 的代码。

```
HAL_TIM_PWM_Start(&htim1,TIM_CHANNEL_1);//启动 PWM
```

主程序的具体代码如下所示。

```
while (1)
```

```
{
  /* USER CODE END WHILE */
  /* USER CODE BEGIN 3 */
  HAL_ADC_Start(&hadc3);                          //软件启动 ADC1 转换
  //等待 ADC1 转换结束
  HAL_ADC_PollForConversion(&hadc3,60);
  //判断是否设置转换完成标志
  if (HAL_IS_BIT_SET(HAL_ADC_GetState(&hadc3),HAL_ADC_STATE_REG_EOC))
    ADC_Value = HAL_ADC_GetValue(&hadc3);//读取 ADC1
  if (ADC_Value > 3200)           //判断当前亮度，当光较弱时电机转动
  //占空比增加为 70%，电机转动
    __HAL_TIM_SetCompare(&htim1, TIM_CHANNEL_1, 70);
  else
//将占空比修改为 0%，电机停转
    __HAL_TIM_SetCompare(&htim1, TIM_CHANNEL_1, 0);
    HAL_Delay(1000);
}
/* USER CODE END 3 */
```

12.2.5 运行结果

当用手遮住光敏传感器时，电机转动；当将手从传感器上方移开后，电机停转。结果符合设计要求。

12.3 串口触摸屏设计

12.3.1 功能描述

本项目需要使用外部设备 HMI（人机界面）串口触摸屏及外设 USART。

人机交互是各类产品必不可少也是非常重要的一环，良好的人机交互能改善用户体验。本项目使用 HMI 串口触摸屏，它是一种目前十分流行的人机界面。HMI 串口触摸屏通过串口与单片机通信，实现简单交互。

本项目设计了 2 个页面，其中页面 1 用以控制 LED 灯的亮灭，页面 2 受单片机控制，可用以改变显示的文字内容。

12.3.2 串口触摸屏的程序设计

HMI 串口触摸屏的程序设计需要使用 USART HMI 软件，该软件包含指令、例程等资料。

串口触摸屏的程序设计流程如下。

1. 新建工程

选择文件存放目录。选择屏幕型号，这里选择 T0 系列下的 TJC3224T028_011。选择显示方向为 90° 横屏，确认后完成新建工程。新建工程的界面如图 12.13 所示。在“工具”菜单中可以添加字库等，在“帮助”菜单中可以查询指令集和资料。界面的左侧为工具箱，用户单击其中的部件后，中间的画布将生成对应的功能块。右侧上方为页面，一个串口触摸屏程序可以由多个页面组成。右下角为属性面板，在其中可以查看并修改部件的相关数据。

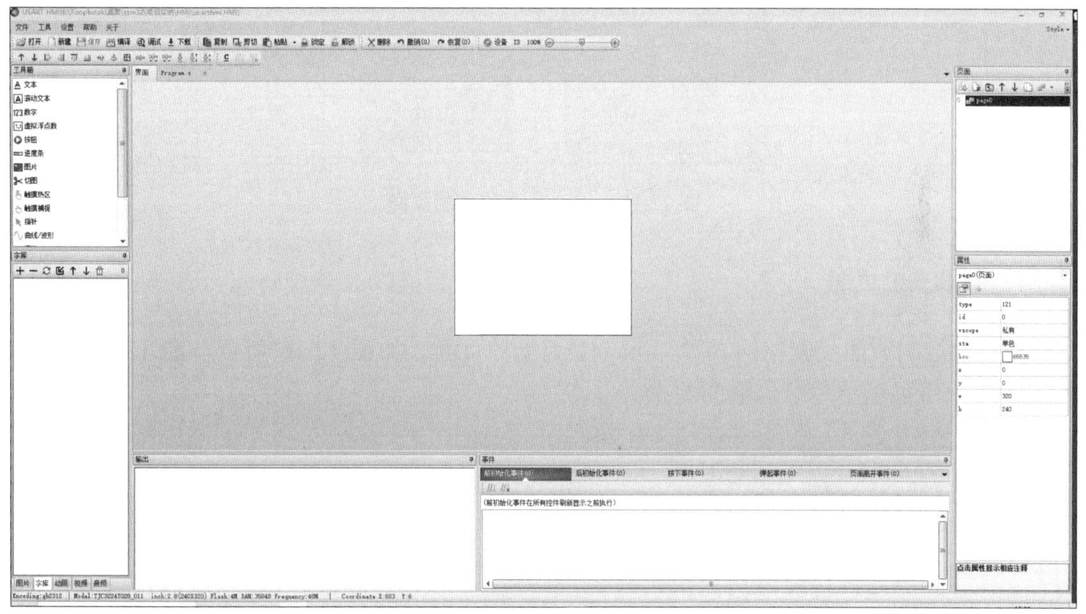

图 12.13　新建工程的界面

2. 添加字库

选择“工具”→“字库制作”，根据需要改变字体、字高等参数，本实例均采用默认参数。在字库名称栏输入便于理解的名称。单击“生成字库”按钮，将字库保存到自己设定的文件目录中，之后，左下角“字库”面板则出现添加的字库，如图 12.14 所示。

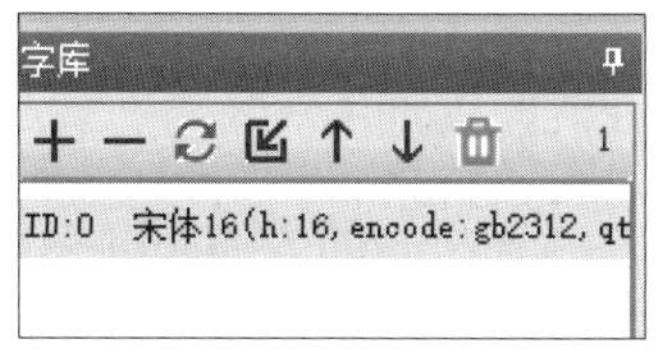

图 12.14　“字库”面板

3. 添加控制页面

在界面右侧“页面”面板中，单击“添加”按钮，增加一个页面。在 page0 中，添加部件“文本”，生成的部件名为 t0，将其拖动到适当位置。“属性”面板中的“font”栏用以修

改字体，其参数为字库中字体的编号。“txt”栏用以修改显示文本，将显示文本修改为“控制页面”。之后添加部件“按钮”，生成的部件名为 b0，将其拖动到适当位置。将该按钮的“txt”属性修改为“LED 控制”。再添加一个“按钮”部件，用以跳转页面。设计完成的控制页面，如图 12.15 所示。

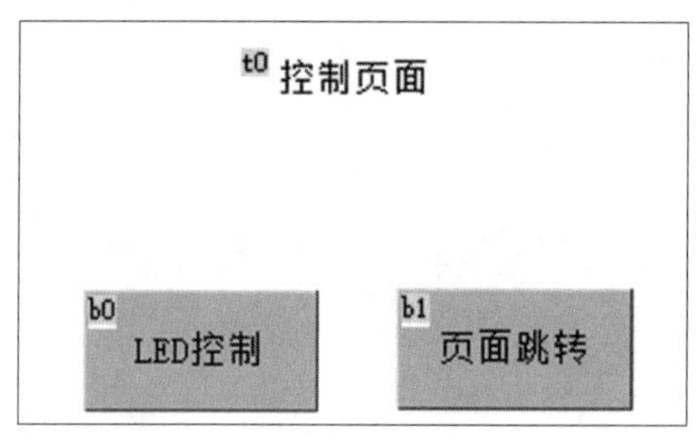

图 12.15　设计完成的控制页面

4. 添加受控页面

与添加控制页面步骤相同，设计 page1 为受控页面，如图 12.16 所示。图 12.16 中的文本部件 t1 用于显示单片机传输的数据。

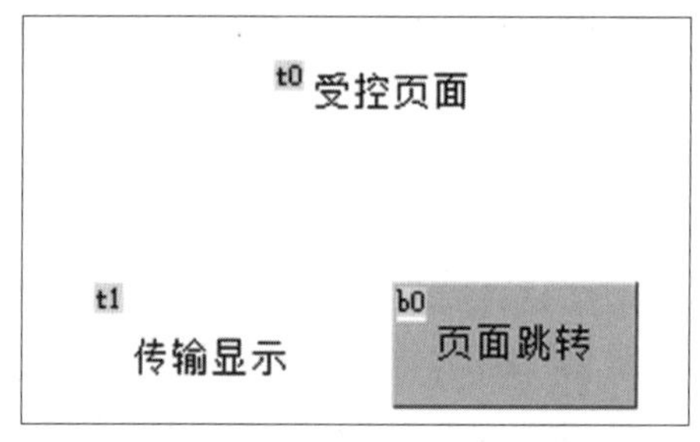

图 12.16　设计完成的受控页面

5. 定义控件指令

接下来为控件编写指令。在 page0 中，单击部件 b0，在其下方“事件”面板中的“弹起事件”内添加如下代码。

```
prints "123",0 //向单片机发送 0x31 0x32 0x33
```

单击部件 b1，在其下方“事件”面板中的“弹起事件”内添加如下代码。

```
page 1 //跳转到 page 1
```

在 page1 中，单击部件 b0，在其下方“事件”面板中的“弹起事件”内添加如下代码。

```
page 0 //跳转到 page 0
```

至此，指令编写完成。单击“Program.s”文件，可以查看上电程序，当前串口的波特率为 9600bit/s。上电后跳转到 page 0，如图 12.17 所示。

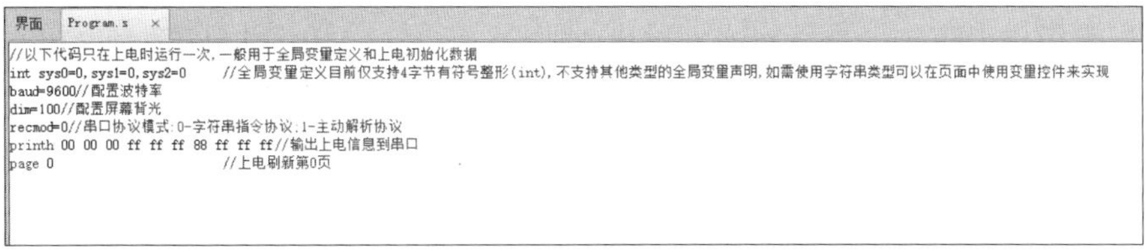

```
界面    Program.s
//以下代码只在上电时运行一次，一般用于全局变量定义和上电初始化数据
int sys0=0,sys1=0,sys2=0     //全局变量定义目前仅支持4字节有符号整形(int)，不支持其他类型的全局变量声明，如需使用字符串类型可以在页面中使用变量控件来实现
baud=9600//配置波特率
dim=100//配置屏幕背光
recmod=0//串口协议模式：0-字符串指令协议；1-主动解析协议
printh 00 00 00 ff ff ff 88 ff ff ff//输出上电信息到串口
page 0                       //上电刷新第0页
```

图 12.17　HMI 上电程序

6. 调试

单击“调试”按钮，查看功能是否正常。

7. 下载程序

使用 USB-TTL 模块，将 HMI 通过串口触摸屏连接至个人计算机，然后下载程序。注意，两设备之间的串口采用三线制交叉连接，即一方的 TX 线需要与另一方的 RX 线连接。

12.3.3　STM32 的外设配置

新建工程后，对外设的具体配置流程如下。

（1）配置 RCC，设置 High Speed Clock（HSE）（高速时钟）为 Crystal/Ceramic Resonator（无源外部晶振）。

（2）配置 SYS，设置 Debug 为 Serial Wire。

（3）配置 USART。单击 USART1，将 Mode（模式）设置为 Asynchronous（异步通信）。设置好后串口自动使能，右侧芯片串口引脚 PA9、PA10 高亮显示，并自动命名为 USART1_TX、USART1_RX。之后，设置波特率为 9600bit/s，其余参数不变，配置如图 12.18 所示。

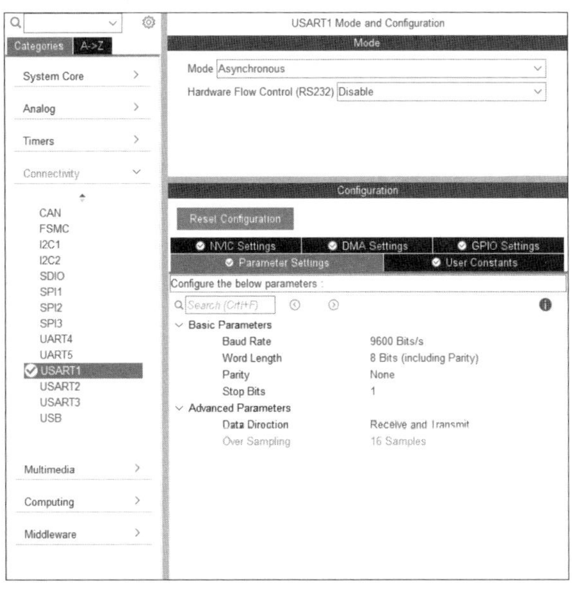

图 12.18　USART1 配置

（4）设置串口中断。单击 NVIC Settings 选项卡，勾选 USART1 global interrupt 复选框使能 USART1 全局中断，如图 12.19 所示。

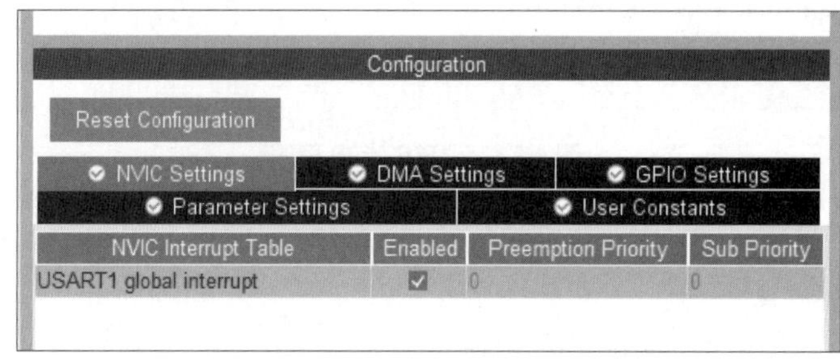

图 12.19　串口中断配置

（5）设置 LED 和按键。设置 PB5 为输出引脚以控制 LED，设置 PE4 为输入引脚，作为 KEY0 的输入端。

（6）在时钟配置界面配置时钟频率为 72MHz。

12.3.4 程序设计

生成代码后，在/* USER CODE BEGIN PV */和/* USER CODE END PV */之间定义接收和发送的数组变量。学习者可以根据需求，自行更改发送指令，但需要满足串口触摸屏发送协议要求。

```
uint8_t HMI_REC[3] = {0};
//发送内容为 t1.txt="123"，根据协议，发送后缀需要加 3 个 0XFF
uint8_t HMI_SEND[15] = {0X74,0X31,0X2E,0X74,0X78,0X74,0X3D,0X22,
                        0X31,0X32,0X33,0X22,0XFF,0XFF,0XFF};
```

main.c 文件的主要代码如下。

```
while (1)
{
    /* USER CODE END WHILE */
    /* USER CODE BEGIN 3 */
    //中断方式，接收触摸屏下发的指令，放在数组 HMI_REC 中
    HAL_UART_Receive_IT(&huart1, HMI_REC, 3);
    if(HMI_REC[0] == 0x31 && HMI_REC[1] == 0x32 && HMI_REC[2] == 0x33)
    {
        HAL_GPIO_TogglePin(LED_GPIO_Port, LED_Pin);         //翻转 LED
        HMI_REC[2] = 0x00;                                   //防止一直翻转
    }
    if(!HAL_GPIO_ReadPin(KEY0_GPIO_Port, KEY0_Pin))         //检查按键是否按下
    {
        HAL_Delay(10000);                                    //延时
        if(!HAL_GPIO_ReadPin(KEY0_GPIO_Port, KEY0_Pin))
        //向触摸屏发送数据，改变串口触摸屏文本框内容
```

```
        HAL_UART_Transmit(&huart1, HMI_SEND, 15, 0XFFFF);
    }
}
/* USER CODE END 3 */
```

12.3.5 运行结果

在 HMI 串口触摸屏的控制页面中，如果单击“LED 控制”按钮，则开发板上对应 LED 的显示状态发生翻转；在受控页面中，如果按下开发板上的 KEY0 按键，则触摸屏上的文本信息发生改变。

由此说明，程序达到设计要求。

12.4 本章小结

本章设计了三个综合性项目，包括信号发生与采集、烟雾报警及其处置的模拟和串口触摸屏设计，涉及 ADC、DAC、定时器、PWM、USART 和 GPIO 等内容。本章设计的项目较为简单，读者可举一反三，使用更多资源的单片机，如 F4、F7 系列等，并在项目上应用更多资源或算法，以实现更加复杂的项目。

在项目设计时，应该遵循如下步骤：

① 充分解读传感器或被控对象数据手册，了解其驱动方式或协议信息，如串口屏的通信波特率信息等；

② 选择经济的满足资源要求的单片机，对所需配置进行充分认识。

③ 配置资源，编写代码；

④ 烧录与验证，需要时，进行参数微调。

本章重难点：单片机各类资源的综合应用技巧，并深入理解项目从规划到实现的完整流程。

思考与实践

请选择上述 3 个综合性设计项目中任何一个进行模仿并调整，如 HMI 串口触摸屏由 2 个页面增加到 3 个页面，第 3 个页面由开发板上的另一个按键控制切换。

第二篇

基于固件库+Keil（MOK-ARM）

第 13 章 基于固件库的开发及其示例

本章围绕 3 个由浅入深的 GPIO 输出应用的例子，详细阐述基于固件库的开发模式：实验系统硬件环境的选择、工程模板的创建、程序的实现、程序的烧写、程序的调试方法，这些是基于固件库开发入门的关键。

1．知识目标。了解 STM32 最小系统，理解工程模板在基于固件库的开发模式中的作用，掌握程序延时的三种方法。

2．能力目标。能下载 STM32 的固件库并创建 STM32 程序的工程模板，能烧写和调试 STM32 程序。

3．素质目标。固件库模式和 HAL 库模式各有所长，任何事物都有两面性，要学会辩证思考。

13.1 STM32 的最小系统

本章所用的 STM32 最小系统实验板（开发板）的原理图如图 13.1 所示。

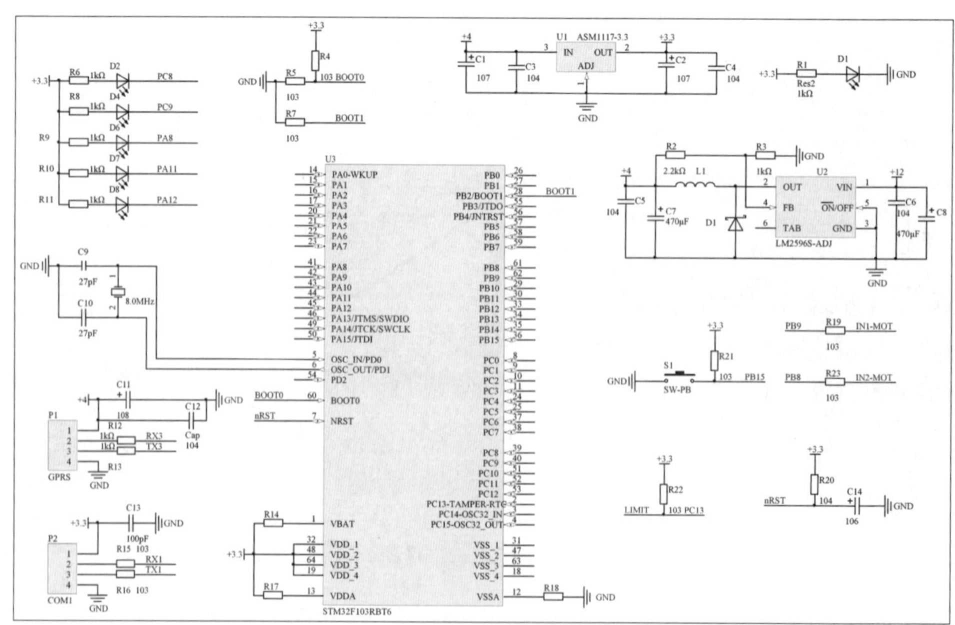

图 13.1　本章所用的 STM32 最小系统实验板（开发板）的原理图

一个 STM32 最小系统，通常包含以下功能部件：STM32 芯片、时钟系统、复位系统、调试接口、程序下载（烧写）接口、至少一个串口、电源。图 13.1 所示的系统基本包含了上述功能部件，是一个比较典型的 STM32 最小系统。

现结合图 13.1，对该系统进行简单分析。

（1）电源：3.3V。因为系统本来用于其他项目，所以供电电源为 12V，然后通过可调稳压电路 LM2596S-ADJ 降为 4V（供 GPRS 模块），再经过低压稳压芯片 ASM1117-3.3 将 4V 转为 3.3V 供 STM32F103RBT6 芯片使用。

（2）复位：采用上电复位，没有手动复位按键。

（3）时钟：外接晶振的频率为 8MHz。

（4）串口 USART1：可用于程序下载（ISP）或其他串口通信。

（5）串口 USART3：在原设计中是为 GPRS 模块保留的。

（6）J-Link（SWD）：为方便使用 J-Link（SWD）方式对系统进行调试，可按照 4 线制 SWD 接口的要求，通过杜邦线与 J-Link 连接，以便下载和调试程序。

13.2 STM32 工程模板的建立

无论是基于寄存器方式还是基于固件库方式开发 STM32 系统的程序，首先必须建立一个方便、合理的工程模板。当然，基于寄存器方式和基于固件库方式的工程模板有所不同，前者相对简单，但是必须建立必要的程序开发环境——工程模板。可以这样说，学会并真正理解如何建立工程模板是学习 STM32 单片机的第一步，因此十分重要。

建立工程模板的核心内容包含两个方面：一是必须包含哪些文件；二是这些文件分别到哪里寻找，即对应的路径。

13.2.1 STM32 的固件库

STM32 的固件库是一个完整的软件包（被称为固件包），包括所有的标准外设的设备驱动程序，其本质是一个固件函数包（库），它由程序、数据结构和各种宏组成，包括微控制器所有外设的性能特征。该函数库还包括每个外设的驱动描述和应用实例，为开发者访问底层硬件提供了一个中间 API（Application Programming Interface，应用编程接口）。通过使用固件库，无须深入掌握底层硬件细节，开发者就可以轻松应用每个外设。因此，使用固件库可以大大减少用户的程序编写时间，进而降低开发成本。每个外设驱动都由一组函数组成，这组函数覆盖了该外设的所有功能。每个器件的开发都由一个通用 API 驱动，API 对该驱动程序的结构、函数和参数名称都进行了标准化。

ST 公司于 2007 年 10 月发布了 V1.0 版本的固件库，在 2008 年 6 月发布了 V2.0 版的固件库。V3.0 以后的版本相对之前的版本改动较大，本书使用的是目前通用的 V3.5 版本（2011 年推出），该版本固件库支持所有 STM32F10X 系列单片机。2021 年，ST 公司又推出了 V3.6.0 版本。

1. 下载固件库 V3.5

该固件库可从 ST 公司的官方网站上下载。

下载后解压缩得到的文件及其结构如图 13.2 所示。

图 13.2　V3.5 固件库的文件及其结构

从图 13.2 可知，固件库包含四个文件夹和两个文件，其中 stm32f10x_stdperiph_lib_um.chm 为已编译的帮助系统，也就是该固件库的使用手册和应用举例，该文件很重要，而另一个文件可以忽略。

_htmresc 文件夹下是 ST 公司的 LOGO 图标等文件，可直接忽略它。Libraries 文件夹下是驱动库的源代码与启动文件。Project 文件夹下是用驱动库编写的例子和一个工程模板。Utilities 文件夹下存放的是 ST 公司评估板的相关例程代码，可作为学习资料，对程序开发没有影响，也可直接忽略它。因此，固件库的核心是 Libraries、Project 两个文件夹及其内容，以及 stm32f10x_stdperiph_lib_um.chm 这个已编译的帮助系统，它主要讲的是如何使用固件库来编写自己的应用程序并举例说明。

既然 ST 公司提供了使用范例，其代码的规范性和正确性就毋庸置疑，学习者可以将范例作为快速掌握固件库使用方法的重要资料。学习者通过 ST 公司提供的范例学习 STM32 的原理、应用，是一种非常值得推荐的学习方法。

2. 对固件库的简单分析

首先分析 Libraries 文件夹下的内容。如图 13.3 所示，它包含两个文件夹。

图 13.3　Libraries 文件夹下的内容

文件夹 CMSIS 包含 Cortex-M3 内核自带的外设驱动代码和启动代码（通常由汇编语言编写）。它包含的内容如图 13.4 所示，核心是 CM3 文件夹，其余可忽略。

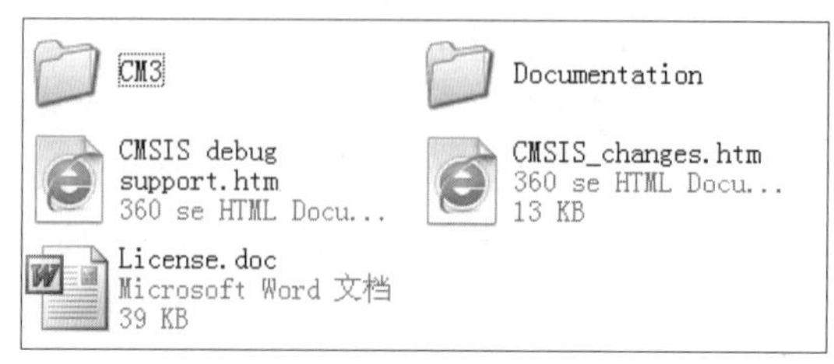

图 13.4　文件夹 CMSIS 包含的内容

CM3 文件夹又包含两个文件夹，如图 13.5 所示。

图 13.5　CM3 文件夹包含的两个文件夹

其中，CoreSupport 文件夹包含两个文件，如图 13.6 所示。这是 Cortex-M3 内核自带的外设驱动程序，十分重要。

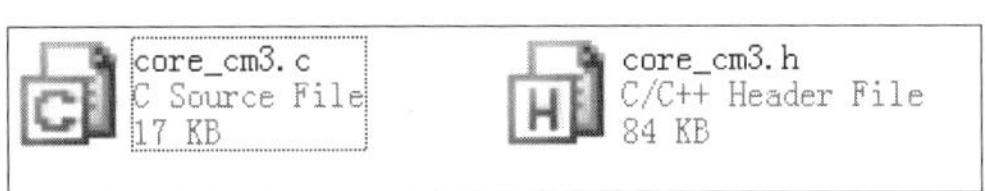

图 13.6　CoreSupport 文件夹包含的两个文件

DeviceSupport 文件夹只包含 ST 文件夹，ST 文件夹只包含文件夹 STM32F10x，而 STM32F10x 文件夹包含的内容如图 13.7 所示。

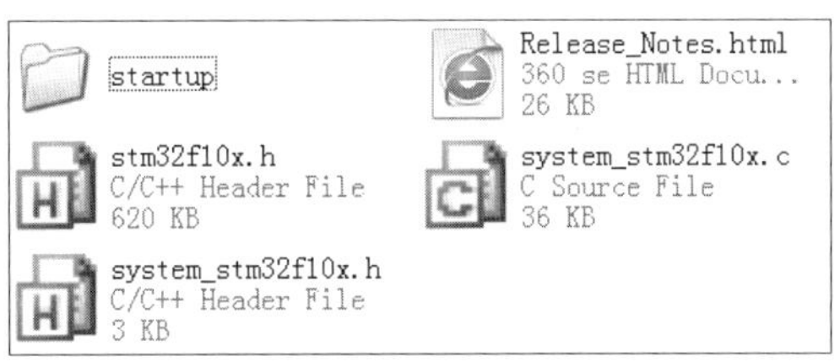

图 13.7　STM32F10x 文件夹包含的内容

Startup 文件夹又分别包含 arm 等 4 个对应不同开发环境的启动代码文件夹，如图 13.8 所示，其中 arm 文件夹对应 Keil 开发环境。

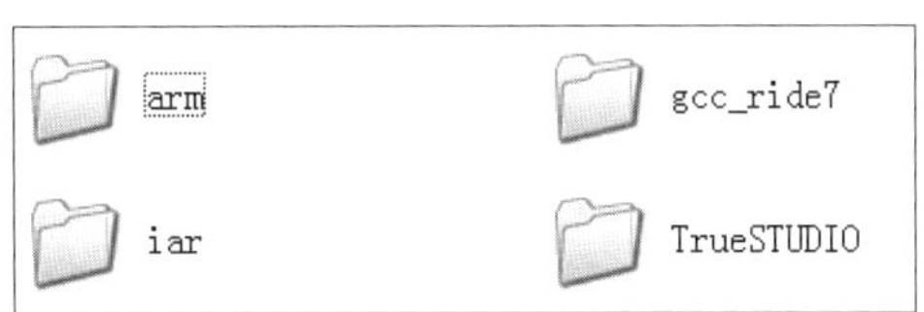

图 13.8　Startup 文件夹包含的内容

这些文件夹下的代码文件均由汇编语言开发。arm 文件夹下的文件，如图 13.9 所示，它们实际上是对应不同容量芯片的启动代码。

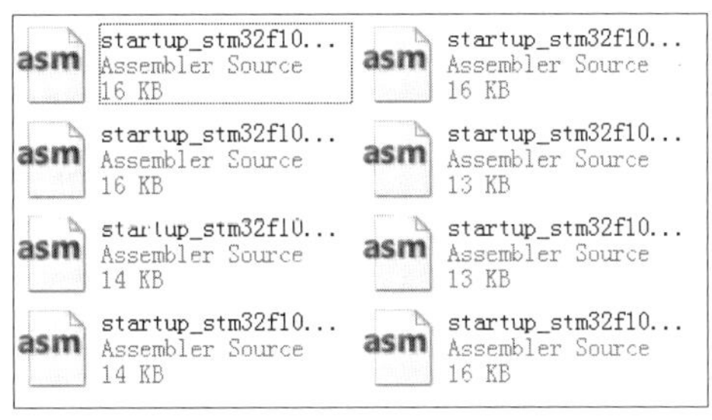

图 13.9　arm 文件夹下的文件

启动代码是任何处理器在上电复位之后最先运行的一段汇编程序代码。启动代码的作用如下：

（1）初始化堆栈指针 SP；

（2）初始化程序计数器指针 PC；

（3）设置异常向量表的入口地址；

（4）配置外部 SRAM 作为数据存储器（但一般的开发板没有外部 SRAM）；

（5）设置 C 程序的分支入口__main（最终用来调用 main 函数）。

这些文件分别对应具有不同存储器容量（Flash 容量）和功能的不同版本的 STM32 系列芯片，主要为小（LD）、中（MD）、大（HD）容量 Flash 等不同性能的 STM32 单片机。

如图 13.10 所示，在 Libraries\CMSIS\CM3\DeviceSupport\ST\STM32F10x 文件夹下除启动文件夹 startup 外，还有 3 个源程序文件 stm32f10x.h、system_stm32f10x.c、system_stm32f10x.h。

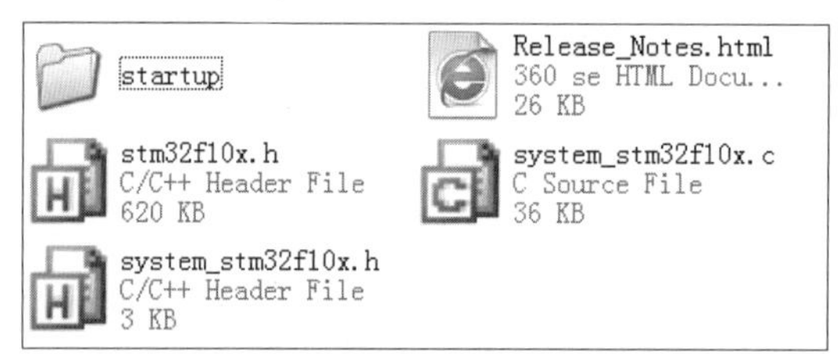

图 13.10　STM32F10x 文件夹下的 3 个源程序文件

文件夹 STM32F10x_StdPeriph_Driver 包含的是芯片制造商在 Cortex-M3 内核上外加的外设驱动程序，包含 inc（include 的缩写）与 src（source 的简写）两个文件夹，如图 13.11 所示，其中的 Release_Notes.html 文件可直接忽略。

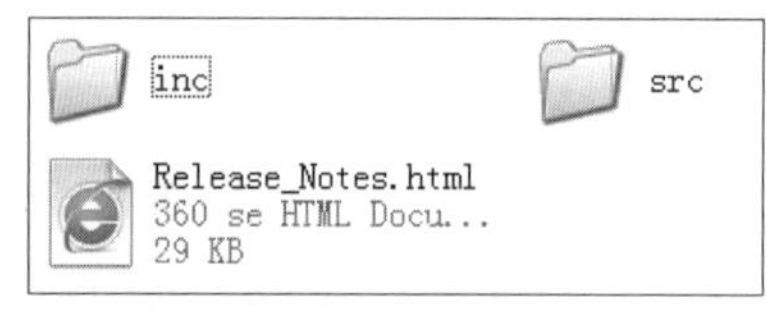

图 13.11　文件夹 STM32F10x_StdPeriph_Driver 包含的内容

文件夹 inc 的内容如图 13.12 所示，它包含的是每个驱动文件对应的头文件。当应用程序需要用到某个外设的驱动程序的时候，只需将它的头文件包含至应用程序即可。

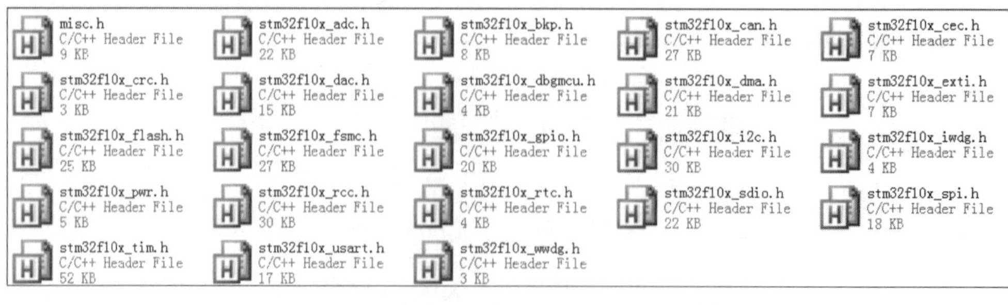

图 13.12　文件夹 inc 的内容

文件夹 src 的内容如图 13.13 所示，它包含的是每个驱动文件对应的 C 源代码文件。

图 13.13 文件夹 src 的内容

在固件库的 Project 文件夹的 STM32F10x_StdPeriph_Template（工程模板）文件夹下有 4 个文件很重要，在接下来的新建工程模板中必会用到，这 4 个文件如图 13.14 所示。

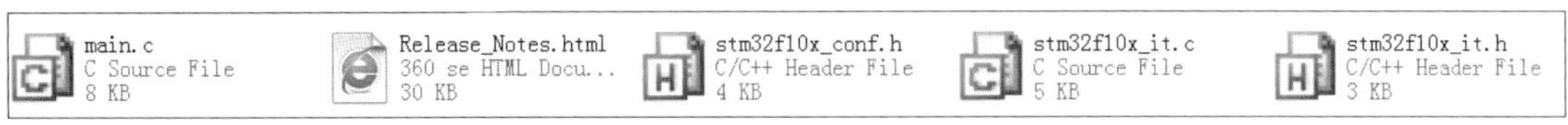

图 13.14 Project 文件夹的 STM32F10x_StdPeriph_Template 文件夹下的 4 个文件

需要指出的是，如果要更改程序的时钟配置（不使用默认值），则必须调整 system_stm32f10x.c 的相关内容。system_stm32f10x.c 的性质与 core_cm3.c 一样，它也由 ARM 公司提供，遵守 CMSIS 标准。该文件的功能是根据 HSE 或 HSI 设置系统时钟和总线时钟（AHB、APB1、APB2 总线）。系统时钟可由 HSI 单独提供，也可以由 HSI 二分频之后经过 PLL（锁相环）提供，或者由 HSE 经过 PLL 之后提供。具体可参考第 1 章的 STM32 的时钟树的有关章节。

13.2.2 新建工程模板的第一步——复制固件库文件

新建工程模板第一步：新建合适的文件夹并复制相应的固件库文件。

本书建立的工程模板包含 3 个文件夹，学习者在理解的基础上，完全可以根据需要建立 4 个文件夹或更多文件夹，用来存放不同类型的文件，以体现模块化设计思想。

这里需要注意的是，必须明确哪些文件必须包含，包含后要通知编译器到哪些路径下查找这些文件。只要掌握了这些，工程模板完全可以根据自己的需要灵活建立。

这里，工程模板的文件及文件夹如图 13.15 所示。

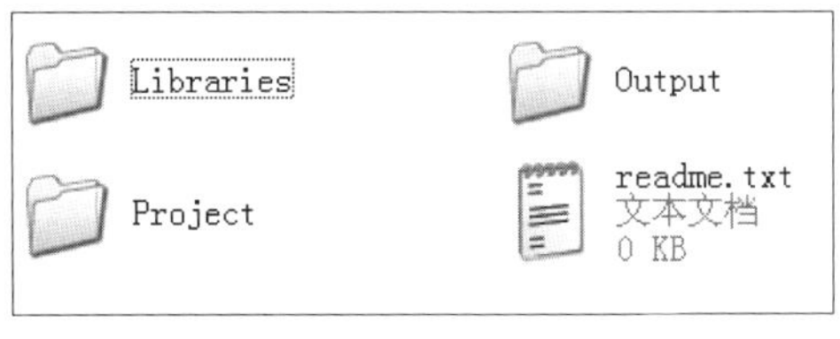

图 13.15 工程模板的文件及文件夹

从图 13.15 可以看出，工程模板包含 3 个文件夹和一个记事本说明文件 readme.txt。readme.txt 用于说明本程序的使用要求、注意事项、使用方法等。

3 个文件夹各有分工，它们各自的作用如下。

（1）Libraries 文件夹就是固件库里的同名文件夹的副本。该文件夹下是 STM32 及其外设的驱动程序（包括启动代码），不能缺少。

（2）Output 文件夹主要存储输出文件，如最后编译和链接生成的机器码文件（HEX 文件），也包括其他文件的中间文件。该文件夹内容可手动定期清理。模板建立后，该文件下无任何文件，只有编译和链接后，才会出现很多文件。

（3）Project 文件夹主要存储开发者自己开发的相关程序文件，如工程文件、main.c、stm32f10x_conf.h（外设头文件配置文件）、stm32f10x_it.c（中断服务函数文件）、stm32f10x_it.h（中断服务函数头文件）。当然，如果程序不涉及中断，就不需要上述两个中断服务函数相关的文件。但是，作为通用模板，建议保留这两个文件。上述文件中，除工程文件外，另 4 个文件可直接从固件库中复制得到，这 4 个文件的内容均为固件库里的默认内容，根据应用程序的需要，必须对其进行相应的修改和调整，尤其是 main.c 文件，必须重新设计。

13.2.3 新建工程模板的第二步——新建一个 Keil 工程

新建工程模板的第二步：新建一个工程（通用的空工程）并设置 Keil（重点是 STM32 的启动代码选择、路径选择等）。

下面以 E 盘的文件夹 mystm32 为例，讨论在 Keil MDK μVision4 开发环境下建立一个工程模板的完整过程。该模板同样适用于 μVision5、μVision3。

图 13.16 为该工程模板的文件结构图。

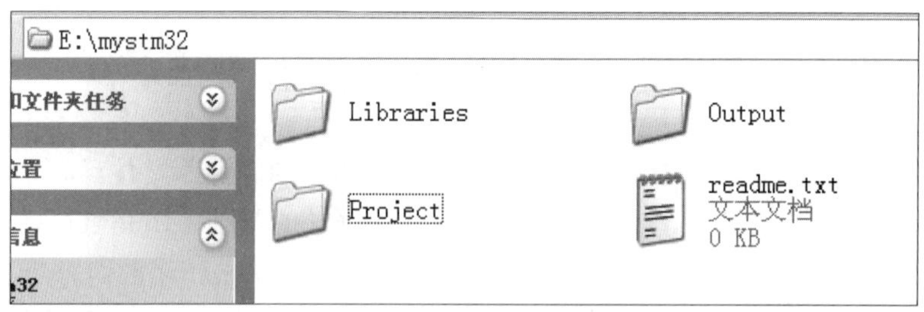

图 13.16 工程模板的文件结构图

此时，Output 文件夹下为空，Project 文件夹包含 4 个文件：main.c、stm32f10x_conf.h、stm32f10x_it.c、stm32f10x_it.h。Libraries 文件夹下为固件库的同名文件夹内容。

1. 新建 Keil 工程

在 E:\mystm32\Project 文件夹下新建一个工程，这里命名为 mystm32prj。

选用 stm32f103ZE 作为设备。新建 Keil 工程的具体步骤这里不予阐述。注意：startup 代码应手动添加，不要使用 Keil 自带的代码。

图 13.17 为新建工程的文件视图。

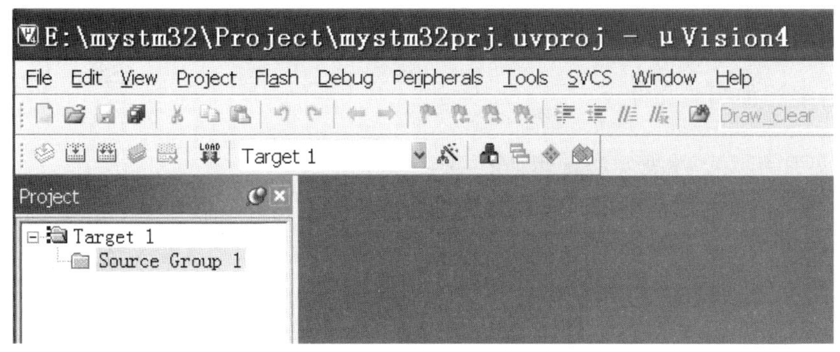

图 13.17　新建工程的文件视图

至此，完成了工程框架的搭建，该工程目前只是一个空的工程。

2. 为工程添加组（Group）

首先移走 Source Group 1。方法是在 Source Group 1 上单击鼠标右键，弹出快捷菜单，选择其中的高亮选项即可，如图 13.18 所示。

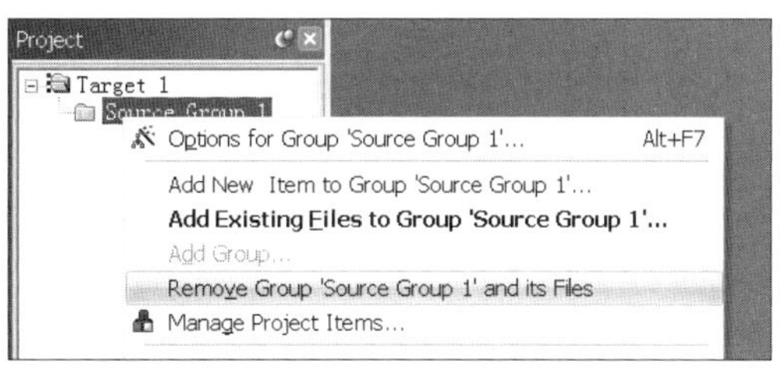

图 13.18　移走 Source Group 1

接下来添加组。方法是在 Target 1 上单击鼠标右键，选择 Add Group 选项，添加组后再通过 Manage Project Items 对话框更名，也可以通过该对话框直接添加组，如图 13.19 所示。

添加几个组可根据自己的需要确定，本实例添加了 5 个组，分别为 User、Driver、CM3、Startup、Doc，如图 13.20 所示。其作用分别如下。

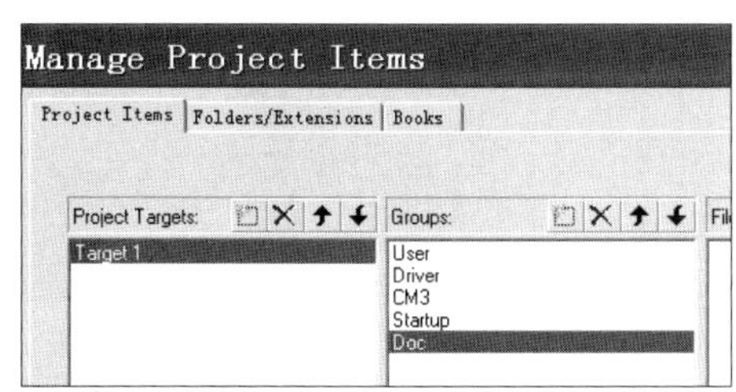

图 13.19　利用 Manage Project Itcms 对话框添加组

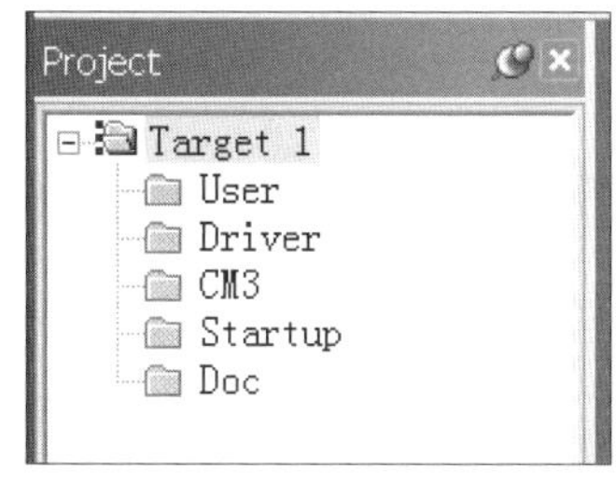

图 13.20　工程下的文件结构图

（1）User：用于管理自行开发的程序。

（2）Driver：用于管理 STM32 外设的相关驱动程序。

（3）CM3：用于管理 CMSIS 内核的驱动程序。

（4）Startup：用于管理 MDK 开发环境下与具体芯片相对应的启动代码。

（5）Doc：用于管理程序的说明文档，如 readme.txt 等。

3. 为各组添加相关文件

为各组添加相关文件的方法有两种：

（1）在各组上单击鼠标右键，通过 Add Existing Files to Group ‘User’选项（注意：各组的名称应做相应调整，这里只以 User 组为例说明）添加工程模板的 3 个文件夹下的相应文件。

（2）直接在 Target 1 上单击鼠标右键，然后通过 Manage Project Items 选项直接将工程模板的 3 个文件夹里的相关文件添加进去。

具体添加情况如下。

1）User 组

在 User 组中添加 Project 文件夹下的 main.c、stm32f10x_it.c 文件，若要调整系统时钟设置，还必须添加 Libraries\CMSIS\CM3\DeviceSupport\ST\STM32F10x\system_stm32f10x.c 文件，如图 13.21 所示。

2）Driver 组

在 Driver 组中添加 Libraries\STM32F10x_StdPeriph_Driver\src 文件夹下所有 C 代码文件，如图 13.22 所示。

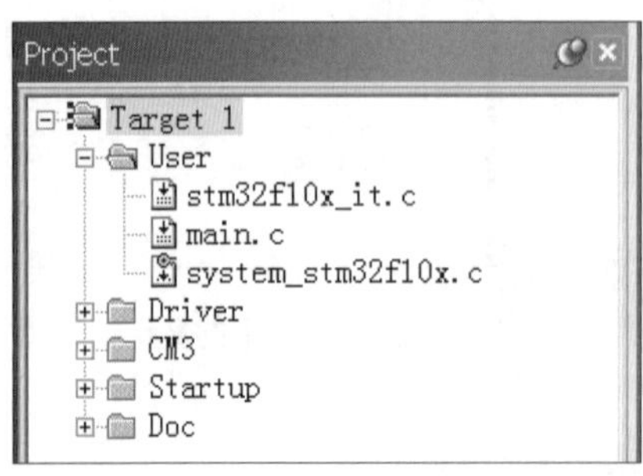

图 13.21 在 User 组中添加的文件

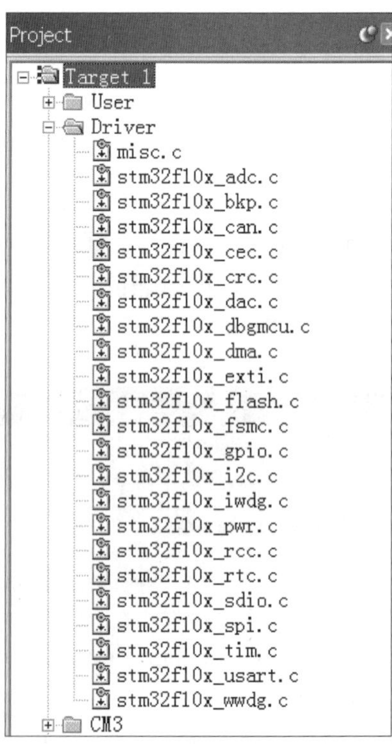

图 13.22 在 Driver 组中添加的文件

3）CM3 组

在 CM3 组中添加 Libraries\CMSIS\CM3\CoreSupport\core_cm3.c 文件，如图 13.23 所示。

4）Startup 组

在 Startup 组中添加 Libraries\CMSIS\CM3\DeviceSupport\ST\STM32F10x\startup\arm 文件夹下的所有 ASM 代码文件，如图 13.24 所示。

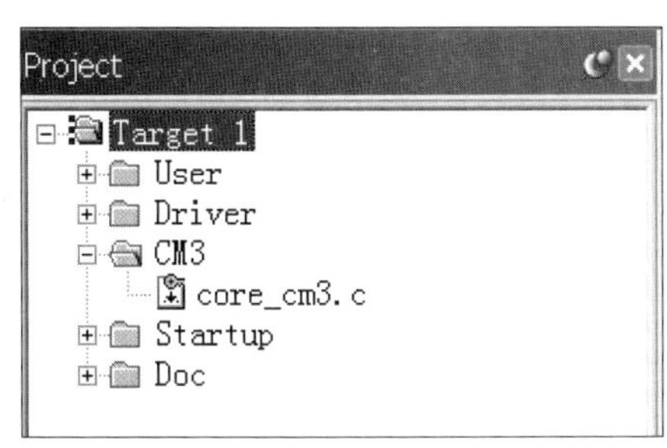

图 13.23　在 CM3 组中添加的文件

图 13.24　在 Startup 组中添加的文件

从图 13.24 中可以看到，该组包含了 STM32F10x 系列的 8 个启动代码文件。但是，对某一个具体的项目而言，因为选用的 STM32 单片机是固定的，所以只能使用其中一个启动代码文件，其余的必须删除。这里只是作为工程模板，为适应不同的型号，才将启动代码都添加进该组。删除多余启动代码文件的方法很简单，即在图 13.24 中某个要删除的文件上单击鼠标右键，选择 Remove File 选项将其移除。也可以不删除文件，而采用使之失能的方法。失能设置的方法如下：

右击不相关的启动代码文件，选择 options for file 'startup_stm32f10x_md.s'...选项，在弹出的对话框中的 Properties 选项卡中，取消选择 Include in Target Build 和 Always Build 两项（不使用这两个选项）。

5）Doc 组

在 Doc 组中添加模板下的 readme.txt 等文本文件，如图 13.25 所示。该文件可对工程的具体环境、注意事项、使用操作等情况进行说明。当然，学习者可以忽略该文件，但从开发的角度来说，撰写该文档是一个很好的习惯，往往可以达到事半功倍的效果，可以为后续的软件维护节省很多时间和精力。

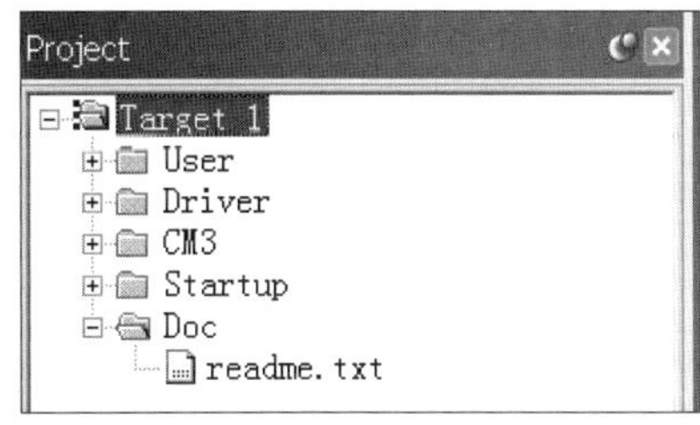

图 13.25　在 Doc 组中添加的文件

4. 对 Keil 开发环境进行必要的设置

在图 13.25 中的 Target 1 上单击鼠标右键，选择 Options for Target ‘Target 1’选项，出现图 13.26 所示对话框。

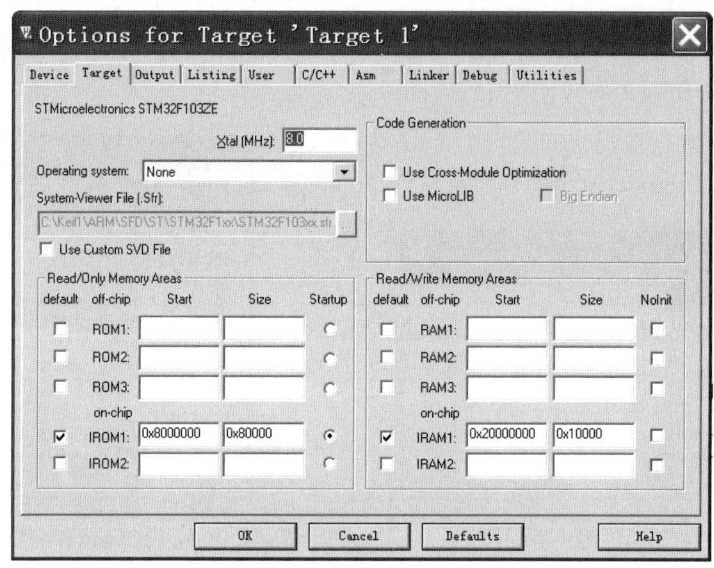

图 13.26　Options for Target ‘Target 1’对话框

然后一次性设置以下内容。

Target 选项卡下的外部时钟：这里为 8.0MHz，可根据实际晶振加以调整。

Output 选项卡下的设置主要有两个：创建 HEX 文件、设置输出文件夹。如图 13.27 所示，必须勾选 Create HEX File 复选框，然后单击 Select Folder for Objects…按钮，选择 output 文件夹为目标文件夹。

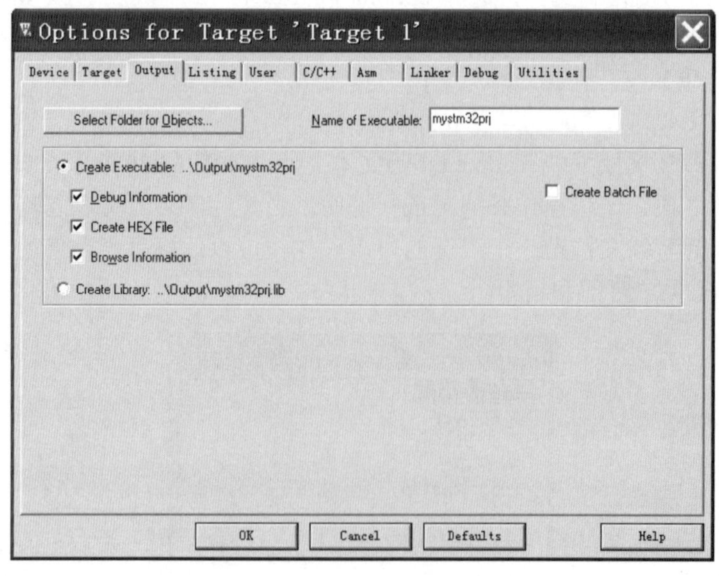

图 13.27　Output 选项卡的设置

C/C++选项卡下设置的选项主要有两个：Define 与 Include Paths。

（1）Define：设置为编译过程中的预处理宏定义符号，举例如下。

USE_STDPERIPH_DRIVER,STM32F10X_HD。第一个宏定义符号表示要使用固件库，在固件库开发模式下，该符号必须设置；后一个符号表示选用的是高容量 STM32 芯片。如果是其他容量芯片，请自行调整，如中等容量芯片为 STM32F10X_MD。

（2）Include Paths：指定编译过程中文件包含（#include）指令要查找的路径：单击该选项右侧的第一个按钮，即可设置要包含的路径。注意，必须把工程模板涉及的所有文件所在的文件夹作为路径都设置进来。具体操作方法请学习者自行练习。本工程模板最终路径设置结果如图 13.28 所示。

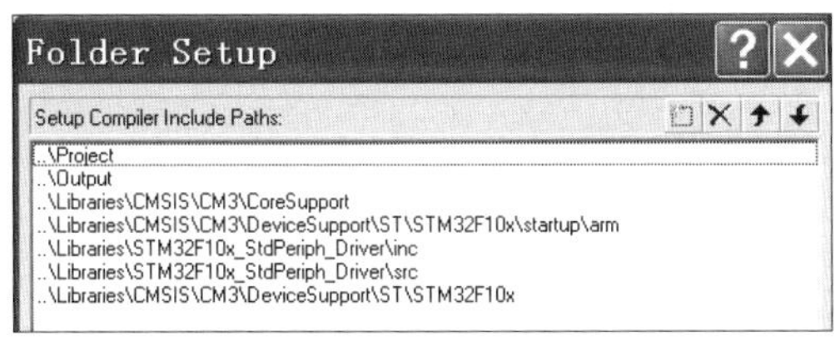

图 13.28　本工程模板最终路径设置结果

Debug 选项卡下主要是所使用的仿真器的相关选项，例如，使用 J-Link 仿真器（V8 或 V9，最常用、实用的廉价仿真器）的具体设置如图 13.29 所示。对其下相关参数的设置，请学习者通过自行阅读相关资料或 J-Link 使用手册完成，这里不再赘述。单击右侧的 Settings 按钮出现的界面如图 13.30 所示，如果出现类似信息，说明设置正常，可以使用仿真器进行仿真调试。

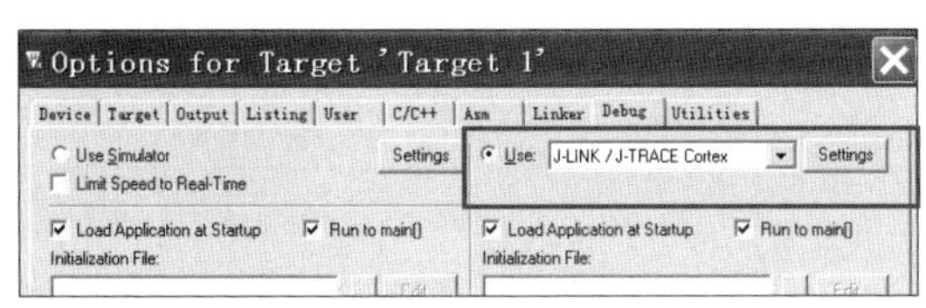

图 13.29　J-Link 仿真器设置选项

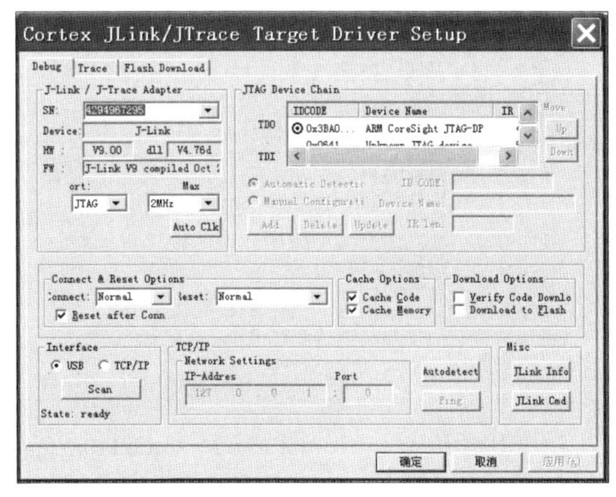

图 13.30　单击 Settings 按钮出现的界面

5. 简单配置工程模板中的相关文件

1）main.c 的处理

删除 main.c 中的内容，只保留图 13.31 所示部分。

```
#include <stm32f10x.h>

void RCC_Configuration(void);

int main(void)
{
    RCC_Configuration();
}

void RCC_Configuration(void)
{
  /* Setup the microcontroller system. Initialize the Embedded Flash Interface,
     initialize the PLL and update the SystemFrequency variable. */
  SystemInit();
}
```

图 13.31　工程模板中的 main 函数内容

其中，RCC_Configuration()函数为系统时钟配置函数，它直接调用固件库函数 SystemInit()，使用默认值。如需更改，则可以调整 system_stm32f10x.c 中的相关语句。

2）stm32f10x_conf.h 的处理

该文件内容是外设的头文件配置。默认使用所有外设的头文件。实际中，根据程序需要，使用相关的头文件。例如，要使用 GPIO，则必须包含头文件 stm32f10x_gpio.h。从该文件可以看出，头文件命名非常有规律，所以非常容易使用。图 13.32 所示是该文件需要配置的部分默认内容。根据项目的实际需要，用注释符“//”屏蔽不需要的头文件，保留需要的头文件。

```
/* Includes ------------------------------------------------------------------*/
/* Uncomment/Comment the line below to enable/disable peripheral header file inclusion */
#include "stm32f10x_adc.h"
#include "stm32f10x_bkp.h"
#include "stm32f10x_can.h"
#include "stm32f10x_cec.h"
#include "stm32f10x_crc.h"
#include "stm32f10x_dac.h"
#include "stm32f10x_dbgmcu.h"
#include "stm32f10x_dma.h"
#include "stm32f10x_exti.h"
#include "stm32f10x_flash.h"
#include "stm32f10x_fsmc.h"
#include "stm32f10x_gpio.h"
#include "stm32f10x_i2c.h"
#include "stm32f10x_iwdg.h"
#include "stm32f10x_pwr.h"
#include "stm32f10x_rcc.h"
#include "stm32f10x_rtc.h"
#include "stm32f10x_sdio.h"
#include "stm32f10x_spi.h"
#include "stm32f10x_tim.h"
#include "stm32f10x_usart.h"
#include "stm32f10x_wwdg.h"
#include "misc.h" /* High level functions for NVIC and SysTick (add-on to CMSIS functions) */
```

图 13.32　stm32f10x_gpio.h 需要配置的部分默认内容

13.2.4　关于创建工程模板的简单小结

1. 注意事项

在创建工程模板时需要注意的地方归纳如下。

（1）正确选择 CPU 型号。

（2）根据所选型号的程序存储器容量等，选择启动代码文件。注意：不同的 CPU 不一样。

（3）选择实际晶振。

（4）C/C++中的 USE_STDPERIPH_DRIVER，STM32F10X_HD 两个参数用逗号隔开，前者的宏定义用来说明使用固件库，后者要根据不同的 CPU 加以选择，STM32F10X_HD 表示大容量（256KB 以上）。

2. 简单小结

建立工程模板的目的是方便开发者充分利用 ST 公司提供的 STM32 固件库函数，加快程序开发。但是有一点需要清楚，模板没有固定的格式，以上讨论的模板建立过程不是唯一的，建立的模板也不是唯一的。

建立模板过程中最核心、最本质的，只有两件事（两个要点）。

（1）哪些文件是必需的（包括相应的启动代码文件），至于放在哪个文件夹完全由建立模板者自行确定，当然，以容易理解为好。

（2）这些文件在哪个文件夹（路径）必须告知C/C++编译器。编译器通常被包含在开发环境中。注意：所有的路径都必须告知编译器。除此之外，就是芯片型号的合理选择及相关参数的设置。

13.3 程序的烧写

在每个 STM32 的芯片上都有两个引脚 BOOT0 和 BOOT1，这两个引脚在芯片复位时的电平状态决定了芯片复位后从哪个区域开始执行程序，二者之间的对应关系如下。

（1）BOOT1=x，BOOT0=0，从用户 Flash 启动，这是正常的工作模式。

（2）BOOT1=0，BOOT0=1，从系统存储器启动，这种模式启动的程序功能由厂家设置。芯片出厂时在这个区域预置了一段 Bootloader，就是通常说的 ISP 程序。这个区域的内容在芯片出厂后没有人能够修改或擦除，即它是一个 ROM 区。

（3）BOOT1=1，BOOT0=1，从内置 SRAM 启动，这种模式可以用于调试。

要注意的是，一般不使用内置 SRAM 启动（BOOT1=1，BOOT0=1），因为 SRAM 掉电后数据就会丢失。大多数情况下，SRAM 只在调试时使用，当然也可用于一些特殊目的。例如，进行故障的局部诊断，写一段小程序加载到 SRAM 中，通过该程序诊断板上的其他电路，或用此方法读写板上的 Flash 或 EEPROM 等。还可以通过这种方法解除内部 Flash 的读写保护。当然，这里必须提醒的是，在解除读写保护的同时，Flash 的内容也被自动清除，以防止恶意复制，所以要慎重使用。

一般 BOOT0 和 BOOT1 跳线均跳到 0（GND）。只是在 ISP 下载的情况下，BOOT0=1，BOOT1=0，下载完成后，把 BOOT0 的跳线接回 0，也即 BOOT0=0，BOOT1=0，使单片机系统处于正常工作状态。

13.3.1 基于串口的程序下载（烧写）方式

这种程序下载方式通常是通过串口完成的。STM32 的 USART1 通过通信线与 PC 的串口正确连接，然后 ISP 烧写软件将 HEX 文件下载至 STM32 芯片。这种方式要满足以下 3 个条件。

（1）带有 ISP 功能的 ARM 芯片（STM32 系列单片机均支持 ISP）。

（2）硬件留有 COM 口。

（3）芯片启动模式可设置。在程序烧写前，将 BOOT0 设置为 1，然后上电复位，启动 STM32 芯片内的 BOOTLOADER 程序进行串口在系统烧写（ISP）。烧写完成后必须将 BOOT0 设置为 0，复位后程序就开始工作。

支持 STM32 的 ISP 软件通常有以下两种形式。

1. ST 公司提供的 ISP 软件

从 ST 公司网站下载 Flash loader demonstrator 软件，将软件解压缩后安装到本地计算机上。然后打开该软件，正确配置波特率、串口等相关参数，建议使用 115200bit/s 或 9600bit/s 的波特率，利用该软件即可完成 HEX 文件的烧写。具体操作步骤不再演示，请自行练习。

Flash loader demonstrator 软件的开机界面如图 13.33 所示。

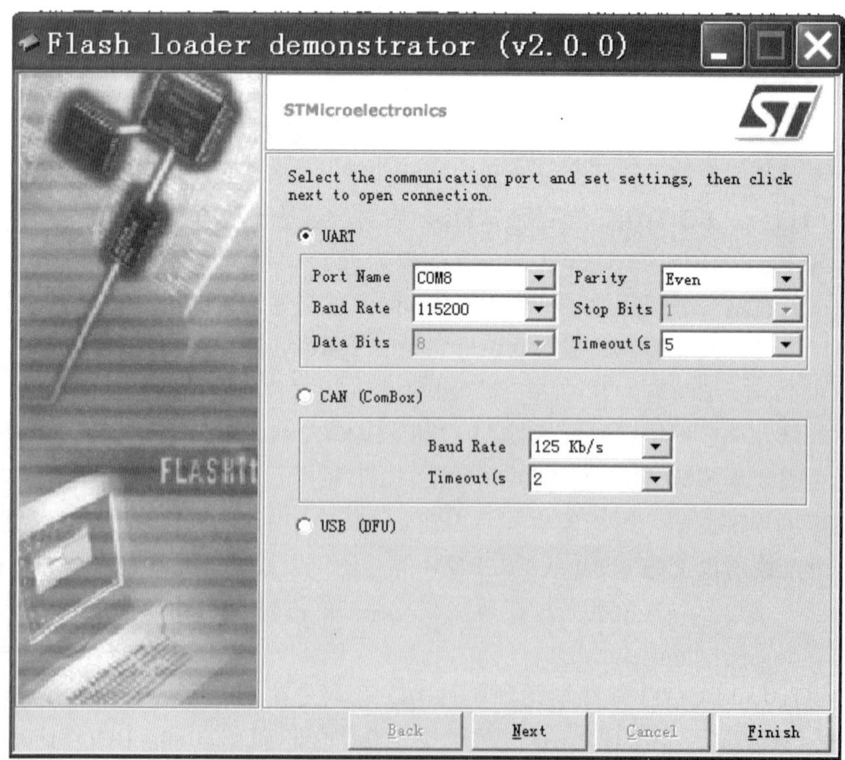

图 13.33　Flash loader demonstrator 软件的开机界面

2. 第三方提供的 ISP 软件

第三方提供的 ISP 软件常用的有 STM32 ISP 软件 V1.0 等。它的界面如图 13.34 所示。

图 13.34　STM32 ISP 软件 V1.0 的界面

13.3.2　基于 JTAG（SWD）的程序下载（烧写）方式

为了高效、快捷地调试 STM32 系统，必须使用仿真器。目前针对 ARM 的经济型仿真器较多，它们不仅价格便宜，而且功能、性能都不差。例如，J-Link、U-Link 等均是很好的仿真器，而这些仿真器均提供 JTAG 接口。本书所涉及的仿真器均为 J-Link，具体型号为 V9。

J-Link 作为一款调试 ARM CPU 的设备，典型型号有 V8、V9 等，JTAG 和 SWD 是该设备调试 CPU 的两种工作方式。就效果而言，两种方式差别并不大。两者最大的区别在于，JTAG 所需要的接线复杂一些，稳定性高一些，速度快一些。以 STM32 为例，正常的 JTAG 方式需要 20 个引脚，而 SWD 方式只需 2 根线（PA13/JTMS/SWDIO、PA14/JTCK/SWCLK），再加上电源线也就 4 根线，这样就节省了 3 个 I/O 口（PA15/JTDI、PB3/JTDO、PB4/JNTRST）。这些 I/O 口线还有其他用途，与此同时，也节省一部分板子的空间，有利于应用系统的小型化。

JTAG 接口可以通过转接板转换为 SWD 接口。当然也可以通过杜邦线将 JTAG 的若干引脚直接与 STM32 的相应引脚连接，构成一个 SWD 方式的仿真调试环境。以软件环境 Keil-MDK 为例，使用 J-Link V8 或 V9 需要连接 5 根线，分别是 VCC、nJTRST、SWDIO、SWCLK、GND，其中 nJTRST 可以不连接，不过在设置的时候要注意连与不连的差异。如果不连，则在设置界面里必须把 RESET 方式设置成自动或其他，但是一定不能设置成硬件复位，因为这个引脚没有连接，无法使用硬件复位。但是，由于在仿真的时候也可通过软件模拟产生软复位，所以该引脚通常不必连接。

由于 SWD 是最为常用的方式，所以下面主要讨论 SWD 两线（四线）仿真的步骤及需要注意的问题。

接口的连接如下：将 JTAG 的 1、7、9、20 分别与自己的开发板（实验板）上 JTAG（SWD）的 VCC、JTMS、JTCK、GND 用杜邦线正确连接。实验表明，只要取 JTAG 的 20 个引脚中的 4 个引脚即可：1（电源），7（SWDIO），9（SWCLK），2～20（偶数引脚中的任何一个，均为 GND），即可进行仿真和下载（烧写）。下载功能是通过 Keil 里的 Loader 菜单项加以实现的。不过，在使用该功能前，必须正确设置相关选项及其参数。具体设置可通过关键词“SWD”搜索并自行阅读相关资料。

下载（烧写）过程中遇到的最普遍的问题如下。

单击 Keil 里的 Loader 菜单项后，出现如图 13.35 所示的提示框。

单击“确定”按钮后，出现的提示框如图 13.36 所示。

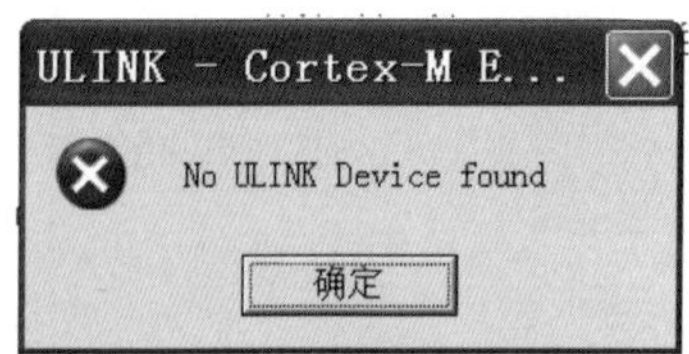

图 13.35　提示框（1）

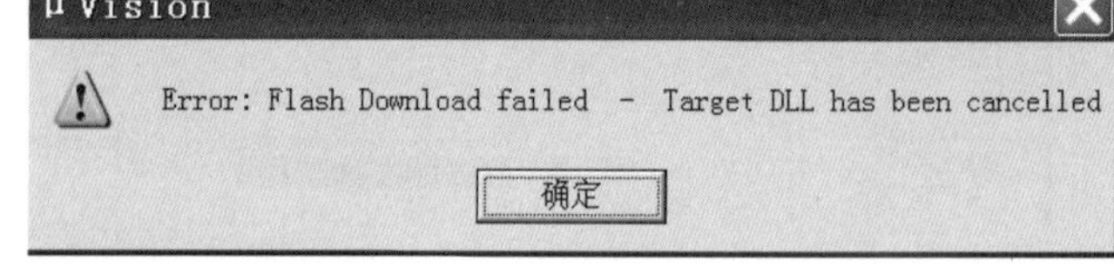

图 13.36　提示框（2）

导致上述错误的原因是 Keil 的 Flash 菜单项设置出现了问题，Keil 的 Flash 菜单项如图 13.37 所示。这种错误通常是改动了芯片设置等引起的。

Flash 菜单中第三个选项 Configure Flash Tools 自动更改了，实际使用的是 J-Link，但 Use Target Driver For Flash Programming 自动更改为 ULINK2/ME Cortex Debugger，如图 13.38 所示。

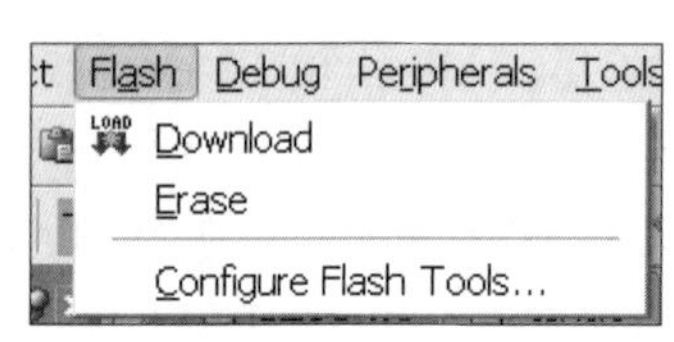

图 13.37　Keil 的 Flash 菜单项

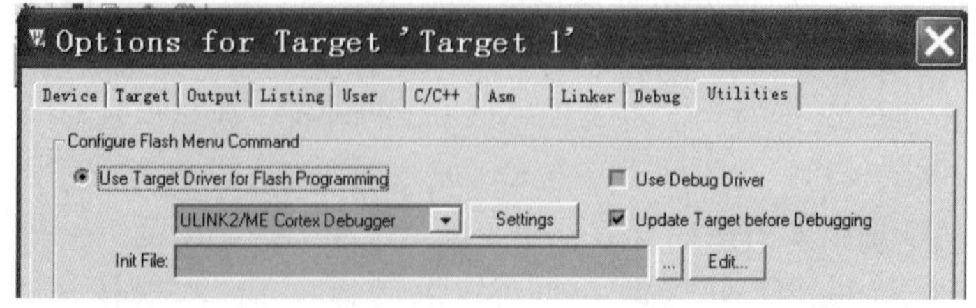

图 13.38　Use Target Driver For Flash Programming 选项

必须通过其右侧下拉按钮，将其手动设置为 J-LINK/J-TRACE Cortex，如图 13.39 所示，这样，程序下载功能恢复正常。

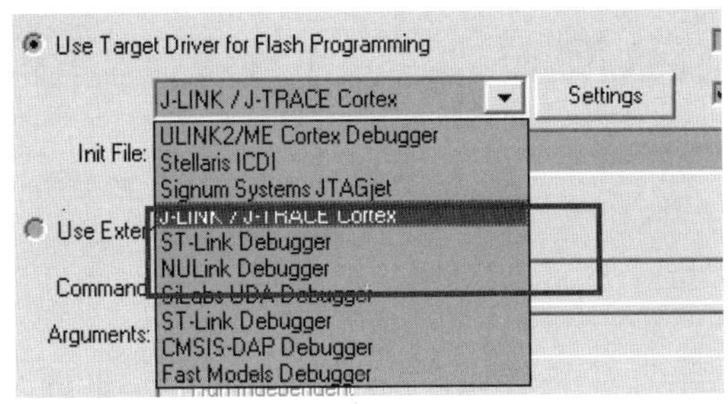

图 13.39　Use Target Driver for Flash Programming 的设置

也可以勾选 Use Debug Driver 复选框，如图 13.40 中右侧框所示。这样就不会出现上述错误了。但是，要注意，此时就是用软件进行仿真调试了，不能使用 J-Link 进行单步调试了。如果要使用 J-Link 仿真器进行单步调试，则不能采用这种方法。因此，第一种方法是最好的方法。一定要注意这两种方法的区别。

图 13.40　Use Debug Driver 的设置

SWD 方式主要用于程序调试，但由于 Keil-MDK 本身支持程序下载，所以不失为最方便的一种程序下载（烧写）方式。

13.4　程序的调试

一个程序写好后，必须经过调试才能确认程序的正确性。调试程序是应用系统开发中最为重要的一个环节。

1. 调试的环境

软件平台：Keil-MDK，如 μVision V4.73.0.0（MDK-ARM Standard Version 4.73.0.0）。

硬件环境：被调试的 STM32 系统，本书使用的是 STM32 最小系统板+项目功能扩展部分。

基本工具：数字万用表等。

2. 调试的方法

1）正确设置调试工具

在工程模板的 Target 1 上单击鼠标右键，选择 Options for Target‘Target1’选项，则出现如图 13.41 所示的对话框。选择 J-Link/J-TRACE Cortex，单击右侧的 Settings 按钮，出现如图 13.42 所示的对话框，则说明 J-Link 仿真器被正确安装、设置，仿真器可以正常使用了。

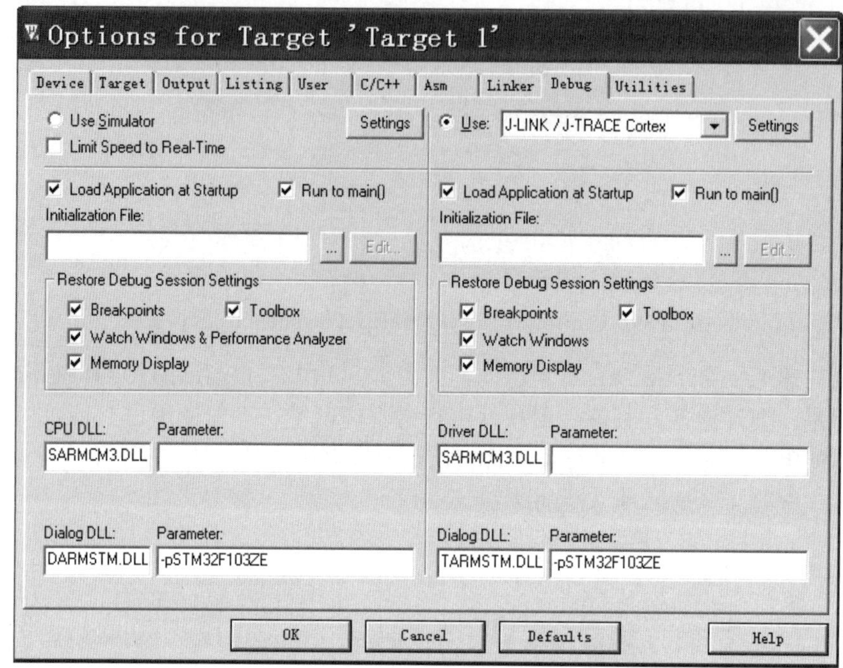

图 13.41　Options for Target‘Target1’对话框

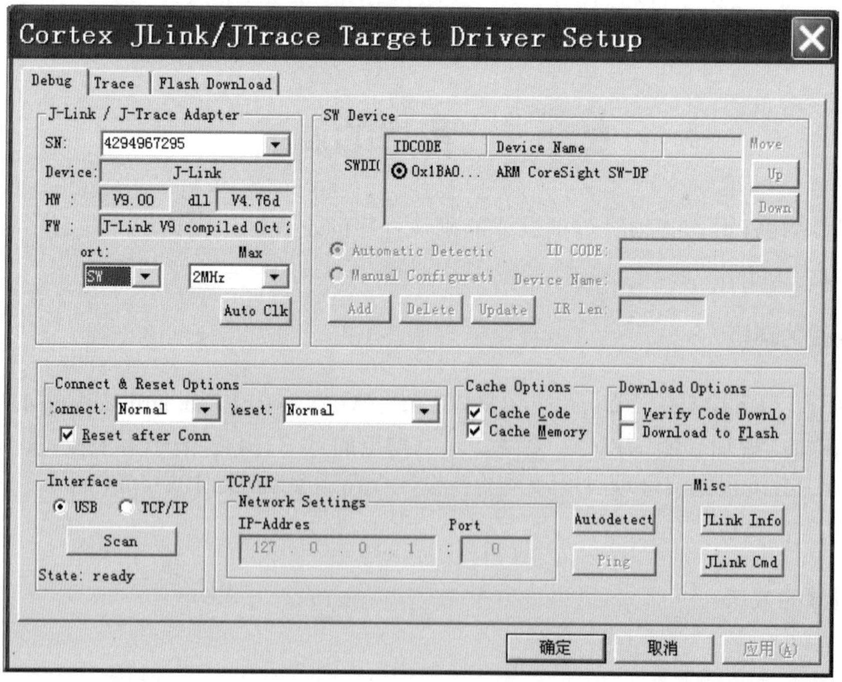

图 13.42　Cortex JLink/JTrace Target Driver Setup 对话框

在图 13.42 所示对话框中，选择调试方式为 SW，速度为 2MHz，如果出现调试不稳定的情况，可调整该速度（通常是降低）。虽然理论上说，SWD 方式的调试速度可达到 10MHz，但由于所使用的 J-Link 仿真器良莠不齐，实际往往达不到这个速度。将 Reset 设置为 Normal；将 Interface 设置为 USB。判断仿真器是否安装并可正确使用的简单方法是，在 SW Device 区域内，查看是否出现如图 13.42 所示的信息，如果没有出现，则说明仿真器安装出现问题。

2）调试的基本方法

选择 Debug→Start/Stop Debug Session 选项，激活 Debug 功能，进入调试状态，然后即可使用单步方式进行硬件仿真调试，以确定硬件、软件的问题所在。图 13.43 所示为进入调试状态后的 Debug 菜单。

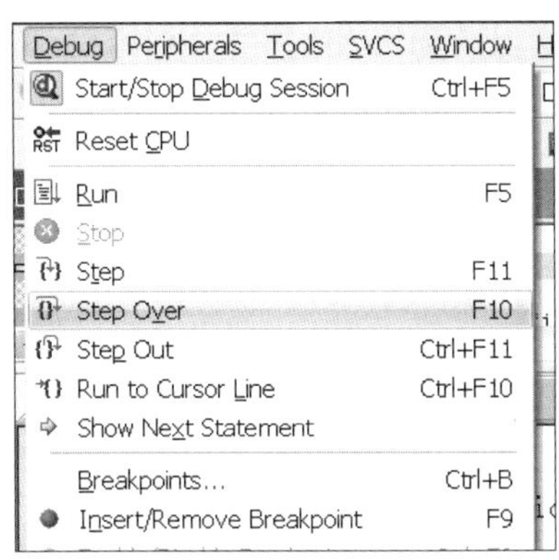

图 13.43　进入调试状态后的 Debug 菜单

在 Debug 菜单中，最常用的选项有 Step Over、Step、Run to Cursor Line（运行到光标行）、Breakpoints（设置断点）。请自行操作并掌握这些功能的使用。如果使用过 VC 6.0 或者 8 位单片机的仿真器进行调试，则要想熟练使用这些调试方法应该是不困难的，因为它们的方法和原理十分接近。

13.5　模板的使用

新建一个工程文件夹，把 13.2 节所创建的工程模板文件下的全部内容复制到该文件夹下，即可开始一个实际的工程项目设计。

在使用中必须根据实际项目所涉及的外设，合理调整 stm32f10x_conf.h。stm32f10x.h 包含以下内容。

```
#ifdef   USE_STDPERIPH_DRIVER
  #include "stm32f10x_conf.h"
#endif
```

由此可见，stm32f10x.h 文件在使用 stm32f10x_conf.h。因为在工程模板的配置选项中，使用了宏定义 USE_STDPERIPH_DRIVER。

另外，如果项目中要使用中断，则中断服务函数通常在文件 stm32f10x_it.c 中，而相关函数的说明则放在 stm32f10x_it.h 文件中。这两个文件均在 Project 文件夹下。而工程模板中的这两个文件都是默认内容。

13.6 3 个 GPIO 输出的范例——STM32 中实现延时的三种常用方法

延时是程序设计中经常使用的功能。在 STM32 应用系统中，要实现延时功能，通常可以采用 3 种方法。以下结合 GPIO 输出的应用范例程序，讨论这 3 种方法的具体内容。

13.6.1 第一个 LED 工程——基于延时函数的延时

1. 系统要求

利用延时函数使 LED 按一定周期闪烁。

LED 控制引脚对应最小系统的 PC8，高电平关闭，低电平则点亮。

2. 程序实现

我们可利用之前创建的工程模板。只需在此基础上对 stm32f10x_conf.h 进行简单调整，即把不需要的外设头文件注释掉，其他部分都不需要改动。从程序中可以看出，实际上只使用了 stm32f10x_gpio.h、stm32f10x_rcc.h、misc.h（也可以不用）。

```
/* Includes ------------------------------------------------------------------*/
/* Uncomment/Comment the line below to enable/disable peripheral header file inclusion */
//#include "stm32f10x_adc.h"
//#include "stm32f10x_bkp.h"
//#include "stm32f10x_can.h"
//#include "stm32f10x_cec.h"
//#include "stm32f10x_crc.h"
//#include "stm32f10x_dac.h"
//#include "stm32f10x_dbgmcu.h"
//#include "stm32f10x_dma.h"
//#include "stm32f10x_exti.h"
//#include "stm32f10x_Flash.h"
//#include "stm32f10x_fsmc.h"
#include "stm32f10x_gpio.h"
//#include "stm32f10x_I2C.h"
//#include "stm32f10x_iwdg.h"
//#include "stm32f10x_pwr.h"
#include "stm32f10x_rcc.h"
//#include "stm32f10x_rtc.h"
//#include "stm32f10x_sdio.h"
//#include "stm32f10x_spi.h"
//#include "stm32f10x_tim.h"
```

```
//#include "stm32f10x_usart.h"
//#include "stm32f10x_wwdg.h"
#include "misc.h" /* High level functions for NVIC and SysTick (add-on to CMSIS functions) */
```

然后编写 main.c 文件，以下是 main.c 文件的具体内容。

```
//基于最小系统板
//库文件：V3.50
//功能：D2 闪烁
//2015 年 6 月 22 日
#include <stm32f10x.h>
/****************   配置 LED 用到的 I/O 口  *******************/
void LED_GPIO_Config(void)
{
    GPIO_InitTypeDef GPIO_InitStructure;
    RCC_APB2PeriphClockCmd( RCC_APB2Periph_GPIOC, ENABLE);     // 使能 PC 端口时钟
    GPIO_InitStructure.GPIO_Pin = GPIO_Pin_8;                  // 选择对应的引脚
    GPIO_InitStructure.GPIO_Mode = GPIO_Mode_Out_PP;
    GPIO_InitStructure.GPIO_Speed = GPIO_Speed_50MHz;
    GPIO_Init(GPIOC, &GPIO_InitStructure);                     // 初始化 PC 端口
    GPIO_SetBits(GPIOC, GPIO_Pin_8 );                          // 关闭所有 LED
}
//1ms 延时函数（@72M）
void delay_nms(u16 time)
{
    u16 i=0;
    while(time--)
    {
        i=12000;
        while(i--) ;
    }
}
//主函数
int main(void)
{
    SystemInit();          //配置系统时钟频率为 72MHz，这个可以省略，在 V3.50 中默认就是 72MHz
    LED_GPIO_Config();                                         //LED 端口初始化
    while(1)
    {
        GPIO_SetBits(GPIOC, GPIO_Pin_8);                       //设置该口为 1
        delay_nms(1000);
        GPIO_ResetBits(GPIOC, GPIO_Pin_8);                     //设置该口为 0
        delay_nms(1000);
    }
}
```

上述程序在用 JTAG（SWD）调试时，曾遇到一个问题，就是程序总是进入 SystemInit() 函数，而无法进入 main()函数。后来发现，这是因为用的是软件仿真 Use Simulator，而应选

择J-Link/J-TRACE Cortex（仿真器仿真），并进行正确设置。

由于采用延时函数延时，不能保证很高的延时精度，所以，接下来要用中断服务函数来解决延时的精度问题，使之更加精准。

13.6.2 第二个LED工程——SysTick中断延时

1. 功能要求

利用SysTick中断使LED每秒闪烁一次。

LED的连接关系不变，与第一个LED工程一样。

2. 程序实现

1）算法描述

为了通过系统时钟使LED（D2）每隔1s闪烁一次，必须要做如下工作。

在stm3210x_it.h中说明一个全局变量，内容如下。

```
/* Exported types ------------------------------------------------------------*/
extern __IO uint32_t TimingDelay;
```

在stm32f10x_it.c中定义中断服务函数，内容如下。

```
void SysTick_Handler(void)
{
        if (TimingDelay != 0x00)
        {
                TimingDelay--;
        }
}
```

在main.c中定义以下函数和一个全局变量。

```
//SysTick 初始化
void Init_SysTick(void)
{
    if(SysTick_Config(SystemCoreClock/1000))    //1ms 的时基
        while(1);
}
//延时函数
__IO uint32_t   TimingDelay;
void delay_ms(__IO   uint32_t   nTime)
{
    TimingDelay = nTime;
    while(TimingDelay !=0 );
}
```

这里有必要对上述程序中使用的 SysTick_Config()函数做一些说明。注意：这个函数与

V3.50 以前的大不一样。对它的说明，可参阅 V3.50 库的帮助系统。在帮助系统中是这样描述 SysTick_Config()的：

/* Setup SysTick Timer for 1 msec interrupts.

1. The SysTick_Config() function is a CMSIS function which configure:
   - The SysTick Reload register with value passed as function parameter.
   - Configure the SysTick IRQ priority to the lowest value (0x0F).
   - Reset the SysTick Counter register.
   - Configure the SysTick Counter clock source to be Core Clock Source (HCLK).
   - Enable the SysTick Interrupt.
   - Start the SysTick Counter.

根据上面的说明，它集成了优先级、复位计数器、时钟源、时基设置、使能中断、启动计时等功能。

2）main.c 的具体内容

```
//基于最小系统板
//库文件：V3.50
//功能：D2 闪烁
//2015 年 6 月 22 日
#include <stm32f10x.h>
/****************    配置 LED 用到的 I/O 口  *******************/
void LED_GPIO_Config(void)
{
    GPIO_InitTypeDef GPIO_InitStructure;
    RCC_APB2PeriphClockCmd( RCC_APB2Periph_GPIOC, ENABLE);    //使能 PC 端口时钟
    GPIO_InitStructure.GPIO_Pin = GPIO_Pin_8;                 //选择对应的引脚
    GPIO_InitStructure.GPIO_Mode = GPIO_Mode_Out_PP;          //推挽输出
    GPIO_InitStructure.GPIO_Speed = GPIO_Speed_50MHz;
    GPIO_Init(GPIOC, &GPIO_InitStructure);                    //初始化 PC 端口
    GPIO_SetBits(GPIOC, GPIO_Pin_8 );                         // 关闭所有 LED
}

//SysTick 初始化
void Init_SysTick(void)
{
    if(SysTick_Config(SystemCoreClock / 1000))
        while(1);  //等待 SysTick_Config 配置成功
    //NVIC_SetPriority (SysTick_IRQn, 3);
}

//延时函数
//SysTick 的时钟源为 72MHz，SystemCoreClock = 72000000Hz
//SysTick_Config(SystemCoreClock / 1000); 就是 1ms 的时基
__IO uint32_t TimingDelay;
void delay_ms(__IO uint32_t nTime)
{
```

```
    TimingDelay = nTime;
    while(TimingDelay != 0);
}

//主函数
int main(void)
{
    //配置系统时钟频率为 72MHz，可省略，在 V3.50 中默认就是 72MHz
    SystemInit();
    LED_GPIO_Config();                          //LED 端口初始化
    Init_SysTick();                             //配置时基为 1ms
    while(1)
    {
        GPIO_SetBits(GPIOC, GPIO_Pin_8);        //设置该口为 1
        delay_ms(1000);
        GPIO_ResetBits(GPIOC, GPIO_Pin_8);      //设置该口为 0
        delay_ms(1000);
    }
}
```

13.6.3 第三个 LED 工程——定时器中断延时

通过通用定时器中断实现 LED（D2）闪烁。本实例使用定时器 TIM3。

1. 编程要点

（1）系统时钟初始化，包括系统时钟和所用的 GPIO 口及其他功能外设的时钟配置。

（2）GPIO 口初始化，包括引脚、速率、输入输出模式等。

（3）NVIC 中断向量配置，中断向量基地址和优先级的配置。

（4）TIM3 初始化：包括自动重装值、分频值、计数模式、使能 TIM 中断、使能定时器 TIM3 外设。

（5）中断服务函数：注意对 TIMx 的中断待处理位清零。

（6）关于时钟：初始化 RCC 时使用 SystemInit()函数，它默认 AHB 不分频，即 HCLK 等于 SYSHCLK，APB2 不分频，APB1 为 HCLK/2 即 2 分频，而 TIM3 时钟使能在 RCC_APB1ENR 寄存器中定义，因此 TIM3 时钟频率为 36×2=72MHz，即倍频。

2. 程序实现

（1）stm32f10x_conf.h 的调整。

由于使用了 TIMx，所以要进一步将#include<stm32f10x_tim.h>开放（将原注释符去掉）。因此，该文件要包含的头文件有 stm32f10x_gpio.h、stm32f10x_rcc.h、stm32f10x_tim.h。

（2）有关全局变量、函数的定义和说明及 main.c 的具体内容在头文件中的说明。

在 stm32f10x_it.c 中加入 TIM3 中断服务函数，内容如下。

```
//TIM3 中断服务函数
void TIM3_IRQHandler(void)
{
	if(TIM_GetITStatus(TIM3,TIM_IT_Update)!=RESET)
	//检查指定的 TIM 中断发生与否
	{
		TIM_ClearITPendingBit(TIM3, TIM_IT_Update    );
		//TIMx 的中断待处理位清零：TIM 中断源
		i++;
		if(i==1000)
		{
			LED0_ON;
		}
		if(i==2000)
		{
			LED0_OFF;
			i=0;
		}
	}
}
```

在 stm32f10x_it.h 中加入以下内容。

```
/* Exported types ------------------------------------------------------------*/
extern u16 i;                          //外部变量（全局变量）说明，在主函数中定义，在中断服务函数中
使用
//加中断服务函数说明
void TIM3_IRQHandler(void);            //TIM3 中断服务函数说明
```

main.c 的程序清单如下。

```
//基于最小系统板
//库文件：V3.50
//功能：D2 闪烁
//2015 年 6 月 22 日

#include <stm32f10x.h>
#define LED0_OFF   GPIO_SetBits(GPIOC,GPIO_Pin_8)//D2 关
#define LED0_ON GPIO_ResetBits(GPIOC,GPIO_Pin_8)//D2 开

u16 i=0;//在 stm32f10x_it.c 的中断服务函数中要用到它，所以在 stm32f10x_it.h 中要做说明
//初始化 I/O 口
void IO_Configuart(void)
{
	GPIO_InitTypeDef GPIO_InitStructure;
	//定义 GPIO_InitStructure 为 GPIO_InitTypeDef 结构体类型
	//LED0
	GPIO_InitStructure.GPIO_Pin=GPIO_Pin_8;                      //引脚选择
	GPIO_InitStructure.GPIO_Speed=GPIO_Speed_50MHz;              //50MHz 速率
```

```
    GPIO_InitStructure.GPIO_Mode=GPIO_Mode_Out_PP;           //推挽输出
    GPIO_Init(GPIOC,&GPIO_InitStructure);                    //初始化
}

//复位和系统时钟控制
void RCC_Configuare(void)
{
    SystemInit();
    //频率由 system_stm32f10x.c 文件中的宏定义决定
    //当调用 SystemInit()时即可设置好频率
    RCC_ClockSecuritySystemCmd(ENABLE);                      //使能或失能时钟安全系统
    //使能 GPIOC,TIM3 时钟
    RCC_APB2PeriphClockCmd(RCC_APB2Periph_GPIOC,ENABLE);
    RCC_APB1PeriphClockCmd(RCC_APB1Periph_TIM3, ENABLE);
    //使能或失能 APB1 外设时钟
}

//NVIC 设置 系统中断管理
void NVIC_Configuare(void)
{
    NVIC_InitTypeDef    NVIC_InitStructure;
    NVIC_SetVectorTable(NVIC_VectTab_Flash,0x0);
    //设定中断向量表基地址 0x08000000
    NVIC_PriorityGroupConfig(NVIC_PriorityGroup_0);
    // 先占优先级 0 位、从优先级 4 位
    //使能 TIM3 中断
    NVIC_InitStructure.NVIC_IRQChannel=TIM3_IRQn;            //TIM3 中断
    NVIC_InitStructure.NVIC_IRQChannelPreemptionPriority=0x0F;
    //先占优先级 0 位，从优先级 4 位，此表示优先级为 0x0f 级，即最低级
    NVIC_InitStructure.NVIC_IRQChannelSubPriority=0x0F;
    NVIC_InitStructure.NVIC_IRQChannelCmd=ENABLE;
    NVIC_Init(&NVIC_InitStructure);
}

//初始化 TIM3 1ms 定时
void TIM3_Configuare(void)
{
    TIM_TimeBaseInitTypeDef   TIM_TimeBaseStructure;
    //TOUT=ARR*(PSC+1)/Tclk     ARR=10，PSC=3599，Tclk=72MHz，TOUT=0.001s=1ms
    TIM_TimeBaseStructure.TIM_Period = 10-1;                 //arr=10-1+1=10
    //设置在下一个更新事件装入自动重装载寄存器周期的值，计数到 10 为 1ms
    TIM_TimeBaseStructure.TIM_Prescaler =(7200-1);           //10kHz
    //设置用来作为 TIMx 时钟频率除数的预分频值
    TIM_TimeBaseStructure.TIM_ClockDivision = 0;             //设置时钟分割:TDTS = Tck_tim
    TIM_TimeBaseStructure.TIM_CounterMode = TIM_CounterMode_Up;
    //TIM 向上计数模式
    TIM_TimeBaseInit(TIM3, &TIM_TimeBaseStructure);
```

```
    //根据 TIM_TimeBaseInitStruct 中指定的参数初始化 TIMx 的时间基数单位
    TIM_ITConfig(TIM3,TIM_IT_Update|TIM_IT_Trigger,ENABLE);
    //使能或失能指定的 TIM 中断
    TIM_Cmd(TIM3, ENABLE);          //使能 TIMx 外设
}

//主函数
int main (void)
{
    RCC_Configuare();               //调用函数进行初始化
    IO_Configuart();
    NVIC_Configuare();
    TIM3_Configuare();
    LED0_OFF;                       //关闭 LED(D2)
    while(1)                        //死循环等待定时器中断，并使 LED 闪烁
    {
    }
    return 0;
}
```

13.7　本章小结

1. 关于工程模板

（1）工程模板很重要，可以参照作者的思路构建。

（2）实际项目开发中涉及的文件及其说明如下。

① main.c：用户程序的主体可以放在该文件中。

② stm10f10x_it.c：中断服务函数放在该文件中，用到什么中断，就定义什么中断服务函数，中断服务函数名不能随意定义，必须根据 STM32 的手册要求定义，固件库中函数已一一明确定义。

③ stm10f10x_it.h：中断使用的外部变量定义、中断服务函数的说明，每加一个变量、函数就要增加一个说明。

④ stm32f10x_conf.h：程序中使用什么外设，就必须将相应的头文件包含进来（去掉注释符）。例如，要使用定时器，则必须将#include <stm32f10x_tim.h>开放（去掉注释符）。

2. 关于仿真器及其调试

（1）设置问题。

如果要使用 J-Link 仿真器，如国内常用的 V8，则必须正确设置 Keil 的 Options for Target 对话框的 Debug 选项卡，选择 use“J-Link/J-TRACE Cortex”，如图 13.44 所示，否则，仿真时无法进入 main()函数，而进入 SystemInit()函数，无法实现调试。

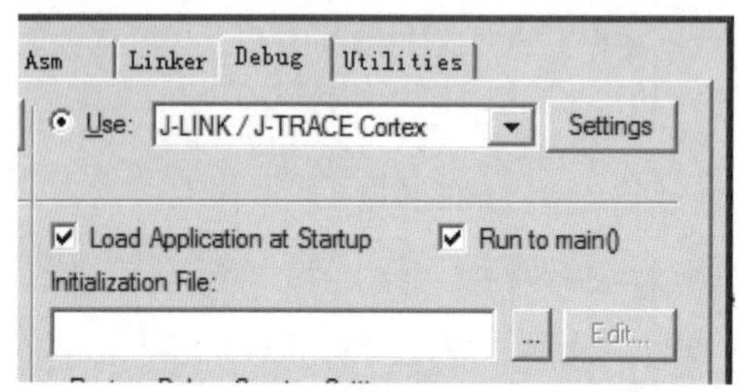

图 13.44　仿真器的设置

（2）下载后的运行。

通过 ISP 或 J-Link（SWD）将程序下载至开发板后，程序通常不会被执行，必须重新复位后才能被执行。除非在 Flash Downloader 中对 Reset and Run 做了明确设置。

3. 良好的编程习惯

例如，标识符的命名，既要符合规范，也要顾名思义，尽量不要采用 a、b、c 等命名方式。

思考与实践

1. 什么是 STM32 的最小系统？
2. 请设计一个 STM32 的最小系统。
3. STM32 的启动模式有几种？BOOT 引脚有几个？分别如何设置？
4. STM32 单片机程序下载的方式有哪些？各自有哪些要求？
5. STM32 的软件开发环境有哪几种？各自有什么特点？
6. Keil MDK-ARM 开发环境下，如何建立工程模板？
7. Keil MDK-ARM 开发环境下，如何进行软件仿真？
8. Keil MDK-ARM 开发环境下，如何进行软件仿真调试？
9. ST 固件库中，函数的命名规则有哪些特点？
10. STM32 单片机的中断优先级有什么特点？如何设置？

第 14 章

液晶显示在 STM32 中的应用——基于固件库

本章主要讨论 STM32 单片机如何实现与图形液晶显示模块连接（接口包括硬件接口与软件接口），通过学习达到以下目标：

1．知识目标。了解人机界面的重要性，理解 12864 液晶模块的工作原理、STM32 与 12864 液晶模块的连接方法，掌握液晶模块程序设计的基本要领。

2．能力目标。能基于固件库设计液晶模块的显示程序。

3．素质目标。良好的形象会给人留下美好的第一印象，所以在日常生活中，要注意个人仪表，要言行得体、举止有方。

14.1 STM32 与 12864 液晶模块连接的硬件接口

14.1.1 12864 液晶模块的基本原理

本章使用的 12864 液晶模块的具体型号为 HP12864F。该模块的控制器为 ST7920，因此指令系统与 ST7920 系列完全一致。该模块的电源电压范围较宽（3.0～7.0V），信号电压为 2.7～5.5V。因此，该模块适用于 5V 单片机系统和 3.3V 单片机系统。

该模块自带亮度调节功能，可自行焊接一个 10kΩ 的小型电位器，也可采用在模块上为焊接 10kΩ 电位器预留位置的方式。但二者必须取其一，否则液晶屏无法正常显示。这是初学者容易忽视的一点。程序是对的，但液晶屏无法显示，这时候可重点检查这个电位器是否被正常焊接或调整在合适的阻值上。

该模块的引脚与大多数 12864 模块的引脚完全兼容，具体引脚及功能如表 14.1 所示。

表 14.1　HP12864F 液晶模块的引脚及其功能一览表

引脚号	引脚名	功能	引脚号	引脚名	功能
1	VSS	电源地	11	DB4	数据总线 4 位
2	VDD	电源（+5V）	12	DB5	数据总线 5 位
3	V0	对比度调节电压（与地或 18 脚）	13	DB6	数据总线 6 位
4	D/I（RS）	指令/数据选择，0=指令，1=数据	14	DB7	数据总线 7 位
5	R/W	读写选择，0=写入，1=读出	15	PSB	串并选择，0=串行
6	E	使能信号	16	NC	空
7	DB0	数据总线 0 位	17	RST	复位，0=复位
8	DB1	数据总线 1 位	18	VEE	驱动电压，配合 3，常空
9	DB2	数据总线 2 位	19	A	背光电源+
10	DB3	数据总线 3 位	20	K	背光电源-

14.1.2　硬件接口

以 ST7920 为控制器的 12864 液晶模块，通常都具有并行接口方式和串行接口方式。在串行接口方式中，4、5、6 三脚的功能定义有所不同。

① 4 脚——RS 对应 CS：片选信号。

② 5 脚——R/W 对应 SID：串行数据。

③ 6 脚——E 对应 SCLK：串行时钟。

这里使用串行接口方式。该模块 4 脚与 STM32 单片机的 GPIOB 的 PB8 相连；模块 5 脚与 STM32 单片机的 GPIOB 的 PB9 相连；模块 6 脚与 STM32 单片机的 GPIOB 的 PB10 相连。模块的 PSB 脚直接焊接为低电平端（串行方式）。模块的 RST 脚可以不接。该模块的电源和背光使用+5V 电源。

14.2　STM32 与 12864 液晶模块连接的软件接口实现——查询“忙”状态

14.2.1　程序设计思想

12864 液晶模块对外提供状态信号，可以通过读取状态字来获得液晶模块的当前状态，其中最主要的是“忙”状态信息。先查询“忙”状态信息，再对液晶模块进行写入操作，可以确保万无一失。因此，这种实现方法往往被推荐使用。

本节的程序实现中，还特别考虑了延时的精确性。为了解决延时的精确性问题，使用 STM32 内部的 SysTick 的普通计数模式对延时进行管理。

为了增强程序的可维护性，本节的接口程序还采用了模块化方式，将延时、液晶模块接口、主函数等分文件实现。模块化是程序设计的主流方向。

14.2.2 程序实现

1. 工程模板

程序采用第 13 章建立的工程模板，其视图和需要调整的文件如图 14.1 所示。

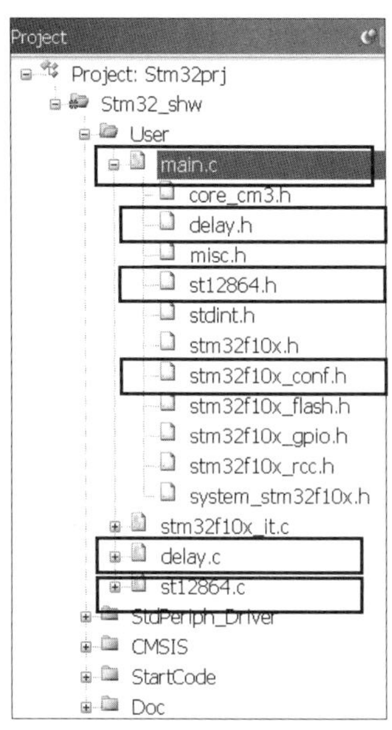

图 14.1 本实例的工程文件视图和需要调整的文件

根据图 14.1，本实例需要调整、设计的文件有以下 6 个。

（1）main.c：主函数所在文件。

（2）stm32f10x_conf.h：功能外设配置头文件。

（3）st12864.c：液晶模块接口函数库文件。

（4）st12864.h：液晶模块接口函数头文件。

（5）delay.c：延时函数文件。

（6）delay.h：延时函数头文件。

系统初始化不再直接使用 SystemInit()函数，而是采用另行设计的一个自定义函数，即 Stm32_Clock_Init()，这可以提高系统时钟调整的灵活性。该函数的原型为：

```
void Stm32_Clock_Init(u8 pll)
```

其中的参数 pll 就是外部晶振的倍频系数，例如，使用 8MHz 的外部晶振，如果该参数为 9，则系统的时钟频率为 72MHz。

2. 具体程序

以下是各文件的具体内容。

1）文件 1——stm32f10x_conf.h 的主要内容

```
/* Includes ------------------------------------------------------------------*/
/* Uncomment/Comment the line below to enable/disable peripheral header file inclusion */
//#include "stm32f10x_adc.h"
//#include "stm32f10x_bkp.h"
//#include "stm32f10x_can.h"
//#include "stm32f10x_cec.h"
//#include "stm32f10x_crc.h"
//#include "stm32f10x_dac.h"
//#include "stm32f10x_dbgmcu.h"
//#include "stm32f10x_dma.h"
//#include "stm32f10x_exti.h"
#include "stm32f10x_Flash.h"                //初始化函数涉及 Flash
//#include "stm32f10x_fsmc.h"
#include "stm32f10x_gpio.h"                 //与液晶模块的连接方式
//#include "stm32f10x_I2C.h"
//#include "stm32f10x_iwdg.h"
//#include "stm32f10x_pwr.h"
#include "stm32f10x_rcc.h"                  //外设和系统时钟
//#include "stm32f10x_rtc.h"
//#include "stm32f10x_sdio.h"
//#include "stm32f10x_spi.h"
//#include "stm32f10x_tim.h"
//#include "stm32f10x_usart.h"
//#include "stm32f10x_wwdg.h"
#include "misc.h" /* High level functions for NVIC and SysTick (add-on to CMSIS functions) */
//使用 SysTick 功能
```

2）文件 2——delay.h 的内容

```
#ifndef __DELAY_H                           //防止头文件被重复包含
#define __DELAY_H
#include <stm32f10x.h>
//使用 SysTick 的普通计数模式对延时进行管理
//包括 delay_us,delay_ms
void delay_init(u8 SYSCLK);
void delay_ms(u16 nms);
void delay_us(u32 nus);
#endif
```

3）文件 3——delay.c 的内容

```
#include <stm32f10x.h>
#include "delay.h"
//使用 SysTick 的普通计数模式对延时进行管理
```

```
//包括 delay_us,delay_ms
static u8    fac_us=0;                          //μs 延时倍乘数
static u16 fac_ms=0;                            //ms 延时倍乘数
//初始化延时函数
//SYSTICK 的时钟频率固定为 HCLK 时钟频率的 1/8
//SYSCLK：系统时钟
void delay_init(u8 SYSCLK)
{
    SysTick->CTRL&=0xfffffffb;                  //bit2 清空，选择外部时钟 HCLK/8
    fac_us=SYSCLK/8;
    fac_ms=(u16)fac_us*1000;
}
//延时 nms
//注意 nms 的范围
//SysTick->LOAD 为 24 位寄存器,所以最大延时为:
//nms<=0xffffff*8*1000/SYSCLK
//SYSCLK 单位为 Hz,nms 单位为 ms
//对 72MHz 条件下，nms<=1864
void delay_ms(u16 nms)
{
    u32 temp;
    SysTick->LOAD=(u32)nms*fac_ms;              //时间加载（SysTick->LOAD 为 24bit）
    SysTick->VAL =0x00;                         //清空计数器
    SysTick->CTRL=0x01 ;                        //开始倒数
    do
    {
        temp=SysTick->CTRL;
    }
    while(temp&0x01&&!(temp&(1<<16)));          //等待时间到达
    SysTick->CTRL=0x00;                         //关闭计数器
    SysTick->VAL =0X00;                         //清空计数器
}
//延时 nμs
//nus 为要延时的 μs 数
void delay_us(u32 nus)
{
    u32 temp;
    SysTick->LOAD=nus*fac_us;                   //时间加载
    SysTick->VAL=0x00;                          //清空计数器
    SysTick->CTRL=0x01 ;                        //开始倒数
    do
    {
        temp=SysTick->CTRL;
    }
    while(temp&0x01&&!(temp&(1<<16)));          //等待时间到达
```

```
    SysTick->CTRL=0x00;                          //关闭计数器
    SysTick->VAL =0X00;                          //清空计数器
}
```

4）文件 4——st12864.h 的内容

```
/**************************************************
函数名：st12864.h
功 能 ：驱动 12864 液晶模块（带字库，串行方式），基于 ST7290 驱动器
注 意 ：液晶模块上有硬件设置开关或调针的，则直接设置为串行，否则必须通过程序将
        PSB 引脚设置为低电平方式，设置液晶模块为串行方式
时 间 ：2016/03/03
作 者 ：沈红卫，绍兴文理学院 机械与电气工程学院
**************************************************/
#ifndef __12864_H                    //防止本文件内容被重复包含
#define __12864_H

#include <stm32f10x.h>

//HJ1864M-1
//引脚：
//CS=RS:          片选
//RW=SID:         串行数据
//E=SCLK:         串行时钟
//PSB:            并行串行选择，H:并行 L:串行
//              ===如果液晶模块不可用硬件设置，则必须在程序中设置其为低电平
//RST:            复位，H:不复位   L:复位

//液晶屏的串行引脚电平设置宏定义（有寄存器编程、固件库函数两种方式可选）
//固件库函数方式
#define DAT_128       GPIO_Pin_9
#define SID_H     GPIO_SetBits(GPIOB,DAT_128)
#define SID_L     GPIO_ResetBits(GPIOB,DAT_128)
#define CS_128  GPIO_Pin_8
#define CS_H     GPIO_SetBits(GPIOB,CS_128)
#define CS_L     GPIO_ResetBits(GPIOB,CS_128)
#define SCLK_128      GPIO_Pin_10
#define SCLK_H     GPIO_SetBits(GPIOB,SCLK_128)
#define SCLK_L     GPIO_ResetBits(GPIOB,SCLK_128)
//寄存器编程方式
/*
#define SID_H     GPIOB->BSRR=GPIO_Pin_9
#define SID_L     GPIOB->BRR=GPIO_Pin_9
#define CS_H   GPIOB->BSRR=GPIO_Pin_8
#define CS_L   GPIOB->BRR=GPIO_Pin_8
#define SCLK_H    GPIOB->BSRR=GPIO_Pin_10
```

```
#define SCLK_L    GPIOB->BRR=GPIO_Pin_10
*/

//液晶模块接口函数声明
void Send_Byte(u8 zdata);
u8 Receive_Byte(void);
void Check_Busy(void);
void Write_LCD_Command(u8 cmdcode);
void Write_LCD_Data(u8 Dispdata);
u8 Read_Data(void);
void LCD_Clear_TXT( void );
void LCD_Clear_BMP( void );
void Display_LCD_Pos(u8 x,u8 y);
void Disp_HZ(u8 X,const u8 * pt,u8 num);
void Display_LCD_String(u8 x,u8 *p,u8 time);
void PutBMP(u8 *puts);
void Draw_Dots(u8 x, u8 y, u8 color);
void Draw_Update(void);
void Draw_Clear(void);
void Draw_Char4x5(u8 x, u8 y, u8 value);
void Draw_Char4x5Line(u8 x, u8 y, u8 *value, u8 len);
void LCD12864_Init(void);
#endif
```

5）文件 5——st12864.c 的内容

```
/***************************************************
函数名：st12864.c
功 能 ：驱动 12864 液晶模块（带字库，串行方式），PSB 必须为低电平
时 间 ：2016/03/03
作 者 ：沈红卫，绍兴文理学院 机械与电气工程学院
***************************************************/
//stm32 之 ST7920 的 12864 液晶模块显示程序——基于查询液晶模块的忙状态法
//2015 年 8 月 31 日
//本 ST7290 液晶函数库使用须知
//必须采用串行方式，注意正确设置 PSB 的电平，使之保持低电平
//必须连同 st12864.h 头文件一起使用，那里定义了串行接口的引脚

#include <stm32f10x.h>
#include "delay.h"            //延时函数的头文件
#include "st12864.h"          //液晶模块接口函数的头文件

/*********************************************************
函数名 ：Send_Byte()
参  数 ：待写字节
返回值 ：无
```

```
功  能 ：写数据到 LCD
*********************************************************/
void Send_Byte(u8 zdata)
{
    u16 i;
    for(i=0; i<8; i++)
    {
        if((zdata << i) & 0x80)
            SID_H;
        else
            SID_L;
            SCLK_H;
            SCLK_L;
    }
}

/*********************************************************
函数名：Receive_Byte()
返回值：读入的字节
功  能：读 LCD 数据
*********************************************************/
u8 Receive_Byte(void)
{
    u8 i,temp1,temp2,value;
    temp1=0;
    temp2=0;
    for(i=0;i<8;i++)
    {
        temp1=temp1<<1;
        SCLK_L;
        SCLK_H;
        SCLK_L;
        //if(GPIO_ReadInputDataBit(GPIOB,GPIO_Pin_9))
        if(GPIO_ReadInputDataBit(GPIOB,DAT_128))
       {
            temp1++;
        }
    }
    for(i=0;i<8;i++)
    {
        temp2=temp2<<1;
        SCLK_L;
        SCLK_H;
        SCLK_L;
        //if(GPIO_ReadInputDataBit(GPIOB,GPIO_Pin_9))
        if(GPIO_ReadInputDataBit(GPIOB,DAT_128))
        {
```

```
                temp2++;
            }
    }
    temp1=0xf0&temp1;
    temp2=0x0f&temp2;
    value=temp1+temp2;
   return      value ;
}

/*************************************************************
函数名：Check_Busy()
返回值：无
功　能：LCD 忙检查
*************************************************************/
void Check_Busy(void)
{
    do
        Send_Byte(0xfc);                    //11111,RW(1),RS(0),0
    while(0x80&Receive_Byte());
}

//以下为延时等待
/*
void Check_Busy(void)
{
    delay_us(100);
}
*/

/*************************************************************
函数名：Write_LCD_Command()
返回值：无
功　能：写命令到 LCD
*************************************************************/
void Write_LCD_Command(u8 cmdcode)
{
    CS_H;
    Check_Busy();
    Send_Byte(0xf8);
    Send_Byte(cmdcode & 0xf0);              //高 4 位
    Send_Byte((cmdcode << 4) & 0xf0);       //低 4 位
    delay_ms(2);
    CS_L;
}

/*************************************************************
函数名：Write_LCD_Data()
```

```
返回值：无
功  能：写显示内容到 LCD
*********************************************************/
void Write_LCD_Data(u8 Dispdata)
{
	CS_H;
	Check_Busy();
	Send_Byte(0xfa);                    //11111,RW(0),RS(1),0
	Send_Byte(Dispdata & 0xf0);
	Send_Byte((Dispdata << 4) & 0xf0);
	delay_ms(2);
	CS_L;
}

/*********************************************************
函数名：Read_LCD_Data()
返回值：LCD 收到的数据
功  能：读取 LCD 显示内容
*********************************************************/
u8 Read_Data(void)
{
	Check_Busy();
	Send_Byte(0xfe);                    //11111，RW(1),RS(1),0 LCD->MCU
	return   Receive_Byte();
}

/*********************************************************
函数名：LCD_Clear_Txt
返回值：无
功  能：文本区清除
*********************************************************/
void LCD_Clear_TXT( void )
{
	u8 i;
	Write_LCD_Command(0x30);            //8bitMCU，基本指令集合
	Write_LCD_Command(0x80);            //AC 归起始位
	for(i=0;i<64;i++)
	{
		Write_LCD_Data(0x20);           //空格
	}
}

/*********************************************************
函数名：LCD_Clear_BMP
返回值：无
功  能：图片区清除
*********************************************************/
```

```
void LCD_Clear_BMP( void )
{
      u8 i,j;
     Write_LCD_Command(0x34);                   //8bit 扩充指令集，即使是 36H 也要写两次
     Write_LCD_Command(0x36);                   //绘图开启，基本指令集里面 36H 不能开启绘图
     for(i=0;i<32;i++)                          //12864 实际为 256×32
     {
          Write_LCD_Command(0x80|i);            //行位置
          Write_LCD_Command(0x80);              //列位置
          for(j=0;j<32;j++)                     //256/8=32 B
                 Write_LCD_Data(0);             //图形数据为 0（不显示，清空）
      }
}
/*********************************************************
函数名：Display_LCD_Pos
返回值：无
功　能：设置显示位置
*********************************************************/
void Display_LCD_Pos(u8 x,u8 y)
{
      u8 pos;
      switch(x)
      {
            case 0: x=0x80;break;
            case 1: x=0x90;break;
            case 2: x=0x88;break;
            case 3: x=0x98;break;
      }
      pos=x+y;
      Write_LCD_Command(pos);
}

/******************************************
函数名：Disp_HZ
功　能：控制液晶模块显示汉字
参　数：addr—显示位置的首地址
        pt—指向显示数据的指针
        num—显示的汉字个数
返回值：无
******************************************/
void Disp_HZ(u8 X,const u8 * pt,u8 num)
{
     u8 i,addr;
      if (X==0)
{addr=0x80;}
      else
           if (X==1) {addr=0x90;}
```

```
            else
                  if (X==2) {addr=0x88;}
                  else
                        if (X==3) {addr=0x98;}
      Write_LCD_Command(addr);
      for(i = 0;i < (num*2);i++)                    //每个汉字 2 字节
      Write_LCD_Data(*(pt++));
}

/*********************************************************
函数名：Display_LCD_String()
返回值：无
功    能：显示字符串
*********************************************************/
void Display_LCD_String(u8 x,u8 *p,u8 time)
{
      u8 i,addr,num;
      num=sizeof(p);                                //num=4，这里计算得到的是 4，即地址是 4 字节
      switch(x)
      {
            case 0: addr=0x80;break;
            case 1: addr=0x90;break;
            case 2: addr=0x88;break;
            case 3: addr=0x98;break;
      }
      Write_LCD_Command(addr);
      for(i=0;i<(num*4);i++)                        //nmu*4 其实就是 16，也就是 8 个汉字，每个汉字 2 字节
      {
            Write_LCD_Data(*(p++));
            //p 必须指向 16 字节的数组，如果不足 16 字节，则填充空格
            delay_ms(time);
      }
}

/************************************************************
* 函数名：PutBMP
************************************************************/
void PutBMP(u8 *puts)
{
      u16 x=0;
      u8 i,j;
      Write_LCD_Command(0x34);                      //8bit 扩充指令集，即使是 36H 也要写两次
      Write_LCD_Command(0x36);                      //绘图开启，基本指令集里面 36H 不能开启绘图
      for(i=0;i<32;i++)                             //12864 实际为 256×32
      {
            Write_LCD_Command(0x80|i);              //行位置
            Write_LCD_Command(0x80);                //列位置
```

```
        for(j=0;j<16;j++)          //256/8=32 B
        {   //列位置，每行自动增加
            Write_LCD_Data(puts[x]);
            x++;
        }
    }
    for(i=0;i<32;i++)                       //12864 实际为 256×32
    {
        Write_LCD_Command(0x80|i);          //行位置
        Write_LCD_Command(0x88);            //列位置
        for(j=0;j<16;j++)                   //256/8=32 B
        {   //列位置，每行自动增加
            Write_LCD_Data(puts[x]);
            x++;
        }
    }
}

/*-----------------------------------------------
 LCD 显示缓存
-----------------------------------------------*/
u16 LCD12864_Buffer[64][16] = {0};
const u8 m_ch4x5[][6] =
{
    {0x06,0x09,0x09,0x09,0x06,5},         // 0，字符宽度 5 点阵
    {0x02,0x06,0x02,0x02,0x07,5},         // 1
    {0x06,0x09,0x02,0x04,0x0F,5},         // 2
    {0x06,0x09,0x02,0x09,0x06,5},         // 3
    {0x02,0x06,0x0A,0x0F,0x02,5},         // 4
    {0x0E,0x08,0x0E,0x01,0x0E,5},         // 5
    {0x06,0x08,0x0E,0x09,0x06,5},         // 6
    {0x0F,0x01,0x02,0x04,0x04,5},         // 7
    {0x06,0x09,0x06,0x09,0x06,5},         // 8
    {0x06,0x09,0x07,0x01,0x06,5},         // 9
    {0x00,0x00,0x00,0x00,0x01,2},         // .
    {0x00,0x01,0x00,0x01,0x00,2},         // :
    {0x00,0x00,0x00,0x00,0x00,5},         // 空格
};

/*---------------------------------------------------------------------------
功能：画点
参数：
    x：横坐标
    y：纵坐标
    color：颜色，0 不显示，1 显示
---------------------------------------------------------------------------*/
const u16 DrawDotsTable[] = {0x8000, 0x4000, 0x2000, 0x1000, 0x0800, 0x0400, 0x0200, 0x0100, 0x0080, 0x0040,
```

```
0x0020, 0x0010, 0x0008, 0x0004, 0x0002, 0x0001};
void Draw_Dots(u8 x, u8 y, u8 color)
{
    u8 i0, y0;
    u16 value;
    //获得坐标
    if ( y >= 32 )
    {
        y0 = y-32;
        i0 = x/16+8;
    }
    else
    {
        y0 = y;
        i0 = x/16;
    }
    value = DrawDotsTable[x%16];
    if (color == 0)
    {
        LCD12864_Buffer[y0][i0] &= ~value;
    }
    else
    {
        LCD12864_Buffer[y0][i0] |= value;
    }
}

/*-----------------------------------------------------------------------------
功能：刷新显示
-----------------------------------------------------------------------------*/
void Draw_Update(void)
{
    u8 x, y;
    for (y=0; y<64; y++)
    {
        Write_LCD_Command(0x80|y);
        Write_LCD_Command(0x80);
        for (x=0; x<16; x++)
        {
            Write_LCD_Data(LCD12864_Buffer[y][x]>>8);
            Write_LCD_Data(LCD12864_Buffer[y][x]);
        }
    }
}

/*-----------------------------------------------------------------------------
功能：显示清屏
```

```
---------------------------------------------------------------------------*/
void Draw_Clear(void)
{
        u8 x, y;
        for (y=0; y<64; y++)
                for (x=0; x<16; x++)
                        LCD12864_Buffer[y][x] = 0;
}

/*---------------------------------------------------------------------------
功能：显示 4×5 字符
参数：
        x：写出横坐标
        y：写出纵坐标
        value：字符
---------------------------------------------------------------------------*/
void Draw_Char4x5(u8 x, u8 y, u8 value)
{
        u8 i, j, p, z, a;
        a = m_ch4x5[value][5];
        for (i=0; i<5; i++)
        {
                p = 0x10>>(5-a);
                for (j=0; j<a; j ++)
                {
                        z = m_ch4x5[value][i];
                        if ( z & p )
                        {
                                Draw_Dots(j+x, i+y, 1);
                        }
                        p >>= 1;
                }
        }
}

/*------------------------------------------------------
功能：显示一行 4×5 字符
参数：
        x：写出横坐标
        y：写出纵坐标
        value：字符串
        len：长度
------------------------------------------------------*/
void Draw_Char4x5Line(u8 x, u8 y, u8 *value, u8 len)
{
        u8 i;
        for (i=0; i<len; i++)
```

```
        {
                Draw_Char4x5(x, y, value[i]);
                x += m_ch4x5[value[i]][5];
        }
}

void LCD12864_Init(void)
{
        GPIO_InitTypeDef GPIO_InitStructure;
      RCC_APB2PeriphClockCmd(RCC_APB2Periph_GPIOB,ENABLE);
      //使能 PB 端口时钟
      GPIO_InitStructure.GPIO_Pin = GPIO_Pin_8|GPIO_Pin_9|GPIO_Pin_10;
      GPIO_InitStructure.GPIO_Speed = GPIO_Speed_50MHz;
      GPIO_InitStructure.GPIO_Mode = GPIO_Mode_Out_PP;
      GPIO_Init(GPIOB, &GPIO_InitStructure);
/*--------------------LCD 基本指令----------------------*/
      delay_ms(2);
      Write_LCD_Command(0x30);      //30，基本指令动作
      delay_ms(5);
      Write_LCD_Command(0x0c);      //光标右移，画面不动
      delay_ms(5);
      Write_LCD_Command(0x01);      //清屏
      delay_ms(5);                  //清屏时间较长
      Write_LCD_Command(0x06);
      delay_ms(5);
      Write_LCD_Command(0x02);      //清屏，将 DDRAM 的地址计数器归零
      Write_LCD_Command(0x80);
//      Write_LCD_Command(0x34);    //扩充指令
//   Write_LCD_Command(0x36);       //打开绘图指令
       Draw_Clear();                //清屏
       //Draw_Update();
}
```

6）文件 6——main.c 的内容

```
/**************************************************
函数名：main.c
功 能 ：12864 液晶模块演示范例——基于查询忙状态实现
时 间 ：2016/03/08
作 者 ：沈红卫，绍兴文理学院 机械与电气工程学院
**************************************************/
#include <stm32f10x.h>
#include "delay.h"              //延时函数的头文件
#include "st12864.h"            //液晶模块接口函数的头文件
/*-----------------待显示的字符串----------------------*/
//Keil 对中文支持的漏洞，导致扩展 ASCII 码不能被正确识别，所以直接使用内码
```

```
//使用内码查询软件可以查询每个汉字的内码
//例如：你好的内码为 0xC4,0xE3,0xBA,0xC3
//以下为“你好串口实”的内码
u8   Table0[]={0xC4,0xE3,0xBA,0xC3,0xB4,0xAE,0xBF,0xDA,0xCA,0xB5,0x20,0x20,
0x20,0x20,0x20,0x20};
//u8   Table0[]={0xC4,0xE3,0xBA,0xC3,0xB4,0xAE,0xBF,0xDA,0xCA,0xB5};
u8   Table1[]={0xC4,0xE3,0xBA,0xC3,0xB4,0xAE,0xBF,0xDA,0xCA,0xB5,0x11,0x20,
0x20,0x20,0x20,0x20};
u8   Table2[]={0xC4,0xE3,0xBA,0xC3,0xB4,0xAE,0xBF,0xDA,0xCA,0xB5,0x20,0x20,
0x20,0x20,0x20,0x20};
u8   Table3[]={0xC4,0xE3,0xBA,0xC3,0xB4,0xAE,0xBF,0xDA,0xCA,0xB5,0x20,0x20,
0x20,0x20,0x20,0x20};
u8   Table4[]={0xC4,0xE3,0xBA,0xC3,0xB4,0xAE,0xBF,0xDA,0xCA,0xB5,0x20,0x20,
0x20,0x20,0x20,0x20};
u8   Table5[]={0xC4,0xE3,0xBA,0xC3,0xB4,0xAE,0xBF,0xDA,0xCA,0xB5,0x20,0x20,
0x20,0x20,0x20,0x20};
u8   Table6[]={0xC4,0xE3,0xBA,0xC3,0xB4,0xAE,0xBF,0xDA,0xCA,0xB5,0x20,0x20,
0x20,0x20,0x20,0x20};
u8   Table7[]={0xC4,0xE3,0xBA,0xC3,0xB4,0xAE,0xBF,0xDA,0xCA,0xB5,0x20,0x20,
0x20,0x20,0x20,0x20};
u8   value []={0,1,2,3,4,5,6,8,9};
//范例演示用 BMP 图片数据
u8 BMP1[]={
0x00,0x00,0x00,0x00,0x00,0x00,0x00,0x00,0x00,0x00,0x00,0x00,0x00,0x00,0x00,0x00,
0x00,0x00,0x00,0x00,0x00,0x00,0x00,0x00,0x00,0x00,0x00,0x00,0x00,0x00,0x00,0x00,
0x00,0x00,0x00,0x00,0x00,0x00,0x00,0x00,0x00,0x00,0x00,0x00,0x00,0x00,0x00,0x00,
0x00,0x00,0x00,0x00,0x00,0x00,0x00,0x00,0x00,0x00,0x00,0x00,0x00,0x00,0x80,0x18,
0x00,0x00,0x00,0x00,0x00,0x00,0x00,0x00,0x00,0x00,0x00,0x00,0x00,0x00,0xE0,0x78,
0x00,0x00,0x00,0x00,0x00,0x00,0x00,0x00,0x00,0x00,0x00,0x00,0x00,0x00,0xF3,0xF8,
0x00,0x00,0x00,0x00,0x00,0x00,0x00,0x00,0x00,0x00,0x00,0x00,0x00,0x00,0x1F,0xC0,
0x00,0x00,0x00,0x00,0x00,0x00,0x00,0x00,0x00,0x00,0x00,0x00,0x00,0x00,0x07,0x00,
0x00,0x00,0x00,0x00,0x00,0x00,0x00,0x00,0x00,0x00,0x00,0x00,0x00,0x00,0xFF,0xF8,
0x00,0x00,0x00,0x00,0x00,0x00,0x00,0x00,0x00,0x00,0x00,0x00,0x00,0x00,0xFF,0xF8,
0x00,0x00,0x00,0x00,0x00,0x00,0x00,0x00,0x00,0x00,0x00,0x00,0x00,0x00,0xC0,0x18,
0x00,0x00,0x00,0x00,0x00,0x00,0x00,0x00,0x00,0x00,0x00,0x00,0x00,0x00,0x00,0xC0,
0x00,0x00,0x00,0x00,0x00,0x00,0x00,0x00,0x00,0x00,0x00,0x00,0x00,0x00,0xF0,0x78,
0x00,0x00,0x00,0x0F,0xFF,0xFF,0xFF,0xFF,0x00,0x00,0x00,0x00,0x00,0x00,0xC0,0x18,
0x00,0x00,0x01,0xFF,0xFF,0xFF,0xFF,0xFF,0xF8,0x00,0x00,0x00,0x00,0x00,0xCF,0x98,
0x00,0x00,0x1F,0xFF,0xFF,0xFF,0xFF,0xFF,0xFF,0x00,0x00,0x00,0x00,0x00,0xC6,0x18,
0x00,0x00,0x7F,0xFF,0xFF,0xFF,0xFF,0x01,0xFF,0xF0,0x00,0x00,0x00,0x00,0xFF,0xF8,
0x00,0x01,0xFF,0xFF,0xFF,0xFF,0xFE,0x00,0x1F,0xFE,0x00,0x00,0x00,0x00,0xFF,0xF8,
0x00,0x07,0xFF,0xFF,0xFF,0xFF,0xFE,0x00,0x03,0xFF,0xC0,0x00,0x00,0x00,0x80,0x08,
0x00,0x1F,0xFF,0xFF,0xFF,0xFF,0xFF,0x00,0x00,0xFF,0xF8,0x00,0x00,0x00,0x78,0x00,
0x00,0x7F,0xFF,0xFF,0xFF,0xFF,0xFF,0x80,0x00,0x3F,0xFF,0x00,0x00,0x00,0xE0,0x00,
0x00,0xFF,0xFF,0xFF,0xFF,0xFF,0xFF,0xC0,0x00,0x0F,0xFF,0xC0,0x00,0x00,0xC0,0x18,
0x03,0xFF,0xFF,0xFF,0xFF,0xFF,0xFF,0xE0,0x00,0x07,0xFF,0xF8,0x00,0x00,0xFF,0xF8,
0x07,0xFF,0xFF,0xFF,0xFF,0xFF,0xFF,0xF8,0x00,0x01,0xFF,0xFE,0x00,0x00,0xFF,0xF8,
```

```
0x0F,0xFF,0xFF,0xFF,0xFF,0xFF,0xFF,0xFE,0x00,0x00,0xFF,0xFF,0x80,0x00,0xC0,0x18,
0x1F,0xFF,0xFF,0xFF,0xFF,0xFF,0xFF,0xFF,0xC0,0x00,0x7F,0xFF,0xE0,0x00,0xF8,0x00,
0x3F,0xFF,0xFF,0xFF,0xFF,0xFF,0xFF,0xFF,0xF0,0x00,0x3F,0xFF,0xF8,0x00,0x00,0x00,
0x3F,0xFF,0xFF,0xFF,0xFF,0xFF,0xFF,0xFF,0xFF,0x00,0x1F,0xFF,0xFC,0x00,0xFF,0xF8,
0x7F,0xFF,0xFF,0xFF,0xFF,0xFF,0xFF,0xFF,0xFF,0xF0,0x1F,0xFF,0xFF,0x00,0xFF,0xF8,
0x7F,0xFF,0xFF,0xFF,0xFF,0xFF,0xFF,0xFF,0xFF,0xFF,0xFF,0xFF,0xFF,0x80,0x87,0xE0,
0xFF,0xFF,0xFF,0xFF,0xFF,0xFF,0xFF,0xFF,0xFF,0xFF,0xFF,0xFF,0xFF,0xC0,0x7E,0x00,
0xFF,0xFF,0xFF,0xFF,0xFF,0xFF,0xFF,0xFF,0xFF,0xFF,0xFF,0xFF,0xFF,0xE0,0xF8,0x18,
0xFF,0xFF,0xFF,0xFF,0xFF,0xFF,0xFF,0xFF,0xFF,0xFF,0xFF,0xFF,0xFF,0xE0,0xFF,0xF8,
0xFF,0xFF,0xFF,0xFF,0xFF,0xFF,0xFF,0xFF,0xFF,0xFF,0xFF,0xFF,0xFF,0xC0,0x80,0x08,
0x7F,0xFF,0xFF,0xFF,0xFF,0xFF,0xFF,0xFF,0xFF,0xFF,0xFF,0xFF,0xFF,0x80,0x10,0xE0,
0x7F,0xFF,0xFF,0xFF,0xFF,0xFF,0xFF,0xFF,0xFF,0xF0,0x1F,0xFF,0xFF,0x00,0xF0,0x38,
0x3F,0xFF,0xFF,0xFF,0xFF,0xFF,0xFF,0xFF,0xFF,0x00,0x1F,0xFF,0xFE,0x00,0xCF,0x98,
0x3F,0xFF,0xFF,0xFF,0xFF,0xFF,0xFF,0xFF,0xF0,0x00,0x3F,0xFF,0xF8,0x00,0xC6,0x18,
0x1F,0xFF,0xFF,0xFF,0xFF,0xFF,0xFF,0xFF,0xC0,0x00,0x7F,0xFF,0xE0,0x00,0xC6,0x18,
0x0F,0xFF,0xFF,0xFF,0xFF,0xFF,0xFF,0xFE,0x00,0x00,0x7F,0xFF,0x80,0x00,0xFF,0xF8,
0x07,0xFF,0xFF,0xFF,0xFF,0xFF,0xFF,0xF8,0x00,0x01,0xFF,0xFE,0x00,0x00,0xC0,0x18,
0x03,0xFF,0xFF,0xFF,0xFF,0xFF,0xFF,0xE0,0x00,0x03,0xFF,0xF0,0x00,0x00,0x00,0x00,
0x00,0xFF,0xFF,0xFF,0xFF,0xFF,0xFF,0xC0,0x00,0x0F,0xFF,0xC0,0x00,0x00,0xC0,0x18,
0x00,0x7F,0xFF,0xFF,0xFF,0xFF,0xFF,0x80,0x00,0x3F,0xFE,0x00,0x00,0x00,0xFF,0xF8,
0x00,0x1F,0xFF,0xFF,0xFF,0xFF,0xFF,0x00,0x00,0xFF,0xF0,0x00,0x00,0x00,0xFF,0xF8,
0x00,0x07,0xFF,0xFF,0xFF,0xFF,0xFE,0x00,0x03,0xFF,0xC0,0x00,0x00,0x00,0xC0,0x18,
0x00,0x03,0xFF,0xFF,0xFF,0xFF,0xFE,0x00,0x3F,0xFC,0x00,0x00,0x00,0x00,0x00,0xF0,
0x00,0x00,0x7F,0xFF,0xFF,0xFF,0xFF,0x03,0xFF,0xF0,0x00,0x00,0x00,0x00,0x00,0x38,
0x00,0x00,0x1F,0xFF,0xFF,0xFF,0xFF,0xFF,0xFF,0x00,0x00,0x00,0x00,0x00,0x00,0x18,
0x00,0x00,0x01,0xFF,0xFF,0xFF,0xFF,0xFF,0xF0,0x00,0x00,0x00,0x00,0x00,0xC0,0x18,
0x00,0x00,0x00,0x0F,0xFF,0xFF,0xFF,0xFE,0x00,0x00,0x00,0x00,0x00,0x00,0xFF,0xF8,
0x00,0x00,0x00,0x00,0x00,0x00,0x00,0x00,0x00,0x00,0x00,0x00,0x00,0x00,0xC0,0x18,
0x00,0x00,0x00,0x00,0x00,0x00,0x00,0x00,0x00,0x00,0x00,0x00,0x00,0x00,0x00,0x08,
0x00,0x00,0x00,0x00,0x00,0x00,0x00,0x00,0x00,0x00,0x00,0x00,0x00,0x00,0x00,0x38,
0x00,0x00,0x00,0x00,0x00,0x00,0x00,0x00,0x00,0x00,0x00,0x00,0x00,0x00,0x07,0xF8,
0x00,0x00,0x00,0x00,0x00,0x00,0x00,0x00,0x00,0x00,0x00,0x00,0x00,0x00,0xFF,0xD8,
0x00,0x00,0x00,0x00,0x00,0x00,0x00,0x00,0x00,0x00,0x00,0x00,0x00,0x00,0xF1,0x80,
0x00,0x00,0x00,0x00,0x00,0x00,0x00,0x00,0x00,0x00,0x00,0x00,0x00,0x00,0x7F,0x88,
0x00,0x00,0x00,0x00,0x00,0x00,0x00,0x00,0x00,0x00,0x00,0x00,0x00,0x00,0x03,0xF8,
0x00,0x00,0x00,0x00,0x00,0x00,0x00,0x00,0x00,0x00,0x00,0x00,0x00,0x00,0x00,0x18,
0x00,0x00,0x00,0x00,0x00,0x00,0x00,0x00,0x00,0x00,0x00,0x00,0x00,0x00,0x00,0x00,
0x00,0x00,0x00,0x00,0x00,0x00,0x00,0x00,0x00,0x00,0x00,0x00,0x00,0x00,0x00,0x00,
0x00,0x00,0x00,0x00,0x00,0x00,0x00,0x00,0x00,0x00,0x00,0x00,0x00,0x00,0x00,0x00,
0x00,0x00,0x00,0x00,0x00,0x00,0x00,0x00,0x00,0x00,0x00,0x00,0x00,0x00,0x00,0x00
};
//系统时钟初始化函数
//采用固件库函数方式编程
//pll:选择的倍频数，从 2 开始，最大值为 16（这里最大为 9）
/*******************************************************************************
* Function Name        : Stm32_Clock_Init
* Description          : RCC 配置(使用外部 8MHz 晶振)
```

```
* Input              : uint32_t,PLL 的倍频系数，例如 9 就是 9×8=72MHz
* Output             ：无
* Return             ：无
*******************************************************************************/
void Stm32_Clock_Init(u8 pll)
{
    ErrorStatus HSEStartUpStatus;
    /*将外设 RCC 寄存器重设为默认值*/
    RCC_DeInit();

    /*设置外部高速晶振（HSE）*/
    RCC_HSEConfig(RCC_HSE_ON);              //RCC_HSE_ON——HSE 晶振打开(ON)

    /*等待 HSE 起振*/
    HSEStartUpStatus = RCC_WaitForHSEStartUp();

    if(HSEStartUpStatus == SUCCESS)         //SUCCESS：HSE 晶振稳定且就绪
    {
        /*设置 AHB 时钟（HCLK）*/
        RCC_HCLKConfig(RCC_SYSCLK_Div1);
        //RCC_SYSCLK_Div1——AHB 时钟=系统时钟
         /* 设置高速 AHB 时钟（PCLK2）*/
        RCC_PCLK2Config(RCC_HCLK_Div1);
        //RCC_HCLK_Div1——APB2 时钟= HCLK

        /*设置低速 AHB 时钟（PCLK1）*/
        RCC_PCLK1Config(RCC_HCLK_Div2);
        //RCC_HCLK_Div2——APB1 时钟= HCLK / 2
         /*设置 Flash 存储器延时时钟周期数*/
        Flash_SetLatency(Flash_ACR_LATENCY_2);//2 延时周期
        /*选择 Flash 预取指缓存的模式*/
        Flash_PrefetchBufferCmd(Flash_PrefetchBuffer_Enable);// 预取指缓存使能

        /*设置 PLL 时钟源及倍频系数*/
        //RCC_PLLConfig(RCC_PLLSource_HSE_Div1, RCC_PLLMul_9);
        // PLL 的输入时钟= HSE 时钟频率；RCC_PLLMul_9——PLL 输入时钟×9
        switch(pll)
        {
            case 2: RCC_PLLConfig(RCC_PLLSource_HSE_Div1, RCC_PLLMul_2);
                    break;
            case 3: RCC_PLLConfig(RCC_PLLSource_HSE_Div1, RCC_PLLMul_3);
                    break;
            case 4: RCC_PLLConfig(RCC_PLLSource_HSE_Div1, RCC_PLLMul_4);
                    break;
            case 5: RCC_PLLConfig(RCC_PLLSource_HSE_Div1, RCC_PLLMul_5);
                    break;
            case 6: RCC_PLLConfig(RCC_PLLSource_HSE_Div1, RCC_PLLMul_6);
```

```
                break;
            case 7: RCC_PLLConfig(RCC_PLLSource_HSE_Div1, RCC_PLLMul_7);
                break;
            case 8: RCC_PLLConfig(RCC_PLLSource_HSE_Div1, RCC_PLLMul_8);
                break;
            case 9: RCC_PLLConfig(RCC_PLLSource_HSE_Div1, RCC_PLLMul_9);
                break;
            default:
                RCC_PLLConfig(RCC_PLLSource_HSE_Div1, RCC_PLLMul_2);
                break;
        }
        /*使能 PLL */
        RCC_PLLCmd(ENABLE);
         /*检查指定的 RCC 标志位(PLL 准备好标志)设置与否*/
        while(RCC_GetFlagStatus(RCC_FLAG_PLLRDY) == RESET)
        {
        }
         /*设置系统时钟（SYSCLK）*/
        RCC_SYSCLKConfig(RCC_SYSCLKSource_PLLCLK);
        //RCC_SYSCLKSource_PLLCLK——选择 PLL 作为系统时钟
         /* PLL 返回用作系统时钟的时钟源*/
        while(RCC_GetSYSCLKSource() != 0x08)      //0x08：PLL 作为系统时钟
        {
        }
    }
}

//主函数
int main(void)
{
    u8 len,t,i,time=50;
    Stm32_Clock_Init(9);                              //系统时钟设置
    delay_init(72);                                   //延时初始化
   delay_ms(1000);
    LCD12864_Init();                                  //12864 初始化
    Disp_HZ(0,Table0,5);                              //指定汉字显示个数
    delay_ms(100);
//  Display_LCD_String(1 , Table1,time);
    Disp_HZ(1,Table1,5);
    delay_ms(100);
//  Display_LCD_String(2 , Table2,time);
    Disp_HZ(2,Table2,5);
    delay_ms(100);
    Display_LCD_String(3 , Table3,time);              //8 个汉字或 16 字节字符显示
    delay_ms(1500);
    Write_LCD_Command(0x01);                          //清屏
    LCD_Clear_TXT();
```

```
    delay_ms(50);

/*----------------显示 3 张图片----------------------*/
    PutBMP(BMP1);                           //外星人
    delay_ms(1500);
    LCD_Clear_BMP();                        //清除图片
    PutBMP(BMP1);
    delay_ms(1500);
    LCD_Clear_BMP();                        //清除图片
    PutBMP(BMP1);
    delay_ms(1500);
    LCD_Clear_BMP();                        //清除图片
/*---------------------显示字符串-------------------*/
    Write_LCD_Command(0x30);                //必须再次启用基本指令
    Display_LCD_String(1 , Table4,time);
    delay_ms(100);
    Display_LCD_String(2 , Table5,time);
    delay_ms(100);
    Display_LCD_String(3, Table6,time);
    delay_ms(100);
/*---------------------显示自定义字符-----------------*/
    Write_LCD_Command(0x34);                //要使用画图功能，必须启用扩充指令
    Write_LCD_Command(0x36);
   Draw_Char4x5Line(30,5,value,10) ;        //显示自定义字符 0~9
    Draw_Update();                          //更新显示
    Write_LCD_Command(0x30);                //再次启用基本指令
    delay_ms(1500);
   LCD_Clear_TXT();
    delay_ms(50);
   Display_LCD_String(3, Table7,time);
//    LCD_Clear_BMP();
   Draw_Clear();
    while(1);
}
```

14.2.3　程序演示

上述程序运行后，实际的屏幕显示效果如图 14.2 和图 14.3 所示。

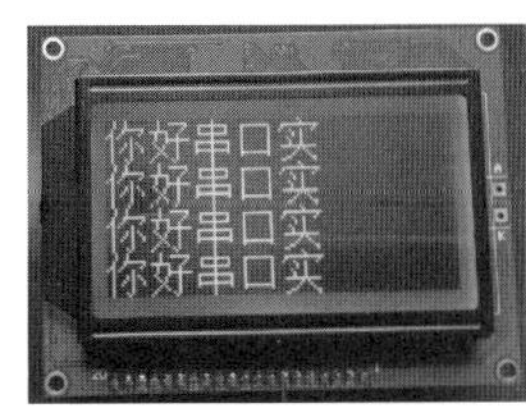

图 14.2　开机后的第一个屏幕显示效果图

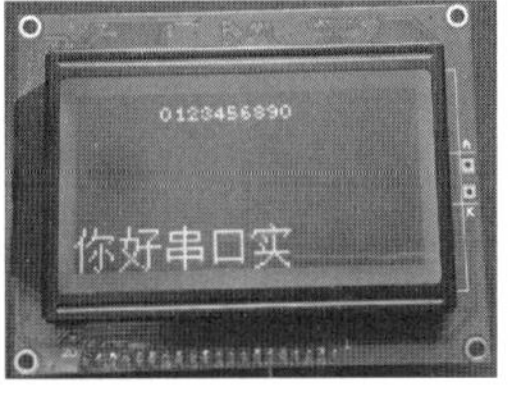

图 14.3　程序运行的最后一个屏幕显示效果图

14.3 本章小结

本章以液晶模块的显示程序设计为例，讨论了基于固件库的程序开发过程，帮助学习者进一步理解和掌握基于固件库的程序开发模式。

1. 液晶模块的选用

液晶模块种类较多，可根据需要选用。

液晶模块按功能分，通常有字段式、点阵字符式、点阵图式。日常使用的计算器，通常使用字段式液晶模块，有点类似于数码管，只能显示数字等少量字符。点阵字符式液晶模块可以显示数字、英文字符和其他一些常见的西文字符，常见的有16×2点阵，即2行16列，每行可以显示16个字符。点阵图式液晶模块则可以显示字符、图形，如12864液晶模块，即128×64点阵。

液晶模块按是否带字库分，有带字库和不带字库两种。例如，本章使用的12864液晶模块，自带汉字字库，可以方便地显示汉字。如果不带字库，为了显示汉字，必须通过字模提取软件，提取相应汉字的字模，使用起来会相对麻烦一些。

2. 重点难点

（1）重点：基于液晶模块显示的实现

在嵌入式系统中，基于12864液晶模块的数字、字符和图形的显示功能的基本函数定义和显示程序的编写。

（2）难点：液晶模块的软件接口函数

接口函数必须严格遵循液晶模块的时序要求和初始化流程。在系统程序设计中，必须考虑液晶模块复位的问题，因为液晶模块的复位往往滞后于CPU系统复位，为了确保对液晶模块初始化成功，必须采用延时等待方式，在液晶模块完成复位后才对其进行初始化设置。

思考与实践

1．在不带字库的液晶模块上显示汉字，如何获取字模？
2．基于12864液晶模块，设计一个在*xOy*坐标系内画曲线的程序，曲线数据自拟。
3．请基于HAL库设计本章范例的程序。